全国注册测绘师资格考试专用辅导丛书

测绘管理与法律法规

——考点剖析与试题解析

2025 版

何宗宜　欧阳烨　洪　霞　吴旭林　涂雪琼　编著

全国注册测绘师资格考试命题研究专家组　审定

WUHAN UNIVERSITY PRESS
武汉大学出版社

图书在版编目(CIP)数据

测绘管理与法律法规 ：考点剖析与试题解析 ：2025版 / 何宗宜等编著. --武汉 ：武汉大学出版社, 2025.4. -- 全国注册测绘师资格考试专用辅导丛书. -- ISBN 978-7-307-25006-2

Ⅰ. P205; D922.174

中国国家版本馆CIP数据核字第202576VH37号

责任编辑:鲍　玲　　　责任校对:汪欣怡　　　版式设计:韩闻锦

出版发行:**武汉大学出版社**　(430072　武昌　珞珈山)

(电子邮箱:cbs22@whu.edu.cn 网址:www.wdp.com.cn)

印刷:武汉中远印务有限公司

开本:787×1092　1/16　印张:24　字数:576千字　插页:1

版次:2025年4月第1版　2025年4月第1次印刷

ISBN 978-7-307-25006-2　定价:80.00元

前　言

自 2011 年开始，注册测绘师资格考试已举行了十四次。这本辅导教材是专为提高测绘地理信息从业人员的资格考试应试水平而编写的，经过数次修订，能够全面、精准覆盖考试大纲，掌握命题动向，提高考生的复习效率。

本教材依据最新修订的《中华人民共和国测绘法》《测绘资质分类分级标准》《地图审核管理规定》等法律法规和规范性文件编写而成。本教材编著者有丰富的注册测绘师资格考试命题和考试辅导经验，能够精准把握注册测绘师资格考试的命题方向，对测绘管理与法律法规的考点内容能进行透彻、全面的分析。考生遇到书中类似考题时，运用知识点，结合题目的具体要求和条件，就能作出准确的回答。

本教材第一部分“考点剖析”每一章均配备了一定数量的考点试题，微信扫码即可在线测试，这些试题数量是按照考试真题知识点分布比例配备的，以便考生学习完该章知识点后进行知识巩固练习。此外，第二部分“试题解析”对历年的考试试题进行了准确解答，其中有些试题解析写得比较详细，这主要是为了帮助考生更加全面准确地掌握测绘管理与法律法规知识。

本教材紧扣高频考点，应试针对性强，所列知识点都是可能要考试的内容，可以帮助广大考生节约大量的复习时间。读者可关注编者团队运营的微信公众号“走进测绘师殿堂之家”，以获取更多考试相关资源。

本书主要由武汉大学何宗宜教授、赣州市赣县区住房和城乡建设局高级工程师欧阳烨（原名：欧阳志明）、河南城建学院李保平教授等编著，全书最终由何宗宜定稿并审定。书中引用了许多参考资料，在参考文献中未能一一列出，在此对文献作者一并致谢。

由于作者水平所限，书中疏漏之处在所难免，敬请读者批评指正。

编著者

2025 年 2 月

说　　明

自2018年以来，已陆续有法规、规范性文件等将“测绘地理信息主管部门”改为“自然资源主管部门”，如《地图审核管理规定》《测绘资质分类分级标准》等，针对已修订法规和规范，本书已作相应改动。但针对未修订法规等文件，考虑到法规和规范性文件的严肃性，本书在转述相关内容时，与《中华人民共和国测绘法》保持一致，使用“测绘地理信息主管部门”的说法；在直接引用法规或规范性文件原文时，则保留原文说法。所以，本书中几种说法并存，特作此说明。

目　　录

第一部分　考点剖析

第二部分 试题解析

第一部分　考点剖析

第一章 测绘资质资格管理

为进一步落实党中央、国务院“放管服”改革要求，保障测绘事业为国家经济建设、国防建设和社会发展服务，规范测绘资质行政许可行为，维护测绘市场秩序，促进地理信息产业发展，维护国家地理信息安全，根据《中华人民共和国测绘法》（以下简称《测绘法》）《中华人民共和国行政许可法》（以下简称《行政许可法》）等，制定了相关测绘资质管理制度。

第一节 测绘资质管理

一、测绘资质等级和专业划分

（1）测绘资质证书等级分为：甲、乙。

（2）测绘资质专业分为：大地测量、测绘航空摄影、摄影测量与遥感、工程测量、海洋测绘、界线与不动产测绘、地理信息系统工程、地图编制、导航电子地图制作、互联网地图服务。

二、测绘资质管理机构

（1）导航电子地图制作甲级测绘资质的审批和管理，由自然资源部负责。

（2）前款规定以外的测绘资质的审批和管理，由省、自治区、直辖市人民政府自然资源主管部门负责。

（3）审批机关应当将申请测绘资质的方式、依据、条件、程序、期限、材料目录、审批结果等向社会公开。

三、测绘资质申请与审批

1. 申请测绘资质的单位应符合的基本条件

（1）有法人资格；

（2）有与从事的测绘活动相适应的测绘专业技术人员和测绘相关专业技术人员；

（3）有与从事的测绘活动相适应的技术装备和设施；

（4）有健全的技术和质量保证体系、安全保障措施、信息安全保密管理制度以及测绘成果和资料档案管理制度。

2. 申请测绘资质等级专业类别的条件和申请材料具体要求

（1）申请测绘资质等级专业类别的条件：

①凡申请测绘资质的单位，应当有法人资格，并同时达到通用标准和所申请专业类别的专业标准要求。

②取得乙级测绘资质的测绘单位应在专业标准规定的作业限制范围内从事测绘活动，甲级测绘资质无作业范围限制。

（2）申请单位应当提交下列材料的原件扫描件，并对申请材料实质内容的真实性负责：

①法人资格证书。

②符合专业标准规定的专业技术人员身份证及依法缴纳社会保险的材料，退休的专业技术人员的退休材料和劳务合同；测绘专业技术人员的学历证书和职称证书，测绘相关专业技术人员的学历证书或职称证书。

③符合专业标准规定的技术装备的所有权材料。

④符合通用标准规定的材料。

⑤申请甲级测绘资质的，应当提供符合专业标准规定的测绘业绩材料。

3. 审批机关对申请单位提出测绘资质申请的处理方式

审批机关对申请单位提出的测绘资质申请，应当根据下列情形分别作出处理：

①申请材料齐全并符合法定形式的，应当决定受理并出具受理通知书。

②申请材料不齐全或者不符合法定形式的，应当当场或者在五个工作日内一次告知申请单位需要补正的全部内容，逾期不告知的，自收到申请材料之日起即为受理。

③申请事项依法不属于本审批机关职责范围的，应当及时作出不予受理的决定，并告知申请单位向有关审批机关申请。

4. 导航电子地图制作甲级测绘资质的审批

对导航电子地图制作甲级测绘资质的审批，自然资源部将通过网上受理，并采用以下方式对申请材料进行审查：

①将申请单位的基本信息、所申请测绘资质类别等级及除涉及国家秘密、商业秘密和个人隐私外的申请信息等通过本机关网站公开。

②引入第三方机构作技术性审查。

③必要时，进行实地核查或专家评议。

④部级机关内部会审。

省、自治区、直辖市人民政府自然资源主管部门除应严格执行①的规定外，其他规定可根据本地实际参照执行。

5. 申请测绘资质变更

测绘单位变更测绘资质等级或者专业类别的，应当按照本办法规定的审批权限和程序重新申请办理测绘资质审批。测绘单位名称、注册地址、法定代表人发生变更的，应当向审批机关提交有关部门的核准材料，申请换发新的测绘资质证书。

6. 测绘资质审批程序

（1）审查和决定。

审批机关自受理之日起十五个工作日内作出是否批准测绘资质的书面决定。因特殊情况在十五个工作日内不能作出决定的，经本审批机关负责人批准，可以延长十个工作日，并将延长期限的理由告知申请单位。

审批机关作出批准测绘资质决定的，应当自作出决定之日起十个工作日内，向申请单位颁发测绘资质证书；审批机关作出不予批准测绘资质决定的，应当说明理由，并告知申请单位享有依法申请行政复议或者提起行政诉讼的权利。

（2）颁发资质证书。

测绘资质证书有效期为五年。测绘资质证书包括纸质证书和电子证书，纸质证书和电子证书具有同等法律效力。测绘资质证书样式由自然资源部统一规定。测绘单位需要延续依法取得的测绘资质证书有效期的，应当在测绘资质证书有效期届满三十日前，向审批机关提出延续申请。审批机关应当根据测绘单位的申请，在测绘资质证书有效期届满前作出是否准予延续的决定；逾期未作出决定的，视为准予延续。测绘单位申请注销测绘资质证书的，审批机关应当及时办理测绘资质证书注销手续。

7. 测绘资质其他规定

（1）测绘单位合并的，可以承继合并前的测绘资质等级和专业类别。测绘单位转制或者分立的，应当向相应的审批机关重新申请测绘资质。

（2）测绘单位可以监理同一专业类别的同等级或者低等级测绘单位实施的该专业类别的测绘项目。

（3）测绘单位取得测绘资质后，变更专业技术人员或者技术装备的，应当在三十日内通过全国测绘资质管理信息系统申请更新有关信息。

（4）测绘单位应当按照规定，定期在全国测绘资质管理信息系统中报送测绘项目清单。

（5）县级以上人民政府自然资源主管部门应当建立健全随机抽查机制，依法对测绘单位的安全保障措施、信息安全保密管理制度、测绘成果和资料档案管理制度、技术和质量保证体系、专业技术人员、技术装备等测绘资质情况进行检查，并将抽查结果向社会公布。

县级以上人民政府自然资源主管部门应当合理确定随机抽查比例；对于投诉举报多、有相关不良信用记录的测绘单位，可以加大抽查比例和频次。

（6）县级以上人民政府自然资源主管部门应当加强测绘单位信用体系建设，及时将随机抽查结果纳入测绘单位信用记录，依法将测绘单位信用信息予以公示。

测绘单位在测绘行业信用惩戒期内不得申请晋升测绘资质等级和增加专业类别。

（7）申请测绘资质的单位违反本办法规定，隐瞒有关情况或者提供虚假材料申请测绘资质的，审批机关应当依照《行政许可法》第七十八条的规定作出不予受理的决定或者不予批准的决定，并给予警告，纳入测绘单位信用记录予以公示。该单位在一年内再次申请测绘资质的，审批机关不予受理。

（8）测绘单位依法取得测绘资质后，出现不符合其测绘资质等级或者专业类别条件的，由县级以上人民政府自然资源主管部门责令限期改正；逾期未改正至符合条件的，纳入测绘单位信用记录予以公示，并停止相应测绘资质所涉及的测绘活动。

(9) 违反本办法规定，未取得测绘资质证书，擅自从事测绘活动的，以欺骗手段取得测绘资质证书从事测绘活动的，依照《测绘法》第五十五条规定予以处罚。测绘单位以欺骗、贿赂等不正当手段取得测绘资质证书的，该单位在三年内再次申请测绘资质，审批机关不予受理。

(10) 测绘单位测绘成果质量不合格的，依照《测绘法》第六十三条规定予以处罚。

(11) 外商投资企业测绘资质的申请、受理和审查，依据外国的组织或者个人来华测绘管理有关规定办理。

第二节 测绘资质分类分级标准

一、分类分级标准概述

(1) 本标准分为通用标准、专业标准两部分。凡申请测绘资质的单位，应当有法人资格，并同时达到通用标准和所申请专业类别的专业标准要求。

取得乙级测绘资质的测绘单位应在专业标准规定的作业限制范围内从事测绘活动，甲级测绘资质无作业范围限制。

(2) 申请单位应当提交下列材料的原件扫描件，并对申请材料实质内容的真实性负责：

①法人资格证书。

②符合专业标准规定的专业技术人员身份证及依法缴纳社会保险的材料，退休的专业技术人员的退休材料和劳务合同；测绘专业技术人员的学历证书和职称证书，测绘相关专业技术人员的学历证书或职称证书。

③符合专业标准规定的技术装备的所有权材料。

④符合通用标准规定的材料。

⑤申请甲级测绘资质的，应当提供符合专业标准规定的测绘业绩材料。

(3) 对在本标准实施前测绘单位已有的用于申请测绘资质的专业技术人员，在不离开本单位的前提下，实行“老人老办法”，原有专业和职称等级继续有效。没有测绘专业高级职称的注册测绘师可以计入中级测绘专业技术人员。

二、专业技术人员

专业技术人员包括测绘专业技术人员和测绘相关专业技术人员。

(1) 专业技术人员应当具有中华人民共和国国籍，不得兼职，测绘专业技术人员具有测绘专业职称，测绘相关专业技术人员具有测绘相关专业学历或职称。用于申请甲、乙级测绘资质的专业技术人员中，退休的专业技术人员分别不得超过 2 人、1 人。

(2) 测绘专业是指大地测量、工程测量、摄影测量、遥感、地图制图、地理信息、地籍测绘、测绘工程、矿山测量、海洋测绘、导航工程、土地管理、地理国情监测等专业。测绘相关专业是指地理、地质、工程勘察、资源勘查、土木、建筑、规划、市政、水利、电力、道桥、工民建、海洋、计算机、软件、电子、信息、通信、物联网、统计、生态、印刷、人工智能、大数据、云计算、保密、档案等专业。

（3）本标准规定的专业技术人员数量为最低要求。高级别测绘专业技术人员可以冲抵低级别测绘专业技术人员，测绘专业技术人员可以冲抵测绘相关专业技术人员。

（4）高级专业技术人员：取得测绘及相关专业高级专业技术任职资格；获得测绘及相关专业博士学位，并在测绘及相关专业技术岗位工作 3 年以上；获得测绘及相关专业硕士学位，并在测绘及相关专业技术岗位工作 8 年以上；测绘及相关专业大学本科毕业，并在测绘及相关专业技术岗位工作 10 年以上。

（5）中级专业技术人员：取得测绘及相关专业中级专业技术任职资格；获得测绘及相关专业博士学位，并在测绘及相关专业技术岗位工作 1 年以上；获得测绘及相关专业硕士学位，并在测绘及相关专业技术岗位工作 3 年以上；测绘及相关专业大学本科毕业，并在测绘及相关专业技术岗位工作 5 年以上；测绘及相关专业大学专科毕业，并在测绘及相关专业技术岗位工作 7 年以上；获得测绘地理信息行业技师职业资格（但不得超过 2 人）。

（6）初级专业技术人员：取得测绘及相关专业初级专业技术任职资格；测绘及相关专业大学本科毕业；测绘及相关专业大学专科毕业，并在测绘及相关专业技术岗位工作 2 年以上；测绘及相关专业中专毕业，并在测绘及相关专业技术岗位工作 4 年以上。

（7）注册测绘师：经过考核认定和注册测绘师资格考试取得“中华人民共和国注册测绘师资格证书”，并依法进行注册的人员。注册测绘师可以计入中级专业技术人员数量。

同一单位申请 2 个以上专业范围的，对人员数量的要求不累加计算；年龄超过 65 周岁的人员和兼职人员，不得计入专业技术人员数量；未取得专业技术职务任职资格的其他测绘从业人员，应当通过测绘地理信息行业职业技能鉴定，获得国家职业资格证书。

三、仪器设备

按各专业标准核算仪器设备数量时，所有权非本单位的、报废的、检定有效期已过的仪器设备等，均不能计入。随着科学技术的发展，性能指标更优越的仪器设备可以替代某一专业标准所规定的相应仪器设备。

（1）技术装备要求的“合计”，不需要每种技术装备都具备。

（2）GNSS 接收机、全站仪、水准仪精度应当分别不低于 $5\text{mm}+1\times10^{-6}D$、2″、S1。

（3）无人飞行测量采集系统：至少同时具备飞行平台和航摄传感器（包括相机、机载激光扫描仪、机载 SAR）。

（4）专业测绘航摄仪及其他测绘传感器：包括航摄仪、机载激光扫描仪、航空重力仪、机载 SAR。

（5）摄影测量系统：从影像、点云等数据获取到过程数据处理、成果输出，均采用数字化或智能化等形式进行的摄影测量系统。

（6）遥感图像处理系统：能够对遥感图像信息进行数字化、复原、几何校正、增强、统计分析、信息提出、分类、识别等图像加工的系统。

（7）地理信息处理软件：用于处理和分析地理信息的软件。

（8）地理信息系统平台软件：用于地理信息系统及数据库建设的基础软件，具备地理信息的获取、存储、编辑、处理、分析和显示等功能，并可支持软件定制开发。

（9）独立地图引擎：部署于服务器上，能够向用户提供地图显示、空间搜索、上传标注、接口调用等服务的软件系统。

（10）外业数据采集设备：至少同时具备 GNSS 接收机和数据获取设备。

（11）有关标准规定的技术装备数量为最低要求。

四、测绘地理信息安全保障措施和管理制度要求

（1）基本要求：

①设立测绘地理信息安全保密工作机构。

②从事涉密测绘业务的人员应当具有中华人民共和国国籍，签订保密责任书，接受保密教育。

③建立健全测绘地理信息安全保密管理制度。明确涉密人员管理、保密要害部门部位管理、涉密设备与存储介质管理、涉密测绘成果全流程保密、保密自查等要求。

④明确涉密测绘成果使用审批流程和责任人，未经批准，涉密测绘成果不得带离保密要害部门部位。

⑤涉密存储介质专人管理，建立台账；涉密设备与存储介质应粘贴密级标识；涉密计算机、涉密存储介质不得接入互联网或其他公共信息网络；涉密网络与互联网或其他公共信息网络之间实行物理隔离；涉密计算机外接端口封闭管理。

⑥建立健全涉密测绘外业安全保密管理制度，落实监管人员和保密责任，外业所用涉密计算机纳入涉密单机进行管理。

⑦对属于国家秘密的地理信息的获取、持有、提供、利用情况进行登记并长期保存，实行可追溯管理。

⑧从事测绘活动，应当遵守保密法律法规等的有关规定。

（2）补充要求：

导航电子地图制作补充要求：

①涉密网络应配备系统管理员、安全保密管理员和安全审计员；

②保密要害部门部位应当确定安全控制区域，采取电子监控、防盗报警等必要的安全防范措施；

③配置符合要求的安全保密专用产品，包括身份鉴别、访问控制、安全审计、保密技术防护（三合一）、漏洞扫描、计算机病毒查杀、边界安全防护和数据库安全等产品；

④软件开发不得在保密要害部门部位内进行；

⑤未经单位安全保密工作机构批准，单位内部涉密测绘成果不得采用移动存储介质进行交换，应基于涉密网络操作，并进行审计；

⑥涉密测绘成果对外提供应配置专人专机。专机需安装安全审计软件，进行实时审计；

⑦配置红黑电源。

互联网地图服务补充要求：存放地图数据的服务器设在中华人民共和国境内。

五、技术和质量保证体系要求

（1）机构人员：

①设立技术和质量管理机构。

②明确技术和质量管理工作的主管领导、技术和质量管理机构的负责人。技术和质量管理机构负责人应当具备中级及以上测绘专业技术职称。

③配备与业务相适应的质检人员。质检人员应当是测绘专业技术人员。

（2）管理制度：

①建立健全技术管理制度，明确技术设计、技术处理和技术总结等要求。其中简单、日常性的测绘项目可以制定《作业指导书》。

②建立健全质量检查管理制度，明确过程检查、最终检查、质量评定、检查记录和检查报告等要求。

③建立健全人员培训与岗位管理制度，明确岗位职责、岗前培训考核、继续教育等要求。

④建立健全测绘仪器设备检定、校准管理制度，明确测绘仪器设备的检定、校准、日常管理等要求。

（3）其他：

测绘技术和质量保证体系应当遵守法律法规等的有关规定。

六、测绘成果和资料档案管理制度要求

（1）机构人员：

①设立测绘成果和资料档案管理机构。

②明确测绘成果和资料档案管理工作的主管领导、工作人员及岗位职责。

（2）管理制度：

①建立健全测绘成果和资料档案管理制度，明确测绘成果接收、整理、保管、使用、销毁以及建立台账等管理要求。

②建立健全测绘成果和资料档案信息化管理的安全保护制度。

（3）设施设备：

①有专门的测绘成果和资料档案库房，具备防盗、防火、防潮、防光、防尘、防磁、防有害生物和污染等安全措施。

②配有与业务相适应的测绘成果和资料档案专用柜架、专用数据存储设备。

（4）其他：

测绘成果和资料档案管理应当遵守法律法规等的有关规定。

七、测绘业绩

增加甲级测绘资质专业类别的，应当符合专业标准规定的甲级测绘业绩要求。测绘单位转制或分立的，申请原资质等级和专业类别不受本标准规定的甲级测绘业绩要求限制。

八、测绘监理

从事测绘监理应当取得相应专业范围及专业子项的测绘资质。

（1）摄影测量与遥感、地理信息系统工程、工程测量、不动产测绘、海洋测绘等5

个市场化程度较高的专业范围下设置相应的甲、乙级测绘监理专业子项。

（2）测绘监理资质单位不得超出其测绘监理专业范围和作业限额从事测绘监理活动。

（3）乙级测绘监理资质单位不得监理甲级测绘资质单位施测的测绘工程项目。各专业资质具体要求见表 1-1。

表 1-1 **专业标准**

<table>
<tr><th rowspan="4">序号</th><th colspan="2" rowspan="2">专业类别</th><th colspan="7">甲级</th><th colspan="7">乙级</th></tr>
<tr><th colspan="5">专业技术人员</th><th rowspan="3">技术装备</th><th rowspan="3">测绘业绩</th><th colspan="5">专业技术人员</th><th rowspan="3">技术装备</th><th rowspan="3">作业限制范围</th></tr>
<tr><th rowspan="2">名称</th><th rowspan="2">业务类型</th><th rowspan="2">总数</th><th colspan="3">测绘专业</th><th rowspan="2">测绘相关专业</th><th rowspan="2">总数</th><th colspan="3">测绘专业</th><th rowspan="2">测绘相关专业</th></tr>
<tr><th>高级</th><th>中级</th><th>初级</th><th>高级</th><th>中级</th><th>初级</th></tr>
<tr><td>1</td><td>大地测量</td><td>卫星定位测量、卫星导航定位基准站网位置数据服务、水准测量、三角测量、天文测量、重力测量、基线测量、大地测量数据处理</td><td>60</td><td>4</td><td>7</td><td>13</td><td>36</td><td>GNSS 接收机（扼流圈天线）、全站仪、水准仪、重力仪合计 30 台</td><td rowspan="3">取得相应专业类别乙级测绘资质满 2 年。所申请的每个专业类别近 2 年完成测绘服务总值不少于 600 万元，且完成至少一个金额不低于 50 万元的测绘项目</td><td>25</td><td>1</td><td>4</td><td>5</td><td>15</td><td>GNSS 接收机、全站仪、水准仪合计 15 台</td><td>不得从事二等及以上水准、三角、天文测量；不得从事 B 级及以上卫星定位测量；不得从事专业重力测量；不得承担卫星导航定位基准站建设和坐标参考框架服务</td></tr>
<tr><td>2</td><td>测绘航空摄影</td><td>一般航摄、无人飞行器航摄、倾斜航摄</td><td>30</td><td>2</td><td>4</td><td>6</td><td>18</td><td>无人飞行测量采集系统、专业测绘航摄仪及其他测绘传感器合计 4 台（套）</td><td>15</td><td>1</td><td>2</td><td>3</td><td>9</td><td>无人飞行测量采集系统、专业测绘航摄仪及其他测绘传感器合计 2 台（套）</td><td>不得承揽两个及以上省级行政区域范围的项目</td></tr>
<tr><td>3</td><td>摄影测量与遥感</td><td>摄影测量与遥感外业、摄影测量与遥感内业、摄影测量与遥感监理</td><td>40</td><td>4</td><td>7</td><td>13</td><td>16</td><td>① GNSS 接收机、全站仪合计 12 台或者三维激光扫描仪 2 台；② 摄影测量系统、遥感图像处理系统合计 8 套</td><td>8</td><td>—</td><td>2</td><td>3</td><td>3</td><td>① GNSS 接收机、全站仪合计 3 台或者三维激光扫描仪 1 台；② 摄影测量系统、遥感图像处理系统合计 2 套</td><td>不得承揽两个及以上省级行政区域范围的项目（线状项目除外）</td></tr>
</table>

续表

序号	专业类别		甲级							乙级						
			专业技术人员					技术装备	测绘业绩	专业技术人员					技术装备	作业限制范围
	名称	业务类型	总数	测绘专业 高级	测绘专业 中级	测绘专业 初级	测绘相关专业			总数	测绘专业 高级	测绘专业 中级	测绘专业 初级	测绘相关专业		
4	工程测量	控制测量、地形测量、规划测量、建筑工程测量、变形形变与精密测量、市政工程测量、水利工程测量、线路与桥隧测量、地下管线测量、矿山测量、工程测量监理	40	4	7	13	16	GNSS 接收机、全站仪、水准仪、地下管线探测仪合计20台		6	—	2	2	2	GNSS 接收机、全站仪、水准仪、地下管线探测仪合计4台	不得从事二等及以上控制测量、国家建设重点工程的规划测量、单个建筑物10万平方米及以上的建筑工程测量、特大型水利水电工程测量、4千米及以上隧道工程测量
5	海洋测绘	海岸地形测量、水深测量、水文观测、海洋工程测量、扫海测量、深度基准测量、海图编制、海洋测绘监理	40	4	7	13	16	① GNSS 接收机、全站仪合计10台；② 浅地层剖面仪、侧扫声呐、海洋磁力仪、测深仪、声速仪、水位计、验流计合计14台或者多波束测深系统2套		6	—	2	2	2	① 全站仪1台；② 测深仪1台	不得从事深度基准测量、海图编制；不得从事连片区域100平方千米及以上的海岸地形测量、水深测量、水文观测、海洋工程测量和扫海测量
6	界线与不动产测绘	行政区域界线测绘，地籍测绘、房产测绘、海域权属测绘等不动产测绘，不动产测绘监理	40	4	7	13	16	GNSS 接收机、全站仪合计10台		6	—	2	2	2	GNSS 接收机、全站仪、手持测距仪合计2台	不得从事国界线测绘、规划许可证载单栋建筑10万平方米及以上的房产测绘

续表

序号	专业类别		甲级							乙级						
			专业技术人员					技术装备	测绘业绩	专业技术人员					技术装备	作业限制范围
	名称	业务类型	总数	测绘专业			测绘相关专业			总数	测绘专业			测绘相关专业		
				高级	中级	初级					高级	中级	初级			
7	地理信息系统工程	地理信息数据采集、地理信息数据处理、地理信息系统及数据库建设、地面移动测量、地理信息软件开发、地理信息系统工程监理	40	4	7	13	16	① GNSS接收机、三维激光扫描仪合计6台；② 地理信息处理软件、地理信息系统平台软件合计12套	—	8	—	2	3	3	① GNSS接收机、三维激光扫描仪合计2台；②地理信息处理软件、地理信息系统平台软件合计2套	不得承揽两个及以上省级行政区域范围的项目
8	地图编制	地形图、教学地图、世界政区地图、全国及地方政区地图、电子地图、真三维地图、其他专用地图	60	4	7	13	36	① 数据服务器2台；② 图形输出设备（A0幅面）1台		25	1	4	5	15	数据服务器1台	不得从事世界和全国政区地图、超出省级行政区域范围的教学地图编制
9	导航电子地图制作	导航电子地图制作	100	4	8	28	60	① 外业数据采集设备30台(套)（定位精度≤10m）；② 具备导航地图编辑系统		15	1	2	3	9	外业数据采集设备5台（套）(定位精度≤10m)	不得在相关政府部门划定的自动驾驶区域外从事导航电子地图制作
10	互联网地图服务	地理位置定位、地理信息上传标注、地图数据库开发	20	—	2	—	18	有独立地图引擎		12	—	1	—	11	—	不得从事地图数据库开发

第三节 测绘行政许可事项

一、国务院测绘地理信息主管部门行政许可事项

①甲级测绘资质审批；②测绘专业技术人员执业资格审批；③外国的组织或者个人来华测绘审批；④建立相对独立的平面坐标系统审批；⑤地图审核；⑥涉密的基础测绘成果资料提供使用审批；⑦对外提供属于我国国家测绘成果的资料；⑧编制中小学教学地图审核。

二、可以设定行政许可事项

①法律可以设定行政许可。②尚未制定法律的，行政法规可以设定行政许可。必要时，国务院可以采用发布决定的方式设定行政许可。③尚未制定法律、行政法规的，地方性法规可以设定行政许可。④尚未制定法律、行政法规和地方性法规的，因行政管理的需要，确需立即实施行政许可的，省级人民政府规章可以设定临时性的行政许可。临时性的行政许可实施满 1 年需要继续实施的，应当提请本级人民代表大会及其常务委员会制定地方性法规。⑤法规、规章对实施上位法设定的行政许可作出的具体规定，不得增设行政许可；对行政许可条件作出的具体规定，不得增设违反上位法的其他条件。

三、行政许可的时限要求

行政许可应当规定行政许可的实施机关、条件、程序、期限。除可以当场作出行政许可决定的外，行政机关应当自受理行政许可申请之日起 20 日内作出行政许可决定。20 日内不能作出决定的经本行政机关负责人批准可以延长 10 日，并应当将延长期限的理由告知申请人。但是，法律 、法规另有规定的，依照其规定。

行政许可采取统一办理或者联合办理、集中办理的，办理的时间不得超过 45 日；45 日内不能办结的，经本级人民政府负责人批准，可以延长 15 日并应当将延长期限的理由告知申请人。依法应当先经下级行政机关审查后报上级行政机关决定的行政许可，下级行政机关应当自其受理行政许可申请之日起 20 日内审查完毕。但是，法律、法规另有规定的，依照其规定。

行政机关作出准予行政许可的决定，应当自作出决定之日起 10 日内向申请人颁发、送达行政许可证件，或者加贴标签、加盖检验、检测、检疫印章。

第四节　测绘执业资格与注册测绘师[①]

一、测绘执业资格的特征

（1）测绘执业资格的主体是个人。

（2）从业人员的职业资格分为从业资格和执业资格两种。执业资格，是指从事责任较大、社会通用性强、关系公共利益的专业技术性工作应具备的学识、技术和能力的准入标准。因此，测绘实行执业资格制度。国家对从事测绘活动的专业技术人员实行职业准入制度，纳入全国专业技术人员职业资格证书制度统一规划。国家对注册测绘师资格实行注册执业管理，取得“中华人民共和国注册测绘师资格证书”的人员，经过注册后方可以注册测绘师的名义执业。

（3）测绘执业资格的对象是测绘专业技术人员。

二、注册测绘师的注册申请受理与审批

1. 受理注册申请

省、自治区、直辖市人民政府测绘地理信息主管部门在收到注册测绘师资格注册的申请材料后，对申请材料不齐全或者不符合法定形式的，应当当场或者在5个工作日内，一次告知申请人需要补正的全部内容，逾期不告知的，自收到申请材料之日起即为受理。

2. 审批

省、自治区、直辖市人民政府测绘地理信息主管部门自受理注册申请之日起20个工作日内，按规定条件和程序完成申报材料的审查工作，并将申报材料和审查意见报国务院测绘地理信息主管部门审批。

国务院测绘地理信息主管部门自受理申报人员材料之日起20个工作日内，作出审批决定。在规定的期限内不能作出审批决定的，应将延长的期限和理由告知申请人。

国务院测绘地理信息主管部门自作出批准决定之日起10个工作日内，将批准决定送达经批准注册的申请人，并核发统一制作的“中华人民共和国注册测绘师注册证”和执业印章。对作出不予批准的决定，应当书面说明理由，并告知申请人享有依法申请行政复议或者提起行政诉讼的权利。

三、注册测绘师的权利与义务

1. 注册测绘师的权利

（1）保管、使用本人的证书和印章。

① 本节内容根据《注册测绘师制度暂行规定》（国人部发〔2007〕14号）和《注册测绘师执业管理办法（试行）》（国测人发〔2014〕8号）编写而成，编写时有改动，将“国家测绘地理信息局”改为“国务院测绘地理信息主管部门”。

（2）从事测绘执业活动。
（3）接受继续教育。
（4）对违规行为提出劝告，向上级报告。
（5）获得报酬。

2. 注册测绘师的义务

（1）遵纪守法。
（2）执行测绘技术标准和规范。
（3）履行岗位职责，保证执业活动成果质量，并承担相应责任。
（4）保守知悉的国家秘密和委托单位的商业、技术秘密。
（5）聘于一个有测绘资质的单位执业。
（6）不准他人以本人名义执业。
（7）专业知识，提高专业技术水平。
（8）注册管理机构交办的相关工作。

3. 执业范围

（1）测绘项目技术设计。
（2）测绘项目技术咨询和技术评估。
（3）测绘项目技术管理、指导与监督。
（4）测绘成果质量检验、审查、鉴定。
（5）国务院有关部门规定的其他测绘业务。

四、申请注册测绘师资格考试的条件

凡中华人民共和国公民，遵守国家法律、法规，恪守职业道德，并具备下列条件之一的，可申请参加注册测绘师资格考试：

（1）取得测绘类专业大学专科学历，从事测绘业务工作满 4 年。

（2）取得测绘类专业大学本科学历，从事测绘业务工作满 3 年。

（3）取得含测绘类专业在内的双学士学位或者测绘类专业研究生班毕业，从事测绘业务工作满 2 年。

（4）取得测绘类专业硕士学位，从事测绘业务工作满 1 年。

（5）取得测绘类专业博士学位。

（6）取得其他理学类或者工学类专业学历或者学位的人员，其从事测绘业务工作年限相应增加 1 年。

特别说明：报考条件中的工作年限指的是累计工作时间，即获得相关学位前后的工作经历都算在内。

符合考试报名条件的香港和澳门特别行政区居民，可申请参加注册测绘师资格考试。申请人在报名时应提交本人身份证明、国务院教育行政部门认可的相应专业学历或者学位证书、从事测绘相关专业实践年限证明。台湾地区专业技术人员考试办法另行规定。

（此部分内容仅供参考，实际报名条件以当年中国人事考试网公布的注册测绘师资格考试报名条件为准。)

五、注册测绘师注册

(1) 取得资格证书超过 1 年不满 3 年提出申请初始注册的，须提供不少于 30 学时的继续教育必修内容培训的证明。

(2) 取得资格证书 3 年以上提出申请初始注册的，须提供相当于一个注册有效期要求的继续教育证明。《注册测绘师执业管理办法》施行前已取得资格证书的，自该办法实施之日起 1 年内提出申请初始注册的，不需要提供参加继续教育的证明。

(3) 延续注册：注册证和执业印章每一次注册有效期为 3 年，期满需要继续执业的，应在期满 30 个工作日前提出延续注册申请。变更注册单位须及时办理变更注册手续，距离原注册有效期满半年以内申请变更注册的，可同时申请延续注册。准予延续注册的，注册有效期重新计算。

(4) 变更注册：超过 70 周岁申请初始注册、延续注册及变更注册的，均须提供身体健康证明。

(5) 不予注册：因在测绘活动中受到刑事处罚，自刑事处罚完毕之日起至申请之日止不满 3 年的。

六、注册测绘师的执业规定

(1) 注册单位与注册测绘师人事关系所在单位或聘用单位可以不一致。

(2) 测绘项目的设计文件、成果质量检查报告、最终成果文件以及产品测试报告、项目监理报告等，须由注册测绘师签字并加盖执业印章后方可生效。

(3) 修改经注册测绘师签字盖章的测绘文件，应由注册测绘师本人进行；该注册测绘师不能进行修改的，应由其他注册测绘师修改，并签字、加盖印章，同时对修改部分承担责任。

(4) 注册测绘师从事执业活动，应由其所在单位接受委托并统一收费。因测绘成果质量问题造成的经济损失，接受委托的单位应承担赔偿责任。接受委托的单位可以依法向承担测绘业务的注册测绘师追偿。探索建立注册测绘师执业责任保险制度。

(5) 注册测绘师注册证或执业印章遗失或污损，需要补办的，应当持在省级以上公众媒体上刊登的遗失声明或污损的原注册证或执业印章，经注册地省级测绘地理信息行政主管部门审核后，向国务院测绘地理信息主管部门申请补办。

七、注册测绘师继续教育

1. 继续教育要求

注册测绘师延续注册、重新申请注册和逾期初始注册，应当完成本专业的继续教育。注册测绘师继续教育分为必修教育和选修教育，在一个注册有效期内，必修内容和选修内容均不得少于60 学时。

2. 继续教育方式

（1）注册测绘师继续教育必修内容通过培训的形式进行，由国务院测绘地理信息主管部门推荐的机构承担。必修内容培训每次 30 学时，注册测绘师须在一个注册有效期内参加 2 次不同内容的培训。

①参与全国注册测绘师资格考试命题 1 次，可确认必修课内容 30 学时。

②参加国务院测绘地理信息主管部门有关司局举办的与培训大纲内容一致的业务培训，经国务院测绘地理信息主管部门人事司审核认可后，可按实际培训时间确认必修内容学时。

（2）注册测绘师继续教育选修内容通过参加指定的网络学习获得 40 学时，另外 20 学时通过以下方式取得：①担当注册测绘师继续教育培训班的授课人，每授课 1 次；②公开出版测绘地理信息相关专业著作，承担地市级以上测绘地理信息科研课题；③在国外、国内省级以上公开出版刊物发表测绘地理信息相关专业的学术论文；④参加测绘地理信息相关专业在职学位、学历教育，获得学位或学历当年可确认；⑤参加中国测绘地理信息学会注册测绘师工作委员会组织的学术活动；⑥参加与测绘地理信息有关的国际组织或国家级社团组织的学术会议，并提交论文；⑦参与国家、行业或省级地方测绘地理信息标准、规范的制定工作；⑧获得与测绘地理信息专业相关的国家级、省级科技奖励，或省级测绘地理信息行政主管部门、省级以上测绘地理信息社团组织的科技奖励（前 3 名）；⑨参加省级测绘地理信息行政主管部门以及国务院测绘地理信息主管部门认可的其他部门、单位组织的技术培训，按实际培训时间确认学时。

（3）注册测绘师继续教育实行登记制度。

八、法律责任

未取得测绘执业资格，擅自从事测绘活动的，责令停止违法行为，没收违法所得，可以并处违法所得 2 倍以下的罚款。

第五节　测绘作业证管理

测绘作业证由封皮、《测绘法》相关条款、内芯、用证规定四部分组成。

一、测绘作业证申请

应当向单位所在地的省级测绘地理信息主管部门或者其委托的市级人民政府测绘地理信息主管部门提出申请。

二、申请测绘作业证的范围

（1）取得测绘资质证书单位的人员；

（2）从事野外测绘作业的人员；

（3）需要领取测绘作业证的其他人员。

三、适用范围

（1）进入机关、企业、住宅小区、耕地或其他地块进行测绘时，应当持有测绘作业证件；

（2）使用测量标志时，应当持有测绘作业证件；

（3）接受测绘地理信息行政主管部门执法监督检查时，应当持有测绘作业证件；

（4）办理与所从事的测绘活动相关的其他事项时，应当持有测绘作业证件。

进入保密单位、军事禁区和法律法规规定的需经特殊审批的区域进行测绘活动时，还应当按照规定持有关部门的批准文件。

四、测绘作业证使用规定

（1）测绘人员遗失测绘作业证，应当立即向本单位报告，并说明情况。所在单位应当及时向发证机关书面报告情况。

（2）测绘人员调离工作单位的，必须由原所在测绘单位收回测绘作业证，并及时上交发证机关。测绘人员调往其他测绘单位的，由新调入单位重新申领测绘作业证。

（3）省、自治区、直辖市人民政府测绘地理信息主管部门或者其委托的市（地）级人民政府测绘地理信息主管部门应当自收到办证申请，并确认各种报表及各项手续完备之日起 30 日内，完成测绘作业证的审核发证工作。

（4）测绘单位办理遗失证件的补证和旧证换新证的，省级测绘地理信息主管部门或者其委托的市级人民政府测绘地理信息主管部门应当自收到申请之日起 30 日内完成。

五、测绘作业证注册

（1）每次注册核准有效期为 3 年。注册核准有效期满前 30 日内，测绘单位应当将测绘作业证送交所在地的省级测绘地理信息主管部门或者其委托的市级测绘地理信息主管部门进行注册核准。

（2）省级人民政府测绘地理信息主管部门明确相应的机构负责测绘作业证的审核、发放和管理工作，应当汇总领取测绘作业证情况，并于当年 12 月底前报国家测绘地理信息局。

六、法律责任

测绘人员有下列行为之一的，由所在单位收回其测绘作业证，并及时交回发证机关，对情节严重者依法给予行政处分；构成犯罪的，依法追究刑事责任：①将测绘作业证转借他人的；②擅自涂改测绘作业证的；③利用测绘作业证严重违反工作纪律、职业道德或者损害国家、集体或者他人利益的；④利用测绘作业证进行欺诈及其他违法活动的。

第六节　测绘信用管理

社会信用体系建设是社会主义市场经济体制改革和推进社会治理的重要组成部分。加快实施测绘地理信息市场信用管理制度，有助于促进全行业逐步形成“守信激励、失信惩戒”的机制，对于引导测绘单位诚信自律经营，维护市场公平竞争、促进行业单位诚信自律、保障地理信息产业健康发展，都具有重要而深远的意义。

一、测绘信用管理职责

《测绘法》和《测绘地理信息行业信用管理办法》，规定了各级测绘地理信息主管部门的信用管理职责。

1. 国务院测绘地理信息主管部门

国务院测绘地理信息主管部门负责指导全国测绘地理信息行业信用体系建设，负责建立全国统一的测绘地理信息行业信用管理平台，负责甲级测绘资质单位信用信息的发布和管理工作。

2. 省级测绘地理信息主管部门

省级测绘地理信息主管部门负责本行政区域内乙级以下测绘资质单位信用信息的发布和管理工作。

3. 市、县级测绘地理信息主管部门

市、县级测绘地理信息主管部门负责测绘资质单位信用信息的征集工作。

二、测绘信用信息分类

依据《测绘地理信息行业信用指标体系》，测绘单位信用信息由基本信息、良好信息和不良信息构成。

1. 基本信息

基本信息是指测绘资质管理信息系统中的测绘资质单位资质条件、年度报告公示等基本情况信息。

2. 良好信息

良好信息是指测绘资质单位受到表彰、取得荣誉、科技创新、社会贡献等信息。

3. 不良信息

不良信息是指测绘资质单位违反测绘地理信息及相关法律法规和政策规定产生失信行为的信息。不良信息分为严重失信信息、一般失信信息和轻微失信信息。

4. 测绘资质单位信用信息来源

测绘资质单位信用信息的主要来源有：

（1）测绘地理信息主管部门征集；

（2）测绘资质单位申报；

（3）政府有关部门公开；

（4）经查实的公众举报；

（5）其他有关渠道。

征集测绘资质单位信用信息不得采用欺骗、盗窃、胁迫、利用计算机网络侵入或者其他不正当手段，见表 1-2。

表 1-2　　**测绘信用信息分类表**

类别	代码	指标内容
基本信息	1-01	测绘资质单位名称、单位类型、所属系统、成立日期、办公地址、法定代表人、人员规模、仪器设备、资质等级、专业范围、资质变更记录等
	1-02	测绘资质单位质量管理、成果及资料档案管理、保密管理制度等
	1-03	测绘资质单位基本情况变化（含上市、兼并重组、改制分立、重大股权变化等）
良好信息	2-01	测绘地理信息市场行为获得工商、银行、税务等部门授予的良好资信评级
	2-02	单位测绘地理信息工作受到县级以上人民政府及其有关行政管理部门的表彰奖励
	2-03	获得国家和测绘地理信息领域学会、协会等社会团体评定的相关奖项或荣誉称号
	2-04	取得测绘地理信息领域相关产品发明专利权、软件著作权
	2-05	在国家级或省级测绘成果质量监督检查中，批成果质量合格且样本质量等级达到优级
	2-06	为政府、公众提供防灾减灾、应急保障等测绘地理信息服务
	2-07	参与国际合作或者开拓国际市场
	2-08	主导制定测绘地理信息国家标准或者行业标准
不良信息（严重失信信息）	3-01	未依法送审地图或者未按照审查要求修改地图即向社会公开
	3-02	违反保密规定加工、处理和利用涉密测绘成果，存在失泄密隐患被查处
	3-03	测绘成果质量经测绘地理信息质检机构判定为批不合格
	3-04	涂改、倒卖、出租、出借或者以其他形式转让测绘资质证书
	3-05	侵犯商业秘密或者知识产权被查处
	3-06	由于市场不正当竞争行为被查处

续表

类别	代码	指 标 内 容
不良信息（严重失信信息）	3-07	以欺骗手段取得测绘资质证书从事测绘活动
	3-08	超越资质等级许可范围从事测绘活动
	3-09	以其他测绘资质单位名义从事测绘活动
	3-10	允许其他单位以本单位的名义从事测绘活动
	3-11	测绘资质单位将承包的测绘项目转包
	3-12	伪造、变造测绘成果
	3-13	被工商机关吊销营业执照
	3-14	在从事测绘活动中，因泄露国家秘密被国家安全机关查处
	3-15	受到其他行政处罚或被依法追究刑事责任
不良信息（一般失信信息）	4-01	提供虚假测绘地理信息行政许可申请材料
	4-02	不配合测绘地理信息行政主管部门依法实施监督检查，隐瞒、拒绝和阻碍提供有关文件、资料
	4-03	在测绘地理信息市场抽查检查中发现的测绘资质单位经营异常信息
	4-04	不履行与测绘有关的处罚、判决、裁定等，被人民法院强制执行
	4-05	未按规定汇交测绘成果资料
不良信息（轻微失信信息）	5-01	测绘资质单位名称、注册地址、法定代表人发生变化 30 日内未申请变更
	5-02	未按照相关规定要求履行测绘项目备案（任务登记、验证登记等）义务
	5-03	未按要求报送测绘资质年度报告
	5-04	因与测绘有关的不良行为被提起民事诉讼，法院终审判决测绘资质单位承担责任或者履行义务

三、测绘信用信息审核与处理

1. 测绘信用信息审核

（1）测绘资质单位信用信息经省级以上测绘地理信息主管部门审核后生效。测绘地理信息主管部门对不良信息的保存期限，自不良行为或者事件终止之日起为 5 年；超过 5 年的，应当予以删除。

（2）测绘资质单位的信用信息通过测绘地理信息行业信用管理平台公开发布，公民、法人或者其他组织均可查询。

2. 测绘信用信息查询

（1）测绘资质单位可以向省级以上测绘地理信息主管部门申请获取本单位的信用报告。

（2）其他查询者获取测绘资质单位的信用报告，应当向省级以上测绘地理信息主管部门提交载明查询事由的书面申请及该测绘资质单位同意查询的书面意见。

3. 测绘信用信息异议处理

（1）公民、法人或者其他组织对测绘资质单位信用信息存在异议的，可以向省级以上测绘地理信息主管部门提交书面核查申请及相关证据。异议处理期间，应当暂停发布该异议信息。

（2）省级以上测绘地理信息主管部门应当自收到异议申请之日起 20 日内，按照下列规定处理：①经核实异议信息确需更正的，由相应测绘地理信息主管部门及时更正，并书面告知异议申请人；②经核实异议信息无须更正的，由相应测绘地理信息主管部门告知异议申请人。

（3）测绘资质单位认为其合法权益在信用管理工作中受到侵害的，可以向省级以上测绘地理信息主管部门投诉。受理投诉的测绘地理信息主管部门应当自 30 日内做出处理。

4. 测绘不良信用信息运用

（1）测绘资质单位受到测绘地理信息主管部门及相关部门行政处罚的，计入该单位的严重失信信息，自该信息生效之日起两年内不得申请晋升测绘资质等级或者新增专业范围。

（2）测绘资质单位被测绘地理信息主管部门计入一般失信信息的，自该信息生效之日起一年内不得申请晋升测绘资质等级或者新增专业范围。

（3）测绘资质单位被测绘地理信息主管部门计入轻微失信信息的，自该信息生效之日起半年内不得申请晋升测绘资质等级或者新增专业范围。

第一章考点试题
汇编及答案

第二章 测绘项目管理

第一节 测绘项目招投标基本概念

一、测绘项目招投标的概念

1. 测绘项目招标

测绘项目招标是测绘发包的一种方式。招标发包是项目法人单位对自愿参加某一特定测绘项目的承包单位进行邀约、审查、评价和选定的过程。测绘项目招标方式包括公开招标和直接招标两种方式。

2. 测绘项目投标

测绘项目投标是根据测绘项目招标方或者委托招标代理机构的邀约，响应招标并向招标方书面提出测绘项目实施计划、方案和价格等，参与测绘项目竞争的过程。

二、测绘项目招投标单位的基本条件

测绘市场活动的专业范围包括大地测量、摄影测量与遥感、地图编制与地图印刷、数字化测绘与基础地理信息系统工程、工程测量、地籍测绘与房产测绘、海洋测绘等。测绘市场活动应当遵循等价有偿、平等互利、协商一致、诚实信用的原则；禁止测绘市场活动中的不正当竞争行为和非法封锁、垄断行为；测绘市场活动当事人必须遵守国家的法律、法规，不得扰乱社会经济秩序，不得损害国家利益、社会公共利益和他人的合法权益。

1. 测绘项目投标单位条件

（1）进入测绘市场承担测绘任务的单位、经济组织和个体测绘业者，必须持有国务院测绘地理信息主管部门或省、自治区、直辖市人民政府测绘地理信息主管部门颁发的“测绘资格证书”，并按资格证书规定的业务范围和作业限额从事测绘活动。

（2）从事经营性测绘活动的单位、其他经济组织、个体测绘业者，依照国家有关规定，须经工商行政管理部门核准登记，在核准登记的经营范围内从事测绘活动。

（3）测绘事业单位在测绘市场活动中收费的，应当持有物价主管部门颁发的“收费

许可证”。

2. 测绘项目中标单位的权利和义务

（1）测绘项目中标单位的权利：①公平参与市场竞争；②获得所承揽的测绘项目应得的价款；③按合同约定享有测绘成果的所有权或使用权；④拒绝委托方提出的违反国家规定的不正当要求；⑤对由于委托方未履行合同而造成的经济损失提出赔偿要求。

（2）测绘项目中标单位的义务：①遵守有关的法律、法规，全面履行合同，遵守职业道德；②保证成果质量合格，按合同约定向委托方提交成果资料；③根据各省、自治区、直辖市的有关规定，向测绘主管部门备案登记测绘项目；④按合同约定，不向第三方提供受委托完成的测绘成果。

3. 测绘项目招标单位（业主或委托方）的权利和义务

（1）测绘项目招标单位（业主或委托方）的权利：①检验中标单位的“测绘资质证书”；②对委托的项目提出符合国家有关规定的技术、质量、价格、工期等要求；③明确规定中标单位完成的成果的验收方式；④对由于中标单位未履行合同造成的经济损失，提出赔偿要求；⑤按合同约定享有测绘成果的所有权或使用权。

（2）测绘项目招标单位（业主或委托方）的义务：①遵守有关法律、法规，履行合同；②向承揽方提供与项目有关的可靠的基础资料，并为承揽方提供必要的工作条件；③向测绘项目所在省、自治区、直辖市测绘地理信息主管部门汇交测绘成果目录或副本；④执行国家规定的测绘收费标准。

三、测绘项目招投标管理

（1）不允许超越资质等级许可的范围从事测绘活动；

（2）不允许以其他测绘单位的名义从事测绘活动；

（3）不允许其他单位以本单位的名义从事测绘活动；

（4）测绘单位不得将承包的测绘项目转包；

（5）测绘单位不得将承包的测绘项目违法分包：根据《中华人民共和国招标投标法》（以下简称《招标投标法》），中标人按照合同约定或者经招标人同意，可以将中标项目的部分非主体、非关键性工作分包给他人完成。接受分包的人应当具备相应的资格条件，并不得再次分包。中标人应当就分包项目向招标人负责，接受分包的人就分包项目承担连带责任。分包量不得大于该项目总承包量的40%。

第二节　测绘项目招投标

一、测绘项目招标投标基础知识

（1）测绘项目招标分为公开招标和邀请招标。金额超过20万元的，应当通过招标方式确定中标单位。

（2）邀请招标：应当向 3 个以上具备承担招标项目的能力、资信良好的特定法人或者其他组织发出投标邀请书。少于 3 个，重新招标。

（3）在中华人民共和国境内进行下列工程建设项目包括项目的勘察、设计、施工、监理以及与工程建设有关的重要设备、材料等的采购，必须进行招标：①大型基础设施、公用事业等关系社会公共利益、公众安全的项目；②全部或者部分使用国有资金投资或者国家融资的项目；③使用国际组织或者外国政府贷款、援助资金的项目。前款所列项目的具体范围和规模标准，由国务院发展计划部门会同国务院有关部门制订，报国务院批准。

（4）招标代理机构是依法设立、从事招标代理业务并提供相关服务的社会中介组织。招标代理机构应当具备下列条件：①有从事招标代理业务的营业场所和相应资金；②有能够编制招标文件和组织评标的相应专业力量；③有可以作为评标委员会成员人选的技术、经济等方面的专家库。

（5）从事工程建设项目招标代理业务的招标代理机构，其资格由国务院或者省、自治区、直辖市人民政府的建设行政部门认定。具体办法由国务院建设行政部门会同国务院有关部门制定。从事其他招标代理业务的招标代理机构，其资格认定的部门由国务院规定。

（6）招标人应当根据招标项目的特点和需要编制招标文件。招标文件应当包括招标项目的技术要求、对投标人资格审查的标准、投标报价要求和评标标准等所有实质性要求和条件以及拟签订合同的主要条款。

二、反不正当竞争

1. 反不正当竞争的主管机关

（1）县级以上人民政府履行工商行政管理职责的部门对不正当竞争行为进行查处。

（2）国务院建立反不正当竞争工作协调机制，研究决定反不正当竞争重大政策，协调处理维护市场竞争秩序的重大问题。

2. 依法禁止的不正当竞争行为

（1）经营者不得采用财物或者其他手段贿赂下列单位或者个人，以谋取交易机会或者竞争优势：①交易相对方的工作人员；②受交易相对方委托办理相关事务的单位或者个人；③利用职权或者影响力影响交易的单位或者个人。

（2）经营者在交易活动中，可以以明示方式向交易相对方支付折扣，或者向中间人支付佣金。经营者向交易相对方支付折扣、向中间人支付佣金的，应当如实入账。接受折扣、佣金的经营者也应当如实入账。经营者的工作人员进行贿赂的，应当认定为经营者的行为；但是，经营者有证据证明该工作人员的行为与为经营者谋取交易机会或者竞争优势无关的除外。

（3）经营者进行有奖销售不得存在下列情形：①所设奖的种类、兑奖条件、奖金金额或者奖品等有奖销售信息不明确，影响兑奖；②采用谎称有奖或者故意让内定人员中奖的欺骗方式进行有奖销售；③抽奖式的有奖销售，最高奖的金额超过五万元；④经营者利用网络从事生产经营活动，应当遵守本法的各项规定。

（4）经营者不得利用技术手段，通过影响用户选择或者其他方式，实施下列妨碍、破坏其他经营者合法提供的网络产品或者服务正常运行的行为：①未经其他经营者同意，在其合法提供的网络产品或者服务中，插入链接、强制进行目标跳转；②误导、欺骗、强迫用户修改、关闭、卸载其他经营者合法提供的网络产品或者服务；③恶意对其他经营者合法提供的网络产品或者服务实施不兼容；④其他妨碍、破坏其他经营者合法提供的网络产品或者服务正常运行的行为。

3. 对不正当竞争行为的监督检查

对涉嫌不正当竞争行为，任何单位和个人有权向监督检查部门举报，监督检查部门接到举报后应当依法及时处理。对实名举报并提供相关事实和证据的，监督检查部门应当将处理结果告知举报人。

4. 因不正当竞争行为受到损害的经营者的赔偿

因不正当竞争行为受到损害的经营者的赔偿数额，按照其因被侵权所受到的实际损失确定；实际损失难以计算的，按照侵权人因侵权所获得的利益确定。赔偿数额还应当包括经营者为制止侵权行为所支付的合理开支。

经营者违反下列情况规定的，权利人因被侵权所受到的实际损失、侵权人因侵权所获得的利益难以确定的，由人民法院根据侵权行为的情节判决给予权利人 300 万元以下的赔偿。

（1）经营者不得实施下列混淆行为，引人误认为是他人商品或者与他人存在特定联系：①擅自使用与他人有一定影响的商品名称、包装、装潢等相同或者近似的标识；②擅自使用他人有一定影响的企业名称（包括简称、字号等）、社会组织名称（包括简称等）、姓名（包括笔名、艺名、译名等）；③擅自使用他人有一定影响的域名主体部分、网站名称、网页等；④其他足以引人误认为是他人商品或者与他人存在特定联系的混淆行为。

（2）经营者不得实施下列侵犯商业秘密的行为：①以盗窃、贿赂、欺诈、胁迫或者其他不正当手段获取权利人的商业秘密；②披露、使用或者允许他人使用以前项手段获取的权利人的商业秘密；③违反约定或者违反权利人有关保守商业秘密的要求，披露、使用或者允许他人使用其所掌握的商业秘密。第三人明知或者应知商业秘密权利人的员工、前员工或者其他单位、个人实施前款所列违法行为，仍获取、披露、使用或者允许他人使用该商业秘密的，视为侵犯商业秘密本法所称的商业秘密，是指不为公众所知悉、具有商业价值并经权利人采取相应保密措施的技术信息和经营信息。

5. 不正当竞争行为应承担的法律责任

（1）经营者违反规定实施混淆行为的，由监督检查部门责令停止违法行为，没收违法商品。违法经营额 5 万元以上的，可以并处违法经营额 5 倍以下的罚款；没有违法经营额或者违法经营额不足 5 万元的，可以并处 25 万元以下的罚款。

（2）经营者违反规定贿赂他人的，由监督检查部门没收违法所得，处 10 万元以上

300 万元以下的罚款。情节严重的，吊销营业执照。

（3）经营者违反规定对其商品作虚假或者引人误解的商业宣传，或者通过组织虚假交易等方式帮助其他经营者进行虚假或者引人误解的商业宣传的，由监督检查部门责令停止违法行为，处 20 万元以上 100 万元以下的罚款；情节严重的，处 100 万元以上、200 万元以下的罚款，可以吊销营业执照。

（4）经营者违反规定侵犯商业秘密的，由监督检查部门责令停止违法行为，处 10 万元以上 50 万元以下的罚款；情节严重的，处 50 万元以上、300 万元以下的罚款。

（5）经营者违反规定进行有奖销售的，由监督检查部门责令停止违法行为，处 5 万元以上、50 万元以下的罚款。

（6）经营者违反规定损害竞争对手商业信誉、商品声誉的，由监督检查部门责令停止违法行为、消除影响，处 10 万元以上 50 万元以下的罚款；情节严重的，处 50 万元以上、300 万元以下的罚款。

（7）经营者违反规定妨碍、破坏其他经营者合法提供的网络产品或者服务正常运行的，由监督检查部门责令停止违法行为，处 10 万元以上、50 万元以下的罚款；情节严重的，处 50 万元以上、300 万元以下的罚款。

（8）妨害监督检查部门依照本法履行职责，拒绝、阻碍调查的，由监督检查部门责令改正，对个人可以处 5 千元以下的罚款，对单位可以处 5 万元以下的罚款。

三、招标投标法基础知识

1. 招标和投标

（1）测绘项目的评标委员会由招标单位与当地测绘部门和工商行政管理部门组成。重大测绘项目的评标委员会由省级以上测绘部门和工商行政管理部门及有关专家组成。要求 5 人以上单数，技术、经济不少于总人数的 2/3。

（2）招标人对已发出的招标文件进行必要的澄清或者修改的，应当在招标文件要求提交投标文件截止时间至少 15 日前，以书面的形式通知所有招标文件收受人。该澄清或者修改的内容为招标文件的组成部分。

（3）自招标文件开始发出之日起至投标人提交投标文件截止之日止，最短不少于 20 日。

（4）中标人的投标应当符合下列条件之一：①能够最大限度地满足招标文件中规定的各项综合评价标准；②能够满足招标文件的实质性要求，并且经评审的投标价格最低；但是投标价格低于成本的除外。

2. 评标和中标

（1）评标委员会完成评标后，应当向招标人提出书面评标报告，并推荐合格的中标候选人，招标人确定中标人。招标人也可以授权评标委员会直接确定中标人。

（2）招标人和中标人应当自中标通知书发出之日起 30 日内，按照招标文件和中标人的投标文件订立书面合同。

（3）中标人不得向他人转让中标项目，也不得将中标项目肢解后分别向他人转让。中标人按照合同约定或者经招标人同意，可以将中标项目的部分非主体性工作分包给他人完成。接受分包的人应当具备相应的资格条件，不得再次分包。

（4）依法必须进行招标的项目，招标人应当自确定中标人之日起 15 日内，向有关行政监督部门提交招标投标情况的书面报告。

（5）两个以上法人或者其他组织可以组成一个联合体，以一个投标人的身份共同投标。联合体各方均应当具备承担招标项目的相应能力；国家有关规定或者招标文件对投标人资格条件有规定的，联合体各方均应当具备规定的相应资格条件。由同一专业的单位组成的联合体，按照资质等级较低的单位确定资质等级。联合体各方应当签订共同投标协议，明确约定各方拟承担的工作和责任，并将共同投标协议连同投标文件一并提交招标人。联合体中标的，联合体各方应当共同与招标人签订合同，就中标项目向招标人承担连带责任。

3. 法律责任

（1）必须进行招标的项目而不招标的，处项目合同金额 5‰以上、10‰以下的罚款。

（2）泄露资料，或者与招标人、投标人串通损害国家利益、社会公共利益或者他人合法权益的，处 5 万元以上、25 万元以下的罚款，对单位直接负责的主管人员和其他直接责任人员处单位罚款数额 5%以上、10%以下的罚款。

（3）招标人以不合理的条件限制或者排斥潜在投标人的，强制要求投标人组成联合体共同投标的，责令改正，可以处 1 万~5 万元罚款。招标人向他人透露已获取招标文件的潜在投标人的名称、数量或者可能影响公平竞争的有关招标投标的其他情况的，或者泄露标底的，给予警告，可以并处 1 万~10 万元罚款。

（4）泄露标底的，给予警告，可以并处 1 万元以上、10 万元以下的罚款。

（5）投标人相互串通投标或者与招标人串通投标的，投标人以向招标人或者评标委员会成员行贿的手段谋取中标的，中标无效，处中标项目金额 5‰以上、10‰以下的罚款，对单位直接负责的人员和其他直接责任人员处单位罚款数额 5%以上、10%以下的罚款；有违法所得的，并处没收违法所得；情节严重的，取消其 1~2 年内参加依法必须进行招标的项目的投标资格并予以公告，直至由工商行政管理机关吊销营业执照。

（6）评标委员会成员收受投标人的财物或者其他好处的，可以并处 3 千元以上、5 万元以下的罚款。

（7）招标人在评标委员会依法推荐的中标候选人以外确定中标人的，依法必须进行招标的项目在所有投标被评标委员会否决后自行确定中标人的，中标无效。责令改正，可以处中标项目金额 5‰以上、10‰以下的罚款。

（8）中标转让，或者招标人、中标人订立背离合同实质性内容的协议的，责令改正；可以处中标项目金额 5‰以上、10‰以下的罚款。

（9）中标人不按照与招标人订立的合同履行义务，情节严重的，取消其 2~5 年内参加依法必须进行招标的项目的投标资格并予以公告，直至由工商行政管理机关吊销营业执照。

（10）被侵害权利的经营者的损失难以计算的，赔偿额为侵权人在侵权期间因侵权所获得的利润；并应承担被侵害人因调查该不正当竞争行为所支付的合理费用。

四、合同法基础知识

1. 无效合同

根据《中华人民共和国合同法》（以下简称《合同法》）规定，有下列情况之一的，合同无效：

（1）一方以欺诈、胁迫的手段订立合同，损害国家利益；

（2）恶意串通，损害国家、集体或者第三人利益；

（3）以合法形式掩盖非法目的；

（4）损害社会公共利益；

（5）违反法律、行政法规的强制性规定。

2. 无效合同免责条款

有下列情况之一的，合同免责条款无效：

（1）造成对方人身伤害的；

（2）因故意或者重大过失造成对方财产损失的。

3. 变更或者撤销合同

有下列情况之一的，当事人一方有权请求人民法院或者仲裁机构变更或者撤销合同：

（1）因重大误解订立的；

（2）在订立合同时显失公平的。

4. 解除合同

有下列情形之一的，当事人可以解除合同：

（1）因不可抗力致使不能实现合同目的；

（2）在履行期限届满之前，当事人一方明确表示或者以自己的行为表明不履行主要债务；

（3）当事人一方迟延履行主要债务，经催告后在合理期限内仍未履行；

（4）当事人一方迟延履行债务或者有其他违约行为致使不能实现合同目的；

（5）法律规定的其他情形。

5. 终止合同的权利义务

有下列情形之一的，合同的权利义务终止：

（1）债务已经按照约定履行；

（2）合同解除；

（3）债务相互抵消；

（4）债务人依法将标的物提存；

（5）债权人免除债务；

（6）债权债务同归于一人；

（7）法律规定或者当事人约定终止的其他情形。

6. 合同履行

（1）逾期交付标的物的，遇价格上涨时，按照原价格执行；价格下降时，按照新价格执行。

（2）逾期提取标的物或者逾期付款的，遇价格上涨时，按照新价格执行；价格下降时，按照原价格执行。

第三节　测绘项目合同和经费

一、测绘项目合同

（1）测绘项目合同是测绘项目管理的核心内容。

（2）甲方义务：审定技术设计书，保证乙方进场，保证工程款到位。允许乙方使用测绘成果。

（3）乙方义务：完成项目，允许甲方使用测绘成果，未经允许，不得转包。

（4）合同终止：全部成果交接完毕和测绘工程费结算完成后。

二、测绘项目经费

1. 测绘项目成本预算与费用

测绘项目成本预算与费用见表 2-1。

表 2-1

成本预算	方式	依赖于所在单位的机构组织模式、分配机制和相关会计制度
	分类	①项目是生产承包制，由生产成本预算和期间费用预算组成； ②项目是生产经营承包制，由生产成本预算、承包部门费用预算和期间费用预算组成
	内容	生产成本（直接费用）：人工费、直接材料费、交通差旅费、折旧费； 项目承包（费用包干）：直接承包费、期间费用
		经营成本（维持运作）： ①员工福利：福利费、职工教育经费、三险一金； ②机构运营费：业务往来费、办公费用、仪器购置、维护及更新、工会费、社团活动费用、质量安全控制成本、基建费

续表

成本费用	构成比例	①直接费用 82%，间接费用 6%，期间费用 12%； ②测绘项目设计费：1.5%，成果验收费：3%； ③成本费用中不包含折旧费用或修购基金

2. 成本费用的有关系数

（1）长迁系数：1 000～2 000km，3.0%；2 000～3 000km，6.0%；3 000km 以上，8.0%。长迁系数是指测区长距离搬迁（含出测、收测）时，成本费用定额增加的比例。

（2）高原系数：7%。高原系数是指作业区域平均海拔高度≥3 500m 时，成本费用定额增加的比例。

（3）高温、高寒系数：5%。高温、高寒系数是指在省、自治区、直辖市人民政府规定的高温、高寒地区作业时，成本费用定额增加的比例。

（4）带状系数：30%（15%），图上宽度≤1dm（1dm≤图上宽度≤2.5dm）的 1∶500～1∶2 000 比例尺带状地形图。带状系数是指进行铁路、公路：或其他带状测绘作业时，成本费用定额增加的比例。

（5）小面积系数：30%。小面积系数是指进行面积不足一幅的 1∶500～1∶2 000 比例尺地形图测绘时，成本费用定额增加的比例。

（6）修测系数：（修测面积/标准幅面积）×定额×1.3。修测系数是指进行 1∶500～1∶2 000 比例尺地形图修测时，成本费用定额增加的比例。

（7）面积系数：（实际面积-标准面积）/标准面积×80%。面积系数是指施测图幅实际面积大于或小于标准幅面积时，成本费用定额增加或减少的比例。

（8）水准观测少于 100km 的时候，定额增加 30%。水准路线检测按相应等级定额的 50%核算。水准网平差不足 100km，按 100km 计算。

（9）基线测量基线长度不足 2km 时，按 2km 核算定额。基线长度大于 2km 时，每增加 1km 定额增加 30%。

（10）GPS 观测中，A、B、C 级点观测系指单点观测，若采用同步环方法观测定额增加 60%，观测时间每增减 1 个时段，定额增减 15%。

（11）航摄像片控制点联测，1∶50 000～1∶5 000 定额指的是区域网法布点，若采用全野外法布点，定额增加 50%。1∶2 000～1 500 定额指的是全野外法布点，改为航线网布点时定额减少 15%，改为区域网时减少 30%。

（12）当基础数字线划图需要满足地籍图、房产图精度要求时，定额增加 20%。

第四节 测绘项目立项审核内容

对于使用财政资金的测绘项目和使用财政资金的建设工程测绘项目，测绘地理信息主管部门在进行立项前审核时，主要审核以下内容：

（1）测绘项目或建设工程测绘项目的基本情况，包括项目空间分布情况、覆盖范围及主要成果。

（2）测绘项目或建设工程测绘项目的基本技术要求，包括所采用的测量基准、执行的标准和规范情况以及起算依据等。

（3）测绘项目或建设工程测绘项目的特殊要求，即满足项目立项申请单位或者测绘成果使用单位的特殊规定、技术要求等。

（4）根据测绘地理信息主管部门掌握的已有基础测绘成果资料及其资料现势性（包括其他部门汇交的测绘成果资料），对测绘项目或建设工程测绘项目的情况进行综合比对、分析，提出审核意见。已有测绘成果的精度、规格及范围能够满足测绘项目或建设工程测绘项目需要的，测绘地理信息部门应当在10日内提出不予批准立项的建议文件。已有测绘成果资料难以满足立项申请单位和测绘成果使用单位需求的，测绘地理信息部门应当提出具体解决办法和意见。

第二章考点试题
汇编及答案

第三章　测绘基准和测绘系统

第一节　测绘基准

一、测绘基准的概念

基准是将几何坐标系按一定的关系放入物理坐标系中的一组必要参数。而坐标则是一组有序实数，表示 n 维欧氏空间中的一个点；坐标系是确定地面点或空间目标的位置所采用的参考系（参照物）。因此，测绘基准是指整个国家测绘的起算依据和各种测绘系统的基础，包括所选用的大地测量参数、统一的起算面、起算方位以及相关的设施和名称。目前采用的测绘基准主要包括大地基准、高程基准、深度基准和重力基准。

1. 大地基准

大地基准是用作大地坐标系的基本参考依据和大地坐标计算的起算数据，包括参考椭球参数和定位参数以及大地坐标的起算数据，即地球椭球赤道半径 a，地心引力常数 GM，带球谐系数 J_2（由此导出椭球扁率 f）和地球自转角度 ω，以及用以确定大地坐标系统和大地控制网长度基准的真空光速 c；而一组起算数据是指国家大地控制网起算点（成为大地原点）的大地经度、大地纬度、大地高程和至相邻点方向的大地方位角。

2. 高程基准

高程基准是推算国家统一高程控制网中所有水准高程的起算依据，包括一个水准基面和一个永久性水准原点。中国水准原点建立在青岛验潮站附近，并构成原点网。用精密水准测量测定水准原点相对于黄海平均海面的高差，即水准原点的高程，定为全国高程控制网的起算高程。

3. 深度基准

深度基准是计算水体深度的起算面，深度基准与国家高程基准之间通过验潮站的水准联测建立联系。我国从 1957 年起以理论深度基准面作为深度基准。

4. 重力基准

重力基准是指绝对重力值已知的重力点，作为相对重力测量（两点间重力差的重力测量）的起始点。2000 国家重力基准网是我国重力测量基准，我国于 1999—2002 年完成建设，它由 259 个点组成，其中基准点 21 个、基本点 126 个、基本点引点 112 个。重力系统采用 GRS80 椭球常数及相应重力场。

二、测绘基准的特征

1. 科学性

任何测绘基准都是依靠严密的科学理论、科学手段和方法，经过严密的演算和施测建立起来的，其形成的数学基础和物理结构都必须符合科学理论和方法的要求，从而使测绘基准具有科学性特点。

2. 统一性

为保证测绘成果的科学性、系统性和可靠性，满足科学研究、经济建设和国防建设的需要，一个国家和地区的测绘基准必须是严格统一的。如果测绘基准不统一，不仅测绘成果不具有可比性和衔接性，地理信息资源难以共享，还会对国家安全和城市建设以及社会管理带来严重的后果。

3. 法定性

国家设立和采用全国统一的大地基准、高程基准、深度基准和重力基准，其数据由国务院测绘地理信息主管部门审核，并与国务院其他有关部门、军队测绘部门会商后，报国务院批准。

4. 稳定性

测绘基准是测绘活动和测绘成果的基础和依据，测绘基准一经建立，便具有长期稳定性，在一定时期内不能轻易改变。

三、测绘基准管理

目前，我国对测绘基准的管理，在法律、行政法规层面上，主要体现在以下几个方面：

1. 国家规定测绘基准

我国《测绘法》第五条规定，从事测绘活动，应当使用国家规定的测绘基准和测绘系统，执行国家规定的测绘技术规范和标准。

2. 国家设立测绘基准

我国《测绘法》第九条规定，国家设立和采用全国统一的大地基准、高程基准、深度基准和重力基准，其数据由国务院测绘地理信息主管部门审核，并与国务院其他有关部门、军队测绘部门会商后，报国务院批准。

3. 国家要求使用统一的测绘基准

国务院颁布实施的《基础测绘条例》明确规定，实施基础测绘项目，不使用全国统一的测绘基准和测绘系统或者不执行国家规定的测绘技术规范和标准的，责令限期改正，给予警告，可以并处10万元以下罚款；对负有直接责任的主管人员和其他直接责任人员，依法给予处分。

第二节 测绘系统

一、测绘系统的概念

测绘系统是指由测绘基准延伸，在一定范围内布设的各种测量控制网，它们是各类测绘成果的依据，包括大地坐标系统、平面坐标系统、高程系统、地心坐标系统和重力测量系统。

1. 大地坐标系统

大地坐标系统是用来表述地球空间点位置的一种地球坐标系统，它采用一个接近地球整体形状的椭球作为点的位置及其相互关系的数学基础，大地坐标系统的三个坐标是大地经度（L）、大地纬度（B）、大地高（H）。我国先后采用的1954北京坐标系、1980西安坐标系和2000国家大地坐标系，是我国在不同时期采用的大地坐标系统的具体体现。

我国目前建立的大地坐标系统是确定地貌、地物平面位置的坐标体系，按控制等级和施测精度分为一、二、三、四等网。目前提供使用的国家平面控制网含三角点、导线点共154 348个，构成1954北京坐标系统、1980西安坐标系两套系统。国家GPS控制网"2000国家GPS控制网"由原国家测绘地理信息局布设的高精度GPS A、B级网，总参测绘局布设的GPS一、二级网，中国地震局、总参测绘局、中国科学院、原国家测绘地理信息局共建的中国地壳运动观测网组成。该控制网整合了上述三个大型的、有重要影响力的GPS观测网的成果，共2 609个点。通过联合处理，将其归于一个坐标参考框架，形成了紧密的联系体系，可满足现代测量技术对地心坐标的需求。

2. 平面坐标系统

平面坐标系统是指确定地面点的平面位置所采用的一种坐标系统。大地坐标系统是建立在椭球面上的，而绘制的地图则是在平面上的，因此，必须通过地图投影把椭球面上的点的大地坐标科学地转换成展绘在平面上的平面坐标。平面坐标用平面上两轴相交成直角的纵、横坐标表示。我国在陆地上的国家统一的平面坐标系统采用"高斯-克吕格平面直角坐标系"，它是利用高斯-克吕格投影将不可平展的地球椭球面转换成平面而建立的一种平面直角坐标系。

3. 高程系统

高程系统是用于传算全国高程控制网中各点高程所采用的统一系统。我国规定采用的高程系统是正常高系统，高程起算依据是 1985 国家高程基准。

国家高程控制网是确定地貌地物海拔高程的坐标系统，按控制等级和施测精度分为一、二、三、四等网。目前提供使用的 1985 国家高程系统共有水准点成果 114 041 个，水准路线长度为 416 619. 1km。

4. 地心坐标系统

地心坐标系统是以坐标原点与地球质心重合的大地坐标系统，或空间直角坐标系统。我国目前采用的 2000 国家大地坐标系即是全球地心坐标系在我国的具体体现，其原点为包括海洋和大气的整个地球的质量中心。

5. 重力测量系统

重力测量系统指重力测量施测与计算所依据的重力测量基准和计算重力异常所采用的正常重力公式的总称。我国曾先后采用的 1957 国家重力测量系统、1985 国家重力测量系统和 2000 国家重力测量系统，即为我国在不同时期的重力测量系统。

二、测绘系统的特点

1. 科学性

测绘系统是依靠测绘科学理论和科学技术手段建立起来的，有严密的数学基础和理论基础。因此，测绘系统首先具有科学性特性。

2. 统一性

建立全国统一的测绘系统是国际上多数国家的通用做法，是保证测绘工作有效地为国家经济建设、国防建设和社会发展服务的客观需要，也是国家法律明确规定的一项法律制度。因此，测绘系统与测绘基准一样，具有统一性。

3. 法定性

国家规定的测绘系统由法律规定必须采用，法律明确国家建立全国统一的测绘系统、测绘系统的规范和要求，由国务院测绘地理信息主管部门会同国务院其他有关部门、军队测绘部门制定，从而使测绘系统具有法定性。

4. 规模性

测绘系统一般覆盖的区域都比较大，建设周期比较长，投入也比较高，系统建设整体呈现出规模性特征。中华人民共和国成立以来，我国建设了全国大地测量控制网、高程控制网和重力网，凝聚了几代测绘科技工作者的心血和汗水，从而使我国的测绘系统具有相当的规模。

5. 稳定性

测绘系统是测绘基准的具体体现，测绘系统的科学性、统一性、法定性和规模性，保证测绘系统具有稳定性特征，测绘系统一经建立，一般不能经常进行改动，必须保持其相对稳定性。

三、相对独立的平面坐标系统管理

1. 相对独立的平面坐标系统的概念

相对独立的平面坐标系统，是指因规划、建设和科学研究的需要，以自定义的坐标原点、中央子午线和高程抵偿面等为系统参数，被广泛共享使用且与国家大地坐标系相联系的平面坐标系统。

独立坐标系分为城市坐标系和工程坐标系。由政府部门组织建立的在一定行政区划范围内通用的独立坐标系属于城市坐标系；因重大工程项目建设需要，由工程建设单位组织建立的独立坐标系属于工程坐标系。

2. 建立相对独立的平面坐标系统的审批

为深入贯彻落实“放管服”改革精神，规范相对独立的平面坐标系统（以下简称独立坐标系）管理，避免重复投入，促进测绘成果共享与时空数据的互联互通，自然资源部对《建立相对独立的平面坐标系统管理办法》进行了修订。

修订工作贯彻落实“放管服”改革要求，坚持问题导向，突出政务服务标准化、规范化、便利化的要求，重点对独立坐标系的建立原则、审批权限、审批要件、审批程序、监管措施等进行了明确、优化和完善。

一是明确建立原则。明确独立坐标系“非必要不建立”的原则。基于 2000 国家大地坐标系采用标准分带进行投影或者已依法建有基于 2000 国家大地坐标系的独立坐标系能满足需要的，不再建立独立坐标系。原则上一个地级以上城市行政区划范围内只允许建立一个城市坐标系。工程项目所在地的城市坐标系能够满足工程项目建设需要的，不再另行建立工程坐标系。

二是厘清审批权限。根据国务院城市规模划分标准确定的地级以上的大城市、特大城市、超大城市和国家重大工程项目确需建立独立坐标系的，由国务院自然资源主管部门负责审批，其他的均由省级自然资源主管部门审批。

三是优化了审批环节及流程。提供线上、线下两种方式供申请人在提交申请材料时自主选择，取消了省级审核转报环节，完善了专家评审程序。

四是强化了事中事后监管要求。要求县级以上人民政府自然资源主管部门加强对独立坐标系未批先建、重复建设、公开发布、成果保管、保密管理等情况的监督管理。

五是规范了审批要件。删减了立项批准文件、工程坐标系申请人有效身份证明，审批要件从五个精简为三个，制定了独立坐标系统一的命名规则和技术设计书编写样式，进一步优化了申请书格式文本。

（1）国务院自然资源主管部门的审批职责：

根据国务院城市规模划分标准确定的地级以上的大城市、特大城市、超大城市和国家重大工程项目确需建立独立坐标系的，由国务院自然资源主管部门负责审批。

（2）省级自然资源主管部门的审批职责：

其他确需建立独立坐标系的，由所在省、自治区、直辖市人民政府自然资源主管部门负责审批（陕西、黑龙江、四川、海南测绘地理信息局负责本行政区域独立坐标系的审批）。

（3）申请建立相对独立的平面坐标系统应提交的材料：

①《建立相对独立的平面坐标系统申请书》，属于建立城市坐标系的申请应当附该市人民政府同意建立的文件；

②建立相对独立的平面坐标系统技术设计书；

③独立坐标系测绘成果保管单位测绘成果资料保管制度及与之配套的装备设施等相关材料。

（4）申请建立相对独立的平面坐标系统不予批准的情形：

①独立坐标系坚持“非必要不建立”原则，基于2000国家大地坐标系采用标准分带进行投影或者已依法建有基于2000国家大地坐标系的独立坐标系能满足需要的，不再建立独立坐标系。

②原则上一个地级以上城市行政区划范围内只允许建立一个城市坐标系。

③工程项目所在地的城市坐标系能够满足工程项目建设需要的，不再另行建立工程坐标系。

④隐瞒有关情况或者提供虚假材料申请建立独立坐标系的，审批机关应当依照《行政许可法》第七十八条的规定作出不予受理的决定或者不予批准的决定，并给予警告。

（5）建立相对独立的平面坐标系统的基本要求：

①建立独立坐标系应当基于2000国家大地坐标系，并与2000国家大地坐标系相联系。

②独立坐标系技术设计书编制单位、独立坐标系承建单位应当具备国家规定的大地测量专业类别的测绘资质。

③新建立的独立坐标系名称一般为“2000XX相对独立的平面坐标系统（YYYY年）”，可简称“XX独立坐标系”，其中XX为城市名或工程项目名，YYYY为独立坐标系批准年份（阿拉伯数字）。

（6）申请人的权利和义务：

城市坐标系的申请人为所在地人民政府自然资源主管部门，工程坐标系的申请人为工程建设单位。

①申请人可自主选择线上、线下两种方式之一提交申请材料，并对申请材料的真实性负责。

在线提交的申请材料均不得涉密，涉密内容应当按照符合保密管理规定的程序提交。

②申请人提交的申请材料齐全、符合规定形式要求的，审批机关应当受理申请。申请材料不齐全或者不符合规定形式的，审批机关应当在五个工作日内一次性告知申请人需要

补正的全部内容，逾期不告知的，自收到申请材料之日起即为受理。申请事项依法不属于本审批机关职权范围的，应当及时作出不予受理的决定，并告知申请人向有关审批机关申请。

（7）审批机关审查内容和评审内容以及审批相关要求：

审批机关受理申请后，应当依据本办法对申请材料进行审查和组织专家评审。

①审查内容主要包括：独立坐标系名称、类别、申请人是否符合规定，技术设计书编制单位是否具备国家规定的大地测量专业类别的测绘资质，拟建独立坐标系是否基于2000国家大地坐标系并与2000国家大地坐标系相联系，技术设计书需阐述的要素是否齐全。

②评审内容主要包括：独立坐标系建设必要性是否充分，技术方案是否科学可行，测绘成果资料的保管制度及装备设施是否健全完备，申请材料是否含有虚假内容。

③审批相关要求：审批机关可自行组织召开专家评审会，也可委托相关单位组织开展。评审专家人数应当不少于五人且为单数，评审组组长经专家集体推选产生。评审意见由评审专家组独立提出并签字，组织评审的单位不得干预。

评审专家不得参加与自己有利害关系的单位编制的独立坐标系申请材料的评审工作。

④审批时限：审批机关应当自受理建立独立坐标系的申请之日起二十个工作日内作出行政许可决定。二十个工作日内不能作出行政许可决定的，经本审批机关负责人批准，可以延长十个工作日，并将延长期限的理由告知申请人。

审批机关作出行政许可决定后，应当自作出决定之日起十个工作日内向申请人送达决定。国务院自然资源主管部门作出的行政许可决定，应当同时抄送独立坐标系所在地省级自然资源主管部门。

（8）已有相对独立的平面坐标系统的处理：

城市坐标系经审批机关批准后，市人民政府自然资源主管部门应向社会公开发布城市坐标系的启用时间、测绘成果保管单位和与原有城市坐标系转换、衔接的过渡期。

自启用时间开始，在新批准的城市坐标系覆盖范围内从事测绘地理信息及其相关活动，应当使用新批准的城市坐标系。

新旧城市坐标系转换、衔接的过渡期自公开发布的启用时间起算，一般不超过三年。过渡期内，现有各类测绘地理信息成果和地理信息系统应根据实际情况逐步转换到新批准的城市坐标系。过渡期结束后原有城市坐标系全部停止使用。

经批准建立的独立坐标系的系统参数（即坐标原点、中央子午线和高程抵偿面）及相关测绘成果应当按照测绘成果管理有关规定管理和提供使用，促进独立坐标系的社会化应用。

独立坐标系与国家大地坐标系之间的转换参数，应当严格按照保密法律法规的有关规定保管和使用。

（9）县级以上人民政府自然资源主管部门对相对独立的平面坐标系统的监管职责：

县级以上人民政府自然资源主管部门，应当加强对本行政区域内独立坐标系的监督管理，对下列内容进行监管：

①是否存在未经批准擅自建立独立坐标系的行为；

②是否存在同一个城市违规建立多个城市坐标系的行为；

③是否存在未按规定向社会公开发布城市坐标系的行为；

④是否存在未按照测绘成果管理有关规定保管和使用独立坐标系参数成果的行为；

⑤是否存在未按照保密法律法规的有关规定保管和使用独立坐标系与国家大地坐标系之间的转换参数的行为；

⑥是否存在其他违法违规行为。

3. 建立相对独立的平面坐标系统的法律责任

《测绘法》第五十二条规定，违反本法规定，未经批准擅自建立相对独立的平面坐标系统，或者采用不符合国家标准的基础地理信息数据建立地理信息系统的，给予警告，责令改正，可以并处五十万元以下的罚款；对直接负责的主管人员和其他直接责任人员，依法给予处分。

第三节　测量标志管理

测量标志是国家重要的基础设施，是国家经济建设、国防建设、科学研究和社会发展的重要基础。长期以来，我国陆地和海洋边界内布设了大量的用于标定测量控制点空间地理位置的永久性测量标志，包括各等级的三角点、基线点、导线点、军用控制点、重力点、天文点、水准点和卫星定位点的木质觇标和标石标志、GPS 卫星地面跟踪站以及海底大地点设施等，这些标志在我国各个时期的国民经济建设和国防建设中都发挥了巨大的作用，是国家一笔十分宝贵的财富。

一、测量标志的概念

测量标志是指在陆地和海洋标定测量控制点位置的标石、觇标以及其他标记的总称。标石一般是指埋设于地下一定深度，用于测量和标定不同类型控制点的地理坐标、高程、重力、方位、长度等要素的固定标志；觇标是指建在地面上或者建筑物顶部的测量专用标架，作为观测照准目标和提升仪器高度的基础设施。根据测量标志的用途和使用的时间期限，测量标志可分为永久性测量标志和临时性测量标志。

永久性测量标志是指设有固定标志物以供测量标志使用单位长期使用的需要永久保存的测量标志，包括国家各等级的三角点、基线点、导线点、军用控制点、重力点、天文点、水准点、GPS 卫星地面跟踪站和卫星定位点的木质觇标、钢质觇标和标石标志，以及用于地形测图、工程测量和形变测量等的固定标志和海底大地点设施等。

临时性测量标志是指测绘单位在测量过程中临时设立和使用的，不需要长期保存的标志和标记。如测站点的木桩、活动觇标、测旗、测杆、航空摄影的地面标志、描绘在地面或者建筑物上的标记等，都属于临时性测量标志。

二、测量标志的特征

1. 空间位置精确性

每一个永久性测量标志都精确地承载了该标志点所在地的平面位置、高程和重力等数据信息，这些数据大多精确到毫米级，任何碰撞和移动都有可能使其精确度受损，从而影响后续测量使用。

2. 位置控制范围性

根据《中华人民共和国测量标志保护条例》（以下简称《测量标志保护条例》），建设永久性测量标志需要占用土地的，地面标志占用土地的范围为36~100m^2，地下标志占用土地的范围为16~36m^2。在测量标志周围安全控制范围内，国家法律、行政法规明确规定禁止从事特定活动，如禁止放炮、采石、架设高压线等以及其他危害测量标志的活动。

3. 保管长期性

永久性测量标志是指那些被永久保存和长期使用的测量标志，这些测量标志一经建立，便拥有精确的测量成果数据，并且要定期进行检测和复测，具有长期保存和使用的特性，不能进行损坏或者擅自移动。

4. 法定性

测量标志的建设和使用需要按照国家规定的操作规程进行，对于测量标志的维护、保管和占地等，国家法律、行政法规都有明确的规定，擅自移动或者损毁永久性测量标志，将依法受到处罚，测量标志具有法定性特征。

三、测量标志管理职责

1. 各级人民政府的职责

（1）制定有关测量标志保护的行政法规和地方政府规章。

（2）加强对测量标志保护工作的领导，采取有效措施加强测量标志保护工作，增强公民依法保护测量标志的意识。

（3）对在测量标志保护工作中做出显著成绩的单位和个人，给予奖励。

（4）将测量标志保护经费列入当地政府财政预算和年度计划。

2. 国务院测绘地理信息主管部门的职责

（1）研究制定有关测量标志保护的行政法规、规章草案和相关政策，制定测量标志有偿使用的具体办法。

（2）组织制定全国测量标志保护规划和普查、维修年度计划。
（3）组织测量标志保护法律、法规的宣传，提高全民的测量标志保护意识。
（4）负责国家一、二等永久性测量标志的拆迁审批。
（5）检查、维护国家一、二等永久性测量标志。
（6）依法查处损毁测量标志的违法行为。

3. 省级测绘地理信息主管部门的职责

（1）组织贯彻实施有关测量标志保护的法律、法规和规章。
（2）参与制定或者制定测量标志保护的地方性法规、规章和规范性文件。
（3）负责国家和本省统一设置的四等以上三角点、水准点和 D 级以上全球卫星定位控制点的测量标志的迁建审批工作。
（4）制定全省测量标志普查和维修年度计划及定期普查维护制度。
（5）组织建立永久性测量标志档案。
（6）组织实施永久性测量标志的检查、维修和管理工作。
（7）查处永久性测量标志违法案件。

4. 市、县级测绘地理信息主管部门的职责

（1）宣传贯彻有关测量标志保护的法律、法规和规章。
（2）负责本市、县（市）设置的永久性测量标志的迁建审批工作。
（3）建立和修订永久性测量标志档案。
（4）负责永久性测量标志的检查、维修和管理工作。
（5）负责永久性测量标志的统计、报告工作。
（6）处理永久性测量标志损毁事件以及因测量标志损坏造成的事故。
（7）查处违反测量标志保护有关法律、法规和规章的行为。

5. 乡（镇）人民政府的职责

（1）宣传贯彻测量标志保护的法律、法规和规章；确定永久性测量标志的管理单位或者人员，并对其保管责任的落实情况进行检查。
（2）根据测绘地理信息主管部门委托，办理永久性测量标志委托保管手续。
（3）负责永久性测量标志的日常检查，制止损毁永久性测量标志的行为，并定期向当地县级测绘地理信息主管部门报告测量标志保护情况。

四、测量标志建设

测量标志建设是指测绘单位或者项目施工单位为满足测绘活动的需要，按照国家有关规范和标准，在地面、地下或者建筑物顶部通过浇注、埋设等方式建造用于标记测量点位的活动。测绘法律、行政法规对设置永久性测量标志的规定，主要体现在以下几个方面：
（1）使用国家规定的测绘基准和测绘标准。

（2）选择有利于测量标志长期保护和管理的点位。

（3）设置永久性测量标志的，应当对永久性测量标志设立明显标记；设置基础性测量标志的，还应当设立由国务院测绘地理信息主管部门统一监制的专门标牌。

（4）建设永久性测量标志需要占用土地的，地面标志占用土地的范围为 36~100m^2，地下标志占用土地的范围为 16~36m^2。

（5）需要依法使用土地或者在建筑物上设置永久性测量标志的，有关单位和个人不得干扰和阻挠。

（6）设置永久性测量标志的部门，应当将永久性测量标志委托测量标志设置地的有关单位或者人员负责保管，签订测量标志委托保管书，明确委托方和被委托方的权利和义务，并由委托方将委托保管书抄送乡级人民政府和县级以上地方政府管理测绘工作的部门备案。

五、测量标志保管与维护

1. 测量标志保管

测量标志保管是指测量标志建设单位或者测绘地理信息主管部门委托专门人员进行看护，并采取一定的保护措施，避免测量标志损坏或者使其失去使用效能的活动。

我国目前的测量标志保管制度，主要是通过测量标志建设单位或者测绘地理信息主管部门与测量标志保管人员签订委托保管协议来明确委托方和受托方的权利与义务关系，也有部分省、区、市将测量标志委托当地的乡镇国土资源所管理，但最终都是通过一定的方式将保管责任落实到具体保管人员。

测量标志保管人员的主要职责为：

（1）经常检查测量标志的使用情况，查验永久性测量标志使用后的完好状况；

（2）发现永久性测量标志有移动或损毁的情况，及时向当地乡级人民政府报告；

（3）制止、检举和控告移动、损毁、盗窃永久性测量标志的行为；

（4）查询使用永久性测量标志的测绘人员的有关情况。

2. 测量标志维护

测量标志维护是指测绘地理信息主管部门或者测量标志保管、建设单位通过采取设立指示牌、构筑防护井、物理加固等方式，保证测量标志完好的活动。《测绘法》及《测量标志保护条例》对测量标志维护工作都有具体的规定，并明确了相应的职责。

（1）《测绘法》第四十五条规定，县级以上人民政府应当采取有效措施加强测量标志的保护工作。县级以上人民政府测绘地理信息主管部门应当按照规定检查、维护永久性测量标志。乡级人民政府应当做好本行政区域内的测量标志保护工作。

（2）《测量标志保护条例》第十七条规定，测量标志保护工作应当执行维修规划和计划。

全国测量标志维修规划，由国务院测绘地理信息主管部门会同国务院其他有关部门制定。省、自治区、直辖市人民政府管理测绘工作的部门应当组织同级有关部门，根据全国测量标志维修规划，制订本行政区域内的测量标志维修计划，并组织协调有关部门和单位统一实施。

(3)《测量标志保护条例》第十八条规定，设置永久性测量标志的部门应当按照国家有关的测量标志维修规程，对永久性测量标志定期组织维修，保证测量标志正常使用。

六、测量标志使用

《测量标志保护条例》对测绘人员使用永久性测量标志作出了规定，主要包括以下内容：

1. 使用测量标志要遵守国家有关测量标志使用的规定

(1) 测绘人员使用永久性测量标志，应当持有测绘作业证件，接受县级以上人民政府管理测绘工作的部门的监督和负责保管测量标志的单位和人员的查询。

(2) 使用测量标志，要按照操作规程进行测绘，不得在测量标志上架设通信设施、设置观望台、搭帐篷、拴牲畜或者设置其他有可能损毁测量标志的附着物，并保证测量标志完好。

2. 国家对测量标志实行有偿使用

国家对测量标志实行有偿使用；但是，使用测量标志从事军事测绘任务的除外。测量标志有偿使用的收入应当用于测量标志的维护、维修，不得挪作他用。具体办法由国务院测绘地理信息主管部门会同国务院物价行政主管部门制定。

七、永久性测量标志拆迁

《测绘法》第四十三条规定，进行工程建设，应当避开永久性测量标志；确实无法避开，需要拆迁永久性测量标志或者使永久性测量标志失去使用效能的，应当经省、自治区、直辖市人民政府测绘地理信息主管部门批准；涉及军用控制点的，应当征得军队测绘部门的同意。所需迁建费用由工程建设单位承担。

1. 不得拆迁的永久性测量标志

根据《国家永久性测量标志拆迁审批程序规定》，进行工程建设，不得申请拆迁下列永久性测量标志或者使其失去使用效能：

(1) 国家大地原点；
(2) 国家水准原点；
(3) 国家绝对重力点；
(4) 全球定位系统连续运行基准站；
(5) 基线检测场点；
(6) 在全国测绘基准体系和测绘系统中具有关键作用的控制点。

2. 申请拆迁永久性测量标志应当提交的材料

申请永久性测量标志拆迁的，申请拆迁的工程建设单位应当提交下列材料：
（1）永久性测量标志拆迁申请书；
（2）工程建设项目批准文件；
（3）同意支付拆迁费用书面材料；
（4）其他需提交的申请材料。

3. 省级测绘地理信息主管部门转报材料

根据《国家永久性测量标志拆迁审批程序规定》，属国家测绘地理信息局负责审批的永久性测量标志拆迁申请，由永久性测量标志所在地的省级测绘地理信息主管部门负责转报。省级测绘地理信息主管部门在接到拆迁申请后，对申请材料进行核实，组织有关人员进行实地调查，征求测量标志建设等有关单位或测量专家意见，必要时组织专家论证，研究提出迁建方案，依法落实迁建费用，以书面的形式报告国家测绘地理信息局，并附相关材料。转报材料包括：
（1）省级测绘地理信息主管部门的请示文件；
（2）上述请示文件中规定的申请材料；
（3）永久性测量标志的基本情况，包括点名、点号、等级、地理位置和粗略空间坐标（精确到0.5′）、点之记等基本信息，可列表说明；
（4）永久性测量标志拆迁必要性、迫切性阐述及核实、实地调查、测量标志建设单位意见等情况说明，组织专家论证的，要附专家论证意见；
（5）永久性测量标志拆迁方案，包括迁建地点选择、主要技术路线与要求、迁建工作安排、迁建经费测算等内容。

4. 永久性测量标志拆迁经费

永久性测量标志拆迁费用由申请拆迁永久性测量标志的工程建设单位承担。国务院测绘地理信息主管部门或者省级测绘地理信息主管部门批准拆除或者拆迁永久性测量标志后，工程建设单位必须按照国家有关规定依法支付必需的费用，用于重建永久性测量标志。

测量标志迁建费用一般都应当支付给负责永久性测量标志拆迁审批的测绘地理信息主管部门，由负责拆迁审批的测绘地理信息主管部门委托具有相应测绘资质和条件的单位进行重建。

八、国家级测量标志分类保护方案

为实现对测量标志的有效保护，突出保护工作的高效性和经济性，实行测量标志分类保护措施，将国家级测量标志（指中央财政投资、自然资源部组织建设的测量标志）划分为重点保护和一般保护两类。

1. 测量标志保护分类

对仍在使用的、涉及我国测绘基准安全的各类控制点，以及具备较高文化价值的测量标志实施重点保护；对未纳入重点保护类的测量标志实施一般保护。

（1）重点保护类：

将下列测量标志纳入重点保护范围：

①国家大地原点、水准原点。

②仍在使用的国家一、二等水准点。

③国家级卫星导航定位基准站。

④仍在使用的国家B级卫星大地控制点。

⑤仍在使用的国家级重力点。

⑥仪器检定场专用测量标志。

⑦其他有重要使用价值或者纪念、科普等文化价值的测量标志。

国家级测量标志重点保护类型与数量详见表3-1。

表3-1 **国家级测量标志重点保护类型与数量**

分类	等级	采用基准	覆盖范围	数量（座）	建设时间
国家级卫星导航定位基准站	A级	2000国家大地坐标系	全国	410	2012—2016年
现代测绘基准工程卫星大地控制点	B级	2000国家大地坐标系	全国	4 500	2012—2016年
国家高程控制网点	一等	1985国家高程基准	全国	26 327	2012—2016年
国家二期二等水准网点	二等	1985国家高程基准	全国	33 638	1976—1991年
2000国家重力基本网点	基准点、基本点、引点	2000国家重力基准	全国	389	2000年
现代测绘基准工程重力基准点	基准点	2000国家重力基准	全国	50	2012—2016年
仪器检定场专用测量标志	专用标志	—	—	550	—
中华人民共和国大地原点	大地原点	1980西安坐标系	—	1	1978年
中华人民共和国水准原点	水准原点	1985国家高程基准	—	1	1954年

（注：数据截至2019年。今后新建的各类国家级测量标志，由自然资源部提出分类保护要求并向省级自然资源主管部门移交点之记等资料。本表及时更新，并通过测量标志管理信息系统发布。）

（2）一般保护类：

其他未纳入重点保护范围的国家级测量标志为一般保护类。

2. 保护措施

（1）重点保护措施：

对重点保护类测量标志应采取以下保护措施：

①查清测量标志的现状，录入重点保护测量标志数据库。

②构筑必要的防护设施，设置规格统一、内容明确的警示标识。

③对需供电、通信保障的测量标志提供稳定的供电、通信保障，确保其安全可靠运行。

④对具有历史纪念意义和科普宣传等文化价值的测量标志，申报列入文物保护单位名录或改造成景观型测量标志加以保护。

⑤明确测量标志保护的责任单位和人员，每年至少开展一次巡查，及时掌握和上报测量标志状态。

⑥定期开展维护，对损坏的测量标志进行维修。

⑦严格测量标志拆迁审批，加强测量标志迁建审批事中、事后监管，确保迁建质量合格。

⑧将测量标志保护工作纳入日常监管，对测量标志保护情况进行监督检查。

⑨加强针对重点保护类测量标志周边相关单位和群众的宣传教育。

（2）一般保护措施：

对一般保护类测量标志采取以下保护措施：

①录入一般保护测量标志数据库，并根据保管单位和人员、测量标志使用单位反馈的信息更新测量标志状态信息。

②对损毁的测量标志进行评估，不具使用价值的不再维修或重建，及时拆除存在安全隐患的测量标志。

③对申请拆迁的测量标志进行评估，不具使用价值的拆除后不再重建。

九、法律责任

1. 行政处罚

有下列行为之一的，依法应当受到行政处罚：

（1）干扰或者阻挠测量标志建设单位依法使用土地或者在建筑物上建设永久性测量标志的；

（2）工程建设单位未经批准擅自拆迁永久性测量标志或者使永久性测量标志失去使用效能的，或者拒绝按照国家有关规定支付迁建费用的；

（3）违反测绘操作规程进行测绘，使永久性测量标志受到损坏的；

（4）无证使用权永久性测量标志并且拒绝县级以上人民政府管理测绘工作的部门监督和负责保管测量标志的单位和人员查询的。

2. 警告、责令改正、罚款

有下列行为之一的，给予警告，责令改正，可以并处20万元以下的罚款；对直接负责的主管人员和其他直接责任人员，依法给予处分；造成损失的，依法承担赔偿责任；构成犯罪的，依法追究刑事责任：

（1）损毁、擅自移动永久性测量标志或者正在使用中的临时性测量标志；

（2）侵占永久性测量标志用地；

（3）在永久性测量标志安全控制范围内从事危害测量标志安全和使用效能的活动；

（4）擅自拆迁永久性测量标志或者使永久性测量标志失去使用效能，或者拒绝支付迁建费用；

（5）违反操作规程使用永久性测量标志，造成永久性测量标志毁损。

第三章考点试题
汇编及答案

第四章　基础测绘管理

第一节　基础测绘的基本概念

一、基础测绘的概念

基础测绘是指建立全国统一的测绘基准和测绘系统，进行基础航空摄影，获取基础地理信息的遥感资料，测制和更新国家基本比例尺地图、影像图和数字化产品，建立、更新基础地理信息系统。

基础测绘主要包括以下五个方面的内容：

1. 建立全国统一的测绘基准和测绘系统

全国统一的测绘基准和测绘系统是各类测绘活动的基础，具有明显的公益性特征。目前我国全国统一的测绘基准和测绘系统在规模、精度和统一性方面都居于世界先进行列。但是，测绘基准和测绘系统需要不断地精化和完善，需要定期进行建设和维护，同时，测绘基准和测绘系统随着测绘地理信息技术进步而要不断地进行更新和发展。

2. 进行基础航空摄影

基础航空摄影是指利用航空飞行器获取基础地理信息数据的摄影。以测绘为目的的基础航空摄影是指为满足测制和更新国家基本比例尺地图、建立和更新基础地理信息数据库的需要，在飞机上安装航空摄影仪，从空中对我国国土实施航空摄影，获取基础地理信息源数据。基础航空摄影资料详细记载了一定区域范围的地物、地貌特征以及地物之间的相互关系，具有信息量大、覆盖面广的特点。

3. 获取基础地理信息的遥感资料

获取基础地理信息遥感资料的方式主要有两种：一种是接受我国自主研制的类似“资源三号”等遥感卫星数据并进行处理，从而获取基础地理信息数据；另外一种是订购其他国家的卫星遥感数据。卫星遥感资料是基础地理信息数据的重要数据源，主要用于快速更新、修测或编制国家基本比例尺地图以及更新、修测国家和区域基础地理信息数据库。

4. 测制和更新国家基本比例尺地图、影像图和数字化产品

国家基本比例尺地图是指根据国家颁布的统一测量规范、图式和比例尺系列测绘或编绘而成的地形图，是国家各项经济建设、国防建设和社会发展的基础图，具有使用频率高、内容表示详细、分类齐全、精度高等特点，是我国最具权威性的基础地图，其测制精度和成果数量质量是衡量一个国家测绘科学技术发展水平的重要标志之一。

2006 年，国家测绘地理信息局发布《中华人民共和国国家标准批准发布公告》(2006 年第 6 号和 2007 年第 8 号)，将 1∶100 万、1∶50 万、1∶25 万、1∶10 万、1∶5万、1∶2.5万、1∶1 万、1∶5 000、1∶2 000、1∶1 000、1∶500 比例尺地图列为我国基本比例尺地图。

影像图是指对通过航天遥感、航空摄影等方法获取的数据或照片进行一系列几何变换和误差改正，附加一定的说明信息得到的具有地理坐标系、精度指标和直观真实的照片效果的地图。国家基本比例尺地图和影像图主要包括两类：一类是传统的纸介质模拟地图，另一类是以磁带、磁盘、光盘为介质的数字化地图产品。

5. 建立、更新基础地理信息系统

基础地理信息系统通过对基础地理信息数据的集成、存储、检索、操作和分析，生成并输出各种基础地理信息的计算机系统。基础地理信息系统为土地利用、资源管理、环境监测、交通运输、经济建设、城市规划以及政府各部门行政管理服务，它具有通用性强、重复使用率高的特点，是国家基础测绘工作的重要组成部分。

二、基础测绘的特征

1. 基础性

基础地理信息是通过基础测绘获得的基础测绘成果。在技术上构成了各项后续测绘地理信息工作和地理信息应用的基础；统一的国家测绘基准和测绘系统是现代主权国家开展各项测绘地理信息工作的基础和前提；国家基本比例尺系列地图是其他各种专题地图的制图基础；国家和地方基础地理信息系统是其他专业地理信息系统的空间定位基础。基础测绘的最明显特征就是具有基础性。

2. 公益性

基础测绘是向全社会各类用户提供统一、权威的空间定位基准和基础地理信息服务的工作。基础测绘工作作为经济社会发展和国防建设的一项基础性工作，是国家在行使政治统治职能和社会管理职能时准确掌握国情国力、提高管理决策水平的重要手段。基础测绘成果是一种公共产品，具有公益性特点。因此，《测绘法》及《基础测绘条例》都明确规定，基础测绘是公益性事业。

3. 通用性

通用性是基础测绘的基础性和公益性在服务内容上的具体体现，基础测绘不是为了某种特定需要服务的，而是遵循服务普遍性原则，服务于社会各个阶层、各个领域和各类不同用户，是其他一切后续测绘地理信息工作的基础。

4. 权威性

基础测绘成果的权威信息是政府宏观管理与规划决策的重要依据，同时也是基础测绘基础性、公益性和通用性在基础测绘成果上的具体体现。国家基本比例尺系列地图是维护国家版图完整性的权威证明，也是权威地理信息数据的来源。

5. 持续性

基础测绘成果必须具有现势性。基础测绘成果的现势性既是基础测绘的基础性的内在要求，又是社会对基础测绘成果的客观要求。而要保持现势性，就需要基础测绘成果持续不断地更新。基础测绘成果需要不断更新的属性就是基础测绘的持续性。持续性是基础测绘区别于非基础测绘的一个重要特征。其他非基础测绘往往是一次性投入，项目完成后便不再需要进行测绘，而基础测绘则必须持续地进行更新，以满足经济社会发展对基础地理信息资源的需求。

6. 统一性

基础测绘通过建立全国统一的测绘基准和测绘系统，生产国家统一规定的基本比例尺地图，保持国家统一规定的精度要求，体现出基础测绘的统一性特点。基础测绘的统一性，是实现基础地理信息共享利用的基本前提。

7. 保密性

基础测绘成果几乎涵盖了地表全部自然地理要素和人工设施，是现代军事精确打击不可缺少的基础资料，并且涉及国家秘密地图事关国家版图完整和政治主张，基础测绘成果普遍具有保密性特征。

三、基础测绘的原则

基础测绘工作应当遵循统筹规划、分级管理、定期更新、保障安全的原则。

1. 统筹规划

统筹规划是指基础测绘规划的编制和组织实施、基础测绘成果的更新和利用要统筹规划。具体体现在以下五个方面：

（1）要统筹安排基础测绘工作中长期规划和年度计划，既要有中长期的发展目标，也要做好短期计划的执行保障，协调好各级计划的衔接。

（2）要统筹安排国家和地方各级基础测绘工作，充分发挥中央和地方两个积极性。

（3）要统筹安排区域基础测绘工作，以地区社会经济发展需求为导向，同时兼顾地区平衡，对边远地区、少数民族地区加大支持。

（4）根据基础测绘发展需要，统筹安排基础测绘设施建设和重大基础测绘项目。

（5）要统筹安排基础地理信息资源的开发利用，推进共建共享，避免重复投入和建设。

统筹规划是基础测绘工作的重要原则之一，《全国基础测绘中长期规划纲要》明确将“统筹规划，协调发展”作为加强基础测绘的基本原则之一。

2. 分级管理

分级管理是指明确各级政府对基础测绘工作的监督管理和职责；建立健全基础测绘的投入机制，将基础测绘投入纳入各级财政预算；明确各级政府在测绘地理信息基础设施建设方面的职责和任务；明确各级测绘地理信息行政主管部门组织实施基础测绘项目的内容。分级管理不仅可以明确中央与地方各级政府的事权，也有利于建立起高效的基础测绘工作运行机制。

3. 定期更新

定期更新是根据地表景观的变化情况、社会经济发展的速度、国家经济建设、国防建设和社会发展对不同基础测绘项目成果的现势性需求和政府财政支撑的能力，结合基础测绘生产能力和成果更新的实际情况，合理确定成果更新周期，建立健全基础地理信息的更新机制。定期更新制度的确立，有利于从根本上改变基础测绘滞后于国民经济和社会发展的状况。

4. 保障安全

基础测绘活动获取的大量成果都涉及国家秘密，关系国家安全，因此需要采取有效措施保障基础测绘成果的安全，防止成果损坏、丢失、灭失和泄密。利用基础测绘成果应当遵守《中华人民共和国测绘成果管理条例》（以下简称《测绘成果管理条例》）等有关规定，通过合理划分涉密成果密级，加强成果保密技术研究，在保障涉密基础测绘成果安全的前提下，促进基础地理信息资源的高效开发利用。

2015 年 6 月 1 日，国务院对《全国基础测绘中长期规划纲要（2015—2030 年）》作出批复，要求各省（区、市）人民政府要加强组织领导，加大支持力度，落实责任，细化政策，根据该规划纲要确定的目标任务，扎实推进本地区基础测绘各项工作。

第二节 基础测绘规划

一、基础测绘规划的概念

基础测绘规划包括全国基础测绘规划和地方基础测绘规划，是对全国及地方基础测绘在时间和空间上的战略部署和具体安排，关系到国务院及县级以上地方人民政府对基础测绘在本级国民经济和社会发展年度计划及财政预算中的安排。

基础测绘规划的主要内容包括基础测绘的指导思想、基本原则、发展目标和主要任务、规划实施的保障措施等，并且还应当有布局示意图和规划项目表。全国基础测绘中长期规划还包括了简明、准确的发展方针和发展目标等。

1. 全国基础测绘规划

全国基础测绘规划是指由国务院测绘地理信息主管部门会同国务院其他有关部门、军队测绘部门负责组织编制的，对全国基础测绘在时间和空间上的战略部署和具体安排，涉及国务院对基础测绘在国家国民经济和社会发展年度计划及财政预算的统筹和安排，是全国性的、国家基础测绘发展的阶段性目标。如 2015 年 6 月颁布实施的《全国基础测绘中长期规划纲要（2015—2030 年）》，不仅明确了基础测绘的指导思想、基本原则和发展目标，同时，还明确了我国基础测绘发展的主要任务，是我国基础测绘发展的纲领性文件。

2. 地方基础测绘规划

地方基础测绘规划是指由县级以上地方人民政府测绘地理信息主管部门会同本级政府其他有关部门负责组织编制的，由县级以上测绘地理信息主管部门牵头组织，规划建设、国土资源、交通、水利、电力等有关部门参与，根据全国基础测绘规划和上一级的基础测绘规划以及本行政区域内的实际情况，拟订地方性的、区域性的基础测绘发展的阶段性目标。

二、基础测绘规划编制

1. 基础测绘规划编制的程序

（1）制定基础测绘中长期规划编制工作方案，会同有关部门开展基础测绘相关重大问题研究工作。

（2）起草规划文本。

（3）组织参与规划编制工作的各有关部门对规划内容进行会商，并将会商后的规划与相关规划进行衔接。

（4）对规划指标、规划项目等规划内容进行论证。地方基础测绘规划还应当征求当地军事测绘部门的意见。

（5）规划编制完成后，测绘地理信息主管部门按程序报同级人民政府批准。

县级以上地方测绘地理信息主管部门会同有关部门编制的基础测绘中长期规划，在获同级人民政府批准后 30 个工作日内，报上一级测绘地理信息主管部门备案后实施。

全国基础测绘中长期规划在获批准后 2 个月内，县级以上地方测绘地理信息主管部门组织编制的中长期规划在报上一级主管部门备案后 2 个月内，除有保密要求的，测绘地理信息主管部门应在测绘地理信息行业报刊或政府相关网站上公布规划文本的部分或者全部内容。

2. 基础测绘规划期限

国家发展计划改革委员会、国家测绘地理信息局2007年联合制定的《基础测绘计划管理办法》（发改地区〔2007〕522号）对基础测绘规划的期限作出了具体规定。基础测绘规划的规划期应当根据基础测绘工作的实际特点和经济建设、社会发展以及国防建设的实际需要，一般至少为5年，保持与国家国民经济和社会发展总体规划相衔接。

3. 法律、行政法规对基础测绘规划编制的规定

（1）基础测绘规划报批前，要组织专家论证。为协调好全局利益与局部利益、长远利益和眼前利益以及部门利益的关系，提高基础测绘规划的科学性、衔接性和指导性，基础测绘规划在报批前，必须经过专家论证，并充分征求各方面的意见和建议。

（2）基础测绘规划要广泛征求意见。在基础测绘规划编制过程中，编制机关还要征求其他相关规划编制部门的意见，如土地利用规划、高速公路建设规划、水利水资源规划等，确保基础测绘规划与相关规划的衔接。

（3）地方基础测绘规划要征求军事机关的意见。地方基础测绘规划涉及的区域范围比较具体，一般都会涉及军事禁区、军事管理区或者作战工程。因此，组织编制机关在报送审批前，还应当征求军事机关的意见。根据《中华人民共和国军事设施保护法》（以下简称《军事设施保护法》）规定，协商解决有关军事禁区、军事管理区的范围，保证基础测绘规划的顺利实施。

4. 基础测绘规划批准

国务院测绘地理信息主管部门会同国务院其他有关部门、军队测绘部门，组织编制全国基础测绘规划，报国务院批准后组织实施。县级以上地方人民政府测绘地理信息主管部门会同本级人民政府其他有关部门，根据国家和上一级人民政府的基础测绘规划和本行政区域的实际情况，组织编制本行政区域的基础测绘规划，报本级人民政府批准，并报上一级测绘地理信息主管部门备案后组织实施。

5. 基础测绘规划公布

基础测绘规划属于政府需要公开的政府信息，必须依照《中华人民共和国政府信息公开条例》（以下简称《政府信息公开条例》）的相关规定依法公开。县级以上测绘地理信息主管部门要将经批准的基础测绘规划通过政府公报、政府网站、新闻发布会以及报刊、广播、电视等各种媒体向社会公开。

三、基础测绘年度计划

1. 基础测绘年度计划的概念

基础测绘年度计划是政府履行经济调节和公共服务职能的重要依据，基础测绘工程项目和基础测绘政府投资必须纳入基础测绘计划管理。

根据《测绘法》和《基础测绘条例》，国家对基础测绘计划实行分级管理。国务院发展改革主管部门和测绘地理信息主管部门负责全国基础测绘计划的管理；县级以上地方人民政府发展改革主管部门和测绘地理信息主管部门负责本行政区域的基础测绘计划管理。国家发展计划改革委员会和国家测绘地理信息局联合制定的《基础测绘计划管理办法》，对基础测绘计划管理进行了明确规定。

2. 全国基础测绘年度计划的主要内容

全国基础测绘年度计划的主要内容包括：全国统一的大地基准、高程基准、深度基准和重力基准的建立和更新；全国统一的一、二等平面、高程控制网，重力网和 A、B 级空间定位网的建立和更新；全国 1∶100 万、1∶50 万、1∶25 万、1∶10 万、1∶5 万和 1∶2.5万系列比例尺地形图，影像图的测制和更新；组织实施国家基础航空摄影，获取基础地理信息的遥感资料；国家基础地理信息系统的建立和更新维护；国家基础测绘公共服务体系的建立和完善；需中央财政安排的国家急需的其他基础测绘项目。

3. 基础测绘年度计划的编制程序

（1）国务院测绘地理信息主管部门根据国民经济和社会发展年度计划编制要求和全国基础测绘中长期规划，组织编制并提出全国基础测绘年度计划建议，报国务院发展改革主管部门。

（2）县级以上地方测绘地理信息主管部门根据国民经济和社会发展年度计划编制要求和本行政区域基础测绘中长期规划，组织提出本行政区域基础测绘年度计划建议，报经同级发展改革主管部门平衡后，在 10 个工作日内由测绘地理信息主管部门和发展改革部门分别报上一级测绘地理信息主管部门和发展改革主管部门。

（3）国务院发展改革主管部门对上述计划建议进行汇总和综合平衡，编制全国基础测绘年度计划草案，作为全国国民经济和社会发展年度计划的组成部分，正式下达给国务院测绘地理信息主管部门和省级发展改革主管部门。

（4）市、县级基础测绘年度计划的编制程序由省级发展改革主管部门会同测绘地理信息主管部门研究确定。

4. 基础测绘年度计划的组织实施

国务院测绘地理信息主管部门负责国家级基础测绘计划的组织实施；县级以上地方政府测绘地理信息主管部门负责本级基础测绘计划的组织实施。

国务院测绘地理信息主管部门对全国基础测绘年度计划的实施情况进行检查、指导。县级以上人民政府发展改革主管部门会同同级测绘地理信息主管部门对基础测绘中长期规划和年度计划的执行情况进行监督检查。县级以上地方人民政府测绘地理信息主管部门要逐级向上一级测绘地理信息主管部门上报基础测绘年度计划执行情况，并抄送同级发展改革主管部门；国务院测绘地理信息主管部门根据各地上报情况进行综合评估，并将结果报国务院发展改革主管部门。

第三节　基础测绘管理

基础测绘是公益性事业，国家对基础测绘实行分级管理。基础测绘分级管理主要由基础测绘分级管理体制、分级投入体制和分级组织实施等内容组成。基础测绘分级管理体制指对各级人民政府及政府各有关部门关于基础测绘工作的具体职能配置和职责分工，与测绘行政管理体制相一致。

一、基础测绘工作管理职责

1. 各级人民政府的职责

（1）加强对基础测绘工作的领导。

（2）将基础测绘纳入本级国民经济和社会发展规划及年度计划，所需经费列入本级财政预算。

（3）遵循科学规划、合理布局、有效利用、兼顾当前与长远需要的原则，加强基础测绘设施建设，避免重复投资。

2. 国务院测绘地理信息主管部门的职责

（1）负责全国基础测绘工作的统一监督管理。

（2）会同国务院其他有关部门、军队测绘部门，组织编制全国基础测绘规划，报国务院批准后组织实施。

（3）会同国务院发展改革部门编制全国基础测绘年度计划并组织实施。

（4）根据应对自然灾害等突发事件的需要，制定相应的基础测绘应急保障预案。

（5）组织实施全国性基础测绘项目。

（6）会同军队测绘部门和国务院其他有关部门制定基础测绘成果更新周期确定的具体办法。

（7）采取措施，加强对基础地理信息测制、加工、处理、提供的监督管理，确保基础测绘成果质量。

（8）负责基础测绘成果资料提供使用的审批。

3. 省级测绘地理信息主管部门的职责

（1）负责本行政区域内基础测绘工作的统一监督管理。

（2）会同本级人民政府其他有关部门，根据国家基础测绘规划和本行政区域的实际情况，组织编制本行政区域的基础测绘规划，报本级人民政府批准，并报上一级测绘地理信息主管部门备案后组织实施。

（3）会同同级政府发展改革部门，编制本行政区域内的基础测绘年度计划，并分别报上一级主管部门备案后组织实施。

（4）组织实施省级基础测绘项目。

（5）根据应对自然灾害等突发事件的需要，制定相应的省级基础测绘应急保障预案。

（6）采取措施，加强对基础地理信息测制、加工、处理、提供的监督管理，确保基础测绘成果质量。

（7）负责省级基础测绘成果资料提供使用的审批。

4. 市、县级测绘地理信息主管部门的职责

（1）负责本行政区域内基础测绘工作的统一监督管理。

（2）会同本级人民政府其他有关部门，根据国家和省级基础测绘规划以及本行政区域的实际情况，组织编制本行政区域的基础测绘规划，报本级人民政府批准，并报上一级测绘地理信息主管部门备案后组织实施。

（3）会同同级政府发展改革部门，编制本行政区域内的基础测绘年度计划，并分别报上一级主管部门备案后组织实施。

（4）按照分级管理权限组织实施基础测绘项目。

（5）采取措施，加强对基础地理信息测制、加工、处理、提供的监督管理，确保基础测绘成果质量。

（6）负责本级基础测绘成果资料提供使用的审批。

5. 军队和其他有关部门的职责

其他有关部门、军队测绘部门关于基础测绘工作的职责，主要是在统一监督管理的大原则下，配合测绘地理信息主管部门依法编制基础测绘规划和年度计划；在县级以上人民政府测绘地理信息主管部门收集有关行政区域界线、地名、水系、交通、居民点、植被等地理信息的变化情况时，其他有关部门和单位应当对测绘地理信息主管部门的信息收集工作予以支持和配合。

军队测绘部门负责管理军事部门的测绘工作，并按照国务院、中央军事委员会规定的职责分工负责管理海洋基础测绘工作。

二、组织实施基础测绘内容

1. 国务院测绘地理信息主管部门组织实施

（1）建立全国统一的测绘基准和测绘系统。

（2）建立和更新国家基础地理信息系统。

（3）组织实施国家基础航空摄影。

（4）获取国家基础地理信息遥感资料。

（5）测制和更新全国 1∶100 万至 1∶2.5 万国家基本比例尺地图、影像图及其数字化产品。

（6）国家急需的其他基础测绘项目。

2. 省级测绘地理信息主管部门组织实施

（1）建立本行政区域内与国家测绘系统相统一的大地控制网和高程控制网。

（2）建立和更新地方基础地理信息系统。

（3）组织实施地方基础航空摄影。

（4）获取地方基础地理信息遥感资料。

（5）测制和更新本区域1：1万、1：5 000国家基本比例尺地图、影像图及其数字化产品。

3. 市、县级测绘地理信息主管部门组织实施

（1）在国家统一的平面控制网、高程控制网和空间定位网的基础上，布设满足当地城市建设和发展需要的平面控制网和高程控制网；

（2）1：2 000至1：500比例尺地图、影像图和数字化产品的测制和更新；

（3）建立和更新市、县级基础地理信息系统；

（4）地方性法规、地方政府规章确定由其组织实施的其他基础测绘项目。

4. 基础测绘项目承担单位组织实施

（1）基础测绘项目承担单位应当具有与所承担的基础测绘项目相应的测绘资质和条件，并不得超越其资质等级许可的范围从事基础测绘活动。

（2）基础测绘项目承担单位应当具备健全的保密制度和完善的保密设施，严格执行有关保守国家秘密法律、法规的规定。

（3）基础测绘项目承担单位应当建立健全基础测绘成果质量管理制度，严格执行国家规定的测绘技术规范和标准，对其完成的基础测绘成果质量负责。

第四节 基础测绘成果更新

一、基础测绘成果定期更新制度

基础测绘成果定期更新制度是指按照一定的时间间隔更新基础测绘成果的法律规定。基础测绘成果应当定期更新，经济建设、国防建设、社会发展和生态保护急需的基础测绘成果应当及时更新。基础测绘成果的更新周期根据不同地区国民经济和社会发展的需要确定。基础测绘成果更新周期确定的具体办法由国务院测绘地理信息主管部门会同军队测绘部门和国务院其他有关部门制定。

二、确定基础测绘成果更新周期的因素

基础测绘成果更新周期的因素主要有：

（1）国民经济和社会发展对基础地理信息的需求；

（2）测绘科学技术水平和测绘生产能力；

（3）基础地理信息变化情况。

《基础测绘条例》规定，1：100 万至 1：5 000 国家基本比例尺地图、影像图和数字化产品至少 5 年更新一次，基础测绘成果更新周期确定的具体办法由国务院测绘地理信息主管部门会同军队测绘部门和国务院其他有关部门制定。

三、基础测绘成果更新管理

1. 国务院测绘地理信息主管部门的职责

（1）建立国家基础测绘定期更新制度，会同军队测绘部门和国务院其他有关部门研究基础测绘成果更新周期确定的具体办法。

（2）负责自然资源部分管范围内的基础测绘成果的定期更新。

（3）收集国家层面上的有关国界线、行政区域界线、地名、水系等地理信息的变化情况。

（4）指导、监督地方各级测绘地理信息主管部门基础测绘成果的定期更新工作。

2. 县级以上地方测绘地理信息主管部门的职责

（1）基础测绘成果定期更新。

（2）收集有关行政区域界线、地名等地理信息的变化情况。

3. 其他有关部门和单位的职责

基础测绘是公益性事业，基础测绘成果定期更新需要各个部门的协同配合，协助各级测绘地理信息主管部门的信息收集工作应当成为各有关部门和单位的法定义务。县级以上人民政府其他有关部门和单位可通过建立计划交换、成果通报、目录汇总等信息交流方式，采用签订共建共享协议、项目合作协议等形式，支持和配合县级以上人民政府测绘地理信息主管部门的信息收集工作，提高基础测绘成果的现势性。

第五节　基础测绘应急保障

基础测绘提供的基础地理信息数据是应对突发事件处置与救援、恢复与重建等应急活动的重要依据，基础测绘在应对自然灾害、事故灾难、社会安全等突发事件时起着非常重要的保障服务作用。《基础测绘条例》第十一条规定，县级以上人民政府测绘行政主管部门应当根据应对自然灾害等突发事件的需要，制定相应的基础测绘应急保障预案。基础测绘应急保障第一次被列入国家行政法规。

一、基础测绘应急保障的内容

1. 基础测绘设施建设优先领域

《基础测绘条例》第十八条第二款规定，国家安排基础测绘设施建设资金，应当优先考虑航空摄影测量、卫星遥感、数据传输以及基础测绘应急保障的需要。

2. 基础测绘应急保障的内容

县级以上人民政府测绘地理信息主管部门的基础测绘应急保障的内容包括：
（1）加强基础航空摄影和用于测绘的高分辨率卫星影像获取与分发的统筹协调；
（2）配备相应的装备和器材；
（3）组织开展培训和演练；
（4）启动基础测绘应急保障预案；
（5）开展基础地理信息数据的应急测制和更新工作。

3. 基础测绘应急保障预案的内容

根据《基础测绘条例》，基础测绘应急保障预案的内容包括：应急保障组织体系，应急装备和器材配备，应急响应，基础地理信息数据的应急测制和更新等应急保障措施。

（1）应急基础测绘保障组织体系，即基础测绘应急保障工作的领导机构、工作机构和职责等。建立有效的组织体系是落实应急管理工作的基础。各级测绘地理信息主管部门都应当建立健全基础测绘应急保障工作的组织体系。

（2）应急装备和器材配备，主要包括航空摄影、地面快速数据采集和处理等各种装备和器材配备。应急装备和器材配备是快速获取突发事件事发地区基础地理信息数据的关键。

（3）应急响应。根据原国家测绘地理信息局制定的国家测绘地理信息应急保障预案，除国家突发事件有重大特殊要求外，根据突发事件救援与处置工作对测绘地理信息保障的紧急需求，将测绘应急响应分为两个等级。

（4）基础地理信息数据的应急测制和更新。基础测绘应急保障预案包括基础地理信息数据的应急测制、更新的程序，确保突发事件发生后，能够及时、高效、快速地获取基础地理信息，为决策、救援、恢复和重建等工作提供有力的保障。

二、国家应急测绘保障预案的主要内容

1. 保障任务

国家应急测绘保障的核心任务是为国家应对突发自然灾害、事故灾难、公共卫生事件、社会安全事件等突发公共事件高效有序地提供地图、基础地理信息数据、公共地理信息服务平台等测绘成果，根据需要开展遥感监测、导航定位、地图制作等技术服务。

2. 保障对象

国务院自然资源部应急保障对象，包括：
（1）党中央、国务院；
（2）国家突发事件应急指挥机构及国务院有关部门；
（3）重大突发事件所在地人民政府及其有关部门；
（4）参加应急救援和处置工作的中国人民解放军、中国人民武装警察部队；
（5）参加应急救援和处置工作的其他相关单位或组织。

3. 应急响应分级

除国家突发事件有重大特殊要求外，根据突发事件救援与处置工作对测绘地理信息保障的紧急需求，测绘地理信息应急响应分为以下两个等级：

（1）Ⅰ级响应。需要进行大范围联合作业；涉及大量的数据采集、处理和加工；成果提供工作量大的测绘地理信息应急响应。

（2）Ⅱ级响应。以提供现有测绘成果为主，具有少量的实地监测、数据加工及专题地图制作需求的测绘地理信息应急响应。

4. 组织体系

（1）领导机构。成立国家测绘应急保障领导小组，负责领导、统筹、组织全国测绘地理信息应急保障工作。自然资源部部长任组长，副部长任副组长，成员由局机关各司（室）和局所属有关事业单位主要领导组成。

（2）办事机构。国家测绘应急保障领导小组下设办公室，领导小组办公室设在国家测绘地理信息局测绘成果管理与应用司，作为领导小组的办事机构，承担测绘地理信息应急日常管理工作。测绘成果管理与应用司司长任领导小组办公室主任。

（3）工作机构。国家测绘地理信息局直属事业单位为国家测绘地理信息应急保障主要工作机构，承担重大测绘地理信息应急保障任务。

（4）地方机构。各省级自然资源主管部门负责本行政区域测绘地理信息应急保障工作，成立本级测绘地理信息应急保障领导和办事机构。在本级人民政府的领导和领导小组的指导下，统筹、组织本行政区域突发事件测绘地理信息应急保障工作。按照领导小组的要求，调集整理现有成果、采集处理现势数据、加工制作专题地图，并及时向自然资源部提供。

（5）社会力量。具有测绘资质的相关企事业单位作为国家测绘地理信息应急保障体系的重要组成部分，根据要求承担相应测绘地理信息应急保障任务，各测绘单位应当积极响应。

5. 应急启动

特别重大、重大突发事件发生，或者收到国家一级、二级突发事件警报信息、宣布进入预警期后，领导小组办公室迅速提出应急响应级别建议，报领导小组研究确定。由领导小组组长宣布启动Ⅰ级响应，分管测绘成果的副组长宣布启动Ⅱ级响应。响应指令由领导小组办公室通知各有关部门和相关单位。各有关部门和单位收到指令以后，应迅速启动本部门、本单位的应急预案，并根据职责分工，立即部署、开展相应的测绘地理信息应急保障工作。

6. Ⅱ级响应

（1）基本要求。承担应急任务的有关部门、单位人员、设备、后勤保障应及时到位；启动 24 小时值班制度。领导小组办公室应迅速与国家相关突发事件应急指挥机构沟通，与事发地省级测绘地理信息主管部门取得联系，并保持信息联络畅通。

（2）成果速报。在Ⅱ级响应启动后 4 小时内，组织相关单位向党中央、国务院及有关应急指挥机构提供现有适宜的事发地测绘地理信息成果。

（3）成果提供。开通测绘成果提供绿色通道，按相关规定随时受理、提供应急测绘成果。

（4）专题加工。根据救援与处置工作的需要，组织有关单位进行局部少量的航空摄影等实地监测；收集国家权威部门专题数据；快速加工、生产事发地专题测绘成果。

（5）信息发布。如确有需要的，可通过政府门户网站向社会适时发布事发地应急测绘成果目录及能够公开使用的测绘成果。

7. Ⅰ级响应

（1）启动Ⅱ级响应的所有应急响应措施。

（2）领导小组各成员单位主要负责人出差、请假的，必须立即返回工作岗位；确实不能及时返回的，可先由主持工作的领导全面负责。

（3）根据国家应急指挥机构的特殊需求，及时组织开发专项应急地理信息服务系统。

（4）无适宜的测绘成果，急需进行大范围联合作业时，由领导小组办公室提出建议，报领导小组批准后，及时采用卫星遥感、航空摄影、地面测绘等手段快速获取相应的测绘成果。

（5）领导小组成员单位根据各自工作职责，分别负责综合协调、成果提供、数据获取、数据处理、宣传发动、后勤保障等工作，并将应急工作进展情况及时反馈领导小组办公室。

8. 响应中止

突发事件的威胁和危害得到控制或者消除，政府宣布停止执行应急处置措施，或者宣布解除警报、终止预警期后，由领导小组组长决定中止Ⅰ级响应，分管测绘成果的副组长决定中止Ⅱ级响应。响应终止通知由领导小组办公室下达。

各级测绘地理信息行政主管部门应继续配合突发事件处置和恢复重建部门，做好事后测绘地理信息保障工作。

9. 保障措施

（1）制定测绘地理信息应急保障预案。各省级测绘地理信息主管部门和各有关单位应制定本部门、本单位测绘地理信息应急保障预案，报测绘地理信息主管部门备案，并结合实际情况，有计划、有重点地组织预案演练，原则上每年不少于一次。

（2）组建测绘地理信息应急保障队伍。各省级测绘地理信息主管部门要按要求建立测绘地理信息应急保障专家库，根据实际需要协调有关专家为测绘地理信息应急保障决策及处置提供咨询、建议与技术指导；各单位遴选政治和业务素质较高的技术骨干组成测绘地理信息应急快速反应队伍。

（3）测绘地理信息应急保障资金。根据测绘地理信息应急保障工作需要，结合国家预算管理的有关规定，应当将测绘地理信息应急保障工作所需资金纳入预算，对应急保障资金的使用和效果进行监督。

（4）做好测绘地理信息应急保障成果资料储备工作。各级测绘地理信息主管部门应当全面了解掌握测绘地理信息资源分布状况，完善测绘地理信息数据共享机制；收集、整理突发事件的重点防范地区的各类专题信息和测绘成果，根据潜在需求，有针对性地组织制作各种专题测绘地理信息产品，确保在国家需要应急测绘地理信息保障时，能够快速响应，高效服务。

（5）建设应急地理信息服务平台。在全国地理信息公共服务平台的基础上，根据中办、国办（国务院应急办）、国家减灾委、国家防总及公安、安全等有关部门的特殊要求，开发完善应急地理信息服务平台，提高测绘地理信息应急保障的效率、质量和安全性。

（6）完善测绘地理信息应急保障基础设施。规划建设全国性测绘地理信息应急技术装备保障系统，并建立突发事件测绘地理信息应急服务装备快速调配机制。重点推进测绘卫星体系项目建设，加快测绘应急生产装备和设施更新，联通政府内网，改造与扩容测绘地理信息专网，提高测绘地理信息应急保障服务能力。

（7）加快测绘地理信息应急高技术攻关。深入研究应急测绘地理信息快速获取、处理、服务技术，实现3S与网络、通信、辅助决策技术集成。

（8）确保通信畅通。充分利用现代通信手段。建立国家测绘地理信息应急保障通信网络，确保信息畅通。领导小组办公室组织编制国家测绘地理信息应急保障工作通讯录，并适时更新。

10. 监督与管理

（1）检查与监督。国家测绘地理信息应急响应指令下达后，各级测绘地理信息主管部门应对所属单位测绘地理信息应急保障执行时间和进度进行监督，及时发现潜在问题，并迅速采取有效措施，确保按时保质完成测绘地理信息应急保障任务。

（2）责任与奖惩。各部门、各单位主要负责人是测绘地理信息应急保障的第一责任人。国家测绘地理信息应急保障工作实行责任追究，对在测绘地理信息应急保障工作中存在失职、渎职行为的人员，将依照《中华人民共和国突发事件应对法》等有关法律法规追究责任。

各级测绘地理信息主管部门对在国家测绘地理信息应急保障工作中作出突出贡献的先进集体和先进个人应当给予表彰和奖励。

（3）宣传和培训。在测绘地理信息应急响应期间，各级测绘地理信息主管部门应当通过网络、报刊、电视等现代传媒手段，及时对国家测绘地理信息应急保障工作进行报道。定期对测绘地理信息应急保障人员进行新知识新技术培训，提高其应急专业技能。

（4）预案管理与更新。省级以上测绘地理信息主管部门应当定期组织对各地区、各单位测绘地理信息应急保障预案及实施情况进行检查评估，不断完善地方测绘地理信息应急保障制度和设施。

第六节 基础测绘设施

基础测绘设施是开展基础测绘工作的重要基础和保障。基础测绘设施是国家重要的基础设施和宝贵的财富，对经济建设、国防建设和社会发展具有重要作用，也是从事其他测绘工作的重要物质基础。

一、基础测绘设施的概念

基础测绘设施是指为实现基础地理信息共享，用于基础地理信息的获取、处理、存储、传输、分发和提供的设备、软件及其他有关设施。包括高分辨率立体测图卫星及相关卫星应用系统，地理信息变化监测体系，信息化测绘生产基地和测绘地理信息野外的技术装备，以及地理信息采集、获取、处理、更新、测绘地理信息成果档案存储与分发服务，测绘地理信息的安全保障基础设施等，涉及基础地理信息获取与处理、存储与管理、服务与应用等多个方面。

二、基础测绘设施建设的原则

县级以上人民政府及其有关部门应当遵循科学规划、合理布局、有效利用、兼顾当前与长远需要的原则，加强基础测绘设施建设，从而明确基础测绘设施建设的基本原则。

1. 科学规划

基础测绘设施建设要根据国民经济和社会发展以及测绘地理信息事业发展的实际需求，在详细调查、充分论证的基础上，组织编制基础测绘设施建设规划，对基础测绘设施的建设布局、规模、时序以及资金的落实作出具体安排，避免重复投资。

2. 合理布局

在基础测绘设施建设的空间布局上既要突出重点区域，又要兼顾地区之间的统筹和平衡。

3. 有效利用

要按照建设资源节约型社会的需求，充分利用现有的基础测绘设施，最大限度地发挥基础测绘设施的作用。

4. 兼顾当前与长远需要

要根据基础测绘发展需求，优先安排各领域需求量大、要求迫切的基础测绘设施项目，使基础测绘设施满足实际应用需要。同时，要兼顾基础测绘工作的基础性和长期性，按照规划积极推进重点基础测绘设施项目的建设。

三、基础测绘设施保护规定

1. 国家安排基础测绘设施建设资金

国家安排基础测绘设施建设资金，并确定了基础测绘设施建设资金应当重点和优先保障的领域，包括航空摄影测量、卫星遥感、数据传输以及基础测绘应急保障。

2. 加强基础航空摄影和用于测绘的高分辨率卫星影像获取与分发的统筹协调

县级以上人民政府测绘地理信息主管部门应当加强基础航空摄影和用于测绘的高分辨率卫星影像获取与分发的统筹协调，做好基础测绘应急保障工作，配备相应的装备和器材，组织开展培训和演练，不断提高基础测绘应急保障服务能力。

自然灾害等突发事件发生后，县级以上人民政府测绘地理信息主管部门应当立即启动基础测绘应急保障预案，采取有效措施，开展基础地理信息数据的应急测制和更新工作。

3. 国家依法保护基础测绘设施

国家依法保护基础测绘设施，任何单位和个人不得侵占、损毁、拆除或者擅自移动基础测绘设施。侵占、损毁、拆除或者擅自移动基础测绘设施的，要承担相应的法律责任，包括给予责令限期改正、警告，可以并处 5 万元以下罚款等行政处罚；造成损失的，依法承担赔偿责任；构成犯罪的，依法追究刑事责任；尚不构成犯罪的，对负有直接责任的主管人员和其他直接责任人员，依法给予处分。

第七节　涉密基础测绘成果提供利用

一、基础测绘成果提供利用规定

1.《测绘法》规定

基础测绘成果和国家投资完成的其他测绘成果，用于政府决策、国防建设和公共服务的，应当无偿提供。除前款规定情形外，测绘成果依法实行有偿使用制度。但是，各级人民政府及有关部门和军队因防灾减灾、应对突发事件、维护国家安全等公共利益的需要，可以无偿使用。测绘成果使用的具体办法由国务院规定。

2.《测绘成果管理条例》规定

法人或者其他组织需要利用属于国家秘密的基础测绘成果的，应当提出明确的利用目的和范围，报测绘成果所在地的测绘地理信息行政主管部门审批。测绘地理信息行政主管部门审查同意的，应当以书面形式告知测绘成果的秘密等级、保密要求以及相关著作权保护要求。

3.《涉密基础测绘成果提供使用管理办法》规定

为规范涉密基础测绘成果提供使用的管理，根据《中华人民共和国测绘法》《中华人民共和国行政许可法》《中华人民共和国保守国家秘密法》《中华人民共和国测绘成果管理条例》等有关法律法规，自然资源部制定《涉密基础测绘成果提供使用管理办法》自然资规〔2023〕3号，对提供使用涉密基础测绘成果进行了规定。涉密基础测绘成果，是指按照《测绘地理信息管理工作国家秘密范围的规定》中规定属于国家秘密事项的基础测绘成果。境外机构、组织、个人以及外商投资企业申请使用涉密基础测绘成果，按照对外提供我国涉密测绘成果相关规定执行。

二、涉密基础测绘成果审批职责

自然资源部负责中央财政投资生产的涉密基础测绘成果（以下简称国家级涉密基础测绘成果）的提供使用审批。省级自然资源主管部门负责本行政区域国家级涉密基础测绘成果的提供使用审批。申请人可按照便利原则选择向自然资源部或者省级自然资源主管部门申请使用国家级涉密基础测绘成果。申请人不得就同一事项同时向自然资源部和省级自然资源主管部门申请。省级自然资源主管部门确定本行政区域地方财政投资生产的涉密基础测绘成果的提供使用审批权限。各级自然资源主管部门之间应当加强基础测绘成果的共享和统筹利用。

三、涉密基础测绘成果使用申请

1. 申请使用涉密基础测绘成果应当符合的条件

申请使用涉密基础测绘成果应当符合下列条件：

（1）申请人为法人或者其他组织；

（2）有明确、合法、具体的使用目的；

（3）申请的涉密基础测绘成果范围、种类、数量与使用目的相一致；

（4）保管和使用条件符合国家保密法律法规及政策要求。

2. 申请使用涉密基础测绘成果应提交的材料

申请人申请使用涉密基础测绘成果，应当提交下列申请材料：

（1）《涉密基础测绘成果提供使用申请表》；

（2）项目批准文件、任务书、合同书或其他可以说明使用目的的材料；

（3）申请人签署的《涉密基础测绘成果使用安全保密责任书》；

（4）经办人有效身份证件复印件；

（5）加载统一社会信用代码的营业执照、登记证照等复印件；

（6）具备保密管理有关条件的机构人员、管理制度、场所设施等的相关说明材料或测绘资质证书复印件。第（5）项和第（6）项材料内容未发生变化的，申请人再次申请使用涉密基础测绘成果时无须再次提交。上述申请材料包含的信息能够通过政府部门共享获得的，审批机关可以不要求申请人提交相关材料。

3. 审批机关对申请人提出的涉密基础测绘成果提供使用申请处理

（1）申请材料齐全并符合法定形式的，应当决定受理并出具受理通知书。

（2）申请材料不齐全或者不符合法定形式的，应当当场或者在 5 个工作日内一次性告知申请人需要补正的全部内容，逾期不告知的，自收到申请材料之日起即为受理。

（3）申请事项依法不属于本审批机关职责范围的，应当及时作出不予受理的决定，并告知申请人向有关审批机关申请。

（4）审批机关应当自受理申请之日起 10 个工作日内作出决定。10 个工作日内不能作出决定的，经审批机关负责人批准，可以延长 10 个工作日，并将延长期限的理由告知申请人。必要时，审批机关可以组织专家对申请材料进行评审或者实地核查。

（5）审批机关作出审批决定的，应当自决定之日起 5 个工作日内向申请人送达决定，并抄送申请人所在地的省级自然资源主管部门。

4. 政府部门和军队单位申请使用涉密基础测绘成果

政府部门和军队单位需要利用涉密基础测绘成果用于政府决策、国防建设和公共服务的，可通过建立共享机制提供，提供程序和方式按照共享机制约定执行。尚未建立共享机制的政府部门和军队单位申请使用涉密基础测绘成果，应提供以下材料：

（1）涉密基础测绘成果提供使用申请表。

（2）属于政府部门的，应提供项目批准文件、任务书、合同书等可以说明使用目的的材料，如无上述材料，应提供单位公函，说明使用目的、使用范围和保管条件。

属于军队单位的，向自然资源部申请使用涉密基础测绘成果时，应当提供副战区级以上单位战场环境保障部门或履行相应职责的部门出具的审核介绍函；向省级自然资源部主管部门申请使用涉密基础测绘成果时，应当提供军级以上单位战场环境保障部门或履行相应职责的部门出具的审核介绍函。审核介绍函简要说明使用目的、使用范围和保管条件。

（3）申请人签署的《涉密基础测绘成果使用安全保密责任书》。

（4）经办人有效身份证件复印件。

尚未建立共享机制的政府部门和军队单位申请使用涉密基础测绘成果的受理、审查、决定及送达程序相关规定执行。

四、涉密基础测绘成果使用有关规定

测绘成果保管单位应当按照批准决定的内容，及时向申请人提供涉密基础测绘成果，对提供情况进行登记并长期保存。

被许可使用人应当严格按照下列规定保管和使用涉密基础测绘成果：

（1）必须按照国家有关保密法律法规的要求采取有效的保密措施，严防失泄密。

（2）严格按照批准的使用目的，在批准的使用范围内使用所领取的涉密基础测绘成果，不得擅自转让或者转借涉密基础测绘成果。

（3）使用目的或项目完成后，应当在 6 个月内将所领取的涉密基础测绘成果送至保密行政管理部门设立的销毁工作机构或指定的单位销毁；确因工作需要自行销毁少量涉密基础测绘成果的，应当严格履行清点、登记和审批手续，并使用符合国家保密标准的销毁设备和方法，确保销毁的涉密信息无法还原；确有困难的，可将所领取的涉密基础测绘成果交回审批机关。销毁的登记、审批记录应当长期保存备查。各地自然资源主管部门对销毁工作已有明确规定的，从其规定。

（4）被许可使用人委托第三方从事批准用途的应用开发，应与第三方签订相应的保密责任书，实施有效管理，负责在项目完成后及时销毁或督促销毁相应涉密基础测绘成果。第三方为境外机构、组织、个人以及外商投资企业的，必须按照对外提供涉密测绘成果有关规定，经有关自然资源主管部门审批。

（5）被许可使用人分立或合并时，应当将涉密基础测绘成果移交给承接其职能的机关、单位，并履行登记、签收手续，同时将有关情况报告审批机关；被许可使用人解散时，应当将涉密基础测绘成果按照国家保密规定销毁或交回审批机关。

（6）被许可使用人应当对申领的涉密基础测绘成果的保管、使用、复制、销毁等情况进行登记并长期保存，实行可追溯管理。

五、涉密基础测绘成果监督管理

县级以上自然资源主管部门应当建立健全的检查抽查制度，创新监管手段，加强对全国和所辖行政区域内单位涉密基础测绘成果使用情况的事中事后监管。被许可使用人未按规定保管和使用涉密基础测绘成果，自然资源主管部门要求其进行整改的，整改措施未落实到位前，停止向其提供涉密基础测绘成果。存在重大失泄密隐患或发生失泄密的，收回涉密基础测绘成果，并将有关线索报送保密行政管理部门。申请人隐瞒有关情况或提供虚假信息申请提供使用涉密基础测绘成果的，一年内再次申请使用涉密基础测绘成果，审批机关可不予受理。

申请人属于测绘资质单位，有以下情形的，还应按照有关程序纳入测绘地理信息行业不良信用记录：

（1）隐瞒有关情况或提供虚假信息申请提供使用涉密基础测绘成果；

（2）拒不接受和配合涉密基础测绘成果使用事中事后监管的；

（3）未按规定保管和使用涉密基础测绘成果，存在重大失泄密隐患或发生失泄密的。

首次申领涉密基础测绘成果的单位，应当纳入第二年检查范围。对存在不符合规定的情形和有相关不良信用记录的单位，应当加大抽查比例和频次。审批机关及测绘成果保管单位工作人员在涉密基础测绘成果提供使用工作中滥用职权、玩忽职守、徇私舞弊的，依法给予处分；涉嫌构成犯罪的，移送有关机关依法追究刑事责任。

（4）自然资源主管部门应当积极推进行政许可在线办理，运用信息化手段做好涉密基础测绘成果审批、提供和事中事后监管等信息的登记、保存、统计、运用和共享工作。

（5）自然资源主管部门应当及时在全国地理信息资源目录服务系统上发布、更新涉密基础测绘成果目录信息，方便社会公众查询。

六、基础测绘成果应急提供

1. 基础测绘成果应急提供的原则

（1）时效性：及时提供应对突发事件所需的各种基础测绘成果；

（2）安全性：按照国家保密法律法规的相关要求提供基础测绘成果，确保国家秘密安全；

（3）可靠性：所提供成果的范围、种类、数量等与所需一致，各种相关资料应当一致；

（4）无偿性：应对突发事件所需的基础测绘成果无偿提供使用。

2. 申请基础测绘成果应急服务的条件

（1）发生突发事件；

（2）申请人为应对突发事件的相关部门或者单位。

3. 基础测绘成果应急提供的有关规定

（1）各级测绘地理信息主管部门应当按照职责分工，负责相应的基础测绘成果的应急提供和使用审批。突发事件发生地的测绘地理信息主管部门应当快速响应，积极做好提供基础测绘成果应急服务的相关工作。

（2）申请基础测绘成果应急服务，采用简化申请程序的方式办理。申请人可先向相应测绘地理信息主管部门电话提出要求，再以加盖本部门印章的传真形式如实提交应急申请材料，内容主要包括突发事件的概况以及所需测绘成果的范围、种类、数量等。

（3）各级测绘地理信息主管部门应当场或者在 4 小时内完成基础测绘成果应急服务申请的审核与批复，明确并及时通知相关测绘成果保管单位。基础测绘成果不能满足应对突发事件需求时，测绘地理信息行政主管部门应予以说明，并提出有关应急解决方案。

（4）基础测绘成果应急提供时，各级测绘地理信息主管部门可无偿调用所缺的基础测绘成果。被调用方接到调用方加盖本机关印章的书面通知（传真）后，应在 8 小时内（特殊情况不超过 24 小时）准备好相关基础测绘成果，并及时通知调用方领取。无正当理由，被调用方不得以任何借口拒绝或者延迟提供。

（5）测绘成果保管单位负责提供应对突发事件时所需的基础测绘成果。测绘成果保管单位应当根据相关批复或者调用通知（情况特别紧急时，可以依据相关测绘地理信息主管部门的电话通知），在最短时间内完成基础测绘成果应急提供，一般提供期限为 8 小时，特殊情况不超过 24 小时。

（6）被许可使用人应当到指定的测绘成果保管单位领取应对突发事件所需的基础测绘成果，并同时按照《涉密基础测绘成果提供使用管理办法》的规定办理领用手续。情况特别紧急时，测绘地理信息主管部门可以及时向有关部门送达所需的基础测绘成果。在确保安全的前提下，也可经涉密网络传输有关数据，以提高应急时效。

（7）被许可使用人应当在7个工作日内，按照《涉密基础测绘成果提供使用管理办法》的规定，向测绘地理信息主管部门提交有关申请材料，补齐基础测绘成果使用审批手续。

（8）被许可使用人应当严格按照国家有关保密和知识产权等法律法规的要求保管和使用基础测绘成果，并向相应测绘地理信息主管部门反馈测绘成果应急服务的效用信息。

（9）在应对突发事件时，有关测绘地理信息主管部门违反规定，拒绝或者延迟无偿调用基础测绘成果的，由上一级测绘地理信息主管部门责令立即改正；对主要负责人、负有责任的主管人员和其他责任人员依法给予处分；构成犯罪的，依法追究刑事责任。

4. 使用基础测绘成果的法律规定

根据《测绘成果管理条例》，被许可使用人应当严格按照下列规定使用基础测绘成果：

（1）被许可使用人必须根据基础测绘成果的密级按国家有关保密法律法规的要求使用，并采取有效的保密措施，严防泄密。

（2）被许可使用人所领取的基础测绘成果仅限于在本单位的范围内，按其申请并经批准的使用目的使用。本单位以被许可使用人在企业登记主管机关、机构编制主管机关或者社会团体登记管理机关的登记为限，不得扩展到所属系统和上级、下级或者同级其他单位。

（3）被许可使用人若委托第三方开发，项目完成后，负有督促其销毁相应测绘成果的义务。第三方为外国组织和个人以及在我国注册的外商独资企业和中外合资、合作企业的，被许可使用人应当履行对外提供我国测绘成果的审批程序，依法经国家测绘地理信息局或者省、自治区、直辖市测绘地理信息主管部门批准后，方可委托。

（4）被许可使用人应当在使用基础测绘成果后所形成的成果的显著位置注明基础测绘成果版权的所有者。

（5）被许可使用人主体资格发生变化时，应向原受理审批的测绘地理信息主管部门重新提出使用申请。

第八节 全面推进实景三维中国建设的目标和任务

一、建设目标

到2025年，5m格网的地形级实景三维实现对全国陆地及主要岛屿覆盖，5cm分辨率的城市级实景三维初步实现对地级以上城市覆盖，国家和省、市、县多级实景三维在线与离线相结合的服务系统初步建成，地级以上城市初步形成数字空间与现实空间实时关联互通能力，为数字中国、数字政府和数字经济提供三维空间定位框架和分析基础，50%以上的政府决策、生产调度和生活规划可通过线上实景三维空间完成。

到 2035 年，优于 2m 格网的地形级实景三维实现对全国陆地及主要岛屿必要覆盖，优于 5cm 分辨率的城市级实景三维实现对地级以上城市和有条件的县级城市覆盖，国家和省、市、县多级实景三维在线系统实现泛在服务，地级以上城市和有条件的县级城市实现数字空间与现实空间实时关联互通，服务数字中国、数字政府和数字经济的能力进一步增强，80%以上的政府决策、生产调度和生活规划可通过线上实景三维空间完成。

二、建设任务

1. 地形级实景三维建设

国家层面完成：10m 和 5m 格网数字高程模型（DEM）、数字表面模型（DSM）制作，覆盖全国陆地及主要岛屿，并以 3 年为周期进行时序化采集与表达；2m 和优于 1m 分辨率数字正射影像（DOM）制作，覆盖全国陆地及主要岛屿，并以季度和年度为周期进行时序化采集与表达；基于上述工作及已有成果完成基础地理实体数据制作，覆盖全国陆地及主要岛屿。

地方层面完成：优于 2m 格网 DEM、DSM 制作，覆盖省级行政区域，并以 3 年为周期进行时序化采集与表达；优于 0.5m 分辨率 DOM 制作，覆盖重点区域，按需进行时序化采集与表达；基于上述工作及已有成果完成基础地理实体数据制作，覆盖省级行政区域；近岸海域 10m 以浅 DEM 制作，覆盖沿海省份。

2. 城市级实景三维建设

国家层面完成：整合省级行政区域基础地理实体数据，形成全国基础地理实体数据，覆盖全国陆地及主要岛屿。

地方层面完成：获取优于 5cm 分辨率的倾斜摄影影像、激光点云等数据，基于上述工作及已有成果完成基础地理实体数据制作，覆盖省级行政区域，根据地方实际确定周期进行时序化采集与表达。

3. 部件级实景三维建设

鼓励社会力量积极参与，通过需求牵引，多元投入，市场化运作的方式，开展部件级实景三维建设。

4. 物联感知数据接入与融合

国家和地方层面完成：物联感知数据接入与融合能力建设，支撑物联感知数据实时接入及空间化，采用空间身份编码等方式实现其与基础地理实体数据的语义信息关联。

5. 在线系统与支撑环境建设

全国构建统一的基于云架构，兼顾结构化和非结构化数据特征、分版运行的国家和省、市、县实景三维数据库，实现“分布存储，逻辑集中，互联互通”。国家和省、市、县分级、分节点构建适用本级需求的管理系统，并依托不同网络环境（互联网、政务网和涉密网等），为智慧城市时空大数据平台、地理信息公共服务平台及国土空间基础信息平台等提供适用版本的实景三维数据支撑，并为数字孪生、城市信息模型（CIM）等应用提供统一的数字空间底座，实现实景三维中国泛在服务。

第四章考点试题
汇编及答案

第五章　测绘标准化管理

第一节　标准化的基础知识

一、标准的概念

1. 标准的概念

标准是对一定范围内的重复性事物和概念所做的统一规定。它以科学、技术和实践经验的综合成果为基础，以取得最佳秩序、促进最佳社会效益为目的，经有关方面协商一致，由主管机构批准，以特定形式发布，作为共同遵守的准则和依据。

2. 标准化的概念

标准化是为在一定范围内获得最佳秩序，对实际的或潜在的问题制定共同的和重复使用的规则的活动。

二、标准层次体系

标准级别是指依据《中华人民共和国标准化法》（2017 年修订）（以下简称《标准化法》）将标准划分为国家标准、行业标准、地方标准、团体标准和企业标准五个层次，各层次之间有一定的依从关系和内在联系，形成一个覆盖全国又层次分明的标准体系。

1. 国家标准

对需要在全国范围内统一的技术要求，应当制定国家标准。国家标准由国务院标准化行政主管部门编制计划和组织草拟，并统一审批、编号、发布。国家标准的代号为“GB”，汉语拼音的第一个字母“G”和“B”的组合，其含义是“国标”。

2. 行业标准

对没有国家标准又需要在全国某个行业范围内统一的技术要求，可以制定行业标准，作为对国家标准的补充，当相应的国家标准实施后，该行业标准自行废止。行业标准由行业标准归口部门审批、编号、发布，实施统一管理。行业标准的归口部门及其所管理的行业标准范围，由国务院标准化行政主管部门审定，并公布该行业的行业标准代号。

3. 地方标准

对没有国家标准和行业标准而又需要在省、自治区、直辖市范围内统一的下列要求，可以制定地方标准：①工业产品的安全、卫生要求；②药品、兽药、食品卫生、环境保护、节约能源、种子等法律、法规规定的要求；③其他法律、法规规定的要求。地方标准由省、自治区、直辖市标准化行政主管部门统一编制计划，并组织制定、审批、编号和发布。

4. 团体标准

国家鼓励学会、协会、商会、联合会、产业技术联盟等社会团体协调相关市场主体共同制定满足市场和创新需要的团体标准，由本团体成员约定采用或者按照本团体的规定供社会自愿采用。制定团体标准，应当遵循开放、透明、公平的原则，保证各参与主体获取相关信息，反映各参与主体的共同需求，并应当组织对标准相关事项进行调查分析、实验、论证。国务院标准化行政主管部门会同国务院有关行政主管部门对团体标准的制定进行规范、引导和监督。

5. 企业标准

对在企业范围内需要协调、统一的技术要求、管理要求和工作要求所制定的标准。企业标准由企业制定，由企业法人代表或法人代表授权的主管领导批准和发布。企业产品标准应在发布后30日内向政府备案。

6. 国家标准化指导性技术文件

国家标准化指导性技术文件作为对国家标准的补充，其代号为“GB/Z”。符合下列情况之一的项目，可以制定指导性技术文件：

（1）技术尚在发展中，需要有相应的文件引导其发展或具有标准化价值，尚不能制定为标准的项目。

（2）采用国际标准化组织、国际电工委员会及其他国际组织（包括区域性国际组织）的技术报告的项目。

指导性技术文件仅供使用者参考。

三、标准属性

1. 强制性标准

根据《标准化法》，国家标准可分为强制性和推荐性两种属性的标准，行业标准、地方标准是推荐性标准。保障人体健康、人身、财产安全的标准和法律、行政法规规定强制执行的标准称为强制性标准。强制性标准是由法律规定必须遵照执行的标准。

2. 推荐性标准

强制性标准以外的标准是非强制性标准。国家鼓励采用推荐性标准，推荐性国家标准的代号为“GB/T”，强制性国家标准的代号为“GB”。行业标准中的推荐性标准也是在行业标准代号后加字母“T”，如“CH/T”，即测绘地理信息行业推荐性标准，不加字母“T”即为强制性测绘地理信息行业标准。

四、标准种类

标准分类既有按行业归类，也有按标准的功能分类的，这里主要介绍根据标准的性质分类。按标准的专业性质，通常将标准划分为技术标准、管理标准和工作标准三大类。

1. 技术标准

对标准化领域中需要统一的技术事项所制定的标准，称为技术标准。技术标准又细分为基础技术标准、产品标准、工艺标准、检验和试验方法标准、设备标准、原材料标准、安全标准、环境保护标准、卫生标准等。其中的每一类还可进一步细分，如技术基础标准还可再分为术语标准、图形符号标准、数系标准、公差标准、环境条件标准、技术通则性标准等。

2. 管理标准

对标准化领域中需要协调统一的管理事项所制定的标准，称为管理标准。管理标准主要是对管理目标、管理项目、管理业务、管理程序、管理方法和管理组织所作的规定。

3. 工作标准

为实现工作过程的协调，提高工作质量和工作效率，对每个职能和岗位的工作制定的标准，称为工作标准。在我国建立了企业标准体系的企业里一般都制定有工作标准。按岗位制定的工作标准通常包括岗位目标、工作程序和工作方法、业务分工和业务联系方式、职责权限、质量要求与定额、对岗位人员的基本技术要求、检查考核办法等内容。

第二节　测绘标准的概念与分类

一、测绘标准的概念

测绘标准是组织测绘生产和测绘成果应用的基本技术依据，其形式包括标准、规范、图式、规定、细则等多种。测绘标准包括国家标准、行业标准、地方标准和标准化指导性技术文件。

二、测绘标准分类

目前，我国的测绘标准共分为定义与描述类、获取与处理类、检验与测试类、成果与服务类、管理类五大类，在这五大类中，又可以根据不同种类标准的特点，细分为若干小类标准。

1. 定义与描述类标准

定义与描述类标准是通过对基础地理信息进行定义与描述，使得标准化涉及的各方在一定的时间和空间范围内达到对地理信息相对一致的理解，从而促进基础地理信息的应用。这类标准属于基础性标准，通常被其他测绘地理信息标准引用，具有重要的指导意义。

定义与描述类标准共7个小类标准，标准总数预计约58项。基于地理标识的参考系统、三维基础地理信息要素分类与代码、影像要素分类与代码、三维基础地理信息要素数据词典、航天影像和航空影像数据要素词典、公众版地形图图式、电子地图图式等标准是将来我国标准制定的主要任务。

2. 获取与处理类标准

获取与处理类标准是以地理信息数据获取与处理中各专业技术、各类工程中的需要协调统一的各种技术、方法、过程等为对象制定的标准。主要目的是通过对基础地理信息获取、加工、处理和应用等的方法、过程、行为的技术要求和技术参数进行确定，从而使基础地理信息数据获取与处理过程中的各个环节产生的误差得到控制，保证地理信息数据质量。

获取与处理类标准共包括11个小类标准，标准总数预计约228项。现行的获取与处理类标准主要集中于大地测量、航空摄影测量、光学航空摄影、国家基本比例尺地形图编绘、基础地理信息数据生产与数据库建设等方面，如《全球定位系统实时动态测量（RTK）技术规范》（CH/T 2009—2010）、《1∶500　1∶1 000　1∶2 000地形图航空摄影规范》（GB/T 6962—2005）、《国家基本比例尺地形图更新规范》（GB/T 14268—2008）等，都属于获取与处理类标准。

3. 检验与测试类标准

检验与测试类标准是为检验各种测绘地理信息成果质量，以检测对象、质量要求、检测方法及其技术要求为对象制定的标准。检验与测试类标准共包括5个小类标准，标准总数预计约46项。如《测绘成果质量检查与验收》（GB/T 24356—2023）、《数字水准仪检定规程》（CH/T 8019—2009）等，都属于检验与测试类标准。

4. 成果与服务类标准

成果与服务类标准是为保证测绘成果满足用户需要，对一种或一组基础地理信息产品应达到的技术要求作出规定的标准。成果与服务类标准共分5个小类标准，标准总数预计约 49 项。现行的成果与服务类标准主要集中在地形图和基础地理信息数据基本产品方面，如《地理信息定位服务》（GB/T 28589—2012），《基础地理信息标准数据基本规定》（GB 21139—2007）、《基础地理信息数字成果 1∶500　1∶1 000　1∶2 000数字线划图》（CH/T 9008. 1—2010）等，都属于成果与服务类标准。

5. 管理类标准

管理类标准是为保障测绘地理信息工作的有效开展，以测绘和基础地理信息项目管理、成果管理、归档管理、认证管理为对象制定的标准。管理类标准共包括 4 个小类标准，标准总数预计约 28 项。如《测绘技术设计规定》（CH/T 1004—2005）、《测绘技术总结编写规定》（CH/T 1001—2005）、《测绘作业人员安全规范》（CH 1016—2008）等都属于管理类标准。

第三节　测绘标准的制定与复审

测绘领域内，需要在全国范围内统一的技术要求，应当制定国家标准；对没有国家标准而又需要在测绘行业范围内统一的技术要求，可以制定测绘行业标准；对没有国家标准和行业标准而又需要在省、自治区、直辖市范围内统一的技术要求，可以制定相应地方标准。

一、测绘国家标准

下列需要在全国范围内统一的技术要求，应当制定测绘国家标准：

（1）测绘术语、分类、模式、代号、代码、符号、图式、图例等技术要求。

（2）国家大地基准、高程基准、重力基准和深度基准的定义和技术参数，国家大地坐标系统、平面坐标系统、高程系统、地心坐标系统，以及重力测量系统的实现、更新和维护的仪器、方法、过程等方面的技术要求。

（3）国家基本比例尺地图、公众版地图及其测绘的方法、过程、质量、检验和管理等方面的技术要求。

（4）基础航空摄影的仪器、方法、过程、质量、检验和管理等方面的技术指标和技术要求，用于测绘的遥感卫星影像的质量、检验和管理等方面的技术要求。

（5）基础地理信息数据生产及基础地理信息系统建设、更新与维护的方法、过程、质量、检验和管理等方面的技术要求。

（6）测绘地理信息工作中需要统一的其他技术要求。

二、强制性测绘标准

测绘国家标准及测绘行业标准分为强制性标准和推荐性标准。下列情况应当制定强制性测绘标准或者强制性条款：

（1）涉及国家安全、人身及财产安全的技术要求。

（2）建立和维护测绘基准与测绘系统必须遵守的技术要求。

（3）国家基本比例尺地图测绘与更新必须遵守的技术要求。

（4）基础地理信息标准数据的生产和认定。

（5）测绘行业范围内必须统一的技术术语、符号、代码、生产与检验方法等。

（6）需要控制的重要测绘成果质量的技术要求。

（7）国家法律、行政法规规定强制执行的内容及其技术要求。

测绘行业标准不得与测绘国家标准相违背，测绘地方标准不得与测绘国家标准和测绘行业标准相违背。

三、测绘标准化指导性技术文件

下列情形之一的，可以制定测绘标准化指导性技术文件：

（1）涉及的相关测绘技术尚在发展中，需要有相应的标准文件引导其发展或者具有标准化价值，尚不能制定为标准的。

（2）采用国际标准化组织以及其他国际组织（包括区域性国际组织）技术报告的。

（3）国家基础测绘项目及有关重大测绘专项实施中，没有国家标准和行业标准而又需要统一的技术要求。

四、测绘标准的复审

测绘标准的复审工作由国务院测绘地理信息主管部门组织测绘标委会实施。

（1）标准复审周期一般不超过 5 年。属于下列情况之一的应当及时进行复审：①不适应科学技术的发展和经济建设需要的；②相关技术发生了重大变化的；③标准实施中出现重大技术问题或有重要反对意见的。

（2）测绘国家和行业标准化指导性技术文件发布后 3 年内必须复审，以决定是否继续有效、转化为标准或者撤销。

（3）测绘国家标准和国家标准化指导性技术文件的复审结论经国务院测绘地理信息主管部门审查同意，报国务院标准化行政主管部门审批发布。

（4）测绘行业标准和行业标准化指导性技术文件的复审结论由国务院测绘地理信息主管部门审批。对确定为继续有效或者废止、撤销的，由国务院测绘地理信息主管部门发布公告；对确定为修订、转化的，按本办法规定的程序进行修订。

第四节　测绘标准化管理职责

一、国务院测绘地理信息主管部门标准化工作职责

（1）贯彻国家标准化法律、行政法规、方针和政策，制定测绘标准化管理的规章制度。

（2）组织制定和实施国家测绘标准化规划与计划，建立测绘标准体系。

（3）组织实施测绘国家标准项目和标准复审。

（4）组织制定、修订、审批、发布和复审测绘行业标准和标准化指导性技术文件。

（5）负责测绘标准的宣传、贯彻、实施和监督工作；归口负责测绘标准化工作的国际合作与交流。

（6）指导省、自治区、直辖市测绘地理信息主管部门的标准化工作。

国务院测绘地理信息主管部门测绘标准化工作委员会具体承担测绘标准化的有关工作。

二、省级测绘地理信息主管部门标准化工作职责

（1）贯彻国家标准化工作的法律、法规、方针和政策，制定贯彻实施的具体办法。

（2）组织制定和实施地方测绘标准化规划、计划。

（3）组织实施测绘地方标准项目。

（4）组织宣传、贯彻与实施测绘标准并监督检查。

（5）指导市、县测绘地理信息主管部门的标准化工作。

三、市、县测绘地理信息主管部门标准化工作职责

按照我国目前的测绘法律法规和相关标准化法规、行政法规的规定，市、县级测绘地理信息主管部门的测绘标准化工作职责。主要包括以下几个方面：

（1）贯彻国家标准化工作的法律、法规、方针和政策。

（2）组织宣传、贯彻与实施测绘标准的监督检查。

（3）组织实施地方测绘标准项目。

（4）上级测绘地理信息主管部门和本级人民政府标准化主管部门规定的其他职责。

第五节　测绘计量管理

一、测绘计量的概念与特征

1. 测绘计量的概念

计量是实现单位统一、量值准确可靠的活动。凡是以实现计量单位统一和测量准确可靠为目的的科学技术、法制、管理等活动，都属于计量的范围。测绘计量是指以测绘技术和法治手段保证测量量值准确可靠、单位统一的测量活动。准确的测绘计量对于保障国家计量单位制的统一和量值的准确可靠，保证测绘成果质量，促进测绘事业发展具有重要意义。测绘计量标准是指用于测量器具检定、测试各类测绘计量器具的标准装置、器具和设

施。测绘计量器具是指用于直接或间接传递量值的测绘地理信息工作用仪器、仪表和器具。

2. 测绘计量的特征

（1）统一性：测绘计量的一个重要目的，就是为了保证计量单位统一，因而测绘计量具有统一性特点。

（2）准确性：测绘计量是保证量值准确的测量，其计量数据的准确性是最基本的特性。

（3）法定性：测绘计量基准和测绘计量标准由国家有关计量的法律规定，测绘计量检定和计量器具管理由国家法律规定，测绘计量检定人员的资格由国家计量行政主管部门和有关行政主管部门考核认定，因此，测绘计量具有法定性。

二、测绘计量管理规定

1. 对计量检定的规定

计量检定活动是指由法律规定的或者质量技术监督部门授权的强制检定和其他检定活动。为加强对计量检定活动的管理，国家出台了一系列法律、法规和规章。

（1）《中华人民共和国计量法实施细则》（以下简称《计量法实施细则》）第十一条规定，使用实行强制检定的计量标准的单位和个人，应当向主持考核该项计量标准的有关人民政府计量行政部门申请周期检定。使用实行强制检定的工作计量器具的单位和个人，应当向当地县（市）级人民政府计量行政部门指定的计量检定机构申请周期检定。

（2）《计量法实施细则》第十二条规定，企业、事业单位应当配备与生产、科研、经营管理相适应的计量检测设施，制定具体的检定管理办法和规章制度，规定本单位管理的计量器具明细目录及相应的检定周期，保证使用的非强制检定的计量器具定期检定。

（3）《测绘计量管理暂行办法》第六条规定，社会公用计量标准、部门最高等级的测绘计量标准，均为国家强制检定的计量标准器具，应按国务院计量行政主管部门规定的检定周期向同级政府计量行政主管部门申请周期检定。周期检定结果报同级测绘主管部门备案。未按照规定申请检定或检定不合格的，不准使用。

（4）《测绘计量管理暂行办法》第十条规定，开展测绘计量器具检定，应执行国家、部门或地方计量检定规程。对没有正式计量检定规程的，应执行有关测绘技术标准或自行编写检校办法报主管部门批准后使用。

（5）《测绘计量管理暂行办法》第七条规定，申请面向社会开展测绘计量器具检定、建立社会公用计量标准、承担测绘计量器具产品质量监督试验以及申请作为法定计量检定机构的，应根据申请承担任务的区域，向相应的政府计量行政主管部门申请授权；申请承担测绘计量器具新产品样机试验的，向当地省级政府计量行政主管部门申请授权；申请承担测绘计量器具新产品定型鉴定的，向国务院计量行政主管部门申请授权。

2. 对产品质量检验机构的规定

（1）《中华人民共和国计量法》（以下简称《计量法》）第二十二条规定，为社会提供公证数据的产品质量检验机构，必须经省级以上人民政府计量行政部门对其计量检定、测试的能力和可靠性考核合格。

（2）《计量法实施细则》第二十五条规定，县级以上人民政府计量行政部门依法设置的计量检定机构，为国家法定计量检定机构。其职责是：负责研究建立计量基准、社会公用计量标准，进行量值传递，执行强制检定和法律规定的其他检定、测试任务，起草技术规范，为实施计量监督提供技术保证，并承办有关计量监督工作。

（3）《测绘计量管理暂行办法》第十四条规定，测绘产品质量监督检验机构，必须向省级以上政府计量主管部门申请计量认证。取得计量认证合格证书后，在测绘产品质量监督检验、委托检验、仲裁检验、产品质量评价和成果鉴定中提供作为公证的数据，具有法律效力。

3. 对测绘计量检定人员的规定

（1）《计量法》第二十条规定，县级以上人民政府计量行政部门可以根据需要设置计量检定机构，或者授权其他单位的计量检定机构，执行强制检定和其他检定、测试任务。执行前款规定的检定、测试任务的人员，必须经考核合格。

（2）《计量法实施细则》第二十六条规定，国家法定计量检定机构的计量检定人员，必须考核合格。计量检定人员的技术职务系列，由国务院计量行政部门会同有关主管部门制定。

（3）《测绘计量管理暂行办法》第九条规定，从事政府计量主管部门授权项目检定、测试的计量检定人员，必须经授权部门考核合格；其他计量检定人员，可由其上级主管部门考核合格。取得计量检定员证书后，才能开展检定、测试工作。根据实际需要，省级以上测绘主管部门可经同级政府计量行政主管部门同意，组织计量检定人员考核并发证。

三、计量基准器具和计量标准器具的规定

1. 计量基准器具的规定

计量基准器具的使用，必须具备下列条件：

（1）经国家鉴定合格。

（2）具有正常工作所需要的环境条件。

（3）具有称职的保存、维护、使用人员。

（4）具有完善的管理制度。

符合上述条件的，经国务院计量行政部门审批并颁发计量基准证书后，方可使用。

2. 计量标准器具的规定

计量标准器具的使用，必须具备下列条件：

（1）经计量检定合格。

（2）具有正常工作所需要的环境条件。

（3）具有称职的保存、维护、使用人员。

（4）具有完善的管理制度。

第五章考点试题
汇编及答案

第六章　测绘成果管理

第一节　测绘成果的概念与特征

一、测绘成果的概念

测绘成果是指通过测绘形成的数据、信息、图件以及相关的技术资料，是各类测绘活动形成的记录和描述自然地理要素或者地表人工设施的形状、大小、空间位置及其属性的地理信息、数据、资料、图件和档案。

测绘成果分为基础测绘成果和非基础测绘成果。基础测绘成果包括全国性基础测绘成果和地区性基础测绘成果。测绘成果服务于国民经济建设、国防建设和社会发展的各个领域，测绘成果的表现形式，涉及数据、信息、图件以及相关的技术资料等。测绘成果主要包括：

（1）天文测量、大地测量、卫星大地测量、重力测量的数据和图件。

（2）航空航天摄影和遥感的底片、磁带。

（3）各种地图（包括地形图、普通地图、地籍图、海图和其他有关的专用地图等）及其数字化成果。

（4）各类基础地理信息以及在基础地理信息基础上挖掘、分析形成的信息。

（5）工程测量数据和图件。

（6）地理信息系统中的测绘数据及其运行软件。

（7）其他有关的地理信息数据。

（8）与测绘成果直接有关的技术资料和档案等。

二、测绘成果的特征

1. 科学性

测绘成果的采集、加工和处理，必须依据一定的数学法则，借助于特定的测绘仪器装备以及特定的软件系统来进行，因而测绘成果具有科学性的特点。

2. 保密性

测绘成果涉及自然地理要素和地表人工设施的形状、大小、空间位置及其属性，大部分测绘成果都涉及国家秘密，关系到国家安全和利益，具有保密性特征。

3. 系统性

不同的测绘成果以及测绘成果的不同表示形式，都是依据一定的数学基础和投影法则，在一定的测绘基准和测绘系统控制下，按照“从整体到局部，先控制后碎部”原则，有着内在的关联，具有系统性。

4. 专业性

不同种类的测绘成果，由于专业不同，其表示形式和精度要求也不尽相同。如大地测量成果与房产测绘成果等有着明显的区别，带有很强的专业性。

5. 具有著作权

测绘成果具有专业性、系统性、物质表现性、科学性和创造性，具备了作品具有著作权的基本要素。大地测量、工程测量、房产测绘、地图作品、地理信息工程等，都具有著作权特征。

第二节 测绘成果保密管理

国家秘密是关系到国家安全和利益，依照法定程序规定，在一定时间内只限一定范围的人员知悉的事项。我国国家秘密的密级分为“绝密”“机密”“秘密”三级。“绝密”是最重要的国家秘密，泄露会使国家的安全和利益受到特别严重的损害；“机密”是重要的国家秘密，泄露会使国家安全和利益遭受严重的损害；“秘密”是一般的国家秘密，泄露会使国家安全和利益遭受损害。

一、测绘成果保密范围

测绘成果保密是指测绘成果由于涉及国家秘密，综合运用法律和行政手段将测绘成果严格限定在一定范围内和被一定范围内的人员知悉的活动。由于测绘成果大多属于国家秘密，测绘成果也相应地划分为秘密测绘成果和公开测绘成果两类。

1. 绝密级事项

（1）泄露后会对国家安全、利益和领土主权及海洋权益造成特别严重威胁或者损害的；
（2）泄露后会对国家重要军事设施、国家安全警卫目标造成特别严重威胁或者损害的；
（3）泄露后会对国家整体军事防御能力造成特别严重威胁或者损害的。

2. 机密级事项

（1）泄露后会对国家安全、利益和领土主权及海洋权益造成严重威胁或者损害的；

（2）泄露后会对国家重要军事设施、国家安全警卫目标造成严重威胁或者损害的；
（3）泄露后会对国家整体军事防御能力造成严重威胁或者损害的；
（4）泄露后会对社会稳定和民族团结造成严重损害的。

3. 秘密级事项

（1）泄露后会对国家安全、利益和领土主权及海洋权益造成威胁或者损害的；
（2）泄露后会对国家重要军事设施、国家安全警卫目标造成威胁或者损害的；
（3）泄露后会对国家局部军事防御能力造成损害的；
（4）泄露后会对国家测绘地理信息核心技术水平、知识产权保护造成损害的；
（5）泄露后会对社会稳定和民族团结造成损害的。

二、测绘成果国家秘密目录

测绘地理信息管理工作国家秘密目录见表6-1。

表6-1　**测绘地理信息管理工作国家秘密目录**

国家秘密事项名称	密级	保密期限	知悉范围
2000国家大地坐标系、1954北京坐标系、1980西安坐标系之间的相互转换参数；国家大地坐标系与相对独立的平面坐标系统之间相互转换精度优于±10厘米的转换参数	机密	长期	省级以上自然资源主管部门批准的测绘成果保管单位及用户；战区、军兵种以上军队测绘部门批准的军事测绘成果保管单位及用户
国家认定的地理信息保密处理技术算法及参数	机密	长期	自然资源部批准的测绘成果保管单位
分辨率高于5′×5′，精度优于±5毫伽的重力异常成果；精度优于±3″的垂线偏差成果	机密	长期	省级以上自然资源主管部门批准的测绘成果保管单位及用户；战区、军兵种以上军队测绘部门批准的军事测绘成果保管单位及用户
1∶2.5万、1∶5万国家基本比例尺地形图（模拟产品）及其全要素数字化成果	机密	长期	省级以上自然资源主管部门批准的测绘成果保管单位及用户；战区、军兵种以上军队测绘部门批准的军事测绘成果保管单位及用户
军事禁区大于或等于1∶1万的国家基本比例尺地形图（模拟产品）及其全要素数字化成果	机密	长期	省级以上自然资源主管部门批准的测绘成果保管单位及用户；战区、军兵种以上军队测绘部门批准的军事测绘成果保管单位及用户
军事禁区平面精度优于（含）10米的正射影像；军事禁区和军事管理区（不含作战指挥工程和重要军事设施区域）以及国家安全要害部门所在地标注有敏感地理实体属性信息的遥感影像	机密	长期	省级以上自然资源主管部门批准的测绘成果保管单位及用户；战区、军兵种以上军队测绘部门批准的军事测绘成果保管单位及用户；战区、军兵种以上军事设施建设部门批准的军用土地测绘成果保管单位及用户

续表

国家秘密事项名称	密级	保密期限	知悉范围
军事禁区平面精度优于（含）10米或高程精度优于（含）15米的数字高程模型和数字表面模型成果	机密	长期	省级以上自然资源主管部门批准的测绘成果保管单位及用户；战区、军兵种以上军队测绘部门批准的军事测绘成果保管单位及用户；战区、军兵种以上军事设施建设部门批准的军用土地测绘成果保管单位及用户
军事禁区平面精度优于（含）10米或地物高度相对量测精度优于（含）5%的三维模型、点云、倾斜影像、实景影像、导航电子地图等实测成果	机密	长期	省级以上自然资源主管部门批准的测绘成果保管单位及用户；战区、军兵种以上军队测绘部门批准的军事测绘成果保管单位及用户；战区、军兵种以上军事设施建设部门批准的军用土地测绘成果保管单位及用户
体现和表明我国政府立场与主张的敏感、争议地区测绘地理信息成果，以及泄露后会对国家利益、社会稳定和民族团结造成重大影响的重要地理信息数据	机密	公布前	有关领导、相关部门及承办人员
与上述机密级条款涉及的要素、空间精度和范围相当的其它测绘地理信息成果	机密	长期	省级以上自然资源主管部门批准的测绘成果保管单位及用户；战区、军兵种以上军队测绘部门批准的军事测绘成果保管单位及用户；战区、军兵种以上军事设施建设部门批准的军用土地测绘成果保管单位及用户
构成环线且覆盖范围大于2500平方千米或线路长度超过1000千米的国家等级水准网成果	秘密	长期	县级以上自然资源主管部门批准的测绘成果保管单位及用户；战区、军兵种以上军队测绘部门批准的军事测绘成果保管单位及用户
军事禁区（不含作战指挥工程和重要军事设施区域）内卫星导航定位基准站观测数据；军事禁区以外卫星导航定位基准站坐标、基准站网观测数据	秘密	长期	县级以上自然资源主管部门批准的测绘成果保管单位及用户；战区、军兵种以上军队测绘部门批准的军事测绘成果保管单位及用户
军事禁区和军事管理区以外带有名称、属性、位置等信息的国家等级控制点的坐标成果，国家等级重力控制点成果、重力加密点成果及其观测数据，国家等级全球导航卫星系统（GNSS）大地控制点（不含卫星导航基准站站点）、天文、三角、导线的观测成果	秘密	长期	县级以上自然资源主管部门批准的测绘成果保管单位及用户；战区、军兵种以上军队测绘部门批准的军事测绘成果保管单位及用户
分辨率在$5'\times5'$至$30'\times30'$，精度在±5毫伽至±7毫伽的重力异常成果；精度优于±0.2米的高程异常成果；精度在±3″至±6″的垂线偏差成果	秘密	长期	县级以上自然资源主管部门批准的测绘成果保管单位及用户；战区、军兵种以上军队测绘部门批准的军事测绘成果保管单位及用户

续表

国家秘密事项名称	密级	保密期限	知悉范围
军事禁区以外 1∶1 万、1∶5 000 国家基本比例尺地形图（模拟产品）及其全要素数字化成果；军事禁区以外连续覆盖范围超过 25 平方千米的大于 1∶5 000 的国家基本比例尺地形图（模拟产品）及其全要素数字化成果	秘密	长期	县级以上自然资源主管部门批准的测绘成果保管单位及用户；战区、军兵种以上军队测绘部门批准的军事测绘成果保管单位及用户
含有国家法律法规、部门规章及其他规定禁止公开内容的水系、交通、居民地及设施、管线等分要素测绘地理信息专题成果	秘密	长期	县级以上自然资源主管部门批准的测绘成果保管单位及用户；战区、军兵种以上军队测绘部门批准的军事测绘成果保管单位及用户
优于（含）20 米等高距的等高线，以及与其精度相当的高程注记点	秘密	长期	县级以上自然资源主管部门批准的测绘成果保管单位及用户；战区、军兵种以上军队测绘部门批准的军事测绘成果保管单位及用户
军事禁区以及国家安全要害部门所在地地面分辨率优于 0.5 米的航摄影像	秘密	长期	县级以上自然资源主管部门批准的测绘成果保管单位及用户；战区、军兵种以上军队测绘部门批准的军事测绘成果保管单位及用户；战区、军兵种以上军事设施建设部门批准的军用土地测绘成果保管单位及用户
军事禁区以外平面精度优于 10 米或者地面分辨率优于 0.5 米、且连续覆盖范围超过 25 平方千米的正射影像	秘密	长期	县级以上自然资源主管部门批准的测绘成果保管单位及用户；战区、军兵种以上军队测绘部门批准的军事测绘成果保管单位及用户；战区、军兵种以上军事设施建设部门批准的军用土地测绘成果保管单位及用户
军事禁区以外平面精度优于（含）10 米或高程精度优于（含）15 米、且连续覆盖范围超过 25 平方千米的数字高程模型和数字表面模型成果	秘密	长期	县级以上自然资源主管部门批准的测绘成果保管单位及用户；战区、军兵种以上军队测绘部门批准的军事测绘成果保管单位及用户；战区、军兵种以上军事设施建设部门批准的军用土地测绘成果保管单位及用户
军事禁区以外平面精度优于（含）10 米或地物高度相对量测精度优于（含）5%、且连续覆盖范围超过 25 平方千米的三维模型、点云、倾斜影像、实景影像、导航电子地图等实测成果	秘密	长期	县级以上自然资源主管部门批准的测绘成果保管单位及用户；战区、军兵种以上军队测绘部门批准的军事测绘成果保管单位及用户；战区、军兵种以上军事设施建设部门批准的军用土地测绘成果保管单位及用户
涉及军事、国家安全要害部门的点位名称及坐标；与军事、国家安全相关的国民经济重要设施精度优于（含）±10 米的点位坐标及其名称属性	秘密	长期	县级以上自然资源主管部门批准的测绘成果保管单位及用户；战区、军兵种以上军队测绘部门批准的军事测绘成果保管单位及用户；战区、军兵种以上军事设施建设部门批准的军用土地测绘成果保管单位及用户

续表

国家秘密事项名称	密级	保密期限	知悉范围
与上述秘密级条款涉及的要素、空间精度和范围相当的其它测绘地理信息成果	秘密	长期	县级以上自然资源主管部门批准的测绘成果保管单位及用户；战区、军兵种以上军队测绘部门批准的军事测绘成果保管单位及用户；战区、军兵种以上军事设施建设部门批准的军用土地测绘成果保管单位及用户

注：1. 测绘地理信息管理工作国家秘密事项由从事测绘地理信息活动的测绘资质单位、军队测绘部门（单位）产生。上述单位应当严格根据本目录规定对有关测绘地理信息成果进行标密并采取相应保密管理措施，不再申请定密授权。

2. 本规定发布前生产的1∶10万、1∶25万、1∶50万国家基本比例尺地形图在解密、销毁或者公开之前，应当履行相关审批程序。

3. 本规定“其它测绘地理信息成果”的定密标准和管理范围，由自然资源部会同国家保密局，商军委联合参谋部共同确定。

三、测绘成果保密规定

1. 测绘法律法规对成果保密管理的规定

（1）测绘成果保管单位应当采取措施保障测绘成果的完整和安全，并按照国家有关规定向社会公开和提供利用。测绘成果属于国家秘密的，适用国家保密法律、行政法规的规定；需要对外提供的，按照国务院和中央军事委员会规定的审批程序执行。

（2）测绘成果保管单位应当建立健全测绘成果资料的保管制度，配备必要的设施，确保测绘成果资料的安全，并对基础测绘成果资料实行异地备份存放制度。

（3）测绘成果保管单位应按照规定保管测绘成果资料，不得损毁、散失、转让。测绘项目的出资人或者承担测绘项目的单位，应当采取必要的措施，确保其获取的测绘成果的安全。

（4）对外提供属于国家秘密的测绘成果，应当按照国务院和中央军事委员会规定的审批程序，报国务院测绘地理信息主管部门或者省、自治区、直辖市人民政府测绘地理信息主管部门审批；测绘地理信息主管部门在审批前，应当征求军队有关部门的意见。

（5）法人或者其他组织需要利用属于国家秘密的基础测绘成果的，应当提出明确的利用目的和范围，报测绘成果所在地的测绘地理信息主管部门审批。测绘地理信息主管部门在依法履行审批手续时，要以书面形式告知测绘成果的秘密等级、保密要求以及相关著作权保护要求。

2. 《中华人民共和国保守国家秘密法》（以下简称《保密法》）对测绘成果保密的有关规定

（1）国家秘密载体的制作、收发、传递、使用、复制、保存、维修和销毁，应当符合国家保密规定。绝密级国家秘密载体应当在符合国家保密标准的设施、设备中保存，并指定专人管理；未经原定密机关、单位或者其上级机关批准，不得复制和摘抄；收发、传递和外出携带，应当指定专人负责，并采取必要的安全措施。

（2）存储、处理国家秘密的计算机信息系统（简称“涉密信息系统”）按照涉密程度实行分级保护。涉密信息系统应当按照国家保密标准配备保密设施、设备。保密设施、设备应当与涉密信息系统同步规划、同步建设、同步运行。涉密信息系统应当按照规定，经检查合格后，方可投入使用。

（3）机关、单位对外交往与合作中需要提供国家秘密事项，或者任用、聘用的境外人员因工作需要知悉国家秘密的，应当报国务院有关主管部门或者省、自治区、直辖市人民政府有关主管部门批准，并与对方签订保密协议。

3.《关于进一步加强涉密测绘成果管理工作的通知》的规定

（1）遵守航空摄影成果先送审后提供使用的规定。未按照国务院、中央军委有关规定，经有关军区进行保密审查的航空摄影成果一律不得提供使用。

（2）按照先归档入库再提供使用的规定管理涉密测绘成果。国家级基础测绘成果向国家基础地理信息中心归档入库；地方基础测绘成果向地方相应测绘成果保管单位归档入库。未归档入库的涉密测绘成果一律不得提供使用。

（3）各测绘资质单位或者测绘项目出资人依法开展测绘活动获取的涉密测绘成果，应当采取必要的措施确保成果安全。需要向其他法人或者组织提供使用的，必须按管理权限报测绘成果所在地的县级以上测绘地理信息主管部门批准同意。

（4）涉密测绘成果使用单位，必须依据经审批同意的使用目的和范围使用涉密测绘成果。使用目的或项目完成后，使用单位必须按照有关规定及时销毁涉密测绘成果。如需要用于其他目的，应另行办理审批手续。任何单位和个人不得擅自复制、转让或转借涉密测绘成果。

4.《国家测绘地理信息局关于加强涉密测绘成果管理工作的通知》的规定

（1）从事涉密测绘成果生产、加工、保管和使用等方面工作的单位，应当建立健全保密管理制度，按照积极防范、突出重点、严格标准、明确责任的原则，对落实保密制度的情况进行定期或不定期的检查，及时解决保密工作中的问题。

（2）涉密单位应当建立保密管理领导责任制，设立保密工作机构，配备保密管理人员。应当根据接触、使用、保管涉密测绘成果的人员情况，区分核心、重要和一般涉密人员，实行分类管理，进行岗前涉密资格审查，签署保密责任书，加强日常管理和监督。

（3）涉密单位应当依照国家保密法律、法规和有关规定，对生产、加工、提供、传递、使用、复制、保存和销毁涉密测绘成果，建立严格登记管理制度，加强涉密计算机和存储介质的管理，禁止将涉密载体作为废品出售或处理。

（4）涉密单位要及时确定涉密测绘成果保密要害部门、部位，明确岗位责任，设置安全可靠的保密防护措施。

（5）涉密单位应当对涉密计算机信息系统采取安全保密防护措施，不得使用无安全保密保障的设备处理、传输、存储涉密测绘成果。

（6）经审批获得的涉密测绘成果，被许可使用人只能用于被许可的使用目的和范围。使用目的或项目完成后。用户要按照规定及时销毁涉密测绘成果，由专人核对、清点、登记、造册、报批、监销，并报提供成果的单位备案；也可请提供成果的单位核对、回收，统一销毁。如需要用于其他目的的，应另行办理审批手续。任何单位和个人不得擅自复制、转让或转借。

（7）用户若委托第三方承担成果开发、利用任务的，第三方必须具有相应的成果保密条件，涉及测绘活动的，还应具备相应的测绘资质；用户必须与第三方签订成果保密责任书。第三方承担相关保密责任；委托任务完成后，用户必须及时回收或监督第三方按保密规定销毁涉密测绘成果及其衍生产品。

（8）涉密测绘成果严格实行“管”“用”分开。测绘成果保管单位不得擅自使用涉密测绘成果。确因工作需要使用的，必须按照涉密测绘成果提供使用管理办法，办理审批手续。

（9）要按照国家相关定密、标密规定，及时、准确地为测绘活动中产生的涉密测绘成果或衍生产品标明密级和保密期限。涉密测绘成果及其衍生产品，未经国务院测绘地理信息主管部门或者省、自治区、直辖市测绘地理信息主管部门进行保密技术处理的，不得公开使用，严禁在公共信息网络上登载发布使用。

（10）经国家批准的中外经济、文化、科技合作项目，凡涉及对外提供我国涉密测绘成果的，要依法报国务院测绘地理信息主管部门或者省、自治区、直辖市测绘地理信息主管部门审批后再对外提供。

（11）外国的组织或者个人经批准在中华人民共和国领域内从事测绘活动的，所产生的测绘成果归中方部门或单位所有；未经国务院测绘地理信息主管部门批准，不得向外方提供，不得以任何形式将测绘成果携带或者传输出境。严禁任何单位和个人未经批准擅自对外提供涉密测绘成果。

5.《关于加强涉密地理信息数据应用安全监管的通知》的规定

（1）经依法审批获得涉密地理信息数据的企事业单位（用户），必须遵守国家保密法律、法规和有关规定，建立健全保密管理制度，不得擅自向其他单位和个人复制、提供、转让或转借涉密地理信息数据。严禁任何单位和个人未经批准擅自对外提供涉密地理信息数据。

（2）涉密地理信息数据只能用于被许可的范围。使用目的实现后不再需要使用涉密地理信息数据的用户，要按照国家相关规定及时销毁涉密地理信息数据，并报涉密地理信息数据提供单位备案；也可请提供数据的单位核对、回收，统一销毁。如需超许可范围使用的，应另行办理审批手续。

（3）用户在涉及加工、处理、集成等使用涉密地理信息数据的建设项目（简称“涉密项目”）招投标中，必须委托给国内具有相应测绘资质的单位（简称“第三方”）承担。严禁委托给外国企业或者外商独资、中外合资、合作企业以及具有外资背景的企业承担涉密项目建设。

（4）若需第三方参与涉密项目的，在涉密项目建设前，用户必须与第三方签订地理信息数据保密责任书，明确责任和义务。涉密项目完成后，用户必须及时回收或监督第三方按规定销毁涉密地理信息数据及其衍生产品（新产生的涉密地理信息数据）。

（5）在使用涉密地理信息数据的项目中，用户必须严格管理，设定涉密环境，科学合理确定使用人，落实责任，确保使用过程中涉密地理信息数据及其衍生品的安全。严禁将涉密项目在公开环境下使用，特别是在互联网上使用。

（6）各级测绘地理信息主管部门要依法依规对持有涉密地理信息数据的用户运行的地理信息系统进行定期或不定期的检查。发现问题要及时纠正，督促整改；情节严重的，要依法严肃处理。

四、测绘地理信息主管部门监督管理职责

1. 确定测绘成果的秘密范围和秘密等级

《测绘成果管理条例》第十六条规定，国家保密工作部门、国务院测绘行政主管部门应当商军队测绘部门，依照有关保密法律、行政法规的规定，确定测绘成果的秘密范围和秘密等级。

2. 进行保密技术处理

《测绘成果管理条例》第十六条第二款规定，利用涉及国家秘密的测绘成果开发生产的产品，未经国务院测绘行政主管部门或者省、自治区、直辖市人民政府测绘行政主管部门进行保密技术处理的，其秘密等级不得低于所用测绘成果的秘密等级。

3. 审批属于国家秘密的基础测绘成果

《测绘成果管理条例》第十七条规定，法人或者其他组织需要利用属于国家秘密的基础测绘成果的，应当提出明确的利用目的和范围，报测绘成果所在地的测绘行政主管部门审批。

4. 告知申请人测绘成果的秘密等级、保密要求以及相关著作权保护要求

《测绘成果管理条例》第十七条第二款规定，法人或者其他组织需要利用属于国家秘密的基础测绘成果的，应当提出明确的利用目的和范围。报测绘成果所在地的测绘行政主管部门审批。测绘地理信息主管部门审查同意的，应当以书面形式告知测绘成果的秘密等级、保密要求以及相关著作权保护要求。

5. 对外提供属于国家秘密的测绘成果审批

《测绘成果管理条例》第十八条规定，对外提供属于国家秘密的测绘成果，应当按照国务院和中央军事委员会规定的审批程序，报国务院测绘行政主管部门或者省、自治区、直辖市人民政府测绘行政主管部门审批；测绘行政主管部门在审批前，应当征求军队有关部门的意见。

6. 配合保密部门进行保密检查

《保密法》第四十四条规定，保密行政管理部门对机关、单位遵守保密制度的情况进行检查，有关机关、单位应当配合。

7. 对提供、使用保密成果的单位进行监督检查

《行政许可法》第六十一条规定，行政机关应当建立健全监督制度，通过核查反映被许可人从事行政许可事项活动情况的有关材料，履行监督责任。行政机关依法对被许可人从事行政许可事项的活动进行监督检查时，应当将监督检查的情况和处理结果予以记录，由监督检查人员签字后归档。公众有权查阅行政机关监督检查记录。

五、对测绘成果涉密人员的规定

（1）在涉密岗位工作的人员（简称“涉密人员”），按照涉密程度，分为核心涉密人员、重要涉密人员和一般涉密人员，实行分类管理。有关机关、单位任用、聘用测绘成果涉密人员应当按照有关规定进行审查。

（2）涉密人员应当具有良好的政治素质和品行，具有胜任涉密岗位所要求的工作能力。涉密人员的合法权益受法律保护。

（3）涉密人员上岗前应当经过保密教育培训，掌握保密知识技能，签订保密承诺书，严格遵守保密规章制度，不得以任何方式泄露国家秘密。

（4）涉密人员出境应当经有关部门批准。有关机关认为涉密人员出境将对国家安全造成危害或者对国家利益造成重大损失的，不得批准出境。

（5）涉密人员离岗离职实行脱密期管理。核心涉密人员脱密期为2~3年，重要涉密人员脱密期为1~2年，一般涉密人员脱密期为6个月至1年。涉密人员在脱密期内，应当按照规定履行保密义务，不得违反规定就业，不得以任何方式泄露国家秘密。

第三节　测绘成果汇交

为充分发挥测绘成果的作用，提高测绘成果的使用效益，降低政府行政管理成本，实现测绘成果的共建共享，国家实行测绘成果汇交制度。

一、测绘成果汇交的概念与原则

1. 测绘成果汇交的概念

测绘成果汇交是指将测绘成果向法定的公共服务和公共管理机构提交副本或者目录，由公共服务和公共管理机构编制测绘成果目录，并向社会发布信息，利用汇交的测绘成果副本更新公共产品和依法向社会提供利用的过程。

2. 测绘成果汇交的原则

（1）依法汇交。测绘成果汇交是一项法定义务，必须依法汇交。要按照测绘成果投资主体的不同，依法汇交测绘成果目录或副本。

（2）无偿汇交。测绘成果汇交的目的是促进测绘成果资料的共建共享，提高测绘成果的使用效率，节约公共财政的资金投入。因此，《测绘法》明确测绘成果目录或者副本实行无偿汇交。

（3）定期汇交。《测绘成果管理条例》第九条规定，测绘项目出资人或者承担国家投资的测绘项目的单位应当自测绘项目验收完成之日起3个月内，向测绘行政主管部门汇交测绘成果副本或者目录。

（3）不得向第三方提供。为了保证测绘成果的完整和安全，维护测绘成果所有权人的权益，未经测绘成果所有权人许可，任何单位或者个人不得向第三方提供，测绘项目出资人或者测绘单位汇交的测绘成果依法受法律保护，并依法享有测绘成果的所有权。

二、测绘成果汇交的内容

1. 测绘成果汇交的主体

（1）测绘项目出资人。根据测绘法律、行政法规的规定，对没有使用国家投资的测绘项目，或者是由公民、法人或者其他组织自行出资的测绘项目，由测绘项目出资人按照规定向测绘项目所在地省、自治区、直辖市人民政府测绘地理信息主管部门汇交测绘成果目录，测绘成果汇交的主体为测绘项目出资人。

（2）承担测绘项目的测绘单位。基础测绘项目或者国家投资的其他测绘项目，测绘成果汇交的主体为承担测绘项目的单位，由测绘单位汇交测绘成果副本或者目录。中央财政投资完成的测绘项目，由承担测绘项目的单位向国务院测绘地理信息主管部门汇交测绘成果资料；地方财政投资完成的测绘项目，由承担测绘项目的单位向测绘项目所在地的省、自治区、直辖市人民政府测绘地理信息主管部门汇交测绘成果资料。

（3）中方部门或者单位。《测绘成果管理条例》对外国的组织或者个人与中华人民共和国有关部门或者单位合资、合作，经批准在中华人民共和国领域内从事测绘活动的，明确规定测绘成果归中方部门或者单位所有，并由中方部门或者单位向国务院测绘行政主管部门汇交测绘成果副本。

2. 测绘成果目录汇交的内容

根据《测绘法》《测绘成果管理条例》和国务院测绘地理信息主管部门《关于汇交测绘成果目录和副本的实施办法》的规定，测绘成果目录汇交的主要内容如下：

（1）按国家基准和技术标准施测的一、二、三、四等天文、三角、导线、长度、水准测量成果的目录。

（2）重力测量成果的目录。

（3）具有稳固地面标志的全球定位测量、多普勒定位测量、卫星激光测距等空间大地测量成果的目录。

（4）用于测制各种比例尺地形图和专业测绘的航空摄影底片的目录。

（5）我国自己拍摄的和收集国外的可用于测绘或修测地形图及其他专业测绘的卫星摄影底片和磁带的目录。

（6）面积在 10km² 以上的 1∶500、1∶2 000 比例尺地形图和整幅的 1∶5 000～1∶100万比例尺地形图（包括影像地图）的目录。

（7）其他普通地图、地籍图、海图和专题地图的目录。

（8）上级有关部门主管的跨省区、跨流域，面积在 50km² 以上，以及其他重大国家项目的工程测量的数据和图件目录。

（9）县级以上地方人民政府主管的面积在省管限额以上（由各省、自治区、直辖市人民政府颁发的测绘地理信息暂行管理规章确定）的工程测量的数据和图件目录。

3. 测绘成果汇交副本的内容

（1）按国家基准和技术标准施测的一、二、三、四等天文、三角、导线、长度、水准测量成果的成果表、展点图（路线图）、技术总结和验收报告的副本。

（2）重力测量成果的成果表（含重力值归算、点位坐标和高程、重力异常值）、展点图、异常图、技术总结和验收报告的副本。

（3）具有稳固地面标志的全球定位测量、多普勒定位测量、卫星激光测距等空间大地测量的测量成果、布网图、技术总结和验收报告的副本。

（4）正式印制的地图，包括各种正式印刷的普通地图、政区地图、教学地图、交通旅游地图，以及全国性和省级的其他专题地图。

第四节　测绘成果保管

一、测绘成果保管的概念与特点

测绘成果保管是指测绘成果保管单位（含使用测绘成果的单位）依照国家有关测绘、档案法律、行政法规的规定，采取科学的防护措施和手段，对测绘成果进行归档、保存和管理的活动。

由于测绘成果具有专业性、系统性、保密性等特点，同时，测绘成果又以纸质资料和数据资料形态共同存在，使测绘成果保管不同于一般的文档资料保管，具有其特殊性。

1. 测绘成果保管要采取安全保障措施

测绘成果是对不同时期的自然地理要素和地表人工设施的真实反映，不仅数量大，而且测绘成果的获取需要花费大量人力、物力和财力，测绘成果一旦丢失、毁坏，必须到实地重新测绘，并且测绘成果散失后容易造成失密或泄密，从而危害国家安全和利益。因此，测绘成果保管单位必须建立健全测绘成果资料保管制度，采取安全保障措施，以保障测绘成果的完整和安全。测绘成果资料的存放设施与条件，要符合国家保密、消防及档案管理的有关规定和要求。

2. 基础测绘成果保管要采取异地存放制度

为保障国家基础测绘成果资料的安全，避免出现基础测绘成果资料由于意外情况造成毁坏、散失，测绘成果保管单位应当按照国家有关规定，对基础测绘成果资料实行异地备份存放制度。基础测绘成果异地备份存放的设施和条件，不能低于测绘成果保管单位的设施和条件。根据国家相关规定，基础测绘成果异地存放的异地距离，一般不得少于500km。

3. 测绘成果保管不得损毁、散失和转让

由于测绘成果的重要性和具有著作权特点，测绘成果保管单位应当按照规定保管测绘成果资料，不得损毁、散失，未经测绘成果所有权人许可，不得擅自转让测绘成果。由于大部分测绘成果属于国家秘密，如果国家秘密测绘成果损毁、散失，会给国家安全和利益造成危害，因此，《测绘成果管理条例》规定测绘成果保管单位应当采取措施保证测绘成果的完整和安全，不得损毁、散失和转让。

4. 建立测绘成果保管制度由国家法律规定

不论是测绘法律、行政法规，还是国家档案、保密法律法规，都明确规定要建立健全测绘成果保管制度，配备必要的设施，确保测绘成果资料的安全，测绘成果资料的存放设施与条件，要符合国家保密、消防及档案管理的有关规定。建立测绘成果保管制度由国家法律规定，这是测绘成果保管的重要特征。

二、测绘成果保管的法律规定

1.《测绘法》的规定

测绘成果保管单位应当采取措施保障测绘成果的完整和安全，并按照国家有关规定向社会公开和提供利用。测绘成果属于国家秘密的，适用保密法律、行政法规的规定；需要对外提供的，按照国务院和中央军事委员会规定的审批程序执行。

2.《保密法》的规定

机关、单位对承载国家秘密的纸、光、电磁等介质载体（以下简称“国家秘密载体”）以及属于国家秘密的设备、产品，应当做出国家秘密标志。不属于国家秘密的，不必做出国家秘密标志。

3.《测绘成果管理条例》的规定

测绘成果保管单位应当建立健全测绘成果资料的保管制度，配备必要的设施，确保测绘成果资料的安全，并对基础测绘成果资料实行异地备份存放制度。测绘成果资料的存放设施与条件，应当符合国家保密、消防及档案管理的有关规定和要求。测绘成果保管单位应当按照规定保管测绘成果资料，不得损毁、散失、转让。测绘项目的出资人或者承担测绘项目的单位，应采取必要的措施，确保其获取的测绘成果的安全。

4. 测绘成果保管法律责任

测绘成果保管单位有下列行为之一的，由测绘地理信息主管部门给予警告，责令改正；有违法所得的，没收违法所得；造成损失的，依法承担赔偿责任；对直接负责的主管人员和其他直接责任人员，依法给予处分：

（1）未按照测绘成果资料的保管制度管理测绘成果资料，造成测绘成果资料损毁、散失的；

（2）擅自转让汇交测绘成果资料的；

（3）未依法向测绘成果的使用人提供测绘成果资料的。

第五节　测绘地理信息档案管理

一、测绘地理信息档案的基本知识

1. 测绘地理信息业务档案的概念

测绘地理信息业务档案（以下简称“测绘地理信息档案”）是指在从事测绘地理信息业务活动中形成的具有保存价值的文字、数据、图件、电子文件、声像等不同形式和载体的历史记录，是国家科技档案的重要组成部分。

2. 测绘地理信息档案主要内容

（1）航空、航天遥感影像获取档案。

（2）基础测绘项目档案。

（3）地理国情监测（普查）档案。

（4）应急测绘保障服务档案。

（5）测绘成果与地理信息应用档案。

（6）测绘科学技术研究项目档案。

（7）工程测量档案。

（8）海洋测绘与江河湖水下测量档案。

（9）界线测绘与不动产测绘档案。

（10）公开地图制作档案。

3. 测绘地理信息档案管理的原则

根据《测绘地理信息业务档案管理规定》，测绘地理信息档案工作应当遵循统筹规划、分级管理、确保安全、促进利用的原则。

各级测绘地理信息主管部门应当加强测绘地理信息业务档案基础设施建设，推进测绘地理信息业务档案信息化和数字档案馆建设。涉及国家秘密的测绘地理信息业务档案的管理，应当遵守国家有关保密的法律法规规定。

4. 测绘地理信息档案管理体制

国家测绘地理信息局负责全国测绘地理信息档案管理工作。县级以上地方人民政府测绘地理信息主管部门负责本行政区域内的测绘地理信息档案管理工作。国家和地方档案行政管理部门应当加强对测绘地理信息档案的监督和指导。

二、测绘地理信息档案管理职责

1. 国务院测绘地理信息主管部门的职责

（1）贯彻执行国家档案工作的法律、法规和方针政策；统筹规划全国测绘地理信息业务档案工作。

（2）制定国家测绘地理信息业务档案管理制度、标准和技术规范。

（3）指导、监督、检查全国测绘地理信息业务档案工作。

（4）组织国家重大测绘地理信息项目业务档案验收工作。

2. 县级以上测绘地理信息主管部门的职责

（1）贯彻执行档案工作的法律、法规和方针政策，制定本行政区域的测绘地理信息业务档案工作管理制度。

（2）指导、监督、检查本行政区域的测绘地理信息业务档案工作。

（3）组织本行政区域内重大测绘地理信息项目业务档案验收工作。

3. 档案保管机构的职责

根据《测绘地理信息业务档案管理规定》，省级以上测绘地理信息主管部门及有条件的市、县测绘地理信息主管部门应当设立专门的测绘地理信息业务档案保管机构，该保管机构的主要职责包括：

（1）接收、整理、集中保管测绘地理信息业务档案。

（2）开发和提供利用馆藏测绘地理信息业务档案资源。

（3）开展测绘地理信息业务档案信息化建设。

（4）指导测绘地理信息业务档案的形成、积累、整理、立卷等档案业务工作。

（5）督促建档单位按时移交测绘地理信息业务档案。

（6）承担测绘地理信息业务档案验收工作。

（7）负责测绘地理信息业务档案鉴定工作。

（8）收集国内外有利用价值的测绘地理信息资料、文献等。

（9）开展馆际交流活动。

4. 测绘单位的职责

根据《测绘地理信息业务档案管理规定》，测绘地理信息单位应当设立档案资料室，负责管理本单位的测绘地理信息档案。

三、建档与归档

《测绘地理信息业务档案管理规定》对测绘地理信息业务档案的建档与归档，作出了具体规定，主要包括以下内容：

（1）测绘地理信息项目承担单位（简称“建档单位”）负责测绘地理信息业务文件资料归档材料的形成、积累、整理、立卷等建档工作。

（2）测绘地理信息业务档案建档工作应当纳入测绘地理信息项目计划、经费预算、管理程序、质量控制、岗位责任。测绘地理信息项目实施过程中，应当同步提出建档工作要求，同步检查建档制度执行情况。

（3）测绘地理信息项目组织部门下达测绘地理信息项目计划时，应当以书面形式告知相应的档案保管机构，并在项目合同书、设计书等文件中，明确提出测绘地理信息业务档案的归档范围、份数、时间、质量等要求。

（4）建档单位应当按照“测绘地理信息业务档案保管期限表”，将归档材料收集齐全、整理立卷，确保测绘地理信息业务档案的完整、准确、系统和安全；不得篡改、伪造、损毁、丢失测绘地理信息业务档案。

（5）测绘地理信息归档业务文件材料应当原始真实、系统完整、清晰易读和标识规范，符合归档要求，档案载体能够长期保存。

（6）国家或地方重大测绘地理信息项目业务档案验收，应当由相应的测绘地理信息行政主管部门组织实施，并出具验收意见。其他测绘地理信息项目业务档案的验收，由相应的档案保管机构负责，并出具验收意见。未获得档案验收合格意见的测绘地理信息项目，不得通过项目验收。

（7）测绘地理信息项目组织部门在完成项目验收后，应当将项目验收意见抄送档案保管机构。建档单位应当在测绘地理信息项目验收完成之日起 2 个月内，向项目组织部门所属的档案保管机构移交测绘地理信息业务档案，办理归档手续。

四、保管与销毁

（1）档案保管机构应当将测绘地理信息业务档案进行分类、整理并编制目录，做到分类科学、整理规范、排架有序和目录完整。

（2）测绘地理信息业务档案保管期限分为永久和定期。具有重要查考利用保存价值的，应当永久保存；具有一般查考利用保存价值的，应当定期保存，期限为 10 年或 30 年，具体划分办法按照“测绘地理信息业务档案保管期限表”的要求执行。

（3）档案保管机构应当具备档案安全保管条件，库房配备防火、防盗、防渍、防有害生物、温湿度控制、监控等保护设施设备，库房管理应当符合国家有关规定。

（4）档案保管机构应当建立健全测绘地理信息业务档案安全保管制度，定期对测绘地理信息业务档案保管状况进行检查，采取有效措施，确保档案安全。重要的测绘地理信息业务档案实行异地备份保管。

（5）档案保管机构应当对保管期满的测绘地理信息业务档案提出鉴定意见，并报同级测绘地理信息主管部门批准。对不再具有保存价值的档案，应当登记、造册，经批准后按规定销毁。禁止擅自销毁测绘地理信息业务档案。

（6）因机构变动等原因，测绘地理信息业务档案保管关系发生变更的，原单位应当妥善保管测绘地理信息业务档案，并向指定机构移交。

（7）鼓励单位和个人向档案保管机构移交、捐赠、寄存测绘地理信息业务档案，档案保管机构应当对其进行妥善保管。

五、服务利用与监督管理

（1）各级测绘地理信息主管部门和档案保管机构应当依法向社会开放测绘地理信息业务档案，法律、法规另有规定的除外。单位和个人持合法证明，可以依法利用已经开放的测绘地理信息业务档案。

（2）档案保管机构应当定期公布馆藏开放的测绘地理信息业务档案目录，并为档案利用创造条件，简化手续，提供方便。测绘地理信息业务档案的阅览、复制、摘录等应当符合国家有关规定。

（3）各级测绘地理信息主管部门和档案保管机构应当采取档案编研、在线服务、交换共享等多种方式，加强对档案信息资源的开发利用，提高档案利用价值，扩大利用领域。

（4）向档案保管机构移交、捐赠、寄存测绘地理信息业务档案的单位和个人，对其档案具有优先利用权，并可对其不宜向社会开放的档案提出限制利用意见，维护其合法权益。

（5）各级测绘地理信息主管部门应当加强对测绘地理信息业务档案工作的领导，明确分管负责人、工作机构和人员，建立健全档案管理规章制度，保障档案工作所需经费，配备适应档案现代化管理需要的设施设备。

（6）各级测绘地理信息主管部门应当依法履行管理职责，加强对测绘地理信息业务档案工作的监督检查，对违法违规行为责令整改。对于违反国家档案管理规定，造成测绘地理信息业务档案失真、损毁、丢失的，依法追究相关人员的责任；构成犯罪的，依法移送司法机关处理。

第六节 测绘成果质量管理

测绘成果质量是指测绘成果满足国家规定的测绘技术规范和标准，以及满足用户期望目标值的程度。2015 年 6 月，原国家测绘地理信息局颁布了《测绘地理信息质量管理办法》，对测绘地理信息质量监督管理、测绘单位的质量责任与义务、质检机构的质量责任与义务以及质量奖惩等进行了详细规定，是我国目前测绘地理信息质量管理的重要依据，也是注册测绘师资格考试和注册测绘师执业的重要内容。

一、测绘地理信息质量监督管理

《测绘地理信息质量管理办法》规定，各级测绘地理信息主管部门应当严格依法行政，强化对测绘单位质量工作的日常监督管理，强化对测绘地理信息生产过程和成果质量的监督管理，强化对重大测绘地理信息项目和重大建设工程测绘地理信息项目质量的监督管理。主要质量监督管理措施包括：

（1）国家对测绘地理信息质量实行监督检查制度。甲、乙级测绘资质单位每 3 年监督检查覆盖一次。监督检查工作经费列入测绘地理信息主管部门本级行政经费预算或专项预算，专款专用。

（2）国务院测绘地理信息主管部门按年度制定国家测绘地理信息质量监督检查计划。县级以上地方人民政府测绘地理信息行政主管部门依据上一级质量监督检查计划，并结合本地情况，安排本级监督检查工作，报上一级测绘地理信息主管部门备案。

（3）同一测绘地理信息项目或同一批次成果，上级监督检查的，下级不得另行重复检查。

（4）测绘单位应配合监督检查，任何组织、个人不得以任何理由和形式设置障碍，拒绝或妨碍监督检查。

（5）监督检查中需要进行的检验、鉴定、检测等监督检验活动，由实施监督检查的测绘地理信息主管部门委托测绘成果质量检验机构承担。

（6）国务院测绘地理信息主管部门组织建立国家测绘地理信息成果质量检验专家库，专家库成员参加国家测绘地理信息成果质量监督检验工作。省级人民政府测绘地理信息主管部门可建立、管理省级测绘地理信息成果质量检验专家库。

（7）各级测绘地理信息主管部门应依法向社会公布监督检查结果，确属不宜向社会公布的，应依法抄告有关行政主管部门、有关权利人和利害相关人，并向上一级测绘地理信息主管部门备案。

（8）各级测绘地理信息主管部门负责受理本行政区域内的测绘地理信息质量投诉、检举、申诉，依法进行处理。

（9）因测绘地理信息成果质量问题造成重大事故的，测绘单位、成果使用单位应及时向相关测绘地理信息主管部门和其他有关部门报告。

（10）各级测绘地理信息主管部门应加强对本行政区域内测绘单位、测绘地理信息项目质量和监督检查结果等信息的收集、汇总、分析和管理，下一级向上一级报告年度质量信息。

二、测绘单位的质量责任与义务

（1）测绘单位应按照质量管理体系建设要求，建立健全覆盖本单位测绘地理信息业务范围的质量管理体系，规范质量管理行为，确保质量管理体系的有效运行。

（2）测绘地理信息项目的技术和质检负责人等关键岗位须由注册测绘师充任。

（3）测绘单位应建立质量责任制，明确岗位职责，制定并落实岗位考核办法和质量责任。

（4）测绘地理信息项目实施所使用的仪器设备应按照国家有关规定进行检定、校准。用于基础测绘项目和规模化测绘地理信息生产的新技术、新工艺、新软件等，须得到项目组织方同意。

（5）测绘单位应建立合同评审制度，确保具有满足合同要求的实施能力。

（6）测绘地理信息项目实施，应坚持先设计后生产，不允许边设计边生产，禁止没有设计进行生产。技术设计文件需要审核的，由项目委托方审核批准后实施。

（7）测绘地理信息项目实行"两级检查、一级验收"制度。作业部门负责过程检查，测绘单位负责最终检查。过程成果达到规定的质量要求后方可转入下一道工序。必要时，可在关键工序、难点工序设置检查点，或开展首件成果检验。

（8）项目委托方负责项目验收。基础测绘项目、测绘地理信息专项和重大建设工程测绘地理信息项目的成果未经测绘质检机构实施质量检验，不得采取材料验收、会议验收等方式验收，以确保成果质量；其他项目的验收应根据合同约定执行。

（9）国家法律法规或委托方有明确要求实施监理的测绘地理信息项目，应依法开展监理工作，监理单位资质及监理工作实施应符合相关规定。监理单位对其出具的监理报告负责。

（10）测绘单位对其完成的测绘地理信息成果质量负责，所交付的成果，必须保证是合格品。

（11）测绘单位应建立质量信息征集机制，主动征求用户对测绘地理信息成果质量的意见，并为用户提供咨询服务。

（12）测绘单位应及时、认真地处理用户的质量查询和反馈意见。与用户发生质量争议的，报项目所在地测绘地理信息主管部门进行处理，或依法诉讼。

（13）测绘地理信息项目通过验收后，测绘单位应将项目质量信息报送项目所在地测绘地理信息主管部门。

（14）测绘地理信息项目依照国家有关规定实行项目分包的，分包出的任务由总承包方向发包方负完全责任。

三、测绘质检机构的质量责任与义务

（1）国务院测绘地理信息主管部门依法设立国务院测绘地理信息主管部门测绘成果质量检验机构；省级人民政府测绘地理信息主管部门依法设立省级测绘地理信息主管部门测绘成果质量检验机构。

（2）测绘质检机构应具备从事测绘地理信息质量检验工作所必需的基本条件和技术能力，按照国家有关规定取得相应资质。

（3）测绘质检机构取得注册测绘师资格的人员经登记后，以注册测绘师名义开展工作。登记工作参照《注册测绘师执业管理办法（试行）》规定的注册程序进行。

（4）测绘质检机构可根据需要设立质检分支机构，并对其建设和业务工作负责。

（5）测绘质检机构的主要职责是：①按照测绘地理信息主管部门下达的测绘地理信息成果质量监督检查计划，承担质量监督检验工作；②受委托对测绘地理信息项目成果进行质量检验、检测和评价；③受委托对有关科研项目和新技术手段测制的测绘地理信息成果进行质量检验、检测、鉴定；④受委托承担测绘地理信息质量争议的仲裁检验；⑤向主管的测绘地理信息主管部门定期报送测绘地理信息成果质量分析报告。

（6）测绘质检机构应依照法律法规、技术标准及设计文件实施检验，客观、公正地作出检验结论，对检验结论负责。

（7）监督检验应制定技术方案，技术方案经组织实施监督检验工作的部门批准后实施检验工作。

（8）技术方案及检验报告由本单位注册测绘师签字后方可生效。

（9）任何单位和个人不得干预测绘质检机构对质量检验结论的独立判断。

（10）测绘地理信息成果质量检验结果是测绘地理信息项目验收、测绘资质监督管理、测绘资质晋升和评优奖励的重要依据。

四、测绘成果质量管理相关规定

1.《测绘法》的规定

（1）《测绘法》第二十七条规定，国家对从事测绘活动的单位实行测绘资质管理制度。从事测绘活动的单位应当具备下列条件，并依法取得相应等级的测绘资质证书，方可从事测绘活动：（一）有法人资格；（二）有与从事的测绘活动相适应的专业技术人员；（三）有与从事的测绘活动相适应的技术装备和设施；（四）有健全的技术和质量保证体系、安全保障措施、信息安全保密管理制度，以及测绘成果和资料档案管理制度。

（2）《测绘法》第三十九条规定，测绘单位应当对完成的测绘成果质量负责。县级以上人民政府测绘地理信息主管部门应当加强对测绘成果质量的监督管理。

2.《基础测绘条例》的规定

县级以上人民政府测绘地理信息主管部门应当采取措施，加强对基础地理信息测制、加工、处理、提供的监督管理，确保基础测绘成果质量。基础测绘项目承担单位应当建立健全基础测绘成果质量管理制度，严格执行国家规定的测绘技术规范和标准，对其完成的基础测绘成果质量负责。

3.《测绘质量监督管理办法》的规定

县级以上人民政府测绘主管部门和技术监督部门负责本行政区域测绘质量的管理和监督工作。测制、提供测绘产品必须遵守国家有关的法律、法规，遵循质量第一、服务用户的原则，保证提供合格的测绘产品。

4.《关于加强测绘质量管理的若干意见》的规定

（1）在对全国测绘质量实行统一监管的总体要求下，国务院测绘地理信息主管部门重点加强对影响面广、社会反响强烈的重大测绘项目和重大建设工程测绘项目质量的监督检查；地方测绘地理信息主管部门负责对本行政区域内测绘单位和测绘项目质量工作的日常监督管理。基础测绘项目的质量，由组织实施该项目的测绘地理信息主管部门监督管理；非基础测绘项目的质量，由项目实施地的测绘地理信息主管部门监督管理。

（2）测绘项目出资人要依法择优选择项目承担单位，并自觉接受测绘地理信息主管部门的监督；设计单位要按国家有关法律法规和技术标准进行项目设计，确保设计质量，应无条件帮助解决因设计造成的质量问题，并承担设计质量责任；施测单位必须严格按照合同、有关标准、项目设计书施测。确保所使用的仪器、设备、软件等符合国家有关规定；负责质量检验或验收的单位及专家，要严格依据国家有关规定、标准和设计书的要求，对项目进行检验或验收，并对作出的结论负责。

（3）贯彻实施测绘部门“二级检查、一级验收”等质量控制制度。国务院测绘地理信息主管部门将重点开展重大测绘工程成果质量的监督检查。地方测绘地理信息行政主管部门要积极支持和配合全国性检查活动，同时要建立质量管理的长效机制，制定详细的分级分类检查目录和计划，扩大监督检查的覆盖面，缩短覆盖周期。测绘仪器、设备检校情况应作为监督检查的重要内容。

（4）加快建立健全包括质量信用在内的测绘信用档案公示制度，根据测绘单位的质量信用情况进行分类监管，及时将质量信誉良好的单位和不好的单位分类向社会公布。在招投标活动中，要加大对低质压价等恶性竞争行为的打击力度，努力营造全行业重质量、讲信誉的良好氛围和市场环境。

五、测绘成果质量责任与检查验收

测绘单位是测绘成果生产的主体，必须自觉遵守国家有关质量管理的法律、法规和规章，对完成的测绘成果质量负责。

1. 测绘单位质量责任

（1）测绘单位的法定代表人确定本单位的质量方针和质量目标，签发质量手册，建立本单位的质量体系并保证有效运行，对本单位提供的测绘成果承担质量责任。

（2）测绘单位的行政领导及总工程师（质量主管负责人）按照职责分工负责质量方针、质量目标的贯彻实施，签发有关的质量文件及作业指导书，处理生产过程中的重大技术问题和质量争议；审议技术总结，对单位成果的技术设计质量负责。

（3）测绘单位的质量管理机构及质量检查人员在规定的职权范围内，负责质量管理的日常工作。编制年度质量计划，贯彻技术标准和质量文件，对作业过程进行现场监督和检查，处理质量问题，组织实施内部质量审核工作。各级检查人员对其所检查的成果质量负责。

（4）测绘生产人员必须严格执行操作规程，按照技术设计进行作业，并对作业质量负责。其他岗位的工作人员，应当严格执行有关的规章制度，保证本岗位的工作质量。因工作质量问题影响成果质量的，承担相应的质量责任。

（5）测绘单位按照测绘项目的实际情况实行项目质量负责人制度。项目质量负责人对该测绘项目的产品质量负直接责任。

2. 测绘成果检查验收

(1) 测绘单位对测绘成果质量实行过程检查和最终检查。

(2) 测绘成果过程检查由测绘单位的中队（室、车间）检查人员承担。

(3) 测绘成果最终检查由测绘单位的质量管理机构负责实施。

(4) 验收工作由测绘项目的委托单位组织实施，或由该单位委托具有检验资格的检验机构验收，验收工作应在测绘成果最终检查合格后进行。

(5) 检查、验收人员与被检查单位在质量问题处理上有分歧时，属检查过程中的，由测绘单位的总工程师裁定；属验收过程中的，由测绘单位上级质量管理机构裁定。委托验收中产生的分歧，应当报各省、自治区、直辖市测绘地理信息主管部门的质量管理机构裁定。

六、测绘成果质量监督管理措施

1. 加强测绘标准化管理

(1) 通过制定国家标准和行业标准，加强质量、标准及计量基础工作，确保成果质量。

(2) 严格测绘计量检定人员资格审批，做到持证上岗，保证量值的准确溯源和传递。

(3) 引导测绘单位贯彻执行国家规定的测绘技术规范和标准，并加大监督检查力度。

2. 开展测绘成果质量监督检查

通过定期开展测绘成果质量监督检查，及时发现问题，督促测绘单位进行整改。检查内容包括：质量保证体系运行情况和质量管理制度建立情况、执行测绘技术标准的情况、测绘成果质量状况、仪器设备的检定情况等。测绘成果质量监督检查的结果，要纳入测绘单位信用档案，并向社会公布。

3. 加强对测绘仪器设备计量检定情况的监督检查

根据《测绘计量管理暂行办法》，未按规定申请检定或检定不合格的仪器，不准使用。《测绘计量管理暂行办法》在测绘计量器具目录中，明确规定了 DJ2 级以上经纬仪、DS3 级以上水准仪、GNSS 接收机、精度优于 $5\ mm+5\times10^{-6}\ D$ 的测距仪、全站仪、伽级重力仪以及尺类等一期设备的检定周期为 1 年，其他精度的仪器设备一般为 2 年。因此，测绘地理信息主管部门要通过组织实施对测绘项目的检查验收，监督检查测绘单位的测绘仪器设备定期检定情况，确保测绘仪器设备稳定、安全、可靠。

4. 引导测绘单位建立健全质量管理制度

《测绘法》将建立健全完善的测绘技术、质量保证体系作为测绘资质申请的一个基本条件，充分说明了建立健全测绘技术、质量保证体系对保证测绘成果质量的重要性。因此，各级测绘地理信息主管部门要通过加强测绘资质审查和质量监督，引导测绘单位建立健全测绘成果质量管理制度；并加强测绘成果质量宣传教育，确保测绘成果质量。

5. 依法查处不合格的测绘成果

通过查处测绘成果质量违法案件，充分发挥查办案件的治本功能，进一步提高测绘单位的质量意识和质量责任，从而有效地保障测绘成果质量。测绘成果质量不合格的，要依法责令测绘单位补测或者重测；情节严重的，责令停业整顿，降低资质等级直至吊销测绘资质证书；给用户造成损失的，依法承担赔偿责任。

第七节　测绘成果提供利用

测绘成果提供利用是指测绘成果生产单位或者测绘成果保管单位根据合同约定或者测绘成果使用者的申请，依照国家有关规定提供利用测绘成果的活动。大多数测绘成果都涉及国家秘密，测绘成果提供利用必须严格遵守国家测绘、保密等有关法律、行政法规的规定。

一、测绘成果提供利用规定

1.《测绘成果管理条例》的规定

（1）县级以上人民政府测绘地理信息主管部门应当积极推进公众版测绘成果的加工和编制工作，并鼓励公众版测绘成果的开发利用，促进测绘成果的社会化应用。

（2）使用财政资金的测绘项目和使用财政资金的建设工程测绘项目，有关部门在批准立项前，应当书面征求本级人民政府测绘地理信息主管部门的意见。测绘地理信息主管部门应当自收到征求意见材料之日起 10 日内，向征求意见的部门反馈意见。有适宜测绘成果的，应当充分利用已有的测绘成果，避免重复测绘。

（3）国家保密工作部门、国务院测绘地理信息主管部门应当商军队测绘部门，依照有关保密法律、行政法规的规定，确定测绘成果的秘密范围和秘密等级。

（4）利用涉及国家秘密的测绘成果开发生产的产品，未经国务院测绘地理信息主管部门或省、自治区、直辖市人民政府测绘地理信息主管部门进行保密技术处理的，其秘密等级不得低于所用测绘成果的秘密等级。

（5）对外提供属于国家秘密的测绘成果，应当按照国务院和中央军事委员会规定的审批的程序，报国务院测绘地理信息主管部门或者省、自治区、直辖市人民政府测绘地理信息主管部门审批；测绘地理信息主管部门在审批前，应当征求军队有关部门的意见。

（6）基础测绘成果和财政投资完成的其他测绘成果，用于国家机关决策和社会公益性事业的，应当无偿提供。除前款规定外，测绘成果依法实行有偿使用制度。各级人民政府及其有关部门和军队因防灾、减灾、国防建设等公共利益的需要，可以无偿使用测绘成果。依法有偿使用测绘成果的，使用人与测绘项目出资人应当签订书面协议，明确双方的权利和义务。

（7）测绘成果涉及著作权保护和管理的，依照有关法律、行政法规的规定执行。

（8）建立以地理信息数据为基础的信息系统，应利用符合国家标准的基础地理信息数据。

2.《涉密基础测绘成果提供使用管理办法》的规定

《涉密基础测绘成果提供使用管理办法》对基础测绘成果提供利用进行了规定。

二、对外提供属于国家秘密的测绘成果审批

对外提供属于国家秘密的测绘成果，是指向境外、国外以及其与国内有关单位合资、合作的法人或者其他组织提供的属于国家秘密的测绘成果。根据《测绘成果管理条例》，对外提供属于国家秘密的测绘成果的，要严格按照国务院和中央军事委员会规定的审批程序，报国务院测绘地理信息主管部门或者省、自治区、直辖市人民政府测绘地理信息主管部门审批。

1. 申请条件

根据《对外提供涉密测绘成果管理办法》的通知（自然资规〔2024〕2 号），对外提供涉密测绘成果工作应当遵循既能维护国家安全和利益、又能适应对外交往与合作需要的原则。

对外提供涉密测绘成果实行分级审批制度。国务院及国务院各部门批准开展的对外交往与合作活动需要对外提供涉密测绘成果的，由自然资源部审批。审批前，应当征求军队测绘部门意见；必要时，可征求国务院相关部门意见。

省级及省级以下人民政府批准开展的对外交往与合作活动需要对外提供涉密测绘成果的，由当地省级自然资源主管部门审批（陕西、黑龙江、四川、海南由所在省测绘地理信息局负责，下同）。审批前，应当征求军队有关部门意见；必要时，可征求省级人民政府相关部门意见。

申请对外提供涉密测绘成果，应当具备以下条件：

（1）经国务院、国务院各部门、各级地方人民政府批准开展的对外交往与合作活动中，确需使用涉密测绘成果；

（2）申请对外提供涉密测绘成果的目的和用途符合对外交往与合作活动需要、符合国家的保密法律法规及政策；

（3）申请对外提供的涉密测绘成果种类、范围、内容、数量及精度等与使用目的一致。

2. 申请资料

申请对外提供涉密测绘成果，由开展对外交往与合作活动的中方单位向自然资源部或者省级自然资源主管部门提交以下材料：

（1）对外提供涉密测绘成果申请表；

（2）国务院、国务院各部门、各级地方人民政府批准开展对外交往与合作活动的文件；

（3）外方背景情况、对外提供涉密测绘成果的必要性及保密审查情况的说明；

（4）合法有效的中方、外方身份证明材料；

（5）拟提供涉密测绘成果的密级、保密期限和定密依据等定密情况说明材料；

（6）拟提供的涉密测绘成果；

（7）拟与外方签订的保密协议文本；

（8）申请人具备保密管理有关条件的机构人员、管理制度、场所设施等相关说明材料或测绘资质证书复印件。

拟提供涉密测绘成果为自然资源部门管理的测绘成果的，无需提供第(5)(6)项材料。

拟对外提供的涉密测绘成果的保密审查由对外交往与合作活动的主办单位或者其上级机关、业务主管部门具体负责。保密审查应当以保密法律法规、保密事项范围为依据，判断拟提供的资料是否属于国家秘密、属于何种密级及保密期限。

3. 申请受理程序

审批机关对申请人提出的对外提供涉密测绘成果申请，应当根据下列情形分别作出处理：

（1）申请材料齐全并符合法定形式的，应当决定受理并出具受理通知书；

（2）申请材料不齐全或者不符合法定形式的，应当当场或者在5个工作日内一次性告知申请人需要补正的全部内容，逾期不告知的，自收到申请材料之日起即为受理；

（3）申请事项依法不属于本审批机关职权范围的，应当及时作出不予受理的决定，并告知申请人向有关审批机关申请。

审批机关依法受理申请后，提出初步审查意见，将所有材料及初步审查意见转送军队部门征求意见。征求军队部门意见的时间不计入审批期限。审批机关受理后应当于20个工作日内作出行政审批决定。20个工作日内不能作出决定的，经本行政机关负责人批准，可以延长10个工作日，并应当将延长期限的理由告知申请人。必要时，审批机关可以组织开展保密鉴定、安全评估和实地核查等。

（4）审批机关应根据拟提供的涉密测绘成果对国家安全的影响和对外提供的实际需求提出保密技术处理要求。审批意见提出需进行必要的保密技术处理的，应当由指定的机构对拟提供的涉密测绘成果进行相应的保密技术处理。

4. 申请人有关规定

（1）申请人应当与外方签订保密协议，限定涉密测绘成果的使用和知悉范围，明确外方的保密义务和违约责任，在向外方提供涉密测绘成果后10个工作日内，将签署的保密协议复印件报审批机关。申请人还应当按照国家保密局有关规定，自收到对外提供涉密测绘成果批准决定之日起10个工作日内，将批准决定及保密协议文本报同级保密行政管理部门备案。

（2）申请人应当严格按照审批意见的要求妥善管理对外提供的测绘成果，在对外交往与合作活动完成后6个月内，收回提供的测绘成果并按照国家保密规定销毁或交回审批机关。

（3）申请人应当对对外提供涉密测绘成果情况进行登记并长期保存，实行可追溯管理。

5. 不予批准的情况

有下列情形之一的，不予批准对外提供涉密测绘成果：

（1）对外交往与合作活动未经政府批准的；

（2）使用目的和用途不明确的，或者申请对外提供的成果内容与使用目的不一致的；

（3）成果对外提供后可能危害国家安全和利益的；

（4）现有非涉密测绘成果能够满足需求的。

6. 监督管理与法律责任

省级以上自然资源主管部门应当加强对外提供涉密测绘成果工作的监督检查。

（1）未经自然资源部或者省级自然资源主管部门批准，任何组织和个人不得以任何方式擅自对外提供涉密测绘成果。

（2）任何组织和个人发现非法对外提供涉密测绘成果的，有权向自然资源主管部门举报。自然资源主管部门应当及时受理并依法查处非法对外提供涉密测绘成果的行为。

（3）审批机关工作人员在对外提供涉密测绘成果工作中滥用职权、玩忽职守、徇私舞弊的，依法给予处分；涉嫌构成犯罪的，移送有关机关依法追究刑事责任。

三、遥感影像公开使用

遥感影像是十分重要的测绘成果，包括卫星遥感影像和航空遥感影像，以及采用测绘遥感技术方法加工处理形成的遥感影像图。遥感影像在国土资源监测、地理国情普查、应急处理和国家基本比例尺地形图更新等工作中，发挥着日益重要的作用。为维护国家安全利益，加强对遥感影像公开使用的管理，促进遥感影像资源有序开发利用，原国家测绘地理信息局2011年11月出台了《遥感影像公开使用管理规定(试行)》(国测成发〔2011〕9号)。

1. 遥感影像公开使用管理

（1）根据《遥感影像公开使用管理规定（试行）》，国务院测绘地理信息主管部门负责监督管理全国遥感影像公开使用工作，县级以上测绘地理信息主管部门负责监督管理辖区内遥感影像公开使用工作。

（2）从事提供或销售分辨率高于10m的卫星遥感影像活动的机构，应当建立客户登记制度，包括客户名称与性质、提供的影像覆盖范围和分辨率、用途、联系方式等内容。每半年一次向所在地省级以上测绘地理信息主管部门报送备案。

（3）为应对重大突发事件应急抢险救灾急需，各级人民政府及其有关部门和军队，可以无偿使用遥感影像，各遥感影像保管单位、销售与提供机构应当无偿提供相关数据和资料。

2. 遥感影像公开使用规定

（1）公开使用的遥感影像空间位置精度不得高于50m；影像地面分辨率（简称“分辨率”）不得优于0.5m；不标注涉密信息，不处理建筑物、构筑物等固定设施。

（2）在公开使用的遥感影像上标注地名、地址或者其他属性信息，应当符合下列要求：①符合《基础地理信息公开表示内容的规定（试行）》（国测成发〔2010〕8 号）；②符合《公开地图内容表示规范》（自然资规〔2023〕2 号）；③符合国家其他法规制度要求，不得标注、显示禁止公开的信息。

（3）属于国家秘密且确需公开使用的遥感影像，公开使用前，应当依法送省级以上测绘地理信息主管部门会同有关部门组织审查并进行保密技术处理。分辨率优于 0.5m 的遥感影像，公开使用前，应当报送国务院测绘地理信息主管部门组织审查并进行保密技术处理。

（4）向社会公开出版、传播、登载和展示遥感影像的，还应当报送省级以上测绘地理信息主管部门进行地图审核，并取得审图号。

（5）从事遥感影像采集、加工处理、地名地物属性标注等活动，应当按规定取得相应的测绘资质。

第八节　重要地理信息数据审核与公布

一、重要地理信息数据的概念和特征

1. 重要地理信息数据的概念

重要地理信息数据是指在中华人民共和国领域和管辖的其他海域内的重要自然和人文地理实体的位置、高程、深度、面积、长度等位置信息数据和重要属性信息数据。重要地理信息数据主要包括以下内容：

（1）涉及国家主权、政治主张的地理信息数据；

（2）国界、国家面积、国家海岸线长度，国家版图重要特征点、地势、地貌分区位置等地理信息数据；

（3）冠以“全国”“中国”“中华”等字样的地理信息数据；

（4）经相邻省级人民政府联合勘定并经国务院批复的省级界线长度及行政区域面积，沿海省、自治区、直辖市海岸线长度；

（5）需要由国务院测绘地理信息主管部门审核的其他重要地理信息数据。

2. 重要地理信息数据的特征

（1）权威性。重要地理信息数据的获取要依据科学的观测方法和手段，由国务院测绘地理信息主管部门审核，并要与国务院其他有关部门、军队测绘部门会商后，报国务院批准，由国务院或者国务院授权的部门以公告形式公布，并在全国范围内发行的报纸或者互联网上刊登，体现出了重要地理信息数据的权威性。

（2）准确性。重要地理信息数据涉及重要的自然和人文地理实体的位置、高程、深度、面积、长度等位置信息数据和重要属性信息数据，这些数据是依据科学的技术方法和手段获取的，建议人提出建议后，国务院测绘地理信息主管部门要对数据的科学性、完整

性、可靠性等进行严格审核，因而，重要地理信息数据具有严格的准确性。

(3) 法定性。重要地理信息数据审核公布制度由国家法律规定，重要地理信息数据的审核、批准、公布的主体和程序都必须严格按照测绘法和行政许可法以及《重要地理信息数据审核公布管理规定》执行，任何单位和个人不得擅自审核公布。

二、重要地理信息数据审核

根据《测绘法》，重要地理信息数据由国务院测绘地理信息主管部门审核。但由于重要地理信息数据的权威性、科学性等特点，国务院测绘地理信息主管部门还必须与国务院有关部门进行会商，如有关国界线的重要地理信息数据必须与外交部会商，有关行政区域界线的长度等重要地理信息数据，应当与国务院民政部门进行会商；但是申请审核公布重要地理信息数据，必须依法向国务院测绘地理信息主管部门提出申请。

1. 建议人提交资料

国务院测绘地理信息主管部门负责受理单位和个人（建议人）提出的审核公布重要地理信息数据的建议。建议人也可以直接向自治区、直辖市测绘地理信息主管部门提出建议。

建议人建议审核公布重要地理信息数据，应当提交以下资料：

(1) 建议人的基本情况；

(2) 重要地理信息数据的详细数据成果资料，科学性及公布的必要性说明；

(3) 重要地理信息数据获取的技术方案及对数据验收评估的有关资料；

(4) 国务院测绘地理信息主管部门规定的其他资料。

2. 重要地理信息数据审核内容

(1) 重要地理信息数据公布的必要性；

(2) 提交的有关资料的真实性和完整性；

(3) 重要地理信息数据的可靠性和科学性；

(4) 重要地理信息数据是否符合国家利益，是否影响国家安全；

(5) 与相关历史数据、已公布数据的对比。

国务院测绘地理信息主管部门会同国务院有关部门、军队测绘部门，对需要审核的重要地理信息数据公布的必要性、公布部门等内容进行会商后，向国务院上报公布建议。

三、重要地理信息数据公布

经国务院测绘地理信息主管部门会同国务院其他有关部门对重要地理信息数据进行审核并报国务院后，由国务院批准。并由国务院或者国务院授权的部门公布。

1. 公布的方式

重要地理信息数据经国务院批准并明确授权公布的部门后，要以公告的形式公布，并在全国范围内发行的报纸或者互联网上刊登。

2. 公布应注意的事项

（1）重要地理信息数据公布时，应当注明审核、公布的部门。

（2）依法公布重要地理信息数据的国务院有关部门，应当在公布时，将公布公告抄送国务院测绘地理信息主管部门。国务院测绘地理信息主管部门收到公布公告后，应当按照规定期限书面通知建议人。

（3）国务院有关部门、有关单位或者个人擅自发布已经国务院批准并授权国务院有关部门公布的重要地理信息数据的，擅自发布未经国务院批准的重要地理信息数据的，要依法承担相应的法律责任。

3. 重要地理信息数据的使用

中华人民共和国领域和管辖的其他海域的位置、高程、深度、面积、长度等重要地理信息数据，关系到国家政治、经济和国际地位以及社会稳定，涉及国家主权和领土完整以及民族尊严，因此，《重要地理信息数据审核公布管理规定》明确，在行政管理、新闻传播、对外交流等对社会公众有影响的活动、公开出版的教材以及需要使用重要地理信息数据的，应当使用依法公布的数据。

四、法律责任

《测绘法》对有关违法行为设定了明确的法律责任。

1. 国务院有关部门法律责任

国务院有关部门具有下列行为之一的，由国务院测绘地理信息主管部门依法给予警告，责令改正，可以并处50万元以下罚款；构成犯罪的，依法追究刑事责任；尚不够刑事处罚的，对负有直接责任的主管人员和其他直接责任人员，依法给予行政处分：

（1）擅自发布已经国务院批准并授权国务院有关部门公布的重要地理信息数据的；

（2）擅自发布未经国务院批准的重要地理信息数据的。

2. 有关单位和个人法律责任

有关单位和个人具有下列行为之一的，由省级测绘地理信息主管部门依法给予警告，责令改正，可以并处50万元以下罚款；构成犯罪的，依法追究刑事责任；尚不够刑事处罚的，对负有直接责任的主管人员和其他直接责任人员，依法给予行政处分：

（1）擅自发布已经国务院批准并授权国务院有关部门公布的重要地理信息数据的；

（2）擅自发布未经国务院批准的重要地理信息数据的。

第九节　测绘成果产权保护

知识产权是指公民、法人或者其他组织对其在科学技术和文学艺术等领域内，主要基于脑力劳动创造完成的智力成果所依法享有的专有权利。按权利内容划分，知识产权包括人身权利和财产权利。按照智力活动成果的不同划分，知识产权可以分为著作权、商标权、专利权、发明权、发现权等。

测绘成果，是指通过对自然地理要素或者地表人工设施的形状、大小、空间位置及其属性等进行测绘形成的数据、信息、图件以及相关的技术资料。测绘成果是信息基础设施的重要组成部分，凝聚了测绘科技工作者的智慧和心血，广泛应用于国民经济建设、国防建设和社会发展各个领域，具有自然资源属性、商品属性和财产属性，测绘成果具有知识产权。《中华人民共和国著作权法》将地图及示意图等图形作品纳入著作权保护的范畴；《测绘成果管理条例》明确测绘成果涉及著作权保护和管理的，依照有关法律、行政法规的规定执行。国家从法律上确立了测绘成果的知识产权保护制度。

一、测绘成果知识产权的基本概念

测绘成果知识产权，是指测绘成果所有人依法对测绘成果享有占有、使用、收益和处分的权利。测绘成果产权包括测绘成果的人身权和财产权，这里所说的测绘成果的人身权，主要是测绘成果的人身精神权利，包括对测绘成果的发布权、署名权、修改权和保护数据完整权；测绘成果产权的财产权包括对测绘成果的所有权、持有权、经营权、转让权、许可使用权、质押权及其收益权。

1. 测绘成果的人身权

测绘成果的人身权主要是指测绘成果的人身精神权利。它是一种永久存在的权利。测绘成果的人身权包括对测绘成果的发布权、署名权、修改权和保护数据的完整权。

2. 测绘成果所有权

测绘成果所有权是指所有人依法对自己所有的测绘成果享有占有、使用、收益和处分的权利。测绘成果所有权是测绘成果产权中最基本的一种权利。

3. 测绘成果产权的持有权

测绘成果产权的持有权是指持有权人依法对自己持有的测绘成果享有实际的支配权和收益权，原始持有人还享有人身权。持有权与所有权的区别在于，持有权中可能有部分支配权和收益权受到一定程度的限制。

4. 测绘成果产权的经营权

测绘成果产权的经营权是指产权人以营利为目的而享有对测绘成果进行各种商业活动的权利。《民法通则》第八十一条和第八十二条赋予了公民、单位、法人经营管理的财产依法享有经营权。

5. 测绘成果产权的转让权

测绘成果产权的转让权是指所有权人或持有权人通过合同方式，把自己所有的或持有的测绘成果所有权或持有权进行转移的权利。转让的内容包括出售、交换、赠与和继承。

6. 测绘成果产权的许可使用权

测绘成果产权的许可使用权是指所有权人或持有权人通过合同方式，许可他人在一定条件下使用所有权人或持有权人提供的测绘成果的权利。这里所说的一定条件，是指按照合同的约定使用。同测绘成果产权的转让权相比，许可使用权转移的只是使用权，被许可使用人不得再许可第三人使用。

7. 测绘成果产权的质押权

测绘成果产权的质押权是指所有权人或持有权人为筹集资金，通过合同方式把自己的或者第三人的测绘成果所有权或持有权，用来向债权人作为履行债务担保的权利。

二、测绘成果产权保护

长期以来，为保护测绘成果产权，维护所有权人的合法权益，国家不论从立法角度还是在实际监督管理工作中，都进行了积极的探索和研究，并通过立法的方式实施产权保护。目前，我国测绘成果的产权保护主要体现在以下几个方面。

1. 在成果的显著位置标明版权所有者

国务院测绘地理信息主管部门在《涉密基础测绘成果提供使用管理办法》中规定，被许可使用人应当在使用基础测绘成果所形成成果的显著位置注明基础测绘成果版权的所有者，以此保护基础测绘成果的知识产权。

2. 在地图版权页载明地图作者

《地图管理条例》及相关法律、法规规定，出版地图，应当在地图的版权页上载明地图作品的作者署名、测绘地理信息主管部门的审图号及出版单位的名称及出版号等，以此保护地图作品的著作权和版权。

3. 在使用协议上明确产权归属

《测绘成果管理条例》第十九条第三款规定，依法有偿使用测绘成果的，使用人与测绘项目出资人应当签订书面协议，明确双方的权利和义务。第二十条规定，测绘成果涉及著作权保护和管理的，依照有关法律、行政法规的规定执行。

第六章考点试题
汇编及答案

第七章　不动产测绘管理

不动产是指土地、海域以及房屋、林木等定着物。不动产测绘是指对土地、海域、房屋等不动产的形状、大小、空间位置及其属性等进行测定、采集、表述以及获取的数据、信息、成果等地理信息进行处理和提供的活动。根据最新的《测绘资质管理办法》和《测绘资质分类分级标准》，不动产测绘包括地籍测绘、房产测绘、行政区域界线测绘和不动产测绘监理。

《测绘法》第二十二条规定，县级以上人民政府测绘地理信息主管部门应当会同本级人民政府不动产登记主管部门，加强对不动产测绘的管理。

第一节　地籍测绘

一、地籍测绘的概念

地籍测绘是获取和表达地籍信息所进行的测绘工作，指对地块权属界线的界址点坐标进行测定，并把地块及其附着物的位置、面积、权属关系和利用状况等要素准确地绘制在图纸上和记录在专门的表册中的测绘工作。地籍测绘的目的是获取和表述不动产的权属、位置、形状、数量等有关信息，为不动产产权管理、税收、规划、环境保护、统计等多种用途提供基础资料。

二、地籍测绘的内容

地籍测绘的主要内容包括平面控制测量、界址测量、其他地籍要素调查与测量、地籍图测绘以及面积量算等。地籍测绘的主要成果包括数据集（控制点、界址点坐标等）、地籍图和地籍簿册。地籍测绘是地籍管理的重要内容，是国家测绘地理信息工作的重要组成部分。具体内容如下：

（1）地籍控制测量，测量地籍基本控制点和地籍图根控制点。

（2）界线测量，测定行政区域界线和土地权属界线的界址点坐标。

（3）地籍图测绘，测绘分幅地籍图、土地利用现状图、房产图和宗地图等。

（4）面积测算，测算地块和宗地面积，进行面积的平差和统计。

（5）地籍变更测量，包括地籍图的修测、重测和地籍簿册的修编，以保证地籍成果资料的现势性和正确性。

三、地籍测绘的特点

地籍测绘与基础测绘和其他专业测绘有着本质的不同，其本质的不同表现在凡涉及土地及其附着物的权利的测量都可视为地籍测绘，具体特点如下：

（1）地籍测绘是政府行使土地行政管理职能的具有法律意义的行政性技术行为；
（2）地籍测绘为土地管理提供了精确、可靠的地理参考系统；
（3）地籍测绘是在地籍调查的基础上进行的，具有勘验取证的法律特征；
（4）地籍测绘的技术标准必须符合土地法律的要求；
（5）地籍测绘工作具有非常强的现势性；
（6）地籍测绘技术和方法是对现代测绘技术和方法的应用集成；
（7）从事地籍测绘活动的技术人员应当具有丰富的土地管理知识。

第二节　房产测绘

一、房产测绘的概念

房产测绘是指利用测绘地理信息技术手段测定和表述房屋及其自然状况、权属状况、位置、数量、质量以及利用状况及其属性并对获取的数据、信息、成果进行处理和提供的活动。为加强对房产测绘的管理，建设部和国家测绘地理信息局于2000年12月28日联合发布了《房产测绘管理办法》，对房产测绘行为和房产测绘管理作出了具体规定。

房产测绘的主要内容包括房产平面控制测量、房产面积预测算、房产面积测算、房产要素调查与测量、房产变更调查与测量、房产图测绘和建立房产信息系统。随着房地产市场的快速发展和现代测绘地理信息技术的广泛应用，房产测绘的技术手段和方法也越来越多，房产测绘的内容也越来越丰富。

二、房产测绘委托

1. 委托房产测绘的三种情形

（1）申请产权初始登记的房屋；
（2）自然状况发生变化的房屋；
（3）房屋权利人或者其他利害关系人要求测绘的房屋。

2. 委托房产测绘的申请人

（1）房屋权利申请人；
（2）房屋权利人；

（3）其他利害关系人；

（4）房产行政主管部门。

房产管理中需要的房产测绘由房地产行政主管部门委托房产测绘单位进行。

3. 房产测绘委托的规定

（1）委托房产测绘的，委托人与房产测绘单位应当签订书面房产测绘合同；

（2）房产测绘单位应当是独立的经济实体，与委托人不得有利害关系，并依法取得房产测绘资质；

（3）房产测绘所需费用由委托人支付，房产测绘收费标准按照国家有关规定执行。

三、房产测绘资质管理

从事房产测绘应当依法取得载有不动产测绘业务房产测绘子项的测绘资质证书，并在测绘资质证书规定的业务范围内从事房产测绘活动。

需要说明的是，《房产测绘管理办法》中有关房产测绘资质申请、受理的规定，已由国务院发文明确取消，不作为房产测绘资质审批的依据。目前，为简化行政审批程序，方便行政许可申请人，申请房产测绘资质，不需要再征求其他任何部门的意见，也不需要房地产行政主管部门进行初审。

四、房产测绘成果管理

（1）房产测绘成果包括：房产簿册、房产数据和房产图集等。房产测绘成果是测绘成果的重要组成部分，国家有关测绘成果管理的法律、行政法规等，均适用于房产测绘成果。

（2）《房产测绘管理办法》规定，当事人对房产测绘成果有异议的，可以委托国家认定的房产测绘成果鉴定机构鉴定。用于房屋权属登记等房产管理的房产测绘成果，房地产行政主管部门应当对施测单位的资格、测绘成果的适用性、界址点准确性、面积测算依据与方法等内容进行审核。审核后的房产测绘成果纳入房产档案统一管理。

五、房产测绘标准化管理

（1）《测绘法》第二十三条规定，城乡建设领域的工程测量活动，与房屋产权、产籍相关的房屋面积的测量，应当执行由国务院住房城乡建设主管部门、国务院测绘地理信息主管部门组织编制的测量技术规范。

（2）《房产测绘管理办法》第三条规定，房产测绘单位应当严格遵守国家有关法律、法规，执行国家房产测量规范和有关技术标准、规定，对其完成的房产测绘成果质量负责。

六、房产测绘的法律责任

1. 无证从事房产测绘

未取得载明房产测绘业务的测绘资格证书从事房产测绘业务以及承担房产测绘任务超出测绘资格证书所规定的房产测绘业务范围、作业限额的，依照《测绘资质管理办法》的规定处罚。

2. 违法进行房产测绘的其他情形

（1）在房产面积测算中不执行国家标准、规范和规定的；
（2）在房产面积测算中弄虚作假、欺骗房屋权利人的；
（3）房产面积测算失误，造成重大损失的。

根据《房产测绘管理办法》，有上述情形之一的，由县级以上人民政府房地产行政主管部门给予警告并责令限期改正，并可处以 1 万元以上、3 万元以下的罚款；情节严重的，由发证机关予以降级或者取消其房产测绘资格。

第三节　界线测绘

一、国界线测绘

1. 国界线测绘的概念

国界线是指相邻国家领土的分界线，是划分国家领土范围的界线，也是国家行使领土主权的界线。国界可以分为陆地国界、水域国界和空中国界，我们通常所说的国界主要指陆地国界。

国界线测绘是指为划定国家间的共同边界线而进行的测绘活动，是与邻国明确划定边界线、签订边界条约和议定书以及日后定期进行联合检查的基础工作。国界线测绘的主要成果是边界线位置和走向的文字说明、界桩点坐标及边界线地形图。

2. 国界线测绘的管理

《测绘法》第二十条规定，中华人民共和国国界线的测绘，按照中华人民共和国与相邻国家缔结的边界条约或者协定执行，由外交部组织实施。中华人民共和国地图的国界线标准样图，由外交部和国务院测绘地理信息主管部门拟定，报国务院批准后公布。

二、行政区域界线测绘

1. 行政区域界线测绘的概念

行政区域界线是指国务院或者省、自治区、直辖市人民政府批准的行政区域毗邻的各有关人民政府行使行政区域管辖权的分界线。行政区域界线涉及行政区域界线周边地区的稳定与发展和行政争议。为了加强对行政区域界线的管理，巩固行政区域界线勘定成果，维护行政区域界线周边地区稳定，2002 年 5 月 13 日，国务院颁布了《行政区域界线管理条例》（国务院令第 353 号），并自 2002 年 7 月 1 日起施行。

2. 行政区域界线测绘的内容

行政区域界线测绘是利用测绘技术手段和原理，为划定行政区域界线的走向、分布以及周边地理要素而进行的测绘工作。行政区域界线测绘的内容包括界桩的埋设与测定、边界线的调绘、边界线走向的文字说明、边界线地形图的标绘、界线详图的编撰与制印等工作。

3. 行政区域界线管理

（1）行政区域界线勘定后，应当以通告和行政区域界线详图予以公布。省、自治区、直辖市之间的行政区域界线由国务院民政部门公布，由毗邻的省、自治区、直辖市人民政府共同管理。省、自治区、直辖市范围内的行政区域界线由省、自治区、直辖市人民政府公布，由毗邻的自治州、县（自治县）、市、市辖区人民政府共同管理。

（2）行政区域界线的实地位置，以界桩及作为行政区域界线标志的河流、沟渠、道路等线状地物和行政区域界线协议书中明确规定作为指示行政区域界线走向的其他标志物标定。

（3）行政区域界线毗邻的任何一方不得擅自改变作为行政区域界线标志的河流、沟渠、道路等线状地物；因自然原因或者其他原因改变的，应当保持行政区域界线协议书划定的界线位置不变，行政区域界线协议书中另有约定的除外。行政区域界线协议书中明确规定作为指示行政区域界线走向的其他标志物，应当维持原貌。因自然原因或者其他原因使标志物发生变化的，有关县级以上人民政府民政部门应当组织修测，确定新的标志物，并报该行政区域界线的批准机关备案。

（4）依照《国务院关于行政区划管理的规定》经批准变更行政区域界线的，毗邻的各有关人民政府应当按照勘界测绘技术规范进行测绘，埋设界桩，签订协议书，并将协议书报批准变更该行政区域界线的机关备案。生产、建设用地需要横跨行政区域界线的，应当事先征得毗邻的各有关人民政府同意，分别办理审批手续，并报该行政区域界线的批准机关备案。

（5）行政区域界线毗邻的县级以上地方各级人民政府应当建立行政区域界线联合检查制度，每 5 年联合检查一次。遇有影响行政区域界线实地走向的自然灾害、河流改道、道路变化等特殊情况，由行政区域界线毗邻的各有关人民政府共同对行政区域界线的特定地段随时安排联合检查。联合检查的结果，由参加检查的各地方人民政府共同报送该行政区域界线的批准机关备案。

（6）行政区域界线详图是反映县级以上行政区域界线标准画法的国家专题地图。任何涉及行政区域界线的地图，其行政区域界线画法一律以行政区域界线详图为准绘制。国务院民政部门负责编制省、自治区、直辖市行政区域界线详图；省、自治区、直辖市人民政府民政部门负责编制本行政区域内的行政区域界线详图。

4. 行政区域界线测绘管理

（1）《测绘法》第二十一条规定，行政区域界线的测绘，按照国务院有关规定执行。省、自治区、直辖市和自治州、县、自治县、市行政区域界线的标准画法图，由国务院民政部门和国务院测绘地理信息主管部门拟定，报国务院批准后公布。

（2）《省级行政区域界线勘界测绘技术规定（试行）》要求，勘界测绘采用全国统一的大地坐标系统、平面坐标系统和高程系统，执行本规定和国家现行有关的测绘技术规范。

（3）边界协议书附图一般利用经补测或修测后的国家最新版的基本比例尺地形图标绘。边界协议书附图标绘 1 份，复印 4 份，由两省、自治区、直辖市政府负责人在 5 份上签字。

5. 行政区域界线管理的法律责任

有关国家机关工作人员在行政区域界线管理中有下列行为之一的，根据不同情节，依法给予记大过、降级或者撤职的行政处分；致使公共财产、国家和人民利益遭受重大损失的，依照刑法关于滥用职权罪、玩忽职守罪的规定，依法追究刑事责任：

（1）不履行行政区域界线批准文件和行政区域界线协议书规定的义务，或者不执行行政区域界线的批准机关的决定的。

（2）不依法公布批准的行政区域界线的。

（3）擅自移动、改变行政区域界线标志，或者命令、指使他人擅自移动、改变行政区域界线标志，或者发现他人擅自移动、改变行政区域界线标志不予制止的。

（4）毗邻方未在场时，擅自维修行政区域界线标志的。

三、权属界线测绘

1. 权属界线测绘的概念

权属界线测绘是指测定权属界线的走向和界址点的坐标及对其数据进行处理和绘制图形的活动。权属界线测绘是确定权属的重要手段，只有通过权属界线测绘才能准确地将权属界线用数据和图形的形式表示出来。

2. 权属界线测绘的规定

《测绘法》第二十二条规定，测量土地、建筑物、构筑物和地面其他附着物的权属界址线，应当按照县级以上人民政府确定的权属界线的界址点、界址线或者提供的有关登记资料和附图进行。权属界址线发生变化的，有关当事人应当及时进行变更测绘。

根据《物权法》，国家对不动产物权实行统一登记制度。当事人申请不动产物权登记，应当根据不同登记事项提供权属证明和不动产界址、面积等必要材料。而申请人要提供权属证明、不动产界址、面积等材料，就必须要事先进行权属界线测绘。从事权属界线测绘，必须掌握以下几点：

（1）从事权属界线测绘时，必须要明确土地、房屋等确权工作，是由地方县级以上人民政府登记造册、核发证书，确认所有权或者使用权，权属界址线的测绘也必须以县级以上地方人民政府的确权为依据进行。

（2）不动产的设立、变更、转让、消灭，经依法登记，发生效力。申请人在不动产变更时，必然会涉及重新登记问题，也就自然而然地涉及权属界线测绘问题。因此，《测绘法》规定，权属界址线发生变化时，有关当事人应当及时进行变更测绘。

（3）权属界线测绘属于十分重要的测绘活动，必须按照《测绘法》及相关测绘法规、规章的规定，依法取得相应的测绘资质，依法履行相应的法律义务。

第四节　《不动产登记暂行条例》基础知识

一、不动产总则

（1）为整合不动产登记职责，规范登记行为，方便群众申请登记，保护权利人合法权益，根据《中华人民共和国物权法》（以下简称《物权法》）等法律，制定本条例。

（2）本条例所称不动产登记，是指不动产登记机构依法将不动产权利归属和其他法定事项记载于不动产登记簿的行为。

本条例所称不动产，是指土地、海域以及房屋、林木等定着物。

（3）不动产首次登记、变更登记、转移登记、注销登记、更正登记、异议登记、预告登记、查封登记等，适用本条例。

（4）国家实行不动产统一登记制度。

不动产登记遵循严格管理、稳定连续、方便群众的原则。

不动产权利人已经依法享有的不动产权利，不因登记机构和登记程序的改变而受到影响。

（5）国务院国土资源主管部门负责指导、监督全国不动产登记工作。

县级以上地方人民政府应当确定一个部门为本行政区域的不动产登记机构，负责不动产登记工作，并接受上级人民政府不动产登记主管部门的指导、监督。

（6）不动产登记由不动产所在地的县级人民政府不动产登记机构办理；直辖市、设区的市人民政府可以确定本级不动产登记机构统一办理所属各区的不动产登记。

跨县级行政区域的不动产登记，由所跨县级行政区域的不动产登记机构分别办理。不能分别办理的，由所跨县级行政区域的不动产登记机构协商办理；协商不成的，由共同的上一级人民政府不动产登记主管部门指定办理。

国务院确定的重点国有林区的森林、林木和林地，国务院批准项目用海、用岛，中央国家机关使用的国有土地等不动产登记，由国务院国土资源主管部门会同有关部门规定。

二、法律规定需要登记的不动产权利

下列不动产权利，依照本条例的规定办理登记：
（1）集体土地所有权；
（2）房屋等建筑物、构筑物所有权；
（3）森林、林木所有权；
（4）耕地、林地、草地等土地承包经营权；
（5）建设用地使用权；
（6）宅基地使用权；
（7）海域使用权；
（8）地役权；
（9）抵押权；
（10）法律规定需要登记的其他不动产权利。

三、不动产登记

1. 不动产单元

不动产以不动产单元为基本单位进行登记。不动产单元具有唯一编码。

2. 不动产登记簿内容

不动产登记机构应当按照国务院国土资源主管部门的规定设立统一的不动产登记簿。不动产登记簿应当记载以下事项：
（1）不动产的坐落、界址、空间界限、面积、用途等自然状况；
（2）不动产权利的主体、类型、内容、来源、期限、权利变化等权属状况；
（3）涉及不动产权利限制、提示的事项；
（4）其他相关事项。

3. 不动产登记簿采用的介质

不动产登记簿应当采用电子介质，暂不具备条件的，可以采用纸质介质。不动产登记机构应当明确不动产登记簿唯一、合法的介质形式。

不动产登记簿采用电子介质的，应当定期进行异地备份，并具有唯一、确定的纸质转化形式。

采用纸质介质不动产登记簿的，应当配备必要的防盗、防火、防渍、防有害生物等安全保护设施。

采用电子介质不动产登记簿的，应当配备专门的存储设施，并采取信息网络安全防护措施。

4. 不动产登记

（1）不动产登记机构应当依法将各类登记事项准确、完整、清晰地记载于不动产登记簿。任何人不得损毁不动产登记簿，除依法予以更正外不得修改登记事项。

（2）不动产登记工作人员应当具备与不动产登记工作相适应的专业知识和业务能力。

不动产登记机构应当加强对不动产登记工作人员的管理和专业技术培训。

（3）不动产登记机构应当指定专人负责不动产登记簿的保管，并建立健全相应的安全责任制度。

（4）不动产登记簿由不动产登记机构永久保存。不动产登记簿损毁、灭失的，不动产登记机构应当依据原有登记资料予以重建。

行政区域变更或者不动产登记机构职能调整的，应当及时将不动产登记簿移交相应的不动产登记机构。

四、登记程序

1. 不动产登记申请

当事人或者其代理人应当到不动产登记机构办公场所申请不动产登记。因买卖、设定抵押权等申请不动产登记的，应当由当事人双方共同申请。

属于下列情形之一的，可以由当事人单方申请：

（1）尚未登记的不动产首次申请登记的；

（2）继承、接受遗赠取得不动产权利的；

（3）人民法院、仲裁委员会生效的法律文书或者人民政府生效的决定等设立、变更、转让、消灭不动产权利的；

（4）权利人姓名、名称或者自然状况发生变化，申请变更登记的；

（5）不动产灭失或者权利人放弃不动产权利，申请注销登记的；

（6）申请更正登记或者异议登记的；

（7）法律、行政法规规定可以由当事人单方申请的其他情形。

不动产登记机构将申请登记事项记载于不动产登记簿前，申请人可以撤回登记申请。

2. 申请人应提交的材料

申请人应当提交下列材料，并对申请材料的真实性负责：

（1）登记申请书；

（2）申请人、代理人身份证明材料、授权委托书；

（3）相关的不动产权属来源证明材料、登记原因证明文件、不动产权属证书；

（4）不动产界址、空间界限、面积等材料；

（5）与他人利害关系的说明材料；

（6）法律、行政法规以及本条例实施细则规定的其他材料。

不动产登记机构应当在办公场所和门户网站公开申请登记所需材料目录和示范文本等信息。

3. 不动产登记申请受理

不动产登记机构收到不动产登记申请材料，应当分别按照下列情况办理：

（1）属于登记职责范围，申请材料齐全、符合法定形式，或者申请人按照要求提交全部补正申请材料的，应当受理并书面告知申请人；

（2）申请材料存在可以当场更正的错误的，应当告知申请人当场更正，申请人当场更正后，应当受理并书面告知申请人；

（3）申请材料不齐全或者不符合法定形式的，应当当场书面告知申请人不予受理，并一次性告知需要补正的全部内容；

（4）申请登记的不动产不属于本机构登记范围的，应当当场书面告知申请人不予受理，并告知申请人向有登记权的机构申请。

不动产登记机构未当场书面告知申请人不予受理的，视为受理。

4. 不动产登记申请的查验

不动产登记机构受理不动产登记申请的，应当按照下列要求进行查验：

（1）不动产界址、空间界限、面积等材料与申请登记的不动产状况是否一致；

（2）有关证明材料、文件与申请登记的内容是否一致；

（3）登记申请是否违反法律、行政法规规定。

5. 不动产登记的实地查看

属于下列情形之一的，不动产登记机构可以对申请登记的不动产进行实地查看：

（1）房屋等建筑物、构筑物所有权首次登记；

（2）在建建筑物抵押权登记；

（3）因不动产灭失导致的注销登记；

（4）不动产登记机构认为需要实地查看的其他情形。

对可能存在权属争议，或者可能涉及他人利害关系的登记申请，不动产登记机构可以向申请人、利害关系人或者有关单位进行调查。

不动产登记机构进行实地查看或者调查时，申请人、被调查人应当予以配合。

6. 不动产登记办理

（1）不动产登记机构应当自受理登记申请之日起 30 个工作日内办结不动产登记手续，法律另有规定的除外。

（2）登记事项自记载于不动产登记簿时完成登记。

不动产登记机构完成登记，应当依法向申请人核发不动产权属证书或者登记证明。

7. 不予办理的登记申请

登记申请有下列情形之一的，不动产登记机构应当不予登记，并书面告知申请人：

（1）违反法律、行政法规规定的；
（2）存在尚未解决的权属争议的；
（3）申请登记的不动产权利超过规定期限的；
（4）法律、行政法规规定不予登记的其他情形。

五、登记信息共享与保护

（1）国务院国土资源主管部门应当会同有关部门建立统一的不动产登记信息管理基础平台。

各级不动产登记机构登记的信息应当纳入统一的不动产登记信息管理基础平台，确保国家、省、市、县四级登记信息的实时共享。

（2）不动产登记有关信息与住房城乡建设、农业、林业、海洋等部门审批信息、交易信息等应当实时互通共享。

不动产登记机构能够通过实时互通共享取得的信息，不得要求不动产登记申请人重复提交。

（3）国土资源、公安、民政、财政、税务、工商、金融、审计、统计等部门应当加强不动产登记有关信息互通共享。

（4）不动产登记机构、不动产登记信息共享单位及其工作人员应当对不动产登记信息保密；涉及国家秘密的不动产登记信息，应当依法采取必要的安全保密措施。

（5）权利人、利害关系人可以依法查询、复制不动产登记资料，不动产登记机构应当提供。

有关国家机关可以依照法律、行政法规的规定查询、复制与调查处理事项有关的不动产登记资料。

（6）查询不动产登记资料的单位、个人应当向不动产登记机构说明查询目的，不得将查询获得的不动产登记资料用于其他目的；未经权利人同意，不得泄露查询获得的不动产登记资料。

六、法律责任

（1）不动产登记机构登记错误给他人造成损害，或者当事人提供虚假材料申请登记给他人造成损害的，依照《物权法》的规定承担赔偿责任。

（2）不动产登记机构工作人员进行虚假登记，损毁、伪造不动产登记簿，擅自修改登记事项，或者有其他滥用职权、玩忽职守行为的，依法给予处分；给他人造成损害的，依法承担赔偿责任；构成犯罪的，依法追究刑事责任。

（3）伪造、变造不动产权属证书、不动产登记证明，或者买卖、使用伪造、变造的不动产权属证书、不动产登记证明的，由不动产登记机构或者公安机关依法予以收缴；有违法所得的，没收违法所得；给他人造成损害的，依法承担赔偿责任；构成违反治安管理行为的，依法给予治安管理处罚；构成犯罪的，依法追究刑事责任。

（4）不动产登记机构、不动产登记信息共享单位及其工作人员，查询不动产登记资料的单位或者个人违反国家规定，泄露不动产登记资料、登记信息，或者利用不动产登记资料、登记信息进行不正当活动，给他人造成损害的，依法承担赔偿责任；对有关责任人员依法给予处分；有关责任人员构成犯罪的，依法追究刑事责任。

第七章考点试题
汇编及答案

第八章　地 图 管 理

第一节　地图编制管理

为了加强地图管理，维护国家主权、安全和利益，促进地理信息产业健康发展，为经济建设、社会发展和人民生活服务，根据《测绘法》，在中华人民共和国境内从事向社会公开的地图的编制、审核、出版和互联网地图服务以及监督检查活动，应当对地图管理进行规定。

国务院测绘地理信息主管部门负责全国地图工作的统一监督管理。国务院其他有关部门按照国务院规定的职责分工，负责有关的地图工作。县级以上地方人民政府负责管理测绘地理信息工作的部门负责本行政区域地图工作的统一监督管理。县级以上地方人民政府其他有关部门按照本级人民政府规定的职责分工，负责有关的地图工作。

一、地图编制的概念

地图编制是指编制地图的作业过程，包括地图编辑准备、原图编绘和出版准备三个阶段。从事地图编制活动的单位应当依法取得相应的测绘资质证书，并在资质等级许可的范围内开展地图编制工作。

二、地图类型

地图按其内容可分为普通地图和专题地图两大类型。

普通地图是以相对平衡的详细程度表示地球表面的水系、地貌、土质植被、居民地、交通网、境界等自然现象和社会现象的地图。它比较全面地反映制图区域的自然人文环境、地理条件和人类改造自然的一般状况，反映出自然、社会经济等方面的相互联系和影响的基本规律。普通地图按内容的概括程度，区域及图幅的划分状况等分为地形图和普通地理图（简称地理图）。我国把 1∶500、1∶1 000、1∶2 000、1∶5 000、1∶1 万、1∶2.5万、1∶5 万、1∶10 万、1∶25 万、1∶50 万、1∶100 万这 11 种比例尺的地形图规定为国家基本比例尺地形图，它们是按国家统一测图编图规范和图式进行测制或编制的地形图。

专题地图是根据专业方面的需要，突出反映一种或几种主题要素或现象的地图，其中作为主题的要素表示得很详细，而其他要素则视反映主题的需要，作为地理基础概略表示。主题的专题内容，可以是普通地图上所固有的要素，例如行政区划图的主题是居民地的行政等级及境界；但更多的是属于专业部门特殊需要的内容，例如，气候地图表示的各种气候因素的空间分布、地质图上表达的各种地质现象、环境地图中表示的诸如污染与保护、土壤图表示的土壤种类。专题地图按其内容性质再分为自然现象地图（自然地理图）和社会现象地图（社会经济地图）。

三、地图编制内容规定

编制地图，应当执行国家有关地图编制标准，遵守国家有关地图内容表示的规定。

1. 地图上不得表示的内容

（1）危害国家统一、主权和领土完整的；
（2）危害国家安全、损害国家荣誉和利益的；
（3）属于国家秘密的；
（4）影响民族团结、侵害民族风俗习惯的；
（5）法律、法规规定不得表示的其他内容。
上述规定，不仅包括了公开地图，同时也包含了内部地图。

2. 地图编制内容表示规定

（1）公开地图不得表示任何国家秘密和内部事项；
（2）选用最新地形图资料作为编制基础，并及时补充或者更改现势变化的内容；
（3）正确反映各要素的地理位置、形态、名称及相互关系；
（4）具备符合地图使用目的的有关数据和专业内容；
（5）地图的比例尺和开本符合国家规定；
（6）在地图上绘制国界、中国历史疆界、世界各国国界，以及各省、自治区、直辖市行政区域界线的，应当严格按照《地图管理条例》的规定进行。

四、公开地图禁止表示的内容和属性

1. 公开地图禁止表示的内容

（1）指挥机关、地面和地下的指挥工程、作战工程，军用机场、港口、码头、营区、训练场、试验场、军用洞库、仓库，军用通信、侦查、导航、观测台站和测量、导航、助航标志，军用道路、铁路专用线，军用通信、输电线路、军用输油、输水管道等直接服务于军事目的的各种军事设施；
（2）军事禁区、军事管理区及其内部的所有单位与设施；
（3）武器弹药、爆炸物品、剧毒物品、危险化学品、铀矿床和放射性物品的集中存放地等与公共安全相关的设施；
（4）专用铁路及站内火车线路、铁路编组站，专用公路；

（5）未公开的机场；
（6）国家法律法规、部门规章禁止公开的其他内容。

2. 公开地图禁止表示的具体形状及属性

（1）大型水利设施、电力设施、通信设施、石油和燃气设施、重要战略物资储备库、降雨雷达站和水文观测站（网）等涉及国家经济命脉，对人民生产、生活有重大影响的民用设施；
（2）监狱、劳动教养所、看守所、拘留所、强制隔离戒毒所、救助管理站和安康医院等与公共安全相关的单位；
（3）公开机场的内部结构及运输能力属性；
（4）渡口的内部结构及属性。
上述内容中，用于公共服务的设施可以标注名称，确需表示位置时其位置精度不得高于100m。

3. 公开地图不得表示的属性

（1）重要桥梁的限高、限宽、净空、载重量和坡度属性；
（2）江河的通航能力、水深、流速、底质和岸质属性；水库的库容属性，拦水坝的构筑材料和高度属性，水源的性质属性，沼泽的水深和泥深属性；
（3）高压电线、通信线、管道的属性。

五、地图内容表示的一般规定

1. 地图上界线表示

（1）中华人民共和国国界，按照中国国界线画法标准样图绘制；
（2）中国历史疆界，依据有关历史资料，按照实际历史疆界绘制；
（3）世界各国间边界，按照世界各国国界线画法参考样图绘制；
（4）世界各国间历史疆界，依据有关历史资料，按照实际历史疆界绘制。
在地图上绘制我国县级以上行政区域界线或者范围，应当符合行政区域界线标准画法图、国务院批准公布的特别行政区行政区域图和国家其他有关规定。行政区域界线标准画法图由国务院民政部门和国务院测绘地理信息行政主管部门拟订，报国务院批准后公布。

2. 中国示意性地图内容表示

用轮廓线或色块表示中国疆域范围，南海诸岛范围线可不表示，但必须表示南海诸岛以及钓鱼岛、赤尾屿等重要岛屿岛礁。比例尺等于或小于1∶1亿的，可不表示南海诸岛范围线以及钓鱼岛、赤尾屿等重要岛屿岛礁。

3. 地图比例尺、开本及经纬线

（1）中国地图比例尺等于或小于1∶100万。

（2）省、自治区地图，比例尺等于或小于 1∶50 万；直辖市地图及辖区面积小于 10 万平方千米的省、自治区地图，比例尺等于或小于 1∶25 万。

（3）市、县地图，开幅为一个全张，最大不超过两个全张。

（4）省、自治区、直辖市普通地图（内容以政区为主），开本一般不超过 32 开本。

（5）香港特别行政区、澳门特别行政区、台湾省地图，比例尺、开本大小不限。

（6）教学图、时事宣传图、旅游图、交通图、书刊插图和互联网上登载使用的各类示意性地图，其位置精度不能高于 1∶50 万国家基本比例尺地图的精度。

（7）比例尺等于或大于 1∶50 万的各类公开地图均不得绘出经纬线和直角坐标网。

4. 其他基本规定

根据《公开地图内容表示规范》，编制公开地图，还必须遵守下列基本规定：表现地为我国境内的地图平面精度应当不优于 10 米（不含）；高程精度应当不优于 15 米（不含），等高线的等高距应当不小于 20 米（不含）。依法公布的高程点可公开表示，等等。

六、地图编制管理

1. 地图编制资质管理

申请互联网地图服务资质的，必须具有规定数量的经省级以上测绘地理信息主管部门考核合格的地图安全审校人员。

2. 地图编制审核管理

地图编制单位编制的地图在公开、使用、印刷、出版及展示前，必须按照国家地图编制管理的有关规定，依法送有审核权的测绘地理信息主管部门进行审核。

3. 解密处理

依照《地图管理条例》的规定，使用涉及国家秘密的测绘成果进行地图编制时，应当事先由国务院测绘地理信息主管部门或者省、自治区、直辖市人民政府测绘地理信息主管部门对涉密测绘成果进行解密处理，然后方可进行地图编制。

第二节　地图出版、展示与互联网地图管理

一、地图出版

1. 地图出版的概念

《地图管理条例》规定，出版单位从事地图出版活动的，应当具有国务院出版行政主

管部门审核批准的地图出版业务范围，并依照《出版管理条例》的有关规定办理审批手续。

2. 地图出版管理

《地图管理条例》对地图出版作出明确的规定：

（1）出版单位根据需要，可以在出版物中插附经审核批准的地图。

（2）任何出版单位不得出版未经审定的中小学教学地图。

（3）出版单位出版地图，应当按照国家有关规定向国家图书馆、中国版本图书馆和国务院出版行政主管部门免费送交样本。

（4）地图著作权的保护，依照有关著作权法律、法规的规定执行。

3. 地图展示

（1）展示或者登载不属于出版物的地图的，由展示者或者登载者送有审核权的测绘地理信息行政主管部门审核。

（2）任何单位和个人不得出版、展示、登载、销售、进口、出口不符合国家有关标准和规定的地图，不得携带、寄递不符合国家有关标准和规定的地图进出境。

（3）向社会公开的地图，应当报送有审核权的测绘地理信息行政主管部门审核。但是，景区图、街区图、地铁线路图等内容简单的地图除外。

（4）各级测绘地理信息主管部门在地图市场日常监督检查过程中，发现存在政治性问题的各种展示地图，应当责令其改正，并要求及时移送测绘地理信息行政主管部门审核。对于拒不改正的，要依据地图管理的有关法律、行政法规的规定，依法进行查处。

二、互联网地图管理

互联网地图服务提供者应当使用经依法审核批准的地图，建立地图数据安全管理制度，采取安全保障措施，加强对互联网地图新增内容的核校，提高服务质量。县级以上人民政府和测绘地理信息主管部门、网信部门等有关部门应当加强对地图编制、出版、展示、登载和互联网地图服务的监督管理，保证地图质量，维护国家主权、安全和利益。

互联网地图管理的基本要求如下：

（1）互联网地图服务单位向公众提供地理位置定位、地理信息上传标注和地图数据库开发等服务的，应当依法取得相应的测绘资质证书。

（2）互联网地图服务单位从事互联网地图出版活动的，应当经国务院出版行政主管部门依法审核批准。

（3）互联网地图服务单位应当将存放地图数据的服务器设在中华人民共和国境内，并制定互联网地图数据安全管理制度和保障措施。

（4）互联网地图服务单位收集、使用用户个人信息的，应当明示收集、使用信息的目的、方式和范围，并经用户同意。互联网地图服务单位需要收集、使用用户个人信息的，应当公开收集、使用规则，不得泄露、篡改、出售或者非法向他人提供用户的个人信息。互联网地图服务单位应当采取技术措施和其他必要措施，防止用户的个人信息泄露、丢失。

（5）互联网地图服务单位用于提供服务的地图数据库及其他数据库不得存储、记录含有按照国家有关规定在地图上不得表示的内容。互联网地图服务单位发现其网站传输的地图信息含有不得表示的内容的，应当立即停止传输，保存有关记录，并向县级以上人民政府测绘地理信息主管部门、出版行政主管部门、网络安全和信息化主管部门等有关部门报告。

（6）任何单位和个人不得通过互联网上传标注含有按照国家有关规定在地图上不得表示的内容。

（7）互联网地图服务单位应当使用经依法审核批准的地图，加强对互联网地图新增内容的核查校对，并按照国家有关规定向国务院测绘地理信息主管部门或者省、自治区、直辖市测绘地理信息主管部门备案。

（8）互联网地图服务单位对在工作中获取的涉及国家秘密、商业秘密的信息，应当保密。

（9）互联网地图服务单位应当加强行业自律，推进行业信用体系建设，提高服务水平。

第三节　地图审核管理

国家实行地图审核制度。向社会公开的地图，应当报送有审核权的自然资源主管部门审核。但是，景区图、街区图、地铁线路图等内容简单的地图除外。另外，地图审核不得收取费用。

一、地图审核的职责权限

1. 国务院自然资源主管部门负责审核的地图

（1）全国地图以及主要表现地为两个以上省、自治区、直辖市行政区域的地图；

（2）香港特别行政区地图、澳门特别行政区地图以及台湾地区地图；

（3）世界地图以及主要表现地为国外的地图；

（4）历史地图。

省、自治区、直辖市人民政府自然资源主管部门负责审核主要表现地在本行政区域范围内的地图。其中，主要表现地在设区的市行政区域范围内不涉及国界线的地图，由设区的市级人民政府自然资源主管部门负责审核。

我国目前具有地图审核权限的自然资源主管部门分三级，一是国务院自然资源主管部门，二是省级自然资源主管部门，三是设区市自然资源主管部门。

2. 地图审核的时限

（1）有审核权的自然资源主管部门，应当自受理地图审核申请之日起 20 个工作日内作出审核决定。

（2）时事宣传地图、时效性要求较高的图书和报刊等插附地图的，应当自受理地图审核申请之日起7个工作日内作出审核决定。

（3）应急保障等特殊情况需要使用地图的，应当即送即审。

（4）涉及专业内容的地图，应当依照国务院自然资源主管部门会同有关部门制定的审核依据进行审核。没有明确审核依据的，由有审核权的自然资源主管部门征求有关部门的意见，有关部门应当自收到征求意见材料之日起20个工作日内提出意见。征求意见时间不计算在地图审核的期限内。

世界地图、历史地图、时事宣传地图没有明确审核依据的，由国务院自然资源主管部门商外交部进行审核。

二、地图送审

1. 地图送审的主题分类

（1）出版地图的，由地图出版单位送审。

（2）展示或者登载不属于出版物的地图的，由展示者或者登载者送审。

（3）进口不属于出版物的地图或者附着地图图形的产品的，由进口者送审；进口属于出版物的地图，依据《出版管理条例》的有关规定执行。

（4）出口不属于出版物的地图或者附着地图图形的产品的，由出口者送审。

（5）生产附着地图图形的产品的，由生产者送审。

2. 不用进行地图审核的情形

直接使用国务院自然资源主管部门或者省级自然资源主管部门提供的标准画法地图，未对其地图内容进行编辑改动的，可以不送审，但应当在地图上注明地图制作单位名称。

3. 申请地图审核应当提交的材料

（1）审核申请表；

（2）审核的地图样图或者样品；

（3）编制单位的测绘资质证书。

进口不属于出版物的地图和附着地图图形的产品的，仅需提交上述资料的第一项、第二项；利用涉及国家秘密的测绘成果编制地图的，还应当提交保密技术处理证明。

三、地图审核

1. 地图审核内容

送审地图符合下列规定的，由有审核权的自然资源主管部门核发地图审核批准文件，并注明审图号：

（1）符合国家有关地图编制标准，完整表示中华人民共和国疆域；

（2）国界、边界、历史疆界、行政区域界线或者范围、重要地理信息数据、地名等符合国家有关地图内容表示的规定；

（3）不含有地图上不得表示的内容。

2. 地图审核的基本规定

（1）有审核权的自然资源行政主管部门，应当自受理地图审核申请之日起 20 个工作日内作出审核决定。对于时事宣传地图、时效性要求较高的图书和报刊等插附地图，应当自受理地图审核申请之日起 7 个工作日内作出审核决定。应急保障等特殊情况需要使用地图的，应当即送即审。

（2）涉及专业内容的地图，应当依照国务院自然资源主管部门会同有关部门制定的审核依据进行审核。没有明确审核依据的，由有审核权的自然资源主管部门征求有关部门的意见，有关部门应当自收到征求意见材料之日起 20 个工作日内提出意见。征求意见时间不计算在地图审核的期限内。

（3）世界地图、历史地图、时事宣传地图没有明确审核依据的，由国务院自然资源主管部门商外交部进行审核。

（4）地图审核批准文件和审图号应当在有审核权的自然资源主管部门网站或者其他新闻媒体上及时公告。

（5）全国性中小学教学地图，由国务院教育行政部门会同国务院自然资源主管部门、外交部组织审定；地方性中小学教学地图，由省、自治区、直辖市人民政府教育行政部门会同省、自治区、直辖市人民政府自然资源行政主管部门组织审定。

四、地图审核人员和申请人

1. 地图审核人员的条件

有审核权的自然资源主管部门，应当健全完善地图内容审查工作机构，配备地图内容审查专业人员。地图内容审查专业人员应当经省级以上自然资源主管部门培训并考核合格，方能从事地图内容审查工作。

2. 地图审核申请人的义务

（1）按照国务院自然资源行政主管部门或者省级自然资源行政主管部门出具的地图内容审查意见书和试制样图上的批注意见对地图进行修改。

（2）经审核批准的地图，应当在地图或者附着地图图形的产品的适当位置显著标注审图号。其中，属于出版物的，应当在版权页标注审图号。

（3）进口、出口地图的，应当向海关提交地图审核批准文件和审图号。

（4）经审核批准的地图，送审者应当按照有关规定向有审核权的自然资源主管部门免费送交样本。

五、法律责任

1.《地图管理条例》中的规定

（1）应当送审而未送审的，责令改正，给予警告，没收违法地图或者附着地图图形的产品，可以处10万元以下的罚款；有违法所得的，没收违法所得。构成犯罪的，依法追究刑事责任。

（2）不需要送审的地图不符合国家有关标准和规定的，责令改正，给予警告，没收违法地图或者附着地图图形的产品，可以处10万元以下的罚款；有违法所得的，没收违法所得；情节严重的，可以向社会通报；构成犯罪的，依法追究刑事责任。

（3）经审核不符合国家有关标准和规定的地图未按照审核要求修改即向社会公开的，责令改正，给予警告，没收违法地图或者附着地图图形的产品，可以处10万元以下的罚款；有违法所得的，没收违法所得；情节严重的，责令停业整顿，降低资质等级或者吊销测绘资质证书，可以向社会通报；构成犯罪的，依法追究刑事责任。

（4）弄虚作假、伪造申请材料骗取地图审核批准文件，或者伪造、冒用地图审核批准文件和审图号的，责令停止违法行为，给予警告，没收违法地图和附着地图图形的产品，并处10万元以上、20万元以下的罚款；有违法所得的，没收违法所得；情节严重的，责令停业整顿，降低资质等级或者吊销测绘资质证书；构成犯罪的，依法追究刑事责任。

（5）未在地图的适当位置显著标注审图号，或者未按照有关规定送交样本的，责令改正，给予警告；情节严重的，责令停业整顿，降低资质等级或者吊销测绘资质证书。

（6）互联网地图服务单位使用未经依法审核批准的地图提供服务，或者未对互联网地图新增内容进行核查校对的，责令改正，给予警告，可以处20万元以下的罚款；有违法所得的，没收违法所得；情节严重的，责令停业整顿，降低资质等级或者吊销测绘资质证书；构成犯罪的，依法追究刑事责任。

（7）通过互联网上传标注了含有按照国家有关规定在地图上不得表示的内容的，责令改正，给予警告，可以处10万元以下的罚款；构成犯罪的，依法追究刑事责任。

2.《地图审核管理规定》中的规定

（1）最终向社会公开的地图与审核通过的地图内容及表现形式不一致，或者互联网地图服务审图号有效期届满未重新送审的，自然资源主管部门应当责令改正、给予警告，可以处3万元以下的罚款。

（2）自然资源主管部门及其工作人员在地图审核工作中滥用职权、玩忽职守、徇私舞弊的，依法给予处分；涉嫌构成犯罪的，移送有关机关依法追究刑事责任。

第四节　地图监督管理

一、地图监督管理职责

1. 县级以上人民政府及其有关部门

（1）各级人民政府应当加强对编制、印刷、出版、展示、登载地图的管理，保证地图质量，维护国家主权、安全和利益。

（2）各级人民政府及其有关部门、新闻媒体应当加强国家版图宣传教育，增强公民的国家版图意识。

（3）县级以上人民政府：共建共享机制，加强政策扶持。

（4）县级以上人民政府及其有关部门应当依法加强对地图编制、出版、展示、登载、生产、销售、进口、出口等活动的监督检查。

（5）县级以上人民政府出版行政主管部门应当加强对地图出版活动的监督管理，依法对地图出版违法行为进行查处。

2. 县级以上自然资源主管部门

（1）国务院自然资源主管部门负责全国地图的统一监督管理，国务院其他有关部门按照国务院规定的职责分工，负责有关的地图工作。

（2）县级以上地方人民政府负责管理自然资源工作的行政部门（以下称自然资源主管部门）负责本行政区域地图工作的统一监督管理。县级以上地方人民政府其他有关部门按照本级人民政府规定的职责分工，负责有关的地图工作。

（3）县级以上人民政府自然资源主管部门应当采取有效措施，及时获取、处理、更新基础地理信息数据，通过地理信息公共服务平台向社会提供地理信息公共服务，实现地理信息数据开放共享。

（4）县级以上人民政府自然资源主管部门应当向社会公布公益性地图，供无偿使用。

（5）县级以上人民政府自然资源主管部门应当及时组织收集与地图内容相关的行政区划、地名、交通、水系、植被、公共设施、居民点等的变更情况，用于定期更新公益性地图，有关部门和单位应当及时提供相关更新资料。

（6）县级以上自然资源主管部门应当依法审核地图。

（7）县级以上人民政府自然资源主管部门应当会同有关部门，加强对互联网地图数据安全的监督管理。

（8）县级以上人民政府自然资源主管部门应当根据国家有关标准和技术规范，加强对地图质量的监督管理。

二、监督检查强制性措施

《地图管理条例》第四十三条规定，县级以上人民政府测绘地理信息行政主管部门、出版行政主管部门和其他有关部门依法进行监督检查时，有权采取下列措施：

（1）进入涉嫌地图违法行为的场所实施现场检查；

（2）查阅、复制有关合同、票据、账簿等资料；

（3）查封、扣押涉嫌违法的地图、附着地图图形的产品以及用于实施地图违法行为的设备、工具、原材料等。

第五节 地理信息系统工程管理

地理信息系统具有标准化、数字化和多维结构的特点。

一、基础地理信息标准数据的地图投影方式

基础地理信息标准数据的地图投影方式，应为 1∶100 万采用正轴等角割圆锥投影，1∶2.5万～1∶50 万采用高斯-克吕格投影，按 6°分带；1∶500～1∶1 万采用高斯-克吕格投影，按 3°分带，确有必要时，按 1.5°分带。

二、地理信息数据的分级认定

（1）大地原点，一、二等平面控制点数据，水准原点，一、二等水准点数据，天文点数据，重力点数据，AA 级、A 级、B 级卫星定位点数据，1∶2.5 万～1∶100 万基础地理信息数据（不含测量控制点数据），重要地理信息数据和国务院自然资源主管部门依法组织施测的其他基础地理信息数据，由国务院自然资源主管部门委托的机构认定，或依法律法规规定的程序审核批准。

（2）上述以外的其他等级测量控制点数据，1∶500～1∶1 万基础地理信息数据（不含测量控制点数据），由数据表现地的省级自然资源主管部门委托的机构认定。

第六节 地图审核管理基本规定

一、需要地图审核的产品

下列情形之一的，申请人应当依照本规定向有审核权的自然资源主管部门提出地图审核申请：

（1）出版、展示、登载、生产、进口、出口地图或者附着地图图形的产品的；

（2）已审核批准的地图或者附着地图图形的产品，再次出版、展示、登载、生产、进口、出口且地图内容发生变化的；

（3）拟在境外出版、展示、登载的地图或者附着地图图形的产品的。

二、不需要审核的地图

（1）直接使用自然资源主管部门提供的具有审图号的公益性地图；
（2）景区地图、街区地图、公共交通线路图等内容简单的地图；
（3）法律法规明确应予公开且不涉及国界、边界、历史疆界、行政区域界线或者范围的地图。

三、地图审图号

1. 地图审图号的组成

审图号由审图机构代号、通过审核的年份、地图类型简称、序号等组成。审图号编制的具体内容，由国务院自然资源主管部门另行规定。

2. 地图审图号的公布

自然资源主管部门应当在其门户网站等媒体上及时公布获得审核批准的地图名称、审图号等信息。经审核批准的地图，申请人应当在地图或者附着地图图形的产品的适当位置显著标注审图号，并向作出审核批准的测绘地理信息主管部门免费送交样本一式两份。属于出版物的，应当在版权页标注审图号；没有版权页的，应当在适当位置标注审图号。属于互联网地图服务的，应当在地图页面左下角标注审图号。

3. 地图审图号的有效期

互联网地图服务审图号有效期为2年。审图号到期，应当重新送审。

互联网地图服务单位应当配备符合相关要求的地图安全审校人员，并强化内部安全审校核查工作。最终向社会公开的地图与审核通过的地图内容及表现形式不一致，或者互联网地图服务审图号有效期届满未重新送审的，自然资源主管部门应当责令改正、给予警告，可以处3万元以下的罚款。

第七节 公开地图内容表示规范

为加强地图管理，规范公开地图内容表示，维护国家主权、安全和发展利益，促进地理信息产业健康发展，服务社会公众，依据《测绘法》《地图管理条例》等法律法规，制定本规范。

公开地图或者附着地图图形产品的内容表示，应当遵守本规范。海图的内容表示按照国务院、中央军事委员会有关规定执行。

中华人民共和国国界，按照国务院批准公布的中国国界线画法标准样图绘制；中国历史疆界，依据有关历史资料，按照实际历史疆界绘制。

我国县级以上行政区域界线或者范围，按照国务院批准公布的行政区域界线标准画法图、特别行政区行政区域图和国家其他有关规定绘制。我国县级以上行政区域界线或者范围的变更以有关地方人民政府向社会的公告为准。

中国全图应当遵守下列规定：

（1）准确反映中国领土范围。

①图幅范围：东边绘出黑龙江与乌苏里江交汇处，西边绘出喷赤河南北流向的河段，北边绘出黑龙江最北江段，南边绘出曾母暗沙以南；

②陆地国界线与海岸线符号有区别时，用相应陆地国界线符号绘出南海断续线及东海有关线段；

③陆地国界线与海岸线符号无区别或者用色块表示中国领土范围时，南海断续线及东海有关线段可不表示（表示邻国海岸线或者界线的地图除外）。

（2）中国全图除了表示大陆、海南岛、台湾岛外，还应当表示南海诸岛、钓鱼岛及其附属岛屿等重要岛屿；南海诸岛以附图形式表示时，中国地图主图的南边应当绘出海南岛的最南端。

（3）地图上表示的内容不得影响中国领土的完整表达，不得压盖重要岛屿等涉及国家主权的重要内容。

南海诸岛地图表示规定：

（1）南海诸岛地图的四至范围是：东面绘出菲律宾的马尼拉，西面绘出越南的河内，北面绘出中国大陆和台湾岛北回归线以南的部分，南面绘出加里曼丹岛上印度尼西亚与马来西亚间的全部界线（对于不表示邻国间界线的地图，南面绘出曾母暗沙和马来西亚的海岸线；对于不表示国外邻区的地图，南面绘出曾母暗沙）。

（2）海南省地图，必须包括南海诸岛。南海诸岛既可以包括在正图内，也可以作附图。完整表示海南岛的区域地图，必须附“南海诸岛”附图。以下情况除外：

①图名明确为海南岛的地图；

②图名明确为南海北部、西部等涉及南海四至范围的局部地图；

③不以中国为主要表现地的区域地图。

（3）作为中国地图或者其他区域地图的附图时，一律称“南海诸岛”；南海诸岛作为海南省地图的附图时，附图名称为“海南省全图”。

（4）南海诸岛作为专题地图的附图时，可简化表示相关专题内容。

（5）南海诸岛地图应当表示东沙、西沙、中沙、南沙群岛以及曾母暗沙、黄岩岛等岛屿岛礁。未表示国界或者领土范围的，可不表示南海诸岛岛屿岛礁。

比例尺大于1∶400万的地图，黄岩岛注记应当括注民主礁。

（6）对于标注了国名（含邻国国名）的地图，当南海诸岛与大陆同时表示时，中国国名注在大陆上，南海诸岛范围内不注国名，岛屿名称不括注“中国”字样；当图中未出现中国大陆而含有南海诸岛局部时，各群岛和曾母暗沙、黄岩岛等名称括注“中国”字样。

对于未标注任何中国及邻国国名的地图，南海诸岛范围内不注国名，岛屿名称不括注“中国”字样。

（7）南海诸岛的岛礁名称，按照国务院批准公布的标准名称标注。

钓鱼岛及其附属岛屿地图表示规定：

（1）比例尺大于1：1亿，且图幅范围包括钓鱼岛及其附属岛屿的地图，应当表示钓鱼岛及其附属岛屿；

（2）比例尺等于或者小于1：1亿的地图以及未表示国界或者领土范围的地图，可不表示钓鱼岛及其附属岛屿。

台湾省地图表示规定：

（1）台湾省在地图上应当按省级行政单位表示。台北市作为省级行政中心表示（图例中注省级行政中心）。台湾省的新北市、桃园市、台中市、台南市、高雄市按照地级行政中心表示；

（2）台湾省地图的图幅范围，应当绘出钓鱼岛和赤尾屿（以“台湾岛”命名的地图除外）。钓鱼岛和赤尾屿既可以包括在台湾省全图中，也可以用台湾本岛与钓鱼岛、赤尾屿的地理关系作附图反映；

（3）表示了邻区内容的台湾省地图，应当正确反映台湾岛与大陆之间的地理关系或者配置相应的插图；

（4）专题地图上，台湾省应当与中国大陆一样表示相应的专题内容，资料不具备时，应当在地图的适当位置注明：“台湾省资料暂缺”的字样；

（5）地图中有文字说明时，应当对台湾岛、澎湖列岛、钓鱼岛、赤尾屿、彭佳屿、兰屿、绿岛等内容作重点说明。

特别行政区地图表示规定：

（1）香港特别行政区、澳门特别行政区在地图上应当按省级行政单位表示；

（2）香港特别行政区界线应当按照1：10万《中华人民共和国香港特别行政区行政区域图》表示，比例尺等于或者小于1：2 000万的地图可不表示界线；

（3）澳门特别行政区界线应当按照1：2万《中华人民共和国澳门特别行政区行政区域图》表示，比例尺等于或者小于1：200万的地图可不表示界线；

（4）香港特别行政区、澳门特别行政区图面注记应当注全称“香港特别行政区”“澳门特别行政区”；比例尺等于或者小于1：600万的地图上可简注“香港”“澳门”；

（5）专题地图上，香港特别行政区、澳门特别行政区应当与内地一样表示相应的专题内容。资料不具备时，可在地图的适当位置注明：“香港特别行政区、澳门特别行政区资料暂缺”的字样。

世界各国（地区）边界，按照国务院批准公布的世界各国国界线画法参考样图绘制；世界各国间历史疆界，依据有关历史资料，按照实际历史疆界绘制。世界其他国家和地区的名称以及有关首都、首府等变更按照外交部有关规定执行。

归属不明的岛屿，不得明确归属，应当作水域设色、留白色或者不予表示。

与中国接壤的克什米尔地区表示规定：

（1）克什米尔为印度和巴基斯坦争议地区，在表示国外界线的地图上，应当绘出克什米尔地区界和停火线，并注明“印巴停火线”字样；

（2）表示印巴停火线的地图上，应当加印巴停火线图例；

（3）在印度河以南跨印巴停火线注出不同于国名字体的地区名“克什米尔”；

（4）印巴停火线两侧分别括注“巴基斯坦实际控制区”和“印度实际控制区”

字样；

（5）比例尺等于或者小于 1∶2 500 万的地图，只画地区界、停火线，不注控制区和停火线注记；

（6）比例尺等于或者小于 1∶1 亿的地图和 1∶2 500 万至 1∶1 亿的专题地图，只画地区界，可不表示停火线；

（7）“斯利那加”作一般城市表示，不作行政中心处理；

（8）分国设色时，克什米尔不着色，在两控制区内沿停火线两侧和同中国接壤的地段，分别以印度和巴基斯坦的颜色作色带。

地图上地名的表示应当符合地名管理的要求。

以下地名应当加括注表示，汉语拼音版地图和外文版地图除外：

（1）“符拉迪沃斯托克”括注“海参崴”；

（2）“乌苏里斯克”括注“双城子”；

（3）“哈巴罗夫斯克”括注“伯力”；

（4）“布拉戈维申斯克”括注“海兰泡”；

（5）“萨哈林岛”括注“库页岛”；

（6）“涅尔琴斯克”括注“尼布楚”；

（7）“尼古拉耶夫斯克”括注“庙街”；

（8）“斯塔诺夫山脉”括注“外兴安岭”。

长白山天池为中、朝界湖，湖名“长白山天池（白头山天池）”注我国界内，不能简称“天池”。

地图上重要地理信息数据的表示应当以依法公布的数据为准。有关专题信息的表示应当以相关主管部门依法公布或者授权使用的信息为准。

利用涉及国家秘密的测绘成果编制地图的，应当依法使用经有关主管部门认定的保密处理技术进行处理。

我国境内公开悬挂标牌的单位可在地图上表示单位名称。用于公共服务的设施，可在地图上表示其名称等可公开属性信息。

表现地为我国境内的地图平面精度应当不优于 10m（不含），高程精度应当不优于 15m（不含），等高线的等高距应当不小于 20m（不含）。依法公布的高程点可公开表示。

表现地为我国境内的地图不得表示下列内容（对社会公众开放的除外）：

（1）军队指挥机关、指挥工程、作战工程，军用机场、港口、码头，营区、训练场、试验场，军用洞库、仓库，军用信息基础设施，军用侦察、导航、观测台站，军用测量、导航、助航标志，军用公路、铁路专用线，军用输电线路，军用输油、输水、输气管道，边防、海防管控设施等直接用于军事目的的各种军事设施；

（2）武器弹药、爆炸物品、剧毒物品、麻醉药品、精神药品、危险化学品、铀矿床和放射性物品的集中存放地，核材料战略储备库、核武器生产地点及储备品种和数量，高放射性废物的存放地，核电站；

（3）国家安全等要害部门；

（4）石油、天然气等重要管线；

（5）军民合用机场、港口、码头的重要设施；

（6）卫星导航定位基准站；

（7）国家禁止公开的其他内容。

因特殊原因确需表示的，应当按照有关规定执行。

表现地为我国境内的地图不得表示下列内容的属性：

（1）军事禁区、军事管理区及其内部的建筑物、构筑物和道路；

（2）监狱、看守所、拘留所、强制隔离戒毒所和强制医疗所（名称除外）；

（3）国家战略物资储备库、中央储备库（名称除外）；

（4）重要桥梁的限高、限宽、净空、载重量和坡度，重要隧道的高度和宽度，公路的路面铺设材料；

（5）江河的通航能力、水深、流速、底质和岸质，水库的库容，拦水坝的构筑材料和高度，沼泽的水深和泥深；

（6）电力、电讯、通信等重要设施以及给排水、供热、防洪、人防等重要管廊或者管线；

（7）国家禁止公开的其他信息。

表现地为我国境内的遥感影像，地面分辨率不得优于0.5m，不得标注涉密、敏感信息，不得伪装处理建筑物、构筑物等固定设施。

第八章考点试题
汇编及答案

第九章　地理信息安全管理

第一节　外国的组织或个人来华测绘管理

外国的组织或者个人来华测绘管理是对外国的组织或者个人来华从事非商业性测绘活动，或者采取合作的方式来华从事商业性测绘活动，以及一次性测绘活动的监督管理。

一、来华测绘注意事项

1. 来华测绘应当遵循的原则

《测绘法》和《外国的组织或者个人来华测绘管理暂行办法》规定了来华测绘应当遵循的基本原则，主要包括以下几点：

（1）必须遵守中华人民共和国的法律、法规和国家有关规定；

（2）不得涉及中华人民共和国的国家秘密；

（3）不得危害中华人民共和国的国家安全。

2. 中外合作测绘禁止的领域

中外合作测绘不得从事下列活动：

（1）大地测量；

（2）测绘航空摄影；

（3）行政区域界线测绘；

（4）海洋测绘；

（5）导航电子地图编制；

（6）国务院自然资源主管部门规定的其他测绘活动。

二、来华测绘审批

《外国的组织或者个人来华测绘管理暂行办法》规定由国务院自然资源主管部门会同军队测绘部门负责来华测绘的审批。

1. 来华测绘需要提交的资料

（1）申请表；
（2）国务院及其有关部门或者省、自治区、直辖市人民政府的批准文件；
（3）按照法律法规规定应当提交的有关部门的批准文件；
（4）外国的组织或者个人的身份证明和有关资信证明；
（5）测绘活动的范围、路线、测绘精度及测绘成果形式的说明；
（6）测绘活动使用的测绘仪器、软件和设备的清单和情况说明；
（7）中华人民共和国现有测绘成果不能满足项目需要的说明。

2. 中外合作企业测绘资质申请

中外合作企业申请测绘资质，应当分别向国务院自然资源主管部门和其所在地的省、自治区、直辖市人民政府自然资源主管部门提交申请材料。

3. 中外合作企业测绘资质审批程序

（1）国务院自然资源主管部门在收到申请材料后依法作出是否受理的决定。决定受理的，应当及时通知省、自治区、直辖市人民政府自然资源主管部门进行初审。
（2）省、自治区、直辖市人民政府自然资源主管部门应当在接到初审通知后20个工作日内提出初审意见，并报国务院自然资源主管部门。
（3）国务院自然资源主管部门接到初审意见后5个工作日内送军队测绘部门会同审查，并在接到会同审查意见后8个工作日内作出审查决定。
（4）审查合格的，由国务院自然资源主管部门颁发相应等级的“测绘资质证书”；审查不合格的，由国务院自然资源主管部门作出不予许可的决定。

4. 申请中外合作企业测绘资质的条件

（1）符合《测绘法》以及外商投资的法律法规的有关规定；
（2）符合《测绘资质管理办法》的有关要求；
（3）已经依法进行企业登记，并取得中华人民共和国法人资格。

5. 申请中外合作企业测绘资质应当提交的资料

（1）《测绘资质管理办法》中要求提供的申请材料；
（2）企业法人营业执照；
（3）国务院自然资源主管部门规定应当提供的其他材料。

三、一次性测绘管理

1. 一次性测绘的概念

一次性测绘是指外国的组织或者个人在不设立中外合作企业的前提下，经国务院及其有关部门或者省、自治区、直辖市人民政府批准，来华开展科技、文化、体育、旅游等活动时，需要进行的一次性测绘活动。

2. 申请一次性测绘需要提交的材料

（1）申请表；
（2）国务院及其有关部门或者省、自治区、直辖市人民政府的批准文件；
（3）按照法律法规规定应当提交的有关部门的批准文件；
（4）外国的组织或者个人的身份证明和有关资信证明；
（5）测绘活动的范围、路线、测绘精度及测绘成果形式的说明；
（6）测绘活动使用的测绘仪器、软件和设备的清单和情况说明；
（7）中华人民共和国现有测绘成果不能满足项目需要的说明。

四、来华测绘监督管理

1. 来华测绘监督管理职责

《外国的组织或者个人来华测绘管理暂行办法》规定，由国务院自然资源主管部门会同军队测绘部门负责来华测绘的审批。县级以上各级人民政府自然资源主管部门依法依规对来华测绘履行监督管理职责。

2. 来华测绘监督管理的主要内容

根据《外国的组织或者个人来华测绘管理暂行办法》，县级以上各级人民政府自然资源主管部门应加强对本行政区域内来华测绘的监督管理，定期对下列内容进行检查：
（1）是否涉及国家安全和秘密；
（2）是否在测绘资质证书载明的业务范围内进行；
（3）是否按照国务院自然资源主管部门批准的内容进行；
（4）是否按照《测绘成果管理条例》的有关规定汇交测绘成果副本或者目录；
（5）是否保证了中方测绘人员全程参与具体测绘活动。

第二节 军事测绘管理

一、军事测绘概念与特征

1. 军事测绘概念

军事测绘是指具有军事内容或者为军队作战、训练、军事工程、战场准备等实施的测绘工作，是为军事需要获取和提供地理、地形资料和信息的专业勤务，是国防建设和军队指挥的保障之一。主要包括生产测绘成果和实施测绘保障两方面的任务。

2. 军事测绘特征

（1）保密性。军事测绘的基本比例尺地形图为 1∶5 万地形图，属于国家机密。
（2）精确性。现代战争的精确制导和精确打击都离不开精确的地理信息数据。
（3）实时性。军事测绘的根本要求是及时、准确、真实。
（4）测绘保障范围广。包括：进行战区、海区的军事地理研究和战场地形分析；储备、供应军事测绘成果和其他地形资料；组织实施野战快速测绘；指导部队地形训练等。

二、军事测绘管理

1. 军事测绘部门管理职责

《测绘法》第四条规定，军队测绘部门负责管理军事部门的测绘工作，并按照国务院、中央军事委员会规定的职责分工负责管理海洋基础测绘工作。

2. 军事测绘管理

（1）国家制定《军事测绘管理办法》。
（2）编制军事测绘规划和海洋基础测绘规划。
（3）军事测绘部门负责军事测绘单位的测绘资质审查。
（4）管理海洋基础测绘工作。
（5）管理军事部门的测量标志。
（6）协助测绘地理信息主管部门开展相应工作，积极推进军民融合。

第三节 卫星导航定位基准站管理

一、卫星导航定位基准站的概念和特征

1. 卫星导航定位基准站的概念

卫星导航定位连续运行基准站（简称“卫星导航定位基准站”），是指对卫星导航信号进行长期连续观测，并通过通信设施将观测数据实时或者定时地传送至数据中心的地面固定观测站。

2. 卫星导航定位基准站的特征

（1）在固定地点设立且长期存在；
（2）连续观测卫星导航信号，提供精准点位坐标和相关服务；

（3）观测数据通过通信网络传输。

二、卫星导航定位基准站建设

1. 卫星导航定位基准站的建设原则

《测绘法》第十二条规定，国务院测绘地理信息主管部门和省、自治区、直辖市人民政府测绘地理信息主管部门应当会同本级人民政府其他有关部门，按照统筹建设、资源共享的原则，建立统一的卫星导航定位基准服务系统，提供导航定位基准信息公共服务。

2. 卫星导航定位基准站的建设与运行维护要求

（1）履行备案手续。
（2）符合国家标准和要求，不得危害国家安全。
（3）建立数据安全保障制度，并遵守保密法律、行政法规的规定。

3. 卫星导航定位基准站的建设管理

（1）卫星导航定位基准站建设备案。《测绘法》第十三条规定，建设卫星导航定位基准站的，建设单位应当按照国家有关规定报国务院测绘地理信息主管部门或者省、自治区、直辖市人民政府测绘地理信息主管部门备案。国务院测绘地理信息主管部门应当汇总全国卫星导航定位基准站建设备案情况，并定期向军队测绘部门通报。

（2）加强对卫星导航定位基准站建设和运行维护的规范和指导。《测绘法》第十四条规定，县级以上人民政府测绘地理信息主管部门应当会同本级人民政府其他有关部门，加强对卫星导航定位基准站建设和运行维护的规范和指导。

三、卫星导航定位基准站备案

1. 备案部门职责

根据《卫星导航定位基准站建设备案办法（试行）》规定，国家测绘地理信息主管部门和省级测绘地理信息主管部门负责卫星导航定位基准站建设的备案工作。其中，国务院相关部门、中央单位建设卫星导航定位基准站以及跨省、自治区、直辖市范围建设星导航定位基准站的，应当向国务院测绘地理信息主管部门备案。其他建设卫星导航定位基准站的，应当向卫星导航定位基准站所在地的省级测绘地理信息主管部门备案。国务院测绘地理信息主管部门及省级测绘地理信息主管部门应当将卫星导航定位基准站建设备案的程序以及备案表格、填写范例等材料在其办公场所或者网站公示。

2. 备案程序和要求

（1）卫星导航定位基准站建设实行全国联网备案，备案信息涉密的除外。
（2）卫星导航定位基准站的建设单位（简称“备案人”）应当在开工建设 30 日前，

通过卫星导航定位基准站建设备案管理信息系统向测绘地理信息主管部门进行备案。

（3）备案人应当认真填写卫星导航定位基准站建设备案表。

（4）备案人应当按照《卫星导航定位基准站建设备案办法（试行）》规定，提交规范完整的备案表，并对备案内容的真实性负责。提交备案后，备案内容有变化的，备案人应当自变化之日起 7 日内向备案机关重新提交备案，相关卫星导航定位基准站的开工建设时间顺延。

（5）备案人提交的备案信息不齐全的，备案机关应当一次性告知备案人补齐相关信息。

（6）备案人应当严格按照备案信息进行建设，确保地理信息安全，并积极配合测绘地理信息主管部门开展相关的监督检查工作。

（7）省级测绘地理信息主管部门应当在每季度前 10 日内将本地区上一季度卫星导航定位基准站建设备案情况通过信息系统上报国务院测绘地理信息主管部门，国务院测绘地理信息主管部门汇总后通报军队测绘导航主管部门。

（8）国家财政投资建设的卫星导航定位基准站，国务院测绘地理信息主管部门及省级测绘地理信息主管部门应当及时将相关建设备案情况向社会公布，避免重复建设，促进充分利用。国家规定需要保密的情形除外。

（9）测绘地理信息主管部门开展卫星导航定位基准站建设备案工作，不得收取任何费用，不得加重或者变相加重备案人的负担。

第四节　涉密地理信息可追溯管理

“可追溯”是一种还原产品生产全过程和应用历史轨迹以及发生场所、销售渠道的能力，一直被用于各种产品质量管理。

一、涉密地理信息可追溯的主要内容

1. 国家秘密地理信息的获取

获取地理信息的途径主要包括三类：

（1）通过实地测绘，这是最重要、最客观的地理信息来源。

（2）是借助空间科学、计算机科学和遥感技术，快速获取地理空间的卫星影像和航空影像，并适时地识别、转换、存储、传输、显示且应用这些信息。

（3）是通过各种媒介间接地获取人文经济要素信息，如各行业部门的综合信息、地图、图表、统计年鉴等。

2. 国家秘密地理信息的持有

追溯涉及国家秘密的地理信息的持有情况，主要包括涉密地理信息数据持有的具体时间、具体来源以及保管情况。

3. 国家秘密地理信息的提供和利用

追溯涉及国家秘密的地理信息的提供、利用情况，主要是指本部门、本单位拥有的涉密地理信息提供给哪些单位、部门和具体的提供、利用审批手续和登记簿册，以及应用这些涉密地理信息从事过哪些开发应用，包括具体的应用项目等。

二、涉密地理信息可追溯管理

根据《测绘法》的规定，对涉及国家秘密的地理信息实行可追溯管理，主要包含以下内容：

（1）对涉密地理信息的获取、持有、提供、利用情况进行登记。

（2）对涉密地理信息的登记情况长期保存。

（3）遵守保密法律、行政法规和国家有关规定。

（4）依法追究法律责任。

第五节　自然资源领域数据安全管理

一、概念

自然资源领域数据，是指在开展自然资源活动中收集和产生的数据，主要包括基础地理信息、遥感影像等地理信息数据，土地、矿产、森林、草原、水、湿地、海域海岛等自然资源调查监测数据，总体规划、详细规划、专项规划等国土空间规划数据，用途管制、资产管理、耕地保护、生态修复、开发利用、不动产登记等自然资源管理数据。

数据安全，是指通过采取必要措施，确保数据处于有效保护和合法利用的状态，以及具备保障持续安全状态的能力。

自然资源领域数据处理者，是指开展自然资源领域数据处理活动的自然资源行业各类单位。

二、数据分类分级管理

自然资源部组织制定自然资源领域数据分类分级、重要数据和核心数据识别认定、数据安全保护等标准规范，指导开展数据分类分级管理工作，编制行业重要数据和核心数据目录并实施动态管理。国家林业和草原局按照自然资源领域数据分类分级标准规范，结合工作需要编制林草领域数据安全标准规范，指导开展林草数据分类分级工作，编制林草重要数据和核心数据目录并实施动态管理。

地方行业监管部门按照自然资源领域数据分类分级标准规范，分别组织开展本地区自然资源领域数据分类分级管理及重要数据和核心数据识别审核工作，编制本地区自然资源领域重要数据和核心数据目录，并上报自然资源部，目录发生变化的，应及时上报更新。

数据处理者应当定期按照自然资源领域数据分类分级标准规范梳理填报重要数据和核心数据目录。

1. 数据分类

通过对自然资源领域数据重要性、精度、规模、安全风险，以及数据价值、可用性、可共享性、可开放性等进行综合分析，评估数据遭到篡改、破坏、泄露或者非法获取、非法利用后的可能影响对象、影响程度、影响范围，并依此进行分级，分为一般数据、重要数据、核心数据。

核心数据是指对领域、群体、区域具有较高覆盖度或达到较高精度、较大规模、一定深度的重要数据，一旦被非法使用或共享，可能直接影响政治安全。核心数据主要包括关系国家安全重点领域的数据，关系国民经济命脉、重要民生和重大公共利益的数据，经国家有关部门评估确定的其他数据。

重要数据是指特定领域、特定群体、特定区域或达到一定精度和规模，一旦被泄露或篡改、损毁，可能直接危害国家安全、经济运行、社会稳定、公共健康和安全的数据。

一般数据是指除重要数据、核心数据以外的其他数据。

结合自然资源领域数据特点，满足以下两项(含)以上参考指标的为重要数据：

(1)支撑党中央和国务院赋予的“两统一”职责产生的具有不可替代性和行业唯一性的，一旦发生数据篡改、泄露或服务中断等安全事故，将影响自然资源部门履行职责，对全国范围内服务对象产生重要影响的数据。

(2)涉及国民经济和重要民生的，为其他行业、领域提供自然资源基础数据支撑的，一旦发生数据安全事故会对其他行业、领域造成重要影响的数据。

(3)覆盖多个省份甚至全国，规模大、精度高，且极具敏感性、重要性的数据。

(4)直接影响国家关键信息基础设施正常运行服务的数据。

(5)危害国家安全、国家经济竞争力、危害公众接受公共服务、危害公民生存条件和安定工作生活环境、危害公民的生命财产安全和其他合法利益、导致社会恐慌等的数据。

(6)我国法律法规及规范性文件规定的其他自然资源重要数据。

符合重要数据指标，且关系国家经济命脉、重要民生和重大公共利益、影响政治安全的数据为核心数据。

2. 数据管理

自然资源部所属的数据处理者应当将本单位重要数据和核心数据目录向自然资源部报备，国家林业和草原局所属的数据处理者应当将本单位重要数据和核心数据目录向国家林业和草原局报备，其他数据处理者应当将本单位重要数据和核心数据目录向本地区行业监管部门报备。报备内容包括但不限于数据类别、级别、规模、精度、来源、载体、使用范围、对外共享、跨境传输、安全情况及责任单位情况等，不包括数据内容本身。

地方行业监管部门应当在数据处理者提交报备申请后的二十个工作日内完成审核工作，报备内容符合要求的，报自然资源部审核认定，自然资源部接到申请后二十个工作日完成重要数据认定，核心数据须报国家数据安全工作协调机制认定；不符合要求的应当及时反馈申请单位并说明理由。申请单位应当在收到反馈后的十五个工作日内再次提交申请。

报备内容发生重大变化的，数据处理者应当在发生变化的三个月内履行变更手续。重大变化是指数据内容发生变化导致原有级别不再适用的，或某类重要数据和核心数据规模变化30%以上的，等等。

三、数据全生命周期安全管理

1. 数据安全管理

数据处理者应当对数据处理活动安全负主体责任，对各类数据实行分级防护，不同级别数据同时被处理且难以分别采取保护措施的，应当按照其中级别最高的要求实施保护，确保数据持续处于有效保护和合法利用的状态。

(1)建立数据安全管理制度，针对不同级别数据，制定数据全生命周期各环节的具体分级防护要求和操作规程。

(2)根据需要配备数据安全管理人员，统筹负责数据处理活动的安全监督管理，协助行业监管部门开展工作。

(3)利用互联网等信息网络开展数据处理活动时，要落实网络安全等级保护、关键信息基础设施安全保护、密码保护和保密等制度要求。

(4)应当采取相应技术措施和其他必要措施保障数据安全，防范数据被篡改、破坏、泄露或者非法获取、非法利用等风险。

(5)合理确定数据处理活动的操作权限，严格实施人员权限管理。

(6)根据应对数据安全事件的要求，制定应急预案，并开展应急演练。

(7)定期对从业人员开展数据安全知识和技能相关教育培训。

(8)法律法规等规定的其他措施。

重要数据和核心数据处理者，还应当：

①建立覆盖本单位相关部门的数据安全工作体系，明确数据安全负责人和管理机构，建立常态化沟通与协作机制。本单位法定代表人或主要负责人是数据安全第一责任人，领导班子中分管数据安全的班子成员是直接责任人，其他成员对职责范围内的数据安全工作负领导责任，履行数据安全保护义务，接受监督。

②明确数据处理关键岗位和岗位职责，并要求关键岗位人员签署数据安全责任书，责任书内容包括但不限于数据安全岗位职责、义务、处罚措施、注意事项等内容。应当按照业务工作需要和最小授权原则，依据岗位职责设定数据处理权限，控制重要数据接触范围，人员变动时应及时调整权限。涉及核心数据的相关关键岗位人员、信息系统建设和运维单位等，提交公安机关、国家安全机关进行国家安全背景审查。

③建立内部登记、审批机制，对重要数据和核心数据的处理活动进行严格管理并留存记录不少于六个月。

④在数据全生命周期的各环节，应当综合运用加密、鉴权、认证、脱敏、校验、审计等技术手段进行安全保护，并按照法律法规和国家有关规定要求使用商用密码进行保护。

⑤涉重要数据信息系统建设、运维项目未经委托方批准不得转包、分包。建设运维人员未经委托方明确授权，不得处理委托方的重要数据。在提供涉重要数据信息系统建设、运维过程中收集、产生的数据，不得用于其他用途，服务完成后按照与委托方约定处理或及时删除。

⑥应当加强人员和经费保障。

2. 数据处理者安全管理要求

(1)数据处理者收集数据应当遵循合法、正当的原则，不得窃取或者以其他非法方式收集数据。法律法规对收集数据的目的、范围有规定的，应当在法律法规规定的目的和范围内收集。

数据收集过程中，应当根据数据安全级别采取相应的安全措施，加强重要数据和核心数据收集生产人员、设备的管理，并对收集来源、时间、类型、数量、精度、区域、频度、流向等进行记录。

通过间接途径获取重要数据和核心数据的，数据处理者应当与数据提供方通过签署相关协议、承诺书等方式，明确双方法律责任。

(2)数据处理者应当依据法律法规规定的方式和期限存储数据，可以从物理和环境安全、网络和通信安全、设备和计算安全、应用和数据安全等方面，加强数据存储安全管控，保障存储数据的完整性、保密性、真实性和可用性。

存储重要数据的，要落实第三级及以上网络安全等级保护要求。存储核心数据的，要落实关键信息基础设施安全保护要求或第四级网络安全等级保护要求。

(3)数据处理者开展数据加工使用处理活动，应当采取访问控制、数据防泄露、操作审计等管控措施，确保过程安全、合规、可控、可溯源，防范数据关联挖掘、分析过程中有价值信息和个人隐私泄露的安全风险，明确数据使用加工过程中的相关责任，保证数据的正当加工使用。加工使用过程中，应当按照数据级别采取相应的措施保护数据的安全性，所使用的数据必须是真实可靠的，数据来源、收集过程须经过审查和核实。涉及利用数据进行自动化决策的，应当保证决策的透明度和结果公平合理。加工使用重要数据和核心数据，还应当实施严格的访问控制，建立数据可信可控、日志留存审计、风险监测评估、实时监控、应急处置、数据溯源等相关技术和管理机制。

(4)数据处理者应当根据传输的数据类型、级别和应用场景，制定安全策略并采取保护措施。传输重要数据和核心数据的，应当采取校验技术、密码技术、安全传输通道或者安全传输协议等措施。

(5)数据处理者应当按照有关规定安全有序地提供数据，明确提供的范围、类别、条件、程序等，提供的数据应当限于实现数据接收方处理目的的最小范围，并告知数据接收方按照对应级别进行分类分级保护，采取必要的安全保护措施，涉及重要数据的，与数据接收方签订数据安全协议。重要数据在共享、调用过程中应当加强安全管控，采取技术措施定期监测数据共享、调用的情况，并配备风险隔离、认证鉴权、威胁告警等安全保护措施。涉及提供、共享核心数据的，应当采取必要的安全保护措施，并上报自然资源部，自本年度1月1日起可能累计达到总量30%及以上的，应当经自然资源部报国家数据安全工作协调机制组织风险评估。涉及国家机关依法履职或单位内部流动的除外。

（6）数据处理者应当在数据公开前分析研判可能对国家安全、公共利益产生的影响，存在显著负面影响或风险的，不得公开。政府机关部门应当遵守公正、公平、便民的原则，按照规定及时、准确地公开政务数据，依法不予公开的除外。

（7）数据处理者应当建立数据销毁制度，明确销毁对象、规则、流程和技术等要求，对销毁活动进行记录和留存。依据法律法规规定、合同约定等请求销毁的，数据处理者应当销毁相应数据。

销毁重要数据和核心数据的，要采取必要的安全保护措施，并事前向行业监管部门报告数据销毁方案。引起重要数据和核心数据目录变化的，应当及时向行业监管部门报备，不得以任何理由、任何方式对销毁数据进行恢复。

（8）数据处理者在中华人民共和国境内收集和产生的重要数据，应当在境内存储，确需向境外提供的，数据处理者应当落实国家网信部门数据出境安全评估有关规定。

（9）数据处理者因重组等原因需要转移数据的，应当明确数据转移方案。涉及重要数据的，应当采取必要的安全保护措施，事前向行业监管部门报告数据转移方案。引起重要数据目录发生变化的，应当及时向行业监管部门报备。

（10）数据处理者委托他人处理、与他人共同处理数据的，数据安全责任不因委托而改变，应当通过签订合同协议等方式，明确委托方与受托方的数据安全责任和义务。涉及重要数据的，委托方要把安全作为重要考虑因素，应当对受托方的数据安全保护能力、资质进行评估或核实，经过严格的审批程序，明确受托方的数据处理权限和保护责任，并监督受托方履行数据安全保护义务。

除法律法规等另有规定外，未经委托方同意，受托方不得将数据提供给第三方。

3. 数据全生命周期

数据处理者应当在数据全生命周期处理过程中，记录数据处理、权限管理、人员操作等日志，并采用商用密码技术保护日志的完整性。其中，一般数据的日志留存时间不少于六个月，涉及重要数据安全事件处置、溯源的，相关日志留存时间不少于一年；涉及向他人提供、委托处理、共同处理重要数据的，相关日志留存时间不少于三年。涉及核心数据安全事件处置、溯源的相关日志留存时间不少于三年。

四、数据安全监测预警与应急管理

1. 数据安全监测预警

自然资源部按照国家相关标准和流程，组织建立自然资源领域数据安全风险监测机制，建立自然资源领域数据安全风险监测预警体系，划分数据安全风险和事件等级，组织建设数据安全监测预警技术手段，形成监测、溯源、预警、处置等能力，与相关部门加强信息共享。国家林业和草原局组织建立林草数据安全风险监测预警机制，划分林草数据安全风险和事件等级，组织建设林草数据监测预警技术手段。

地方行业监管部门分别建设本地区数据安全监测预警机制，组织开展本地区自然资源领域数据安全风险监测，按照有关规定及时发布预警信息，通知本地区数据处理者及时采取应对措施。数据处理者应当开展数据安全风险监测，及时排查安全隐患，采取必要的措施防范数据安全风险。

自然资源部组织指导开展自然资源领域数据安全风险评估等工作。国家林业和草原局组织指导开展林草数据安全风险评估等工作。地方行业监管部门分别负责组织开展本地区自然资源领域数据安全风险评估工作。

重要数据处理者应当自行或委托第三方评估机构，每年对其数据处理活动至少开展一次风险评估，及时整改风险问题，并向行业监管部门报送风险评估报告。风险评估报告应当包括处理的重要数据的类别、数量，开展数据处理活动的情况，面临的数据安全风险、应对措施及其有效程度等。数据处理者应当保留风险评估报告至少三年。核心数据处理者优先使用第三方评估机构开展风险评估。

数据处理者在组织重要数据安全风险评估时，应当对其数据查询、下载、修改、删除等重点操作的日志开展审计分析，发现违规或异常行为，应及时采取相应的处置措施。

2. 数据安全应急处理

自然资源部组织建立自然资源领域数据安全风险信息通报机制，统一汇集、分析、研判、通报数据安全风险信息。国家林业和草原局组织建立林草数据安全风险信息通报机制。地方行业监管部门分别汇总分析本地区自然资源领域数据安全风险，根据数据安全风险的发展态势、规模大小、关联程度、现实危害等综合研判，及时将可能造成重大及以上安全事件的风险向自然资源部报告。数据处理者及时将可能造成较大及以上安全事件的风险向行业监管部门报告。

自然资源部组织制定自然资源领域数据安全事件应急预案，组织协调重要数据和核心数据安全事件应急处置工作。国家林业和草原局组织建立林草数据安全事件应急预案，组织协调重要数据和核心数据安全事件应急处置工作。

地方行业监管部门分别组织开展本地区自然资源领域数据安全事件应急处置工作。涉及重要数据和核心数据的安全事件，应当立即报自然资源部，并及时报告事件发展和处置情况。

数据处理者在数据安全事件发生后，应当按照应急预案，及时开展应急处置，涉及重要数据和核心数据的安全事件，第一时间向行业监管部门、属地公安部门报告，事件处置完成后在一周以内形成总结报告。每年向行业监管部门报告数据安全事件处置情况。

数据处理者对发生的可能损害用户合法权益的数据安全事件，应当及时告知用户，并提供减轻危害措施。

五、监督检查与法律责任

1. 监督检查

行业监管部门对数据处理者落实数据分类分级保护及本办法要求的情况进行监督检查。数据处理者应当对行业监管部门监督检查予以配合。在国家数据安全工作协调机制统一组织下，自然资源部依法配合有关部门，对影响或者可能影响国家安全的自然资源领域数据处理活动开展数据安全审查工作。数据处理者及其委托的数据安全风险评估机构工作人员对在履行职责中知悉的个人信息、商业秘密等，应当严格保密，不得泄露或者非法向他人提供。

2. 法律责任

行业监管部门在履行数据安全监督管理职责中，发现数据处理活动存在较大安全风险的，可以按照规定权限和程序对数据处理者进行约谈，并要求采取措施进行整改，消除隐患。对于违反有关规定的，依照《中华人民共和国数据安全法》(以下简称《数据安全法》)及有关法律法规予以处理，根据情节严重程度给予相应行政处罚，构成犯罪的，依法追究刑事责任。

第九章考点试题
汇编及答案

第十章 测绘质量管理体系

第一节 ISO 9000 族质量管理体系

一、ISO 9000 族基础知识

1. ISO 9000 族标准的由来

ISO 9000 族标准是由 ISO/TC 176（国际标准化组织质量管理和质量保证技术委员会）制定的一系列关于质量管理的正式国际标准、技术规范、技术报告、手册和网络文件的统称。该标准族可帮助组织实施并有效运行质量管理体系，是质量管理体系通用的要求或指南。它不受具体的行业或经济部门的限制，可广泛适用于各种类型和规模的组织。国际标准化组织（ISO）先后颁布了 1992 版、1994 版、2000 版、2008 版和 2015 版五个版本。现行 ISO 9000 族质量管理体系标准分为三类：管理体系要求标准、管理体系指导标准、管理体系相关标准。

2. ISO 9000 族标准的核心标准

（1）《质量管理体系 基础和术语》（ISO 9000）。
（2）《质量管理体系 要求》（ISO 9001）。
（3）《追求组织的持续成功 质量管理方法》（ISO 9004）。
（4）《管理体系审核指南》（ISO 19011）。

3. 2016 版 GB/T 19001 的特点

（1）采用了《ISO/IEC 导则第 1 部分 ISO 补充规定》的附件 SL 中给出的高层结构。
（2）采用基于风险的思维。
（3）更少的规定性要求。
（4）对成文信息的要求更加灵活。
（5）提高了服务行业的适用性。
（6）更强调组织环境。
（7）增强对领导作用的要求。
（8）更加注重实现预期的过程结果以增强顾客满意。

二、质量管理原则

在实践经验和理论分析的基础上，《质量管理体系 要求》（GB/T 19001—2016）明确了质量管理的七项原则：

（1）以顾客为关注焦点原则。组织依存于顾客，应理解顾客当前和未来的需求，满足顾客要求并争取超越顾客期望。

（2）领导作用原则。领导者应确保组织的目的与方向一致，应创造并保持良好的内部环境，使员工能够充分参与实行组织目标的活动。

（3）全员参与原则。各级人员都是组织之本，只有他们充分参与，才能为组织的利益发挥才干。

（4）过程方法原则。将活动和相关的资源作为过程进行管理，可以更高效地得到期望的结果。

（5）持续改进原则。持续改进总体业绩应当是组织的一个永恒目标。

（6）征询决策原则。在数据和信息分析和评估的基础上，制定的决策更加客观、可信。

（7）关系管理原则。要持续获得成功，组织与其供应商和合作伙伴网络的关系管理通常特别重要。

第二节　测绘单位贯标的组织与实施

测绘单位贯彻质量管理体系标准是一项战略性决策，有利于提高质量管理水平，增强自身的竞争能力，适应市场变化需求，发展外向型经济，增强国际测绘市场竞争力。

一、职责与权限

1. 最高管理者

发挥领导与核心的作用，确保组织内的职责、权限得到规定和沟通，应建立质量方针、质量目标；确保关注顾客的要求；确定适宜的过程；获得必要的资源；调动广大员工积极性和参与精神；在建立、实施和保持质量管理体系以及持续改进等方面发挥作用。

2. 管理者代表

应确保质量管理体系所需的过程得到建立、实施和保持；向最高管理者报告质量管理体系的业绩和任何改进的需求；确保在整个组织内提高满足顾客要求的意识。

二、质量管理体系文件的形成需要考虑的因素

（1）标准的各项要求。

（2）产品的特性及复杂程度。
（3）产品满足法律法规等要求。
（4）组织的管理水平与装备水平。
（5）各级人员的素质与能力。
（6）质量经济性与效率等。

三、咨询机构选择

测绘单位选择咨询机构帮助建立质量管理体系时，应考虑以下要素：
（1）具有法律地位的实体，能够独立地承担民事责任；
（2）经国家认证认可监督管理委员会（简称“国家认监委”）批准；
（3）机构实力强，尤其是熟悉测绘行业，具有对测绘单位开展咨询的业绩；
（4）受测绘地理信息行政、质量和专业技术等部门推荐。

四、认证机构的选择

测绘单位在质量管理体系建立、实施之后，对认证机构的选择需要考虑的因素有：
（1）顾客是否提出了需获得某一特定认证机构认证的特殊要求；
（2）认证机构是否获得国家认监委批准，业绩与服务是否为你或你的顾客所熟悉；
（3）认证机构的认证业务范围是否包括测绘产品；
（4）认证机构是否具有公正地位，认证机构不能从事咨询工作，或与咨询机构形成利益关系，否则会影响认证机构的公正性，损害测绘单位的利益，违反国家或国际有关机构对认证机构管理的基本要求；
（5）认证机构的收费标准和收费情况能否被接受；
（6）了解认证机构实施质量管理体系审核、评定和注册的有关信息，对认可标志和认证证书的使用有何限制等。

五、组织实施

1. 组织策划和领导投入阶段

学习、宣贯 ISO 9000 族标准，统一思想、提高认识；领导层决策；成立领导机构和工作班子；分层次进行贯标培训；确定文件编写人员；组织培训骨干队伍，包括文件编写培训；制订工作计划及程序。时间一般需要约 1 个月。

2. 体系总体设计和资源配备阶段

制定质量方针和质量目标；对现有任务状况进行分析；对现有质量管理体系过程进行识别、分析；质量管理体系总体设计（体系结构、层次、过程及过程网络、接口等）；确定质量管理体系各个过程的要求和控制方法；明确各级人员的职责、权限与工作要求；配置质量管理体系建立、运行和改进所必需的资源。时间需要1个月左右。

3. 文件编制阶段

依据体系总体设计方案，拟定体系文件的类型、层次、结构和纲目；制订体系文件编制计划；文件编制的调研、讨论、起草、协调，形成草案；文件审定、修改、确认、批准；文件印刷出版和正式颁布；文件的分发、学习和实施准备等。时间一般需要3个月左右。

4. 质量管理体系运行和实施阶段

质量手册、程序文件和其他质量文件发放到位；各级人员进行文件的学习；质量管理体系运行和改进等。时间一般应不少于3个月。

5. 审核、评审和体系改进阶段

培训内部质量管理体系审核员；制订内部审核计划；在质量管理体系运行期间，开展覆盖体系的内部审核；开展管理评审；采取措施完善质量管理体系；质量管理体系在运行中不断巩固、提高和改进；质量管理体系运行满足要求，向认证机构提出认证申请。

六、质量管理体系文件

1. 质量方针

质量方针是组织在质量上的追求、宗旨和方向，由最高管理者批准颁布。

2. 质量目标

质量目标是组织在质量上所追求的目的，是质量方针阶段性的要求，应与质量方针保持一致，通常以文件的形式下达、实施；也可列入质量手册。

3. 质量手册

质量手册是向组织内部和外部提供质量管理体系的一致信息文件，是描述组织质量管理体系的纲领性文件，其详略程度由组织自行决定。在合同条件和第三方认证情况下，可作为质量管理体系的证实文件和认证的依据。质量手册应阐述组织的质量管理体系范围，明确对标准和组织要求的程序文件的直接采用或引用，并表述质量管理体系过程之间的相互作用、接口。

4. 质量计划

质量计划是针对特定的项目、产品、过程或合同所规定的质量管理、资源提供、作业控制和工作顺序等内容的文件，具有时效性。其内容包括：计划目标、资源提供、活动和过程顺序、控制准则要求、人员职责权限、获得结果证据和计划时限等。

5. 程序文件

程序文件是提供如何一致完成活动和过程的信息文件，规定了进行某项活动或过程的途径。程序文件须具有操作性，是策划和管理质量活动的基本文件，是质量手册的支持性文件。其内容包括：质量管理体系过程和活动的目的、范围；与过程和活动相关的管理、执行和验证部门和人员的职责和权限；控制活动和过程的顺序、方法、时间、地点，依据的文件和规范，采用的设备和工具，应形成必要的记录以及信息传递的接口和方式等。

6. 作业文件

作业文件是针对某种岗位或某个具体工作过程管理控制的详细操作性文件，通常包括作业指导书、工艺文件、图式、规范、规程、规章、制度、标准、细则、范例、图表和记录格式等。

7. 规范文件

规范文件是阐明要求的文件，是质量管理和产品实现的基础和准则。涉及管理活动的可称为程序文件、作业文件、章程、规定和细则等；涉及产品活动和要求的可称为产品规范、工艺规范或规程、图样和技术标准等。

8. 记录文件

记录文件是为完成的活动或达到的结果提供客观证据的文件，具有重复性和可追溯性，形成后不可更改。记录有格式化和非格式化两种形式。编制记录表格应考虑：质量管理过程或产品名称、标志、编号；所适用的质量活动或过程、合同、订单的名称和编号，产品实现过程等；需要填制的内容；填制和执行的时间、部门和责任人等。

七、质量管理体系文件的编制

1. 编写原则

（1）系统协调原则。质量管理体系文件应表述、规定和证实质量管理体系的全部结构和质量活动，并具有系统性和协调性。

（2）整体优化原则。质量管理体系文件编写过程也是对质量管理体系的优化过程。

（3）采用过程方法原则。系统地识别和管理组织所应用的过程，包括管理活动、资源提供、产品实现和测量、分析和改进有关的过程，特别是这些过程之间的相互作用。

（4）操作实施和证实检查的原则。质量管理体系文件具备实用性和可操作性，对质量管理体系的适用性和有效性提供证实。

2. 编写步骤

（1）领导支持和参与。编写质量管理体系文件工作量大，直接涉及职责权限的分配和协调，其过程是对质量管理体系的要求和过程进行策划和设计。在文件编写过程中，领导应直接参与、指导、监督，针对人力、物力、财力等相关资源给予充分支持。

（2）成立文件编写组。应成立专门的文件编写部门或文件编写组，集中培训学习 ISO 9000 标准，搜集相关文件资料，统一思想认识。

（3）文件编写计划的拟订。依据质量管理体系总体规划，对照质量管理体系标准的要求，确定所需的过程以及在各个职能部门开展的质量活动。应列出管理人员在体系中的职责、权限和工作要求，识别质量管理体系过程，编写计划中列出制定质量管理体系的文件清单、人员分工、写作阶段的划分。

（4）文件的起草。依据文件编写计划和分工，收集现行有效的文件和资料，对其符合标准要求的应充分肯定和沿用，对不能满足要求的应进行更改、补充或重新制定。使文件起草工作建立在总结经验、教训，优化单位、部门及对应岗位的工作过程基础上。

（5）文件的集中讨论、优化和修改。目的在于使文件之间、章节之间以及内容上的协调，并符合要求；充分征求意见，使质量管理体系文件充分反映出有效经验和管理特点。

八、质量管理体系文件的审核、批准

1. 审核

优化和修改的质量体系文件按规定程序组织审核。审核的类型有内部审核（第一方审核）和外部审核（第二方、第三方审核）两类。第一方审核（内审）由组织自己或以组织的名义进行，用于体系评审等组织内部目的。第二方审核是由组织的相关方，如顾客或其他人员，对组织进行审核，也可以是组织对供方的审核。第三方审核由外部独立的审核机构（如认证机构）对组织进行审核。

2. 批准

质量手册经最高管理者批准，程序文件和作业文件等由分管领导和部门负责人批准。

九、质量管理体系文件的发布、实施

经批准的质量管理体系文件成为法规性文件，发布后实施。

十、质量管理体系的认证

1. 认证原则

质量管理体系认证程序主要依据《质量体系审核指南》以及《质量体系认证机构认可基本要求》和《质量体系认证机构认可基本要求的说明》等 ISO/CASCO 和 IAF 颁布的

相应文件。其基本原则是独立性、公正性和科学性。获认证的测绘单位有义务履行认证机构颁发的有关认证制度，有权使用认证证书和认证标志。

2. 认证程序

（1）提交认证申请书。测绘单位确定认证机构后，提交认证申请书，并签订正式认证合同；提交现行有效版本的质量管理体系文件，认证机构审核通过后提出审核意见；测绘单位对现场审核计划和审核组进行确认。

（2）审核组现场审核。审核组组长主持召开首次会议，确认审核计划、介绍审核方法。审核组按照审核计划和分工开展现场审核。审核组组长主持召开末次会议，确认不合格报告、审核报告和改进要求。

（3）审核组提交不合格报告。测绘单位应明确在规定的时间内制定纠正措施和纠正，并报审核组认可；对不合格实施纠正措施，并验证合格：验证合格的证据提交审核机构，接受其书面或现场验证。

（4）明确是否推荐认证。审核组组长在末次会议上应明确表示是否推荐认证，认证机构应根据审核组提交的审核报告及有关信息作出是否批准认证注册的决定。获得通过的，认证机构向测绘单位颁发带有认可标志、认证标志的认证证书。

（5）提出年度监督审核和安排换证复评。认证机构在认证注册及证书有效期内（3年）进行年度监督审核和安排换证复评。监督审核、复评时发现获证测绘单位未能有效地贯彻质量管理体系要求、出现重大产品质量事故或未按规定使用认可标志、认证标志和认证证书的，可向获证测绘单位提出限期整改、暂停认证注册、撤销认证注册等处分。

十一、质量管理体系的运行与持续改进

1. 运行

质量管理体系的运行是指测绘单位执行质量管理体系文件，实现其质量方针和质量目标，在测绘生产全过程中使影响测绘产品质量的全部因素始终处于受控状态。包括培训、试运行、整改、运行前准备、正式运行五个阶段。

（1）培训。培训对象包括从事对产品质量有影响的活动的所有人员，即各级管理者、检验人员和生产人员。培训内容主要是提高员工质量意识，宣传贯彻质量体系文件精神，自觉摒弃落后的习惯、作业和管理方法。

（2）试运行。测绘单位根据自身规模大小及技术复杂程度，选择一个或几个典型部门，或选择一个或几个典型的测绘工程项目进行试运行，考验质量管理体系文件的有效性和适宜性。

（3）整改。对在试运行中发现的问题进行处理，修正文件中含糊不清的文字，以保证新的质量体系能够持续有效地运行。质量体系文件修改后应按规定审批，并适当调整培训计划。若要对组织结构进行调整，则应在最高管理者主持下进行调整，确保在文件发布前完成组织结构调整工作。

（4）运行前准备。包括：体系文件的印刷、装订和受控号发放记录的编制；各种技术文件、计算机软件的审批与发布；各种记录表格的编制、印刷、发放或确认、发布；独立行使职权人员的资格确认和备案；规定需要检验、试验和测量仪器的检验、校准与标识；各种生产项目中遗留问题的处理；组织对质量管理体系文件的学习。各级人员对相关文件的统一正确认识和理解。

（5）正式运行。质量管理体系文件发布之后就进入正式运行阶段。要保证质量管理体系持续有效运行，必须做到：各种程序文件和作业指导书被测绘职工理解，可有效控制测绘产品质量；严格执行质量管理体系文件的要求，树立正确质量意识，规范作业；认真做好质量记录，应采取措施确保所有质量记录真实、准确、齐全；处理好执行文件与群众性技术革新的矛盾；运行初期，在规定的内审频次之外，增加审核验证工作，以验证质量管理体系的适宜性、有效性。

2. 持续改进

测绘单位应利用质量方针、质量目标、审核结果、数据分析、纠正和预防措施以及管理评审，持续改进质量管理体系的有效性。

（1）纠正措施：评审不合格；通过调查分析确定不合格的原因；评价确保不合格不再发生的措施需求；确定并实施所需求的纠正措施；跟踪记录所采取的纠正措施的结果；评审所采取的纠正措施的有效性。

（2）预防措施：确定潜在的不合格，并分析其原因；确定防止不合格发生的预防措施的需求；确定并实施所需的预防措施；跟踪并记录所采取的预防措施的结果；评价所采取的预防措施的有效性。

第三节 质量管理体系

一、总要求

组织应按本标准的要求建立质量管理体系，将其形成文件，加以实施和保持，并持续改进其有效性。组织应：

（1）确定质量管理体系所需的过程及其在整个组织中的应用。

（2）确定这些过程的顺序和相互作用。

（3）确定所需的准则和方法，以确保这些过程的运行和控制有效。

（4）确保可以获得必要的资源和信息，以支持这些过程的运行和监视。

（5）监视、测量（适用时）和分析这些过程。

（6）实施必要的措施，以实现所策划的结果和对这些过程的持续改进。

组织应按本标准的要求管理这些过程。组织如果选择将影响产品符合要求的任何过程外包，应确保对这些过程的控制。对此类外包过程控制的类型和程度，应在质量管理体系中加以规定。

二、文件要求

1. 总则

质量管理体系文件应包括：①形成文件的质量方针和质量目标；②质量手册；③本标准所要求的形成文件的程序和记录；④组织确定的为确保其过程有效策划、运行和控制所需的文件，包括记录。

2. 质量手册

组织应编制和保持质量手册，质量手册包括：

（1）质量管理体系的范围，包括任何删减的细节和正当的理由。

（2）为质量管理体系编制的形成文件的程序或对其引用。

（3）质量管理体系过程之间的相互作用的表述。

3. 文件控制

质量管理体系所要求的文件应予以控制。记录是一种特殊类型的文件，应依据要求进行控制。

（1）应编制形成文件的程序，以规定以下方面所需的控制。

（2）为使文件是充分与适宜的，文件发布前得到批准。

（3）必要时对文件进行评审与更新，并再次批准。

（4）确保文件的更改和现行修订状态得到识别。

（5）确保在使用处可获得适用文件的有关版本。

（6）确保文件保持清晰、易于识别。

（7）确保组织所确定的策划和运行质量管理体系所需的外来文件得到识别，并控制其分发。

（8）防止作废文件的非预期使用，如果出于某种目的而保留作废文件，应对这些文件进行适当的标识。

4. 记录控制

为提供符合要求及质量管理体系有效运行的证据而建立的记录，应得到控制。组织应编制形成文件的程序，以规定记录的标识、储存、保护、检索、保留和处置所需的控制。记录应保持清晰，易于识别和检索。

第四节 管理职责

一、管理承诺

最高管理者应通过以下活动，对其建立、实施质量管理体系，并持续改进其有效性的承诺提供证据：

（1）向组织传达满足顾客和法律法规要求的重要性；

（2）制定质量方针；

（3）制定确保质量目标；

（4）进行管理评审；

（5）确保资源的获得。

二、以顾客为关注焦点

最高管理者应以增强顾客满意为目的，确保顾客的要求得到确定并予以满足。

三、质量方针

最高管理者应确保质量方针：

（1）与组织的宗旨相适应；

（2）包括对满足要求和持续改进质量管理体系有效性的承诺；

（3）提供制定和评审质量目标的框架；

（4）在组织内得到沟通和理解；

（5）在持续适宜性方面得到评审。

四、策划

1. 质量目标

最高管理者应确保在组织的相关职能和层次上建立质量目标，质量目标包括满足产品要求所需的内容。质量目标应是可测量的，并与质量方针保持一致。

2. 质量管理体系策划

最高管理者应确保：

（1）对质量管理体系进行策划，以满足质量目标以及要求；

（2）在对质量管理体系的变更进行策划和实施时，保持质量管理体系的完整性。

五、职责、权限与沟通

1. 职责和权限

最高管理者应确保组织内的职责、权限得到规定和沟通。

2. 管理者代表

最高管理者应在本组织管理层中指定一名成员，无论该成员在其他方面的职责如何，应使其具有以下方面的职责和权限：

（1）确保质量管理体系所需的过程得到建立、实施和保持；

（2）向最高管理者报告质量管理体系的绩效和任何改进的需求；

（3）确保在整个组织内提高满足顾客要求的意识。

注：管理者代表的职责可包括就质量管理体系有关事宜与外部方进行联络。

3. 内部沟通

最高管理者应确保在组织内建立适当的沟通过程，并确保对质量管理体系的有效性进行沟通。

六、管理评审

1. 总则

最高管理者应按策划的时间间隔评审质量管理体系，以确保其持续的适宜性、充分性和有效性。评审应包括评价改进的机会和质量管理体系变更的需求，包括质量方针和质量目标变更的需求。

应保持管理评审的记录。

2. 评审输入

管理评审的输入应包括以下几个方面的信息：①审核结果；②顾客反馈；③过程的绩效和产品的符合性；④预防措施和纠正措施的状况；⑤以往管理评审的跟踪措施；⑥可能影响质量管理体系的变更；⑦改进的建议。

3. 评审输出

管理评审的输出应包括与以下几个方面有关的任何决定和措施：

（1）质量管理体系有效性及其过程有效性的改进；

（2）与顾客要求有关的产品的改进；

（3）资源需求。

第五节　资源管理

一、资源提供

组织应确定并提供以下几个方面所需的资源：

（1）实施、保持质量管理体系并持续改进其有效性；
（2）通过满足顾客要求，增强顾客满意。

二、人力资源

1. 总则

基于适当的教育、培训、技能和经验，从事影响产品要求符合性工作的人员应是能够胜任的。

2. 能力、培训和意识

组织应：①确定从事影响产品要求符合性工作的人员所需的能力；②适用时，提供培训或采取其他措施以获得所需的能力；③评价所采取措施的有效性；④确保组织的人员认识到所从事活动的相关性和重要性，以及如何为实现质量目标作出贡献；⑤保持教育、培训、技能和经验的适当记录。

三、基础设施

组织应确定、提供并维护为达到符合产品要求所需的基础设施。适用时，基础设施应包括建筑物、工作场所和相关的设施：
（1）过程设备（硬件和软件）；
（2）支持性服务（如运输、通信或信息系统）。

四、工作环境

组织应确定和管理为达到产品符合要求所需的工作环境。

第六节 产品实现

一、产品实现的策划

组织应策划和开发产品实现所需的过程。产品实现的策划应与质量管理体系其他过程的要求相一致。在对产品实现进行策划时，组织应确定以下几个方面的适当内容：
（1）产品的质量目标和要求。
（2）针对产品确定过程、文件和资源的需求。
（3）产品所要求的验证、确认、监视、测量、检验和试验活动，以及产品接收准则。
（4）为实现过程及其产品满足要求提供证据所需的记录。

策划的输出形式应适合于组织的运作方式。

二、与顾客有关的过程

1. 与产品有关的要求的确定

组织应确定：

（1）顾客规定的要求，包括对交付及交付后活动的要求；

（2）顾客虽然没有明示，但规定用途或已知的预期用途所必需的要求；

（3）适用于产品的法律法规要求；

（4）组织认为必要的任何附加要求。

2. 与产品有关的要求的评审

组织应评审与产品有关的要求。评审应在组织向顾客作出提供产品的承诺（如提交标书、接受合同或订单及接受合同或订单的更改）之前进行，并应确保：

（1）产品要求已得到规定；

（2）与以前表述不一致的合同或订单的要求已得到解决；

（3）组织有能力满足规定的要求。

评审结果及评审所引起的措施的记录应予保持。

若顾客没有提供形成文件的要求，组织在接受顾客要求前，应对顾客要求进行确认。

若产品要求发生变更，组织应确保相关文件得到修改，并确保相关人员知道已变更的要求。

3. 顾客沟通

组织应对以下有关方面确定并实施与顾客沟通的有效安排：

（1）产品信息；

（2）问询、合同或订单的处理，包括对其修改；

（3）顾客反馈，包括顾客抱怨。

三、设计和开发

1. 设计和开发策划

组织应对产品的设计和开发进行策划和控制。

在进行设计和开发策划时，组织应确定：

（1）设计和开发的阶段；

（2）适合于每个设计和开发阶段的评审、验证和确认活动；

（3）设计和开发的职责和权限。

组织应对参与设计和开发的不同小组之间的接口实施管理，以确保有效的沟通，并明确职责分工。随着设计和开发的进展，在适当时，策划的输出应予以更新。

2. 设计和开发输入

应确定与产品要求有关的输入，并保持记录。这些输入应包括：
（1）功能要求和性能要求；
（2）适用的法律法规要求；
（3）适用时，来源于以前类似设计的信息；
（4）设计和开发所必需的其他要求。
应对这些输入的充分性和适宜性进行评审。要求应完整、清楚，并且不能自相矛盾。

3. 设计和开发输出

设计和开发输出的方式应适合于对照设计和开发的输入进行验证，并应在放行前得到批准。设计和开发输出应：
（1）满足设计和开发输入的要求；
（2）给出采购、生产和服务提供的适当信息；
（3）包含或引用产品接收准则；
（4）规定对产品的安全和正常使用所必需的产品特性。

4. 设计和开发评审

应依据所策划的安排，在适宜的阶段对设计和开发进行系统的评审，以便：
（1）评价设计和开发的结果满足要求的能力；
（2）识别任何问题并提出必要的措施。
评审的参加者应包括与所评审的设计和开发阶段有关的职能的代表。评审结果及任何必要措施的记录应予以保持。

5. 设计和开发验证

为确保设计和开发输出满足输入的要求，应依据所策划的安排对设计和开发进行验证。验证结果及任何必要措施的记录应予保持。

6. 设计和开发确认

为确保产品能够满足规定的使用要求或已知的预期用途的要求，应依据所策划的安排对设计和开发进行确认。只要可行，确认应在产品交付或实施之前完成。确认结果及任何必要措施的记录应予保持。

7. 设计和开发更改的控制

应识别设计和开发的更改，并保持记录。应对设计和开发的更改进行适当的评审、验证和确认，并在实施前得到批准。设计和开发更改的评审应包括评价更改对产品组成部分和已交付产品的影响。更改的评审结果及任何必要措施的记录应予保持。

四、采购

1. 采购过程

组织应确保采购的产品符合规定的采购要求。对供方及采购产品的控制类型和程度应取决于采购产品对随后的产品实现或最终产品的影响。

组织应根据供方按组织的要求提供产品的能力评价和选择供方。应制定选择、评价和重新评价的准则。评价结果及评价所引起的任何必要措施的记录应予保持。

2. 采购信息

采购信息应表述拟采购的产品，适当时包括：

（1）产品、程序、过程和设备的批准要求；

（2）人员资格的要求；

（3）质量管理体系的要求。

在与供方沟通前，组织应确保规定的采购要求是充分与适宜的。

3. 采购产品的验证

组织应确定并实施检验或其他必要的活动，以确保采购的产品满足规定的采购要求。

当组织或其顾客拟在供方的现场实施验证时，组织应在采购信息中对拟采用的验证安排和产品放行的方法作出规定。

五、生产和服务提供

1. 生产和服务提供的控制

组织应策划并在受控条件下进行生产和服务提供。适用时，受控条件应包括：

（1）获得表述产品特性的信息；

（2）必要时，获得作业指导书；

（3）使用适宜的设备；

（4）获得和使用监视和测量设备；

（5）实施监视和测量；

（6）实施产品放行、交付和交付后活动。

2. 生产和服务提供过程的确认

当生产和服务提供过程的输出不能由后续的监视或测量加以验证，使问题在产品使用后或服务交付后才显现时，组织应对任何这样的过程实施确认。确认应证实这些过程实现所策划的结果的能力。

组织应对这些过程作出安排，使用时包括：

（1）为过程的评审和批准所规定的准则；
（2）设备的认可和人员资格的鉴定；
（3）特定的方法和程序的使用；
（4）记录的要求；
（5）再确认。

3. 标识和可追溯性

适当时，组织应在产品实现的全过程中使用适宜的方法识别产品。
组织应在产品实现的全过程中，针对监视和测量要求识别产品的状态。
在有可追溯性要求的场合，组织应控制产品的唯一性标识，并保持记录。

4. 顾客财产

组织应爱护在组织控制下或组织使用的顾客财产。组织应识别、验证、保护和维护供其使用或构成产品一部分的顾客财产。如果顾客财产发生丢失、损坏或发现不适用的情况，组织应向顾客报告，并保持记录。

5. 产品防护

组织应在产品内部处理和交付到预定的地点期间对其提供防护，以保持符合要求。适用时，这种防护应包括标识、搬运、包装、贮存和保护。防护也应适用于产品的组成部分。

六、监视和测量设备的控制

组织应确定需实施的监视和测量以及所需的监视和测量设备，为产品符合确定的要求提供证据。

组织应建立过程，以确保监视和测量活动可行并以与监视和测量的要求相一致的方式实施。

为确保结果有效，必要时，测量设备应：

（1）对照能溯源到国际或国家标准的测量标准，按照规定的时间间隔或在使用前进行校准和（或）检定（验证）；当不存在上述标准时，应记录校准或检定（验证）的依据；
（2）必要时，进行调整或再调整；
（3）具有标识，以确定其校准状态；
（4）防止可能使测量结果失效的调整；
（5）在搬运、维护和贮存期间防止损坏或失效。

此外，当发现设备不符合要求时，组织应对以往测量结果的有效性进行评价和记录。组织应对该设备和任何受影响的产品采取适当的措施。

校准和检定（验证）结果的记录应予以保持。

当计算机软件用于规定要求的监视和测量时，应确认其满足预期用途的能力。确认应在初次使用前进行，并在必要时予以重新确认。

第七节　测量、分析和改进

一、总则

组织应策划并实施以下方面所需的监视、测量、分析和改进过程：①证实产品要求的符合性；②确保质量管理体系的符合性；③持续改进质量管理体系的有效性。

这应包括对统计技术在内的适用方法及其应用程度的确定。

二、监视和测量

1. 顾客满意

作为对质量管理体系绩效的一种测量，组织应监视顾客关于组织是否满足其要求的感受的相关信息，并确定获取和利用这种信息的方法。

2. 内部审核

组织应按策划的时间间隔进行内部审核，以确定质量管理体系是否：

（1）符合策划的安排、本标准的要求以及组织所确定的质量管理体系的要求；

（2）得到有效实施与保持。

组织应策划审核方案，策划时应考虑拟审核的过程和区域的状况和重要性，以及以往审核的结果。应规定审核的准则、范围、频次和方法。审核员的选择和审核的实施，应确保审核过程的客观性和公正性。审核员不应审核自己的工作。应编制形成文件的程序，以规定审核的策划、实施、形成记录以及报告结果的职责和要求。应保持审核及其结果的记录。负责受审核区域的管理者，应确保及时采取必要的纠正和纠正措施，以消除所发现的不合格及其原因。后续活动应包括对所采取措施的验证和验证结果的报告。

3. 过程的监视和测量

组织应采用适宜的方法对质量管理体系过程进行监视，并在适用时进行测量。这些方法应证实过程实现所策划的结果的能力。当未能达到所策划的结果时，应采取适当的纠正和纠正措施。

4. 产品的监视和测量

组织应对产品的特性进行监视和测量，以验证产品要求已得到满足。这种监视和测量应依据所策划的安排在产品实现过程的适当阶段进行。应保持符合接收准则的证据。记录应指明有权放行产品以交付给顾客的人员。除非得到有关授权人员的批准，适用时得到顾客的批准，否则在策划的安排已圆满完成之前，不应向顾客放行产品和交付服务。

三、不合格品控制

组织应确保不符合产品要求的产品得到识别和控制，以防止其非预期的使用或交付。应编制形成文件的程序，以规定不合格品控制以及不合格品处置的有关职责和权限。

适用时，组织应通过下列一种或几种途径处置不合格品：

（1）采取措施，消除发现的不合格；

（2）经有关授权人员批准，适用时经顾客批准，让步使用、放行或接收不合格品；

（3）采取措施，防止其原预期的使用或应用；

（4）当在交付或开始使用后发现产品不合格时，组织应采取与不合格的影响或潜在影响的程度相适应的措施。

在不合格品得到纠正之后，应对其再次进行验证，以证实符合要求。

应保持不合格的性质的记录以及随后所采取的任何措施的记录，包括所批准的让步的记录。

四、数据分析

组织应确定、收集和分析适当的数据，以证实质量管理体系的适宜性和有效性，并评价在何处可以持续改进质量管理体系的有效性。这应包括来自监视和测量的结果以及其他有关来源的数据。

数据分析应提供有关以下几个方面的信息：

（1）顾客满意；

（2）与产品要求的符合性；

（3）过程和产品的特性及趋势，包括采取预防措施的机会；

（4）供方。

五、改进

1. 持续改进

测绘单位组织应利用质量方针、质量目标、审核结果、数据分析、纠正措施和预防措施以及管理评审，持续改进质量管理体系的有效性。

2. 纠正措施

组织应采取措施，以消除不合格的原因，防止不合格的再发生。纠正措施应与所遇到不合格的影响程度相适应。应编制形成文件的程序，以规定以下几个方面的要求：

（1）评审不合格（包括顾客抱怨）；

（2）确定不合格的原因；

（3）评价确保不合格不再发生的措施的需求；
（4）确定和实施所需的措施；
（5）记录所采取措施的结果；
（6）评审所采取的纠正措施的有效性。

3. 预防措施

组织应确定措施，以消除潜在不合格的原因，防止不合格的发生。预防措施应与潜在问题的影响程度相适应。应编制形成文件的程序，以规定以下几个方面的要求：
（1）确定潜在不合格及其原因；
（2）评价防止不合格发生的措施的需求；
（3）确定并实施所需的措施；
（4）记录所采取措施的结果；
（5）评审所采取的预防措施的有效性。

第十章考点试题
汇编及答案

第十一章　测绘安全生产管理

第一节　测绘生产安全管理宗旨

一、测绘生产单位职责

测绘生产单位应坚持“安全第一、预防为主、综合治理”的方针，遵守《中华人民共和国安全生产法》（以下简称《安全生产法》）等有关安全法律、法规，建立、健全安全生产管理机构、法规，建立、健全安全生产管理机构、安全生产责任制度和安全保障及应急救援预案；配备相应的安全管理人员，完善安全生产条件，强化安全生产教育培训，加强安全生产管理，确保安全生产。

二、测绘作业单位职责

测绘作业单位应根据各部门、各工种和作业区域的实际特点，研究分析作业环境，评估安全生产潜在风险，制定安全生产细则，指导规范职工安全生产作业。测绘作业单位应设置安全员，安全员须经过生产知识与安全管理能力培训，具备与所从事的测绘专业活动相应的安全生产知识与管理能力。

三、作业人员（组）职责

作业人员（组）应遵守本单位的安全生产管理制度和操作细则，爱护和正确使用仪器、设备、工具及安全防护装备，服从安全管理，了解其作业场所、工作岗位存在的危险因素及防范措施；外业人员还应掌握必要的野外生存、避险和相关应急技能。

第二节　测绘外业生产安全管理

一、出测、收测前的准备

（1）针对生产情况，对进入测区的所有作业人员进行安全意识教育和安全技能培训。

（2）了解测区有关危害因素，包括动物、植物、微生物、流行传染病、自然环境、人文地理、交通、社会治安等状况，拟订具体的安全生产措施。

（3）按规定配发劳动防护用品，并根据测区具体情况添置必要的小组及个人的野外救生用品、药品、通信或特殊装备，并应检查有关防护及装备的安全可靠性。

（4）掌握人员身体健康情况，进行必要的身体健康检查，避免作业人员进入与其身体状况不适应的地区作业。

（5）组织赴疫区、污染区和有可能散发毒性气体地区作业的人员学习防疫、防毒、防污染知识，并注射相应的疫苗和配备防毒、防污染装具。对于发生高致病的疫区，应禁止作业人员进入。

（6）所有作业人员都应该熟练使用通信、导航定位等安全保障设备，以及掌握利用地图或地物、地貌等判定方位的方法。

（7）出测、收测前，应制订行车计划，对车辆进行安全检查，严禁疲劳驾驶。

二、行车、饮食与住宿

1. 行车基本要求

（1）驾驶员应严格遵守《中华人民共和国道路交通安全法》（以下简称《道路交通安全法》）等有关的法律、法规以及安全操作规程和安全运行的各种要求；具备野外环境下驾驶车辆的技能，掌握所驾驶车辆的构造、技术性能、技术状况、保养和维修的基本知识或技能。构造、技术性能、技术状况、保养和维修的基本知识或技能。

（2）驾驶员应了解所运送物品的性能，保证人员和物品的安全。运送易燃易爆危险品时，应防止碰撞、泄漏，严禁危险物品与人员混装运送。

（3）货运汽车车厢内载人，应按公安交通部门的有关规定执行。行车时，人要坐在安全位置上，人身不能超过车厢以外。车厢以外的任何部位严禁坐人和站人。

2. 行车前的准备

（1）编制行车计划，明确负责人。单车行驶，应配有押车人员。

（2）外业生产车辆应配备必要的检修工具和通信设备。

（3）驾驶员应检查车辆各部件是否灵敏，油、水是否足够，轮胎充气是否适度；应特别注意检查传动系统、制动系统、方向系统、灯光照明等主要部件是否完好，发现故障即行检修，禁止勉强出车。

（4）机动车载货不得超过行驶证上核定的重量。运送的物资器材需装牢捆紧，其重量要分布均匀。

（5）在戈壁、沙漠和高原等人员稀少、条件恶劣的地区应采用双车作业，作业车辆应加固，配备适宜的轮胎，每车应有双备胎。

3. 行车过程

（1）途中停车休息或就餐，应锁好车门，关闭车窗。

（2）夜间行车要保持灯光完好，降低行驶速度，充分判断地形及行进方向。

（3）遇有暴风骤雨、冰雹、浓雾等恶劣天气时应停止行车。视线不清时不准继续行车。

（4）在雨、雪或泥泞、冰冻地带行车时应慢速，必要时应安装防滑链，避免紧急刹车。遇陡坡时，助手或乘车人员应下车持三角木随车跟进，以备车辆下滑时抵住后轮。

（5）车辆穿越河流时，要慎重选择渡口，了解河床地质、水深、流速等情况，采取防范措施安全渡河。

（6）高温炎热天气行车应注意检查油路、电路、水温、轮胎气压；频繁使用刹车的路段应防止刹车片温度过高，导致刹车失灵。

（7）沙土地带行车应停车观察，选择行驶路线，低挡匀速行驶，避免中途停车。若沙土松软，难以通过，应事先采取铺垫等措施。

（8）高原、山区行车要特别注意油压表、气压表及温度表。气压低时应低挡行驶，少用制动，严禁滑行。遇到危险路段，如落石、滑坡、塌陷等，要仔细观察，谨慎驾驶。

4. 饮食要求

（1）禁止食用霉烂、变质和被污染过的食物，禁止食用不易识别的野菜、野果、野生菌菇等植物。禁止酒后生产作业。不接触和不食用死、病畜肉。禁止饮用异味、异色和被污染的地表水和井水。

（2）使用煤气、天然气等灶具应保证其连接件和管道完好，防止漏气和煤气中毒。禁止点燃灶具后离人。

（3）生熟食物应分别存放，并应防止动物侵害。

5. 住宿要求

（1）外业作业人员应尽量居住民房或招待所。住所的房屋应进行安全性检查，了解住宿环境和安全通道位置。禁止入宿存在安全隐患的房屋。

（2）应注意用电安全。便携式发电机应置于通风条件下使用，做到人、机分开，专人管理。应防止发电机漏电和超负荷运行对人员造成伤害。

（3）使用煤油灯应安装防风罩。离开房间或休息时，应及时熄灭煤油灯或蜡烛。取暖使用柴灶或煤炉前应先进行检修，防止失火和煤气中毒。

（4）禁止在草料旁堆放油料、易燃物品，禁止在仓库、木料场、木质建筑以及其他易燃物体附近用火。料场、木质建筑以及其他易燃物体附近用火。

（5）野外住宿时，应备好防寒、防潮、照明、通信等生活保障物品及必要的自卫器具。

（6）搭设帐篷时，应了解地形情况，选择干燥避风处，避开滑坡、觇标、枯树、大树、独立岩石、河边、干涸湖、输电设备及线路等危险地带，防止雷击、崩陷、山洪、高辐射等伤害。

（7）帐篷周围应挖排水沟。在草原、森林地区，周围应开辟防火道。

（8）治安情况复杂或野兽经常出没的地区，应设专人值勤。

三、测绘作业外业环境

1. 一般要求

（1）应持有效证件和公函与有关部门进行联系。在进入军事要地、边境、少数民族地区、林区、自然保护区或其他特殊防护地区作业时，应事先征得有关部门同意；了解当地民情和社会治安等情况，民情和社会治安等情况，遵守所在地的风俗习惯及有关的安全规定。

（2）进入单位、居民宅院进行测绘时，应先出示相关证件，说明情况再进行作业。

（3）遇雷电天气应立刻停止作业，选择安全地点躲避，禁止在山顶、开阔的斜坡上、大树下、河边等区域停留，避免遭受雷电袭击。

（4）在高压输电线路、电网等区域作业时，应采取安全防范措施，优先选用绝缘性能好的标尺等辅助测量设备，避免人员和标尺、测杆、棱镜支杆等测量设备靠近高压线路，防止触电。

（5）外业作业时，应携带所需的装备以及水和药品等用品，必要时应设立供应点，保证作业人员的饮食供给；野外一旦发生水、粮和药品短缺，应及时联系补给或果断撤离，以免发生意外。

（6）外业作业时，所携带的燃油应使用密封，非易碎容器单独存放、保管，防止暴晒。洒过易燃油料的地方要及时处理。

（7）进入沙漠、戈壁、沼泽、高山、高寒等人烟稀少地区或原始森林地区，作业前须认真了解掌握该地区的水源、居民、道路、气象、方位等情况，并及时记入随身携带的工作手册中。应配备必要的通信器材，以保持个人与小组、小组与中队之间的联系；应配备必要的判定方位的工具，如导航定位仪器、地形图等。必要时要请熟悉当地情况的向导带路。

（8）外业测绘必须遵守各地方、各部门相关的安全规定，如在铁路和公路区域应遵守交通管理部门的有关安全规定；进入草原、林区作业必须严格遵守《森林防火条例》《草原防火条例》及当地的安全规定；下井作业前必须学习相关的安全规程，掌握井下工作的一般安全知识，了解工作地点的具体要求和安全保护规定。

（9）安全员必须随时检查现场的安全情况，发现安全隐患立即整改。

（10）外业测绘严禁单人夜间行动。在发生人员失踪时必须立即寻找，并应尽快报告上级部门，同时与当地公安部门取得联系。

2. 城镇地区作业要求

（1）在人、车流量大的街道上作业时，必须穿着色彩醒目的带有安全警示反光的马甲，并应设置安全警示标志牌（墩），必要时还应安排专人担任安全警戒员。迁站时要撤除安全警示标志牌（墩），应将器材纵向肩扛行进，防止发生意外。

（2）作业中以自行车代步者，要遵守交通规则，严禁超速、逆行和撒把骑车。

3. 铁路、公路区域作业要求

（1）沿铁路、公路作业时，必须穿着色彩醒目的带有安全警示反光的马甲。
（2）在电气化铁路附近作业时，禁止使用铝合金标尺、镜杆，防止触电。
（3）在桥梁和隧道附近以及公路弯道和视线不清的地点作业时，应事先设置安全警示标志牌（墩），必要时安排专人担任安全指挥。
（4）工间休息应离开铁路、公路路基，选择安全地点休息。

4. 沙漠、戈壁地区作业要求

（1）作业小组应配备容水器、绳索、地图资料、导航定位仪器、风镜、药品、色彩醒目的工作服和睡袋等。
（2）在距水源较远的地区作业，应制订供水计划，必要时可分段设立供水站。
（3）应随时注意天气变化，防止沙漠寒潮和沙暴的侵袭。

5. 沼泽地区作业要求

（1）应配备必要的绳索、木板和长约1.5m的探测棒。
（2）过沼泽地时，应组成纵队行进，禁止单人涉险。遇有繁茂绿草地带应绕道而行。发生陷入沼泽的情况要冷静，及时采取妥善的救援、自救措施。
（3）应保持身体干燥清洁，防止皮肤溃烂。

6. 人烟稀少或草原、林区作业要求

（1）在人烟稀少或草原、林区作业应携带手持导航定位仪器及地形图，着装要扎紧领口、袖口、衣摆和裤脚，防止虫等的叮咬。要特别注意配备防止蛇、虫等的叮咬。要特别注意配备防止蛇、虫叮咬的面罩及药品，并注射森林脑炎疫苗。
（2）行进路线及点位附近，均应留下能为本队人员所共同识别的明显标志。
（3）禁止夜间单人外出，特殊情况确需外出时，应两人以上。应详细报告自己的去向，并要携带电源充足的照明和通信器材，以保持随时联系；同时，宿营地应设置灯光引导标志。

7. 高原、高寒地区作业要求

（1）进入高海拔区域前，要进行气候适应训练，掌握高原基本知识。严禁单人夜间行动。雾天应停止作业。
（2）应配备防寒装备和充足的给养，配置氧气袋（罐）及高原反应防治专用药品，注意防止感冒、冻伤和紫外线灼伤。在高海拔区域发生高原反应、感冒、冻伤等疾病时，应立即采取有效的治疗措施。
（3）在冰川、雪山作业时，应戴雪镜，穿色彩醒目的防寒服。
（4）应按选定路线行进，遇无路情况，则应选择缓坡迂回行进。遇悬崖、绝壁、滑坡、崩陷、积雪较深及容易发生雪崩等危险地带时应该绕行，无安全防护保障不得强行通过。

8. 涉水渡河作业要求

（1）涉水渡河前，应观察河道宽度，探明河水深度、流速、水温及河床砂石等情况，了解上游水库和电站放水情况。根据以上情况选择安全的涉水地点，并应做好涉水时的防护措施。

（2）水深在 0.6m 以内、流速不超过 3m/s，或者流速虽然较大但水深在 0.4m 以内时允许徒涉。水深过腰，流速超过 4m/s 的急流，应采取保护措施涉水过河，禁止独自一人涉水过河。

（3）遇较深流速较大的河流，应绕道寻找桥梁或渡口。通过轻便悬桥或独木桥时，要检查木质是否腐朽，若可使用，应逐人通过，必要时应架防护绳。

（4）骑牲畜涉水时一般只限于水深 0.8m 以内，同时应逆流斜上，不应中途停留。要了解牲畜的水性，必要时给牲畜蹄上采取防滑措施。

（5）乘小船或其他水运工具时，应检查其安全性能，并雇用有经验的水手操纵，严禁超载。

（6）暴雨过后要特别注意山洪的到来，严禁在无安全防护保障的条件下和河流暴涨时渡河。

9. 水上作业要求

（1）作业人员应穿救生衣，避免单人上船作业。

（2）应选择租用配有救生圈、绳索、竹竿等安全防护救生设备和必要的通信设备的船只，行船应听从船长指挥。

（3）租用的船只必须满足平稳性、安全性要求，并具有营业许可证。雇用的船工必须熟悉当地水性并有载客的经验。

（4）风浪太大的时段不能强行作业。对水流湍急的地段要根据实地的具体情况采取相应安全防护措施后方可作业。

（5）海岛、海边作业时，应注意涨落潮时间，避免事故发生。

10. 地下管线作业要求

（1）无向导协助，禁止进入情况不明的地下管道作业。

（2）作业人员必须佩戴防护帽、安全灯，身穿安全警示工作服，应配备通信设备，并保持与地面人员的通信畅通。

（3）在城区或道路上进行地下管线探测作业时，应在管道口设置安全隔离标志牌，安排专人担任安全警戒员。打开窨井盖做实地调查时，井口要用警示栏圈围起来，必须有专人看管。夜间作业时，应设置安全警示灯。工作完毕必须清点人员，在确保井下没有留人的情况下及时盖好窨井盖。

（4）对规模较大的管道，在下井调查或施放探头、电极导线时，严禁明火，并应进行有害、有毒及可燃气体的浓度测定；有害、有毒及可燃气体超标时应打开连续的 3 个井盖排气通风半小时以上，确认安全并采取保护措施后方可下井作业。

（5）禁止选择输送易燃、易爆气体管道作为直接法或充电法作业的充电点。在有易燃、易爆隐患环境下作业时，应使用具备防爆性能的测距仪、陀螺经纬仪和电池等设备。

（6）使用大功率电气设备时，作业人员应具备安全用电和触电急救的基础知识。工作电压超过 36V 时，供电作业人员应使用绝缘防护用具，接地电极附近应设置明显警告标志，并设专人看管。雷电天气禁止使用大功率仪器设备作业。井下作业的所有电气设备外壳都应接地。

（7）进入企业厂区进行地下管线探测的作业人员，必须遵守该厂安全保护规定。

11. 高空作业要求

（1）患有心脏病、高血压、癫痫、眩晕、深度近视等高空禁忌证人员禁止从事高空作业。

（2）现场作业人员应佩戴安全防护带和防护帽，不得赤脚。作业前，要认真检查攀登工具和安全防护带，保证完好。安全防护带要高挂低用，不能打结使用。

（3）应事先检查树、杆、梯、站台以及觇标等各部位结构是否牢固，有无损伤、腐朽和松脱，存在安全隐患的，应经过维修后才能作业。到达工作位置后，要选坚固的枝干、桩作为依托，并扣好安全防护带后再开始作业；返回地面时，严禁滑下或跳下。高楼作业时，应了解楼顶的设施和防护情况，避免在楼顶边缘作业。

（4）传递仪器和工具时，禁止抛投。使用的绳索要结实，滑轮转动要灵活，禁止使用断股或未经检查过的绳索，以防脱落伤人。

（5）造（维修）标、拆标工作时，应由专人统一指挥，分工明确，密切配合。在行人通过的道路或居民地附近造（维修）标、拆标时，必须将现场围好，悬挂“危险”标志，禁止无关人员进入现场。作业场地半径不得小于 15m。

第三节 测绘内业生产安全管理

创造安全、舒适的内业工作环境，是保障内业工作顺利进行的重要条件。测绘作业单位应组织内业生产人员，分析、评估内业生产环境的安全情况，制定生产安全细则，确保安全生产。

一、作业场所要求

（1）照明、噪声、辐射等环境条件应符合作业要求。

（2）计算机等生产仪器设备的放置，应有利于减少放射线对作业人员的危害。各种设备与建（构）筑物之间，应留有满足生产、检修需要的安全距离。

（3）作业场所中不得随意拉高电线，防止电线、电源漏电。通风、空调、照明等用电设施要有专人管理、检修。

（4）面积大于 $100m^2$ 的作业场所的安全出口不少于两个。安全出口、通道、楼梯等应保持畅通并设有明显标志和应急照明设施。

（5）作业场所应按《中华人民共和国消防法》（以下简称《消防法》）规定配备灭火器具，小于 $40m^2$ 的重点防火区域。如资料、档案、设备库房等，也应配置灭火器具。应定期进行消防设施和安全装置的有效期和能否正常使用检查，保证安全有效。

（6）作业场所应配置必要的安全（警告）标志，如配电箱（柜）标志、资料重地严禁烟火标志、严禁吸烟标志、紧急疏散标志、资料重地严禁烟火标志、严禁吸烟标志、紧急疏散示意图、上下楼梯警告线以及玻璃隔断提醒标志等，并保证标志完好清晰。

（7）禁止在作业场所吸烟以及使用明火取暖，禁止超负荷用电。使用电器取暖或烧水，不用时要切断电源。

（8）严禁携带易燃易爆物品进入作业场所。

二、作业人员安全操作要求

（1）仪器设备的安装、检修和使用，须符合安全要求。凡对人体可能构成伤害的危险部位，都要设置安全防护装置。所有用电动力设备，必须按照规定埋设接地网，保持接地良好。

（2）仪器设备须有专人管理，并进行定期的检查、维护和保养，禁止仪器设备带故障运行。

（3）作业人员应熟悉操作规程，必须严格按有关规程进行操作。作业前要认真检查所要操作的仪器设备是否处于安全状态。

（4）禁止用湿手拉合电闸或开关电钮。饮水时，应远离仪器设备，防止泼洒造成电路短路。

（5）擦拭、检修仪器设备应首先断开电源，并在电闸处置明显警示标志。修理仪器设备，一般不准带电作业，由于特殊情况而不能切断电源时，必须采取可靠的安全措施，并且须有两名电工现场作业。

（6）因故停电时，凡用电的仪器设备，应立即断开电源。

（7）汽油、煤油等挥发性易燃物质不得存放在作业室、车间及办公室内。洒过易燃油料的地方要及时处理。油料着火应用细沙、泥土熄灭，不可向油上浇水。

第四节　测绘仪器设备安全管理

测绘仪器基本上是光学仪器、电子仪器和光、机、电、算相结合的仪器。测绘仪器在运输、储存和使用过程中，受外界因素的影响，都有可能发生光学部件长霉起雾，电子部件受潮长霉，以及金属部件生锈、磨损等毛病，造成部件损坏，影响仪器正常使用，酿成事故，甚至整个仪器损坏报废。所以，加强仪器设备的安全管理是测绘事业科学发展的需要，正确使用、科学保养仪器，是保障测量成果质量，提高工作效率，延长仪器使用年限的重要条件。

一、测绘仪器设备的保管

1. 对仪器库房的基本要求

（1）测量仪器库房应是耐火建筑。

（2）库房内的温度不能有剧烈变化，最好保持室温在12~16℃。

（3）库房应有消防设备，但不能用一般酸碱式灭火器，宜用液体CO_2或者CCl_4及新的灭火器。

2. 测绘仪器的“三防”措施

生霉、生雾、生锈是测绘仪器的“三害”。需按不同仪器的性能要求，对测绘仪器采取必要的防霉、防雾、防锈措施，确保仪器处于良好状态。

（1）防霉措施：

①每日收装仪器前，应将仪器光学零件外露表面清刷干净后再盖镜头盖，并使仪器外表清洁后方能装箱密封保管。

②仪器外壳有通孔的，用完后须将通孔盖住。

③仪器箱内放入适当的防霉剂。

④外业仪器一般情况下6个月（湿热季节或湿热地区1~3个月）应对仪器的光学零件外露表面进行一次全面的擦拭，内业仪器一般1年（湿热季节或湿热地区6个月）须对仪器未密封的部分进行一次全面的擦拭。

⑤每台内业仪器必须配备仪器罩，每次操作完毕，应将仪器罩罩上。检修时，对所修理的仪器外表和内部必须进行一次彻底的擦拭，注意不应用有机溶剂和粗糙擦布用力擦仪器的密封部位，以免破坏仪器的密封性，对产生霉斑的光学零件表面必须翻底除霉，使仪器的光学性能恢复到良好状态。

⑥修复的仪器装配时须对仪器内部的零件进行干燥处理，并更换或补放仪器内腔的防霉药片，修复装配后，仪器必须密封的部位，应恢复密封状态。

⑦在运输仪器过程中，必须有防震设施，以免因震动剧烈引起仪器的密封性能下降，密封性能下降的部位，应重新采取密封措施，使仪器恢复到良好的密封状态。

⑧作业中暂时停用的电子仪器，每周至少通电1小时，同时使各个功能正常运转。

（2）防雾措施：

①每次清擦完光学零件表面后，再用干棉球擦拭一遍，以便除去表面潮气，每次测区作业终结后，应对仪器的光学零件外露表面进行擦拭。

②调整或操作仪器时，勿用手心对准光学零件表面，并在仪器运转时避免将油脂挤压或拖粘于光学零件表面上。

③外业仪器一般情况下6个月（湿热季节或湿热地区3个月）须对仪器的光学零件外露表面进行一次全面擦拭，内业仪器一般在1年（湿热季节或湿热地区3~6个月）应对仪器外表进行一次全面清擦，并用电吹风机烘烤光学零件外露表面（温度升高不得超过60℃）。

④防止人为破坏仪器密封造成湿气进入仪器内腔和浸润光学零件表面。

⑤除雾后或新配置的光学零件表面须用防雾剂进行处理，一旦发现水性雾，应用烘烤或吸潮的方法清除；发现油性雾，应用清洗剂擦拭干净并进行干燥处理。

⑥严禁使用吸潮后的干燥剂。

⑦保管室内应配备适当的除湿装置，长期不用的仪器的外露光学零件，经干燥后，垫一层干燥脱脂棉，再盖镜头盖。

（3）防锈措施：

①凡测区作业终结收测时，将金属外露面的临时保护油脂全部清除干净，涂上新的防锈油脂。

②外业仪器防锈用油脂，除了具有良好的防锈性能，还应具有优良的置换性，并应符合挥发性低、流散性小的要求，要根据仪器的润滑防锈要求和说明书用油的规定适当选用不同配合间隙、不同运转速度和不同轴线方向所用的油脂。

③外业仪器一般情况下 6 个月（湿热季节或湿热地区 1~3 个月）须对仪器外露表面的润滑防锈油脂进行一次更换，内业仪器一般应在 1 年（湿热季节或湿热地区 6 个月）须将仪器所用临时性防锈油脂全部更换一次，如发现锈蚀现象，必须立即除锈，并分析锈蚀原因，及时改进防锈措施。

④仪器进行检修时，对长锈部位必须除锈，除锈时应保持原表面粗糙度数值或降低不超过相邻的粗糙度值；并且在对金属裸露表面清洗或除锈后，必须进行干燥处理。

⑤必须将原用油脂彻底清除，通过干燥处理后，涂抹新的油脂进行防锈。

⑥对有运动配合的部位涂防锈油脂后必须来回运动几次，并除去挤压出来的多余油脂。

⑦防锈油脂涂抹后应用电容器纸或防锈纸等加封盖。

⑧保管室在不能保证恒温恒湿的要求时，须做到通风、干燥、防尘。

二、测绘仪器设备的安全运送

（1）长途搬运仪器时，应将仪器装入专门的运输箱内。若无防震运输箱，而又需运输较精密的仪器时，可特制套箱，再把装有仪器的箱子装入特别套箱内，仪器箱与套箱内包面之间的空隙处可用刨花或纸片等紧紧填实。

（2）短途搬运仪器时，一般仪器可不装入运输箱内，一定要专人护送。对特别怕震的仪器设备，必须装入仪器箱内。不论长短距运送仪器，均要防止日晒雨淋，放置仪器设备的地方要安全妥当，并应清洁和干燥。

三、测绘仪器作业过程中的使用维护

（1）仪器开箱前，应将仪器箱平放在地上，严禁手提或怀抱着仪器开箱，以免仪器在开箱时落地损坏。开箱后，应注意看清楚仪器在箱中安放的状态，以便在用完后按原样入箱。仪器在箱中取出前，应松开各制动螺旋，提取仪器时，要用手托住仪器的基座，另一手握持支架，将仪器轻轻取出，严禁用手提望远镜和横轴。仪器及所用部件取出后，应及时合上箱盖，以免灰尘进入箱内。仪器箱放在测站附近，箱上不许坐人。作业完毕后，应将所有微动螺旋退回到正常位置，并用擦镜纸或软毛刷除去仪器上表面的灰尘。然后，卸下仪器双手托持，按出箱时的位置放入原箱。盖箱前，应将各制动螺旋轻轻旋紧，检查附件齐全后可轻合箱盖，箱盖吻合方可上盖，不可强力施压，以免损坏仪器。

（2）架设仪器时，先将三脚架架稳并大致对中，然后放上仪器，并立即拧紧中心连接螺旋。对仪器要小心轻放，避免强烈的冲击震动，安置仪器前应检查三脚架的牢固性，作业过程中仪器要随时有人防护，以免造成重大损失。

（3）仪器在搬站时，可视搬站的远近、道路情况以及周围环境等决定仪器是否要装箱。搬站时，应把仪器的所有制动螺旋略微拧紧，但不要拧得太紧，目的是仪器万一受到碰撞时，还有转动的余地，以免仪器受伤。搬运过程中，仪器脚架必须竖直拿稳，不得横扛在肩上。

（4）在野外使用仪器时，必须用伞遮住太阳。仪器望远镜的物镜和目镜的表面不能让太阳照射，也要避免灰沙雨水的侵袭。

（5）仪器任何部分若发生故障，不应勉强继续使用，要立即检修，否则将会使仪器损坏加剧。没有必要时，不要轻易拆开仪器，仪器拆卸次数太多，会影响其测量精度。

（6）光学元件应保持清洁，如沾染灰尘，必须用毛刷或柔软的擦镜纸清除，禁止用手指抚摸仪器的任何光学元件表面。

（7）在潮湿环境中作业，工作结束后，要用软布擦干仪器表面的水分或灰尘后才能装箱。回到驻地后，立即开箱取出仪器放置干燥处，彻底晾干后才能装入仪器箱内。

（8）在连接外部所有仪器设备时，应注意相对应的接口、电极连接是否正确，确认无误后方可开启主机和外围设备。拔插接线时，不要抓住线就往外拔，应握住接头顺方向拔插，也不要边摇晃插头边拔插，以免损坏接头。数据传输线、GPS（监控器）天线等在收线时不要弯折，应盘成圈收藏，以免各类连接线被折断而影响工作。

第五节　基础地理信息数据档案管理与保护

基础地理信息数据是基础测绘生产活动中形成的，以数字形式存在的、关于地球表面自然地理形态和社会经济概况的基础信息数据，包括大地测量数据、摄影测绘与卫星遥感数据、数字地图数据（如数字线划图、数字高程模型、数字正射影像图、土地覆盖数据、专题地图数据等）、地名数据、基础地理信息数据库、专题数据库等，以及上述数据的元数据。

一、归档内容

基础地理信息数据档案管理归档内容主要有基础地理信息数据成果、文档材料、相关软件、档案目录数据。

1. 基础地理信息数据成果

（1）基础地理信息数据成果应包含最终数据成果、重要的阶段性数据成果、重要的原始数据成果和数据说明文件。如数据成果包含元数据，应随同数据成果一起归档。

（2）数据说明文件应包含：

①数据背景：数据名称和来源、密级、制作单位和制作时间等，并简述生产方法或工艺流程；

②数据组织：数据组织原则、结构和文件命名规则；

③应用方式：数据格式、运行环境（操作系统、应用软件及版本号）、使用方式；

④联系方式：形成单位、联系地址、联系人姓名、电话等。

（3）数据说明文件应与基础地理信息数据成果存放在同一载体上。

2. 文档材料

（1）基础测绘书籍成果文档应包括：

①项目立项文件：项目申请（或建议）书，项目可行性报告、项目下达计划或任务文件、项目合同等；

②项目实施文件：调研报告，招（投）标书，项目设计书（或实施方案），项目论证材料，项目实施过程中的有关专业设计、技术质量标准或要求，项目的各种计划、指示及批复文件；

③项目总结文件：项目阶段性和最终的工作总结、技术总结，评审、鉴定或验收材料等；

④项目成果文件：标图、附表、文档簿、数据成果目录、相关软件、使用手册等。

（2）其他基础地理信息数据所属文档，按其形成的内容进行归档。

（3）文档材料有电子文件形式的，应一并归档。

3. 相关软件

在基础地理信息数据成果形成过程中开发的待定数据管理软件，应随同数据成果一起归档。如有演示软件，也应与数据一起归档。相关软件归档时，与软件相关的技术手册、使用手册等有关材料应同时归档。

4. 档案目录数据

归档时，应同时提交与归档材料相关的档案目录数据。

二、归档要求

（1）档案形成单位应在项目完成后 2 个月内完成归档。

（2）基础测绘数据成果应与文档材料一同归档。

（3）归档的基础地理信息数据应为最终版本。

（4）归档后，如果档案形成单位又对基础地理信息数据成果进行了更新（即补充或完善），应将更新后的数据成果及时归档，以替换原归档的数据成果。

（5）文档材料归档 1 份，数据成果拷贝归档 2 份。

（6）归档的数据成果和相关软件，一般不压缩、不加密。如进行了压缩和加密，则应将解压缩软件和密钥、加密和解密软件同时归档。

三、归档检验

档案形成单位和接收单位须对归档材料进行检验，并填写“基础地理信息数据建（归）档检验登记表”，一式两份，双方各持一份。

四、移交手续

归档材料移交，需办理相关手续。档案形成单位须填写《基础地理信息数据档案移交文据》，交接单位双方签字盖章后，一式两份，双方各持一份。

五、介质与拷贝

1. 介质要求

（1）数据档案管理单位应根据本单位数据档案的管理要求指定归档介质，如可指定磁带或 CDROM 光盘。数据档案管理单位如采用磁带作为归档介质，应指定归档磁带的类型和型号，一般采用线性磁带。

（2）当数据档案管理单位同时认可磁带和光盘作为归档介质时，同一项目所采用的光盘数大于 10 片时，应以磁带为载体归档。

（3）归档的两份数据档案应采用相同类型和型号的归档介质。同一项目的数据档案应存储在同种载体介质上。

（4）归档的介质应有标识，可视标签大小依次选标档号、条形码、密级、题名、运行环境等，但至少应标注档号、条形码和密级。

2. 拷贝要求

（1）两份归档的数据成果组织结构、数据格式、成果形式、存放内容、操作平台、拷贝方法等应完全相同。当数据档案管理单位认可磁带作为归档介质时，应指定读写磁带的操作系统类型、备份软件（或命令）。

（2）数据档案管理单位应指定备份方式。原则上，数据档案应采取单盘方式拷贝（各介质可独立进行数据读取），特殊情况下也可将整体数据以整卷的方式备份在多个介质上。

六、保管环境要求

1. 工作环境

（1）在工作之前，放置在储存环境下的光盘必须在工作环境中放置至少 2 小时。

（2）在工作之前，放置在储存环境下的磁带必须在工作环境中放置至少 24 小时。

2. 储存环境

（1）温度选定范围：17~20℃；相对湿度选定范围：35%~45%。

（2）库房及装具应使用耐火材料，库房内及附近不得有易燃物品，库房内不得有明火，并配有 CO_2型灭火器。

（3）房内的设备要避免水淹，介质架最低一层搁板应高于地面 30cm。

（4）磁带应放在距钢筋房柱或类似结构物 10cm 以外，以防雷电经钢筋传播时产生的微场损坏载体上的信息。

（5）磁带与磁场源（永久磁铁、马达、变压器等）之间的距离不得少于 76mm。

（6）不得将任何磁性材料及其制品（包括磁化杯、保健磁铁、磁铁图钉等）带入库房。

（7）库房应远离强磁场。库房应有必要的磁屏蔽装置和检测措施。配备测磁设备，以监测隐蔽的磁场。

（8）库房门窗应有密闭措施。库房内应尽量减少灰尘对环境的污染。介质装具应洁净无尘。库房内无腐蚀性气体，并保证通风良好。

（9）库房内照明应采用防爆，防紫外线灯具。不允许有紫外线直接照射数据载体。不允许阳光直接照射数据载体。

3. 异地储存

（1）归档的两份数据档案介质应异地储存。

（2）数据档案管理单位可根据实际情况确定异地储存的距离。异地储存的距离应大于 100km，最佳距离为 500km 以上。

（3）数据档案应自入馆之日起 60 天内完成异地储存工作。凡取回的异地储存的数据档案，应在数据档案离开储存地之日起的 60 天内重新完成异地储存工作。

（4）异地储存介质的读检工作，原则上应在储存地进行，应尽量避免介质离开储存地。异地储存所在地单位负责异地数据档案的安全、保密、环境和卫生等工作。

（5）异地储存的数据档案的管理权属于原数据档案管理单位，不经授权，任何单位和个人不能擅自复制和提供利用。

七、介质维护与数据维护

1. 介质维护

（1）数据档案管理单位应定期对所有磁介质进行维护并建立相应的登记制度，对数据档案磁介质的检查（倒带、读检）、拷贝、介质更换、销毁等日常工作进行记录，并存档备查。

（2）数据档案管理单位每年应读检不低于5%的数据档案。

（3）如果数据档案在当年进行过读取操作（如数据查阅、提供利用等），则当年可以不对这些介质进行倒带和读检。

（4）归档后的数据档案介质不得外借，只能提供数据复制介质。

2. 数据维护

（1）出现介质故障或出现损坏迹象而需要重新拷贝时，如果原数据档案是采用单盘（盒）方式拷贝的，则可从另一份相同数据档案介质拷贝复制，替换出现故障的介质；如果原数据档案是采用整卷方式拷贝的，则可从另一份数据档案整体复制并替换。介质更换的重新拷贝工作应在30天内完成。

（2）如果软件平台能够反映介质的读写错误，则当累计读写错误达10次时，应停止使用该介质（即使该介质仍能正常使用），并将数据复制迁移到一份新的介质上。

（3）为保证数据档案的长期有效性，对线性磁带应每10年迁移一次，光盘应每5年迁移一次。

（4）数据档案管理单位应保证介质的可读性，即在磁带或磁带机（磁带库）、光盘或光盘驱动器（光盘库）、驱动软件或读取设备所需的软硬件环境淘汰之前，应将数据迁移到新的介质上。

（5）数据档案管理单位应尽可能保证数据的可用性，即当出现数据档案的操作软件已经（或将要）淘汰，或新版软件对旧版软件格式的数据档案不支持等情况时，数据档案管理单位可以将该数据档案转存为新版软件支持的格式或其他软件支持的数据格式。数据档案进行转存新格式拷贝后，原数据档案应继续保存3年。

（6）数据档案由原格式向新格式的转存之前应进行鉴定，并报单位领导审定。

（7）数据档案管理单位对数据档案转存新格式时，可以请求其他单位（或原项目单位）协助实施。数据档案转存新格式后，其数据说明文件应作相应的修改，并在数据说明文件的第一部分“数据背景”中反映数据档案的变化情况。

（8）日常数据维护工作应建立相应的登记制度，对数据的检查、复制、格式转存、数据迁移、清除等日常工作进行记录，并存档备查。

八、使用与运输

1. 光盘使用

（1）归档光盘不得擦洗、划刻、触摸盘片裸露处，不得弯曲、挤压、摔打盘片，尤其应当保护光盘的内道。

（2）对光盘的背面同样要注意保护，避免出现擦伤或划伤。

（3）防止盘片沾染灰尘和污垢。

（4）光盘正常工作时，不得按光驱上的光盘弹出键。

（5）避免使用劣质光盘。

（6）光盘背面不应粘贴压敏胶黏剂，可以用光盘打印机打印标识或用油笔书写标识。

（7）光盘不用时要及时从光驱或光盘库中取出，并放入光盘盒。

（8）定期对光驱进行清洁保养或请专业人员维护。

2. 磁带使用

（1）在每次使用磁带之前，应检查磁带是否有跌落损坏的痕迹，是否有裂缝、断开、缺少零部件或其他损坏，写保护开关是否可以移动且设置某个位置后是否可保持位置。

（2）不得将有污渍的磁带、已损坏的磁带或异物放入驱动器，以免损坏磁头或其他部件。

（3）任何时候不得将磁带盒拆开，不得将磁带拉出盒外，不得用手或异物触摸磁性载体表面。

（4）在储存前，应该将磁带卷至开始端或末端，写保护开关处于写保护状态。

（5）数据档案的磁带载体不用时，应及时从磁带机或磁带库中取出。

（6）堆叠或搬运磁带时，最多不超过 6 盒。

（7）确保磁带标签区域只有一个标签，切勿使用非标准标签，切勿在磁带标签区域以外粘贴任何东西。

（8）应定期对磁带机进行清洗，清洗频率可依据使用情况而定。一般地，如果每天都有磁带操作，应每两周至少清洗一次磁带机。

（9）磁带储存应垂直放置，不得重叠堆放。磁带应避免跌落。一旦跌落，如果该磁带上有数据，应将数据拷贝到新磁带上，原磁带应停止使用。

3. 运输要求

（1）数据载体运输时应轻拿轻放，并做好防潮、防尘、防紫外线直射、防震、防重压等措施，建议介质应封装在塑料袋中，再放入容器中运输；或采用专用运输箱运输。运输时，要防止数据载体之间的相互滑动和碰撞。

（2）要保证容器不会对数据载体造成污染，并在容器最外层标明放置方向。磁带，运输环境：对于已使用磁带，温度范围要求为 5～32℃，相对湿度范围为 20%～80%；对于未被使用磁带，温度范围是−23～49℃，相对湿度范围为 20%～80%。同时，运输过程中避免巨大的温度变化。

九、销毁

（1）数据档案在销毁之前应进行鉴定。经鉴定需销毁的数据档案，应按有关规定履行销毁手续。

（2）经数据迁移后废弃的原介质，除数据转存新格式情况外，原数据档案的介质不需鉴定，经审批后直接销毁。销毁数据档案时，应对包括异地储存在内的两份数据档案同时销毁。

(3) 当销毁磁带上的数据档案时，如果磁带还有再利用价值，可对磁带进行消磁(如果磁带技术允许)或全容量写操作，不得只进行初始化。如果磁带载体没有利用价值(如已有故障、或已经或将要达到规定的磁带升级期限)，则应对磁带载体进行物理销毁。当销毁光盘上的数据档案时，须连同光盘一起销毁。

(4) 数据档案逻辑或物理销毁后，应从计算机系统中将其彻底消除。无论是逻辑销毁还是物理销毁，数据档案销毁时应有数据档案管理单位派员监销，防止泄密。

十、基础地理信息数据档案建档检验

基础地理信息数据档案建档检验项目主要包含：数据成果、相关软件、文档材料、目录数据检验。

1. 数据成果检验

(1) 载体外观及标识检验；
(2) 成果内容完整性检验；
(3) 数据有效性检验；
(4) 数据内容一致性检验；
(5) 数据逻辑立卷检验；
(6) 病毒检验。

2. 相关软件检验

(1) 载体外观及标识检验；
(2) 特定软件完整性检验；
(3) 软件运行有效性检验；
(4) 说明材料完整性检验。

3. 文档材料检验

(1) 文档外观及标识检验；
(2) 文档内容完整性检验；
(3) 文件有效性检验；
(4) 文件内容一致性检验；
(5) 文档整理立卷检验。

4. 目录数据检验

(1) 目录数据项完整性检验；
(2) 数据有效性检验；
(3) 病毒检验。

第六节　测绘成果保密措施与生产事故处理

一、建立健全保密管理制度

涉密单位应当建立保密管理领导责任制，加强对本单位保密工作的组织领导，切实履行保密职责和义务；设立保密工作机构，配备保密管理人员。应当根据接触、使用、保管涉密测绘成果的人员情况，区分核心、重要和一般涉密人员，实行分类管理，进行岗前涉密资格审查，签署保密责任书，加强日常管理和监督。

二、强化安全保密措施

（1）涉密单位应当依照国家保密法律、法规和有关规定，对生产、加工、提供、传递、使用、复制、保存和销毁涉密测绘成果，建立严格登记管理制度，加强涉密计算机和存储介质的管理，禁止将涉密载体作为废品出售或处理。

（2）涉密单位要依照国家有关规定，及时确定涉密测绘成果保密要害部门、部位，明确岗位责任，设置安全可靠的保密防护措施。

（3）涉密单位应当对涉密计算机信息系统采取安全保密防护措施，不得使用无安全保密保障的设备处理、传输、存储涉密测绘成果。

三、规范成果提供使用行为

（1）县级以上测绘地理信息主管部门要依法履行提供涉密测绘成果的行政审批职能，明确规定申请、受理、审批、提供、使用等环节的具体要求，并向社会公布。

（2）经审批获得的涉密测绘成果只能用于被许可的使用目的和范围。需要用于其他目的的，应另行办理审批手续。任何单位和个人不得擅自复制、转让或转借。

（3）委托第三方承担成果开发、利用任务的，第三方必须具有相应的成果保密条件、承担相关保密责任，委托任务完成后，必须及时回收或监督第三方按保密规定销毁涉密测绘成果及其衍生产品。

（4）涉密测绘成果严格实行“管”“用”分开，成果保管单位不得擅自使用涉密测绘成果。确因工作需要使用的，必须办理审批手续。

（5）涉密测绘成果及其衍生产品，未经国家测绘地理信息局或者省、自治区、直辖市测绘地理信息行政主管部门进行保密技术处理的，不得公开使用，严禁在公共信息网络上登载发布使用。

四、依法对外提供测绘成果

（1）凡涉及对外提供我国涉密测绘成果的，要依法报国务院自然资源主管部门或者省、自治区、直辖市自然资源主管部门审批后再对外提供。

（2）外国的组织或者个人经批准在中华人民共和国领域内从事测绘活动的，所产生的测绘成果归中方部门或单位所有，未经国务院自然资源主管部门批准不得向外方提供，不得以任何形式将测绘成果携带或者传输出境。

（3）严禁任何单位和个人未经批准擅自对外提供涉密测绘成果。

五、基础地理信息标准数据基本规定

根据《基础地理信息标准数据基本规定》（GB 21139—2007）：大地原点，一、二等平面控制点数据，水准原点，一、二等水准点数据，天文点数据，重力点数据，AA 级、A 级和 B 级卫星定位控制点数据，1∶25 000、1∶50 000、1∶100 000、1∶250 000、1∶500 000和1∶1 000 000基础地理信息数据（不含测量控制点数据），重要地理信息数据和国务院测绘行政主管部门依法组织施测的其他基础地理信息数据，由国务院测绘行政主管部门授权的机构认定，或依法律法规规定的程序审核批准。

应当收集积累归档的基础地理信息数据的有重要的原始基础地理信息数据、重大工程项目中形成的控制测量数据成果、基础地理信息数据库的元数据。

基础地理信息数据成果应包括最终数据成果、重要的阶段性数据成果、重要的原始数据成果和数据说明文件。如数据成果包括元数据，应随同数据成果一同归档。

六、测绘生产突发事故应急处理

（1）安全事故报告时限为：泄密事故应在发生或发现后 24 小时内报告；轻伤事故应在发生或发现后 2 小时内报告，其他事故应在发生或发现后立即报告。

（2）救援基本方针：统一指挥、分工负责、以人为本、损失最小。

第十一章考点试题
汇编及答案

第十二章　测绘项目合同管理

合同是平等主体的自然人、法人、其他组织之间设立、变更、终止民事权利义务关系的协议，所以测绘合同的制定，应在平等协商的基础上来对合同的各项条款进行规约。

第一节　合同内容

合同内容主要包括测绘范围、测绘内容、技术依据和质量标准、工程费用及其支付方式、项目实施进度安排、双方的义务、提交成果及验收方式等。

测绘合同的内容如下：

1. 测绘范围

测区地点、面积、测区地理位置等。

2. 测绘内容

测绘项目和工作量等。

3. 执行技术标准

测绘成果必须按照国家的相关技术规范（或规程）来执行。一般情况下，事先确定技术依据和质量标准。

4. 测绘工程费

（1）取费依据为国家颁布的测绘产品价格标准；

（2）取费项目及预算工程总价款。

5. 甲乙双方的义务

（1）甲方应尽义务主要包括：①向乙方提交该测绘项目相关的资料；②完成对乙方提交的技术设计书的审定工作；③保证乙方的测绘队伍顺利进入现场工作，并对乙方进场人员的工作、生活提供必要的条件；④保证工程款按时到位；⑤允许乙方内部使用执行本合同所生产的测绘成果等。

（2）乙方的义务主要包括：①根据甲方的有关资料和本合同的技术要求完成技术设计书的编制，并交甲方审订；②组织测绘队伍进场作业；③根据技术设计书要求确保测绘项目如期完成；④允许甲方内部使用乙方为执行本合同所提供的属乙方所有的测绘成果；

⑤未经甲方允许，乙方不得将本合同标的全部或部分转包给第三方。

6. 项目验收

乙方应当于工程完工后书面通知甲方验收，甲方应当组织有关专家，依据合同约定使用的技术标准和技术要求，对乙方所完工的测绘工程完成验收，并出具测绘成果验收报告书。

对乙方所提供的测绘成果的质量有争议的，由测区所在地的省级测绘产品质量监督检验站裁决。其费用由败诉方承担。

7. 甲方违约责任

（1）合同签订后，由于甲方工程停止而终止合同的，乙方未进入现场工作前，甲方无权请求返还定金。双方没有约定定金的，向偿付乙方预算工程费的30%，乙方已进入现场工作，甲方应按完成的实际工作量支付工程价款，并按一定比例的预算工程费向乙方偿付违约金。

（2）乙方进场后，甲方未给乙方提供必要的工作、生活条件而造成停窝工时，甲方应支付给乙方停窝工费，同时工期顺延。

（3）甲方未按要求支付乙方工程费，应按顺延天数和当时银行贷款利息，向乙方支付违约金。影响工程进度的，甲方应承担顺延工期的责任，并按约定向乙方支付停窝工费。

（4）对于乙方提供的图纸等资料以及属于乙方的测绘成果，甲方有义务保密，不得向第三人提供或用于本合同以外的项目，否则乙方有权要求甲方按本合同工程款总额的20%赔偿损失。

8. 乙方违约责任

（1）合同签订后，如乙方擅自中途停止或解除合同，乙方应向甲方双倍返还定金。双方没有约定定金的，乙方向甲方赔偿一定比例已付工程价款，并归还甲方预付的全部工程款。

（2）因天气、交通、政府行为、甲方提供的资料不准确等影响测绘作业的客观原因造成的工作拖期，乙方不承担赔偿责任。乙方提供的测绘成果质量不合格的，乙方应负责无偿予以重测或采取补救措施，以达到质量要求。因测绘成果质量不符合合同要求（而又非甲方提供的图纸资料原因所致）造成后果的，乙方应对因此造成的直接损失负赔偿责任，并承担相应的法律责任。

（3）对于甲方提供的图纸和技术资料以及属于甲方的测绘成果，乙方有保密义务，不得向第三人转让，否则；甲方有权要求乙方按本合同工程款总额的20%赔偿损失。

（4）乙方擅自转包本合同标的，甲方有权解除合同，并可要求乙方偿付预算工程费30%的违约金。

9. 附则

合同由双方代表签字，加盖双方公章或合同专用章即生效。全部成果交接完毕测绘工程结算完成后，合同终止。

订立合同有书面形式、口头形式和其他形式。测绘合同书一般是书面形式。书面形式是指合同书、信件和数据电文（包括电报、电传、传真、电子数据交换和电子邮件）等可以有形地表现所载内容的形式。

第二节　合同评审

一、合同评审的方式

授权审批、会签、会议评审。

二、合同评审的内容

（1）法律法规的要求；
（2）质量技术的要求；
（3）人力资源保障要求；
（4）工程量；
（5）成果（或产品）交付期限；
（6）价款和结算方式；
（7）设备保障情况；
（8）发包单位资信情况。

三、合同的履行

（1）项目承揽方按要求完成测绘工作；
（2）测绘项目委托单位按时交付项目酬金；
（3）合同约定的附加工作和额外测绘工作及其酬金给付。

四、合同的变更

1. 测绘合同变更的条件

（1）原测绘合同关系的有效存在。

（2）当事人双方协商一致，不损害国家及社会公共利益。任何一方不得采取欺诈、胁迫的方式来欺骗或强制他方当事人变更合同。

（3）合同非要素内容发生变更。合同变更仅指合同的内容发生变化，不包含合同主体的变更。合同变更必须是非实质性内容的变更，变更后的合同关系与原合同关系应当保持同一性。

（4）须遵循法定形式。

2. 合同变更的效力

（1）合同变更的部分发生债权债务关系消灭的后果。

（2）仅对合同未履行部分发生法律效力，即合同变更没有溯及力。合同变更原则上向将来发生效力，未变更的权利义务继续有效，已经履行的债务不因合同的变更而失去合法性。

（3）不影响当事人请求赔偿的权利。

第三节　合同无效、变更或者撤销

一、合同无效

有下列情形之一的，合同无效：

（1）一方以欺诈、胁迫的手段订立合同，损害国家利益；

（2）恶意串通，损害国家、集体或者第三人利益；

（3）以合法形式掩盖非法目的；

（4）损害社会公共利益；

（5）违反法律、行政法规的强制性规定。

二、变更或者撤销合同

下列合同，当事人一方有权请求人民法院或者仲裁机构变更或者撤销：

（1）因重大误解订立的；

（2）在订立合同时显失公平的。

三、合同免责条款无效

合同中的下列免责条款无效：

（1）造成对方人身伤害的；

（2）因故意或者重大过失造成对方财产损失的。

第四节　成本预算

测绘单位取得与甲方签订的测绘合同后，财务部门根据合同规定的指标、项目施工设计书、测绘生产定额、测绘单位的承包经济责任制及有关的财务会计资料等编制测绘项目成本预算。成本预算的分类和内容、构成比例见表 12-1。

表 12-1　　**成本预算**

成本预算	方式	依赖于所在单位的机构组织模式、分配机制和相关会计制度
	分类	①项目是生产承包制，由生产成本预算和期间费用预算组成； ②项目是生产经营承包制，由生产成本预算、承包部门费用预算和期间费用预算组成
	内容	生产成本（直接费用）：维持测绘单位正常运作的人工费、直接材料费、交通差旅费、折旧费； 项目承包（费用包干）：直接承包费、期间费用
		经营成本（维持运作）：①员工福利及他项费用：福利费、职工教育经费、住房公积金、养老保险金、失业保险等三金一险； ②机构运营费：业务往来费、办公费用、仪器购置、维护及更新费用、工会费、社团活动费用、质量安全控制成本、基建费等反映测绘单位正常运作的费用
	构成比例	①直接费用 82%，间接费用 6%，期间费用 12%
		②测绘项目设计费：1.5%，成果验收费：3%
		③成本费用中不包含折旧费用或修购基金

第十二章考点试题
汇编及答案

第十三章　测绘项目技术设计

第一节　概　　述

测绘项目技术设计是将顾客或社会对测绘成果的要求（即明示的、通常隐含的或必须履行的需求或期望）转换成测绘成果（或产品）、测绘生产过程或测绘生产体系规定的特性或规范的一组过程。

其目的是为测绘项目制定切实可行的技术方案，保证测绘成果（或产品）符合技术标准和满足顾客要求，并获取最佳的社会效益和经济效益。

一、测绘技术设计文件

测绘技术设计文件主要包括项目设计书、专业技术设计书及相应的技术设计更改文件。

测绘技术设计文件是为测绘成果（或产品）固有特性和生产过程或体系提供规范性依据的文件，是设计形成的结果。

技术设计文件是测绘生产的主要技术依据，也是影响测绘成果（或产品）能否满足顾客和技术标准的关键因素。

二、测绘技术设计过程

为了保证测绘技术设计文件满足规定要求的适宜性、充分性和有效性，测绘技术设计活动应按照设计策划、设计输入、设计输出、设计评审、设计验证（必要时）、设计审批和设计更改的程序进行。

1. 设计策划

承担设计任务的单位相关技术负责人负责设计策划。设计策划内容主要是：如设计过程中职责、权限的划分，设计评审、验证、审批活动的安排，各设计小组之间的接口以及测绘项目的名称、编号、委托单位、策划依据、策划人员等。应根据需要决定是否进行设计验证。

2. 设计输入（设计依据）

由技术设计负责人确定并形成书面文件，并由设计策划负责人或单位总工程师审核其适宜性和充分性。测绘技术设计输入应根据具体的测绘任务、测绘专业活动而定。通常情况下，测绘技术设计输入包括以下内容：

（1）适用的法律、法规要求。

（2）适用的国际、国家或行业技术标准。

（3）对测绘成果（或产品）功能和性能方面的要求，主要包括测绘任务书或合同的有关要求，顾客书面要求或口头要求的记录，市场的需求或期望。

（4）顾客提供的或本单位收集的测区信息、测绘成果（或产品）资料及踏勘报告等。踏勘报告的内容包括：概述、自然情况、人文情况、人力资源及后勤保障、可利用成果资源、补充作业区信息、结论性建议。

（5）适用时、以往测绘技术设计、测绘技术总结提供的信息以及现有生产过程和成果（或产品）的质量记录和有关数据。

（6）测绘技术设计必须满足的其他要求。

3. 设计输出

设计输出是设计过程的结果，测绘技术设计输出主要包括项目设计书、专业设计书以及相应的技术设计更改单。

4. 设计评审

在技术设计的适当阶段，应依据设计策划的安排对技术设计文件进行评审，以确保达到规定的设计目标。设计评审应确定评审依据、评审目的、评审内容以及评审人员等，其主要内容和要求如下：

（1）评审依据：设计输入的内容。

（2）评审目的：评价技术设计文件满足要求（主要是设计输入要求）的能力；识别问题并提出必要的措施。

（3）评审内容：送审的技术设计文件或设计更改内容及其有关说明。

（4）依据评审的具体内容确定评审的方式，包括传递评审、会议评审以及有关负责人审核等。

（5）参加评审人员：评审负责人、与所评审的设计阶段有关的职能部门的代表，必要时邀请的有关专家等。

5. 设计验证

为了确保技术设计文件满足输入要求，应依据设计策划的安排，必要时对技术设计文件进行验证。主要的设计验证方法有：

（1）将设计输入要求和（或）相应的评审报告与其对应的输出进行比较校检。

（2）试验、模拟或试用，根据其结果验证输出符合其输入的要求。

（3）对照类似的测绘成果（或产品）进行验证。

（4）变换方法进行验证，如采用可替换的计算方法以及其他适用的验证方法。

设计方案采用新技术、新方法和新工艺时，应对技术设计文件进行验证。验证宜采用试验、模拟或试用等方法，根据其结果验证技术设计文件是否符合规定要求。

6. 设计审批

为确保测绘成果（或产品）满足规定的使用要求或已知的预期用途的要求，应根据设计策划的安排对技术设计文件进行审批。

（1）设计审批的依据主要包括设计输入内容、设计评审和验证报告等。

（2）设计审批方法：技术设计文件报批前，承担测绘任务的法人单位必须对其进行全面审核，并在技术设计文件和（或）产品样品上签署意见并签名（或盖章）。技术设计文件经审核签字后，一式二至四份报测绘任务的委托单位审批。

第二节　测绘技术设计的总则

一、测绘技术设计的分类

测绘技术设计分为项目设计和专业技术设计。

1. 项目设计

对测绘项目进行的综合性整体设计。由承担项目的法人单位负责编写。

2. 专业技术设计

对测绘专业活动的技术要求进行设计，由具体承担相应测绘专业任务的法人单位负责编写。

二、测绘技术设计的基本原则

（1）技术设计应依据设计输入内容，充分考虑顾客的要求，引用适用的国家、行业或地方的相关标准，重视社会效益和经济效益。

（2）技术设计方案应先考虑整体而后局部，且顾及发展；要根据作业区实际情况，考虑作业单位的资源条件（如人员的技术能力和软、硬件配置情况等），挖掘潜力，选择最适用的方案。

（3）积极采用适用的新技术、新方法和新工艺。

（4）认真分析和充分利用已有的测绘成果（或产品）和资料；对于外业测量，必要时应进行实地勘察，并编写踏勘报告。

三、设计人员应满足的基本要求

（1）具备完成有关设计的能力，具有相关理论知识和生产实践经验。

（2）明确各项数据输入内容，认真了解分析作业区的实际情况，并积极收集类似设计内容执行的有关情况。

（3）了解、掌握本单位的资源条件（包括人员技术能力，软、硬件装备情况）生产能力、生产质量状况等基本情况。

（4）对其设计内容负责，并善于听取各方意见，发现问题。有关程序应该及时处理。

四、技术设计的编写要求

（1）内容明确，文字简练，对标准或规范中已有明确规定的，一般可直接引用，并根据引用内容的具体情况，标明所引用标准或规范名称、日期以及引用的章、条编号，且应在其引用文件中列出；对于作业生产中容易混淆和忽视的问题，应重点描述。

（2）名词、术语、公式、符号、代号和计量单位等应与有关法规和标准一致。

（3）技术设计书的幅面、封面格式和字体、字号符合规定要求。

第三节　测绘技术设计的主要内容

一、项目设计（总体设计）

项目技术设计书的内容主要有：概述、作业区自然地理概况和已有资料情况、引用文件、成果（或产品）主要技术指标和规格、设计方案、上交和归档的成果（或产品）及其资料内容和要求、质量保证措施和要求、进度安排与经费预算以及附录。

1. 概述

说明项目来源、内容和目标、作业区范围和行政隶属、完成期限、项目承担单位和成果（或产品）接收单位等。

2. 作业区自然地理概况和已有资料情况

（1）根据测绘项目的具体内容和特点，根据需要说明与测绘作业有关的作业区自然地理概况，内容可包括：作业区的地形概况、地貌特征；居民地、道路、水系、植被等要素的分布与主要特征，地形类别、困难类别、海拔高度、相对高差等。

（2）作业区的气候情况：气候特征、季节等。

（3）其他需要说明的作业区情况等。

（4）说明已有资料的数量、形式、主要质量情况（包括已有资料的主要技术指标和规格等）和评价；说明已有资料利用的可能性和利用方案等。

3. 引用文件

说明项目设计书编写过程中所引用的标准、规范或其他技术文件。文件一经引用，便构成项目设计书设计内容的一部分。

4. 成果（或产品）主要技术指标和规格

说明成果（或产品）的种类及形式、坐标系统、高程基准，比例尺、分带、投影方法，分幅编号及其空间单元，数据基本内容、数据格式、数据精度以及其他技术指标等。

5. 设计方案

主要有软件和硬件配置要求、技术路线及工艺流程和技术规定。

6. 上交和归档的成果（或产品）及其资料内容和要求

分别规定上交和归档的成果（或产品）内容、要求和数量，以及有关文档资料的类型、数量等。

（1）成果数据：

规定数据内容、组织、格式，存储介质，包装形式和标识及其上交和归档的数量等。

（2）文档资料：

规定需上交和归档的文档资料的类型（包括技术设计文件、技术总结、质量检查验收报告、必要的文档簿、作业过程中形成的重要记录等）和数量等。

7. 质量保证措施和要求

（1）组织管理措施：规定项目实施的组织管理和主要人员的职责和权限。

（2）资源保证措施：对人员的技术能力或培训的要求；对软、硬件装备的需求等。

（3）质量控制措施：规定生产过程中的质量控制环节和产品质量检查、验收的主要要求。

（4）数据安全措施：规定数据安全和备份方面的要求。

8. 进度安排和经费预算

进度安排应对以下内容做出规定：

（1）划分作业区的困难类别。

（2）根据设计方案，分别计算统计各工序的工作量。

（3）根据统计的工作量和计划投入的生产实力，参照有关生产定额，分别列出年度进度计划和各工序的衔接计划。

经费预算根据设计方案和进度安排，编制分年度（或分期）经费和总经费计划，并做出必要说明。

9. 附录

附录内容包括需进一步说明的技术要求和有关的设计附图、附表。

二、专业技术设计（分项设计）

专业技术设计由具体承担相应测绘专业任务的法人单位负责。项目设计由承担项目的法人代表单位负责。技术策划、技术设计、设计评审、设计验证等工作由承担项目的法人单位实施。设计审定由测绘任务的委托单位完成。专业技术设计书的内容通常包括概述、测区自然地理概况与已有资料情况、引用文件、成果（或产品）主要技术指标和规格、技术设计方案等部分。

1. 专业技术设计（分项设计）的内容

分项设计的内容见表 13-1。

表 13-1 **分项设计的内容**

内容	简要说明
概述	主要说明任务的来源、目的、任务量、测区范围和作业内容、行政隶属以及完成期限等任务基本情况
作业区自然地理概况和已有资料情况	①作业区自然地理概况。说明与测绘作业有关的作业区自然地理概况。 ②已有资料情况。说明已有资料的数量、形式、主要质量情况和评价、说明已有资料情况有资料利用的可能性和利用方案等
引用文件	所引用的标准、规范或其他技术文件
成果（或产品）主要技术指标和规格	一般包括成果（或产品）类型及形式、坐标系统、高程基准、时间系统，比例尺、分带、投影方法，分幅编号及其空间单元，数据基本内容、数据格式、数据精度以及其他技术指标等
设计方案	①硬件与软件环境； ②作业的技术路线或流程； ③各工序的作业方法、技术要求； ④生产过程中的质量控制和产品质量检查的主要要求； ⑤数据安全、备份或其他特殊要求； ⑥上交和归档成果及其资料的内容和要求； ⑦有关附录，包括设计附图、附表和其他有关内容

2. 专业技术设计书的编写

专业技术设计根据专业测绘活动内容的不同分为大地测量、摄影测量与遥感、野外地形数据采集及成图、地图制图与印刷、工程测量、界线测绘、基础地理信息数据建库等专业技术设计。专业技术设计书的详细编写格式和内容主要参考《测绘技术设计规定》（CH/T 1004—2005）。

下面以基础地理信息数据建库专业技术设计书和地理信息专业技术设计书的主要内容作为示例稍加介绍。

（1）基础地理信息数据建库专业技术设计书。

设计书主要内容见表 13-2。

表 13-2　　**基础地理信息数据建库专业技术设计书**

内容	简要说明
设计方案	①规定建库的技术路线和流程，明确其主要过程及其接口； ②系统软件和硬件的设计； ③数据库概念模型设计，规定数据库的系统构成、空间定位参考、空间要素类型及其关系、属性要素类型及其关系等； ④数据库逻辑类型设计：规定要素分类代码、层（块）、属性、值； ⑤数据库物理设计：类型（关系型、文件型），软硬件平台，数据库及其子库的命名规则、类型、位置及数据量； ⑥用户界面形式； ⑦管理与应用； ⑧质检

（2）地理信息专业技术设计书。

设计书的主要内容见表 13-3。

表 13-3　　**地理信息专业技术设计书**

内容	简要说明
系统设计	数据采集与加工、数据检查与入库、数据更新与维护、数据查询与浏览、数据输出与转换、数据发布与共享、元数据管理，以及控制测量成果管理，地名管理等
详细设计说明书	①引言。背景、参考资料、术语和缩编语等； ②程序（模块）系统的组织结构； ③模块（子程序）设计说明

第十三章考点试题
汇编及答案

第十四章　测绘项目组织实施

第一节　项目目标管理

项目目标包括工期目标、成本目标和质量目标。

1. 工期目标

工期目标可以分解为各个工序的工期目标。

2. 成本目标

成本目标（成本预算）可以分解为人工成本、设备折旧或租用成本、消耗材料成本三大类成本。成本费用计算的确定因素主要有：

（1）测绘生产年作业期：外业 180 天，内业 220 天。
（2）成本费用构成比例：直接费用 82%，间接费用 6%，期间费用 12%。
（3）成本费用中包含 1.5%的测绘工作项目设计费用和 3%的成果验收费。
（4）成本费用没有包含折旧费用或修购基金。
（5）雪峰测量、国界测绘、地理信息系统建设等特殊项目，根据实际情况进行经费预算。

3. 质量目标

质量目标是期望项目能达到的等级。质量目标分类等级主要有：

（1）质量目标的质量等级：优、良、合格。
（2）单位成果的质量等级：优、良、合格、不合格。
（3）单位成果概查：只评定合格品、不合格品两级。
（4）样本质量评定质量等级：优、良、合格、不合格。
（5）批成果质量判定：批合格（优、良、合格）、批不合格。

第二节　项目资源配置

1. 人员配置

测绘项目人员配置分为项目负责人、生产管理组、技术管理组、质量控制组、后勤服务部门。

（1）项目负责人：

由院长（总经理）担任，全面负责项目生产计划的实施，技术管理、质量控制、资料的安全保密管理等工作。

（2）生产管理组：

①项目生产负责人：由生产院长（项目经理）担任，全面负责项目的生产工作。包括经费控制、进度控制、质量控制、人员管理等工作。

②中队生产负责人：由中队长（部门经理）担任，全面负责整个中队的生产工作。包括经费控制、进度控制、质量控制、人员管理等工作。

③作业组生产负责人：由各生产作业组长担任，只负责作业组的进度、质量和人员管理，一般不负责经费管理。

（3）技术管理组：

①项目技术负责人：由总工担任，测绘项目最高技术主管，负责整个项目的技术工作。

②中队技术负责人：由中队（部门）工程师担任，全面负责整个中队的技术工作。

③作业组技术负责人：由各生产作业组工程师担任。

（4）质量控制组：

由质量控制办公室负责，对每一道工序进行质量检查。

（5）后勤服务部门：

资料管理组、设备管理组、安全保障组、后勤保障组等。

2. 设备配置

目前，测绘设备主要包括经纬仪、水准仪、全站仪、GPS 测量系统、航空摄影机和数字摄影测量工作站、数字成图系统等。其中，外业设备有经纬仪、水准仪、全站仪、GPS 测量系统、航空摄影机。内业设备有数字摄影测量工作站、数字成图系统。另外，还有相应的测绘应用软件，如绘图软件、GPS 数据处理软件等。测绘项目要根据项目类型、范围大小、技术路线、作业方法等配备合适的设备。

第三节　项目实施管理

项目实施管理包括工程进度控制、资金预算控制和质量控制。

一、工程进度控制

1. 工程进度控制的影响因素

工程进度控制主要包括人员按计划落实的控制监督、仪器设备按计划落实的控制监督、完成进度与计划的符合情况检查以及影响生产完成计划的因素等内容。其中，影响生产进度完成计划的因素有：

（1）在估计项目的特点及项目实现的条件时，过高或过低地估计了有利因素。例如，资金的保障情况、测区内的作业条件等。

（2）在项目实施过程中各有关方面工作上的失误。例如，项目委托方设计要求的变更、作业顺序的调整等。

（3）不可预见事件的发生。不可预见事件包括政治、经济及自然等方面。

2. 测绘工程项目进度安排

测绘工程项目进度安排主要包括：

（1）划分作业区的困难类别；

（2）根据设计方案，分别计算统计各工序的工作量；

（3）根据统计的工作量和计划投入生产实力，参照有关生产定额，分别列出年度计划和各工序衔接计划。

二、资金预算控制

（1）分析测绘项目资金预算的科学合理性。

（2）检查资金预算执行与工程进度的符合性。

（3）核查资金预算执行内容的完整性。

三、质量控制

1. 质量控制的重要性

（1）质量控制是项目委托方投资得以最快收益的前提。

（2）质量控制是保证生产单位提供满足项目委托方要求成果的有力保障。

（3）质量控制有利于生产进度计划的顺利实施。

（4）质量控制是目标控制的核心。

2. 质量控制的基本依据

（1）测绘合同。

（2）经审批的技术设计书或作业指导书。

（3）国家及地方政府颁布的有关测绘的法律、法规和规范性文件。

（4）有关的国家标准、行业标准、地方标准。

3. 质量控制方法

测绘任务实施前，应组织有关人员进行技术培训，学习技术设计书及有关的技术标准、操作规程；测绘任务实施前，应对需用的仪器、设备、工具进行检验和校正；在生产中应用的计算机软件及需用的各种物资，应能保证满足产品质量的要求，不合格的不准投入使用。

测绘单位必须建立内部质量审核制度。经成果质量过程检查的测绘产品，必须通过质量检查机构的最终检查，评定质量等级，编写最终检查报告。过程检查、最终检查和质量评定，按《测绘产品检查验收规定》和《测绘产品质量评定标准》执行。具体方法有：

（1）试生产实验；生产开工时要做好“第一幅图”试生产。

（2）工序成果质量控制，该成果可能是测绘最终成果的组成部分，也可能是生产过程的一个过程产品。

（3）二级检查：测绘单位作业部门的过程检查、质量管理部门的最终检查。

（4）一级验收：项目发包单位或其委托的成果质量检验单位对测绘成果质量进行验收。

第四节　项目成本预算

测绘航空摄影工作项目经费预算与航摄区域地理位置和范围、航摄资料用途及成图比例尺和航摄比例尺有关。

一、测绘成本费用的有关系数

涉及测绘成本费用的有关系数按表 14-1 执行。

表 14-1　**测绘成本费用的有关系数**

系数名称	系数（%）	适用专业
长迁系数 1 000~2 000 千米 2 000~3 000 千米 3 000 千米以上	 3.0 6.0 8.0	大地测量外业、摄影测量与遥感外业、地形数据采集与编辑外业、界线测绘、工程测绘、海洋测绘与江湖水下测量
高原系数	7.0	同上
高寒、高温系数	5.0	同上
带状系数	30.0（15.0）	图上宽度≤1dm（1dm<图上宽度≤2.5dm）的 1∶500~1∶2 000 比例尺带状地形测绘
小面积系数	标准幅定额×1.3	测区面积不足 1 幅的 1∶500~1∶2 000 比例尺地形图按一个标准幅计算
修测系数	$\frac{\text{修测面积}}{\text{标准幅面积}}$×标准幅定额×1.3	1∶500~1∶2 000 比例尺地形图修测

续表

系数名称	系数（%）	适用专业
面积系数	$\frac{\text{实际面积}-\text{标准面积}}{\text{标准面积}}\times 80$	工作单位为幅的测绘生产项目

注：

①长迁系数是指测区长距离搬迁（含出测、收测时），成本费用定额增加的比例。

②高原系数是指作业区域平均海拔高度≥3 500m 时，成本费用定额增加的比例。

③高寒、高温系数是指在省、自治区、直辖市人民政府规定的高寒、高温地区作业时，成本费用定额增加的比例。

④带状系数是指进行铁路、公路或其他带状测绘作业时，成本费用定额增加的比例。

⑤小面积系数是指进行面积不足 1 幅的 1∶500~1∶2 000 比例尺地形图测绘时，成本费用定额增加的比例。

⑥修测系数是指进行 1∶500~1∶2 000 比例尺地形图修测时，成本费用定额增加的比例。

⑦面积系数是指施测图幅实际面积大于或小于标准幅面积时，成本费用定额增加或减少的比例。

二、测绘工作项目的图幅标准面积

有关测绘工作项目的图幅标准面积按表 14-2 执行。

表 14-2　**图幅标准面积**

地形图比例尺	分幅方法	实地面积（km^2）	图上面积（dm^2）	地形图比例尺	分幅方法	实地面积（km^2）	图上面积（dm^2）
1∶1 000 000	国际分幅		22	1∶10 000	国际分幅	25	25
1∶500 000	国际分幅		22	1∶5 000	国际分幅	6. 25	25
1∶250 000	国际分幅		23	1∶2 000	正方形分幅	1	25
1∶100 000	国际分幅	1 600	16	1∶1 000	正方形分幅	0. 25	25
1∶50 000	国际分幅	400	16	1∶500	正方形分幅	0. 0625	25

第十四章考点试题
汇编及答案

第十五章　测绘成果质量检查验收

为了评定测绘成果质量，须严格按照相关技术细则或技术标准，通过观察、分析、判断和比较，适当结合测量、试验等方法对测绘成果质量进行符合性评价。

第一节　相关术语

（1）单位成果：为实施检查与验收而划分的基本单元。

（2）批：按同一生产条件或按规定的方式汇总起来的同一测区的、相同规格的同类型单位成果集合。

（3）批量：批成果中单位成果的数量。

（4）样本：从检验批中抽取的用于评定批成果质量的单位成果集合。

（5）样本量：样本中单位成果的数量。

（6）全数检查：对检验批中全部单位成果逐一进行的检查。

（7）抽样检查：从检验批中按照一定的规则抽取样本进行检查。

（8）质量元素：说明质量的定量、定性组成部分。即成果满足规定要求和使用目的的基本特性。质量元素的适用性取决于成果的内容以及成果规范。并非所有的质量元素适用于所有的成果。

（9）质量子元素：质量元素的组成部分，描述质量元素的一个特定方面。

（10）检查项：质量子元素的检查内容。说明质量的最小单位，质量检查和评定的最小实施对象。

（11）详查：对单位成果质量要求的全部检查项进行的检查。

（12）概查：对单位成果质量要求中的部分检查项进行的检查。部分检查项一般是指重要的、特别关注的质量要求或指标，或系统性的偏差、错误。

（13）错漏：检查项的检查结果与要求存在的差异。根据差异的程度，将其分为A，B，C，D四类。

（14）高精度检测：检测的技术要求高于生产的技术要求。

（15）同精度检测：检测的技术要求与生产的技术要求相同。

（16）简单随机抽样：从检验批中抽取样本时，采用抽签、掷骰子、查随机数表等方法，使每一个单位成果都以相同概率构成样本。

（17）分层随机抽样：将检验批按作业工序或生产时间段、地形类别、作业方法等分层后，根据样本量从各层中随机抽取单位成果组成样本。

第二节 检查验收基本规定

一、检查验收制度

“二级检查，一级验收”是指测绘地理信息成果应依次通过测绘单位作业部门的过程检查、测绘单位质量管理部门的最终检查和项目管理单位组织的验收或委托具有资质的质量检验机构进行质量验收。其要求如下：

(1) 测绘单位实施成果质量的过程检查和最终检查。过程检查采用全数检查。最终检查一般采用全数检查。涉及野外检查项的可采用抽样检查，样本以外的应实施内业全数检查。

(2) 验收一般采用抽样检查。质量检验机构应对样本进行详查，必要时可对样本以外的单位成果的重要检查项进行概查。

(3) 各级检查验收工作应独立、按顺序进行，不得省略、代替或颠倒顺序。

(4) 最终检查应审核过程检查记录，验收应审核最终检查记录，审核中发现的问题作为资料质量错漏处理。

二、检查验收依据

(1) 项目依据的标准；

(2) 经批准的设计书及补充技术文件；

(3) 项目委托书、合同书、任务书；

(4) 项目检查验收委托文件。

三、提交检查验收的资料

项目提交的成果资料必须齐全，主要包括：

(1) 项目设计书、专业技术设计书、技术总结；

(2) 文档簿、质量跟踪卡等；

(3) 数据文件，包括图廓内外整饰信息文件、元数据文件等；

(4) 作为数据源使用的原图或复制的二底图；

(5) 图形或影像数据输出的检查图或模拟图；

(6) 技术规定或技术设计书规定的其他文件资料。

提交验收时，还应包括检查报告。

四、数学精度检测

图类单位成果高程精度检测、平面位置精度检测及相对位置精度检测，检测点（边）

应分布均匀、位置明显。检测点（边）数量视地物复杂程度、比例尺等具体情况确定，每个单位成果宜选取 20~50 个。

按单位成果统计数学精度，困难时可以适当扩大统计范围。在允许中误差 2 倍以内（含 2 倍）的误差值均应参与数学精度统计，超过允许中误差 2 倍的误差视为粗差。同精度检测时，在允许中误差 $2\sqrt{2}$ 倍以内（含）的误差值均应参与数学精度统计，超过允许中误差 $2\sqrt{2}$ 倍的误差视为粗差。检测点（边）数量少于 20 时，以误差的算术平均值代替中误差；大于 20 时，按中误差统计。

高精度检测时，中误差按下式计算：

$$M = \sqrt{\frac{\sum_{i=1}^{n} \Delta_i^2}{n}}$$

式中，M 为成果中误差，n 为检测点（边）总数，Δ_i 为较差。

同精度检测时，中误差计算公式：

$$M = \sqrt{\frac{\sum_{i=1}^{n} \Delta_i^2}{2n}}$$

式中，M 为成果中误差，n 为检测点（边）总数，Δ_i 为较差。

五、质量等级

最终检查单位成果和检验批成果质量等级采用优、良、合格和不合格四级评定。验收检验单位成果和样本质量等级采用优、良、合格和不合格四级评定，检验批成果质量等级采用批合格、批不合格判定。

六、检查验收记录与报告

检查验收记录包括质量问题及其处理记录、质量统计记录等。最终检查、验收工作完成后，应分别编写检查报告和检验报告，内容应完整并随测绘成果一起归档。

七、质量问题处理

（1）过程检查、最终检查中发现的质量问题应改正。过程检查、最终检查工作中，当对质量问题的判定存在分歧时，由测绘单位质量负责人裁定。

（2）最终检查评定为不合格的单位成果应退回处理，处理后再重新进行检查，直到合格为止。

（3）验收检验判为不合格的批，应将检验批退回处理，并经测绘单位检查合格后再次申请验收，再次申请验收应重新抽样。验收工作中，当对质量问题的判定存在分歧时，由委托方或项目管理单位裁定。

第三节　抽样检查程序

抽样检查的程序包括组成检验批成果、确定样本量、抽取样本、检验、质量评定、编制报告。

一、组成批成果

批成果应由同一技术设计要求下生产的同一测区的、同一比例尺单位成果汇集而成。生产量较大时，可根据生产时间的不同、作业方法不同或作业单位不同等条件分别组成批成果，实施分批检验。

二、确定样本量

抽样检查时根据检验批的批量确定样本量，具体见表 15-1。

表 15-1　**批量与样本量对照**

批量	样本量	批量	样本量
1～20	3	181～200	15
21～40	5	201～232	17
41～60	7	233～282	20
61～80	9	283～262	24
81～100	10	263～487	30
101～120	11	488～686	40
121～140	12	687～1000	56
141～160	13	≥1001	分批次提交，批次数应最小，各批次的批量应均匀
161～180	14		

注：当样本量大于或等于批量时，则全数检查。

三、抽取样本

检验批的样本应分布均匀，样本宜采用简单随机方式抽取，也可根据作业单位、工序或生产时间长短、地形类别、作业方法等采用分层按比例随机抽样等多种方式抽取。

样本内容包括从检验批中抽取的各单位成果的全部资料。

下列资料按 100% 提取样本原件或复印件：设计书、实施方案、补充规定；技术总结、检查报告及最终检查记录；仪器检定证书和检验资料复印件；项目委托书、合同书、任务书；其它需要提供的文档资料等。

四、检验

根据成果质量的内容与特性，分别采用详查、概查的方式检验，并统计存在的各种错漏数量、错误率、中误差等。

质量检验一般采用详查和概查相结合的方式，对样本进行详查，根据需要对样本外成果进行概查。进行样本外成果概查时，一般只记录 A 类、B 类错漏和普遍性问题。当单位成果未检出 A 类错漏且 B 类错漏个数少于 4 个时，判概查合格；否则判概查不合格。

五、质量评定

质量评定包括单位成果质量评定、样本质量评定和检验批成果质量评定。单位成果质量水平以百分制表征，当单位成果中检出 A 类错漏，或质量元素、质量子元素得分小于 60 分，则评定单位成果质量不合格。

六、编制报告

质量检验报告的内容主要包括：检验工作成果概况、检验依据、抽样情况、检验内容及方法、主要质量问题及处理、质量统计及质量综述、附件（附图、附表）。质量检验报告复印件未加盖“检验单位公章”无效，没有“检验单位公章”及“骑缝章”无效，报告无编制人、审核人、批准人签字无效、报告涂改无效，若对检验报告内容有异议，应于收到报告起 15 日内向检验单位提出，逾期不予受理；送样委托检验，检验报告仅对来样负责。

第四节 质量评分方法

一、数学精度评分方法

数学精度按表 15-2 的规定采用分段直线内插的方法计算质量分数；多项数学精度评分时，单项数学精度得分均大于 60 分时，取其算术平均值或加权平均。

表 15-2 数学精度评分标准

数学精度值	质量分数
$0 \leqslant M \leqslant \frac{1}{3}M_0$	$S=100$

续表

数学精度值	质量分数
$\frac{1}{3}M_0<M\leqslant\frac{1}{2}M_0$	$90\leqslant S<100$
$\frac{1}{2}M_0<M\leqslant\frac{3}{4}M_0$	$75\leqslant S<90$
$\frac{3}{4}M_0<M\leqslant M_0$	$60\leqslant S<75$

$$M_0 = \sqrt{m_1^2 + m_2^2}$$

式中，M_0为允许中误差的绝对值；m_1为规范或相应技术文件要求的成果中误差，m_2为检测中误差（高精度检测时取$m_2=0$）。表 15-2 中 M 为成果中误差的绝对值；S 为质量分数（分数值根据数学精度的绝对值所在区间进行内插）。

二、成果质量错漏扣分标准

成果质量错漏扣分标准见表 15-3。

表 15-3　**成果质量错漏扣分标准**

差值类型	扣分值
A 类	42
B 类	$12/t$
C 类	$4/t$
D 类	$1/t$

注：一般情况下取 $t=1$。需要进行调整时，以困难类别为原则，按《测绘生产困难类别细则》进行调整（平均困难类别 $t=1$）。

三、质量子元素评分方法

将质量子元素得分预置为 100 分，根据表 15-3 的要求对相应质量子元素中出现的错漏逐个扣分。S_2的值按下式计算：

$$S_2 = 100 - [a_1\cdot(12/t) + a_2\cdot(4/t) + a_3\cdot(1/t)]$$

式中，S_2 为质量子元素得分；a_1、a_2、a_3为质量子元素中相应的 B 类错漏、C 类错漏、D 类错漏个数；t 为扣分值调整系数。

四、质量元素评分方法

采用加权平均法计算质量元素得分。S_1的值按下式计算：

$$S_1 = \sum_{i=1}^{n} (S_{2i} \cdot p_i)$$

式中：S_1、S_{2i}为质量元素、相应质量子元素得分；p_i 为相应质量子元素的权；n 为质量元素中包含的质量子元素个数。

五、单位成果质量评分

采用加权平均法计算单位成果质量得分。S_i的值按下式计算：

$$S_i = \sum_{i=1}^{n} (S_{1i} \cdot p_i)$$

式中：S_i、S_{1i}为单位成果质量、质量元素得分；p_i 为相应质量元素的权；n 为单位成果中包含的质量元素个数。

第五节　成果质量评定

测绘单位评定单位成果质量和检验批成果质量等级。验收单位根据样本质量等级核定检验批成果质量等级。

一、单位成果质量评定

全部质量子元素（质量元素）得分大于或等于 60 分时，计算单位成果质量得分，并评定单位成果质量等级，分为优、良、合格，见表 15-4。

表 15-4　**单位成果质量等级评定标准**

质量等级	质量得分
优	$S \geq 90$
良	$75 \leq S < 90$
合格	$60 \leq S < 75$

当单位成果出现以下情况之一时，即判定为不合格：

（1）单位成果中出现 A 类错漏；

（2）单位成果高程精度检测、平面位置精度检测及相对位置精度检测，任一项粗差比例超过 5%；

（3）质量子元素质量得分小于 60 分。

二、样本质量评定

当样本中出现不合格单位成果时，评定样本质量为不合格。

全部单位成果合格后，根据单位成果的质量得分，按算术平均方式计算样本质量得分 S，按表 15-5 评定样本质量等级。

表 15-5　**样本质量等级评定标准**

质量等级	质量得分
优	$S \geq 90$
良	$75 \leq S < 90$
合格	$60 \leq S < 75$

三、批质量判定

1. 最终检查批成果质量评定

最终检查批成果合格后，按以下原则评定批成果质量等级：
（1）优：优良品率达到 90% 以上，其中优级品率达到 50% 以上；
（2）良：优良品率达到 80% 以上，其中优级品率达到 30% 以上；
（3）合格：未达到上述标准的。

2. 验收检验批成果质量判定

批成果质量判定的质量等级分为批合格、批不合格。以下情形均判为批不合格：
（1）生产过程中使用未经计量检定或检定不合格的测量仪器的；
（2）详查和概查未同时合格的；
（3）当详查或概查中发现伪造成果现象或技术路线存在重大偏差的。

第六节　测绘成果的质量元素及检查项

一、测绘成果种类

按《测绘成果质量检查与验收》（GB/T 24356—2023），测绘成果基本类型分为 8 大类，共 47 种测绘成果，见表 15-6。

表 15-6　**测绘成果基本类型**

序号	基本类型	成果种类
1	大地测量	GNSS 测量、三角测量、水准测量、天文测量、重力测量、大地测量数据处理、卫星导航定位基准站网定位服务、区域似大地水准面精化

续表

序号	基本类型	成果种类
2	遥感数据获取	卫星影像、数字航空摄影影像、机载激光雷达点云数据、机载合成孔径雷达影像、倾斜航空摄影影像
3	摄影测量	像片控制测量、像片调绘、空中三角测量、地形图、三维地理信息模型
4	工程测量	平面控制测量、高程控制测量、地形测量、线路测量、管线测量、变形测量、施工测量、水下地形测量、规划测量
5	界线与不动产测绘	界线测绘、宗地测绘、宗海测绘、房产测绘、农村土地承包经营权测绘、林权测绘、草原测绘、自然资源统一确权测绘
6	海洋测绘	海洋测绘基础数据、水深测量、海岸带地形图、海洋地形图（海底地形图）、海岛（礁）地形图
7	地图编制	普通地图编绘原图、印刷原图，专题地图编绘原图、印刷原图，地图集、印刷成品、电子地图、影像地图
8	地理信息系统	地理信息系统

二、大地测量

大地测量成果主要包括GNSS测量成果、三角测量成果、水准测量成果、天文测量成果、重力测量成果、大地测量数据处理成果、卫星导航定位基准站网定位服务成果以及区域似大地水准面精化成果。

1. GNSS测量成果

GNSS测量成果的质量元素、质量子元素和检查项见表15-7。

表15-7　**GNSS测量成果的质量元素、质量子元素和检查项**

质量元素	质量子元素	检查项
数据质量	数学精度	坐标系统的符合性；中误差与规范及设计书的符合性
	观测质量	仪器检定的有效性；仪器检验项目的齐全性，检验方法的正确性；观测方法的正确性，观测条件的合理性；GNSS点水准联测的合理性和正确性；归心元素、天线高测定方法的正确性；观测手簿记录和注记的完整性和数字记录、划改的规范性；外业数据质量检验的正确性、符合性；成果取舍和重测的正确性、合理性
	计算质量	起算点选取的合理性和起始数据的正确性；起算点的兼容性及分布的合理性；平差方案、计算方法的正确性、符合性、完整性；数据使用的正确性和合理性；仪器参数、气象参数、检定系数选用的正确性；计算软件的符合性，计算、改算、平差、统计等功能的完整性；计量单位、小数取位的正确性；相邻测区成果处理的合理性；计算图表编制的合理性；计算资料中各项计算的完整性、正确性、符合性

续表

质量元素	质量子元素	检　查　项
点位质量	选点质量	点位布设及点位密度的合理性；点位观测条件的符合情况；点位选择的合理性；点之记内容的齐全、正确性
	埋石质量	标石坑位的规范性和尺寸的符合性；标石类型和标石埋设规格的规范性、符合性；标志类型、规格的正确性；标石质量的符合性；关键工序照片的符合性；委托保管书内容的齐全性、正确性
资料质量	整饰质量	观测手簿、平差报告、点之记、委托保管书等成果资料整饰的规范性；设计书、实施方案、技术总结、检查报告等文档资料整饰的规范性；布点略图，附表整饰的规范性
	资料完整性	设计书、实施方案的有效性；技术总结、检查报告等文档资料内容的齐全性、完整性；成果资料的齐全性、完整性

2. 三角测量成果

三角测量成果的质量元素、质量子元素、检查项见表 15-8。

表 15-8　**三角测量成果的质量元素、质量子元素和检查项**

质量元素	质量子元素	检　查　项
数据质量	数学精度	坐标和时间系统的符合性；高程系统的符合性；边长相对中误差、方位角中误差的符合性；高程中误差的符合性；测角中误差的符合性
	观测质量	仪器检定的有效性；仪器检验项目的齐全性，检验方法的正确性；观测条件的合理性，各项观测误差的符合性；归心元素的测定方法、次数、时间及投影偏差的符合性，觇标高的测定方法及量取部位的正确性；水平角的观测方法、时间选择、光段分布，成果取舍和重测的合理性和正确性；天顶距（或垂直角）的观测方法、时间选择，成果取舍和重测的合理性和正确性；记簿计算正确性、注记的完整性和数字记录、划改的规范性；外业验算项目的齐全性，验算方法的正确性
	计算质量	已知三角点选取的合理性和起始数据的正确性；平差方案、计算方法的正确性、符合性、完整性；平差图形选择的合理性；仪器参数、气象参数、检定系数选用的正确性；计算软件的符合性，计算、改算、平差、统计等功能的完整性；计量单位、小数取位的正确性；相邻测区成果处理的合理性；计算资料中各项计算的完整性、正确性、符合性
点位质量	选点质量	点位密度的合理性；点位选择的合理性；锁段图形权倒数值的符合性；展点图内容的完整性和正确性；点之记内容的完整性和正确性
	埋石质量	觇标的结构及橹柱与视线关系的合理性；标石坑位的规范性和尺寸的符合性；标石类型、规格的规范性、符合性；标志类型、规格的符合性；关键工序照片的符合性；委托保管书内容的齐全性、正确性

续表

质量元素	质量子元素	检查项
资料质量	整饰质量	观测手簿、平差报告、点之记、委托保管书等成果资料整饰的规范性；设计书、实施方案、技术总结、检查报告等文档资料整饰的规范性；展点图、附表整饰的规范性
	资料完整性	设计书、实施方案的有效性；技术总结、检查报告等文档资料内容的齐全性、完整性；成果资料的齐全性、完整性

3. 水准测量成果

水准测量成果的质量元素、质量子元素和检查项见表 15-9。

表 15-9 **水准测量成果的质量元素、质量子元素和检查项**

质量元素	质量子元素	检查项
数据质量	数学精度	高程系统的符合性；中误差的符合性；闭合差的符合性
	观测质量	仪器检定的有效性；测段、区段、路线闭合差的符合性；仪器检验项目的齐全性、检验方法的正确性；测站观测误差的符合性；对已有水准点和水准路线联测和接测方法的正确性；观测和检测方法的正确性；观测条件选择的正确性、合理性；成果取舍和重测的正确性、合理性；记簿计算的正确性、注记的完整性和数字记录、划改的规范；外业数据质量检核的正确性、符合性
	计算质量	已知水准点选取的合理性和起始数据的正确性；起算点的兼容性和分布的合理性；平差方案、计算方法的正确性、符合性、完整性；平差图形选择的合理性；数据使用的正确性、合理性；仪器参数、气象参数、检定系数选用的正确性；计算软件的符合性，计算、改算、平差、统计等功能的完整性；计量单位、小数取位的正确性；相邻测区成果处理的合理性；计算图表编制的合理性；平差报告、计算资料中各项计算的完整性、正确性、符合性
点位质量	选点质量	水准路线布设及点位密度的合理性；路线图绘制的正确性；点位选择的合理性；点之记内容的齐全性、正确性
	埋石质量	标石坑位的规范性和尺寸的符合性；标石类型和标石埋设规格的规范性、符合性；标志类型、规格的正确性；标石质量的符合性；关键工序照片的符合性；委托保管书内容的齐全性、正确性
资料质量	整饰质量	观测手簿、平差报告、点之记、委托保管书等成果资料整饰的规范性；设计书、实施方案、技术总结、检查报告等文档资料整饰的规范性；布点略图、附表整饰的规范性
	资料完整性	设计书、实施方案的有效性；技术总结、检查报告等文档资料内容的齐全性、完整性；成果资料的齐全性、完整性

4. 天文测量成果

天文测量成果的质量元素、质量子元素和检查项见表15-10。

表15-10 **天文测量成果的质量元素、质量子元素和检查项**

质量元素	质量子元素	检查项
数据质量	数学精度	坐标和时间系统的符合性；经纬度、方位角中误差的符合性
	观测质量	仪器检定的有效性；仪器检验项目的齐全性，检验方法的正确性；记簿计算正确性、注记的完整性和数字记录、划改的规范性；归心元素测定方法的正确性；经纬度、方位角观测方法的正确性；观测恒星选择的正确性、合理性；成果取舍和重测的正确性、合理性；各项外业观测误差与限差的符合性；各项外业验算项目的规范性和符合性
	计算质量	起算点选取的合理性和起始数据的正确性；平差方案、计算方法的正确性、符合性、完整性；平差图形选择的合理性；观测数据使用的正确性、合理性；仪器参数、气象参数、检定系数选用的正确性；计算软件的符合性，计算、改算、平差、统计等功能的完整性；计量单位、小数取位的正确性；相邻测区成果处理的合理性；计算资料中各项计算的完整性、正确性、符合性
点位质量	选点质量	点位选择的合理性；点位观测条件的符合性
	埋石质量	天文墩结构的规整性、稳定性；天文墩类型及质量符合性；天文墩埋设规格的正确性
资料质量	整饰质量	观测手簿、计算资料等成果资料整饰的规范性；设计书、实施方案、技术总结、检查报告等文档资料整饰的规范性；观测略图、附表整饰的规范性
	资料完整性	设计书、实施方案的有效性；技术总结、检查报告等文档资料内容的齐全性、完整性；成果资料的齐全性、完整性

5. 重力测量成果

重力测量成果的质量元素、质量子元素和检查项见表15-11。

表15-11 **重力测量成果的质量元素、质量子元素和检查项**

质量元素	质量子元素	检查项
数据质量	数学精度	重力系统、坐标系统、高程系统的符合性；中误差的符合性；重力点平面位置误差的符合性；重力点高程误差符合性
	观测质量	仪器调试和检验项目的齐全性、方法的正确性；仪器性能试验、格值或比例因子标定的符合性；观测方法的正确性、观测条件的合理性；重力测线安排的合理性，联测方法的正确性；重力点平面坐标和高程测定方法的正确性；成果取舍和重测的正确性、合理性；记簿计算的正确性、注记的完整性和数字记录、划改的规范性；外业观测误差与限差的符合性；外业验算的齐全性、正确性；外业验算的精度指标与限差的符合性
	计算质量	重力基线选取的合理性；起始数据的正确性；平差方案、计算方法的正确性、符合性、完整性；仪器参数、气象参数、检定系数选用的正确性；计算软件的符合性，计算、改算、平差、统计等功能的完整性；计量单位、小数取位的正确性；相邻测区成果处理的合理性；计算图表编制的合理性；计算资料中各项计算的完整性、正确性、符合性

续表

质量元素	质量子元素	检查项
点位质量	选点质量	重力点位布设密度的合理性；重力点位选择的合理性；点之记内容的齐全性、正确性
	埋石质量	标石类型的规范性和标石质量情况；标石埋设规格的规范性；照片资料的齐全性；托管手续的完整性
资料质量	整饰质量	观测手簿、计算资料等成果资料整饰的规范性；设计书、实施方案、技术总结、检查报告等文档资料整饰的规范性；观测略图、附表整饰的规范性
	资料完整性	设计书、实施方案的有效性；技术总结、检查报告等文档资料内容的齐全性、完整性；成果资料的齐全性、完整性

6. 大地测量数据处理成果

大地测量数据处理成果的质量元素、质量子元素和检查项见表 15-12。

表 15-12 **大地测量数据处理成果的质量元素、质量子元素和检查项**

质量元素	质量子元素	检查项
成果正确性	数学模型	采用基准的正确性；平差方案及计算方法的正确性、完备性；平差图形选择的合理性；计算、改算、平差、统计软件功能的完备性
	计算正确性	外业观测数据取舍的合理性、正确性；仪器常数及检定系数选用的正确性；相邻测区成果处理的合理性；计量单位、小数取舍的正确性；起算数据、仪器检验参数、气象参数选用的正确性；计算图、表编制的合理性；各项计算的正确性；计算资料中各项计算的完整性、正确性、符合性
成果完整性	整饰质量	计算资料整饰的规范性；设计书、实施方案、技术总结、检查报告等文档资料整饰的规范性；附图、附表整饰的规整性
	资料完整性	设计书、实施方案的有效性；成果表编辑或抄录的正确性、全面性；技术总结、检查报告等文档资料内容的齐全性、完整性；平差报告、精度统计资料的完整性、正确性；上交成果资料的齐全性

7. 卫星导航定位基准站网定位服务成果

卫星导航定位基准站网定位服务成果的质量元素、质量子元素和检查项见表 15-13。

表 15-13　卫星导航定位基准站网定位服务成果的质量元素、质量子元素和检查项

质量元素	质量子元素	检　查　项
位置服务	数学精度	坐标年变化率中误差、基线中误差的符合性；实时服务、事后服务精度的符合性，服务（网路可用性、延迟时间）的符合性
	框架维护	坐标系统及时间维护的正确性；坐标框架变化更新的及时性；数据处理的符合性
	数据管理	观测数据的正确性、完整性；成果的完整性、全面性；数据备份的正确性、完整性、符合性
设备维护	硬件维护	硬件设备的符合性、齐全性；硬件设备检测内容的齐全性，检测周期的符合性；硬件设备更新、升级的符合性
	软件维护	硬件设备的符合性、齐全性；硬件设备检测内容的齐全性，检测周期的符合性；硬件设备更新、升级的符合性；设备兼容性，通信协议的符合性
	网络维护	数据中心与基准站间数据传输的符合性；网络检测与维护的及时性、符合性；用户接入量的符合性
	系统监测	监测站设置的符合性；日常运行情况
安全与应急	系统安全	系统负荷均衡、节点设备的符合性；系统热备份的符合性；网络安全、消防设施、监控设施的符合性
	应急保障	应急响应、工作预案的符合性
资料质量	整饰质量	用户资料、系统运行维护资料整饰的规范性
	资料完整性	用户资料、系统运行维护资料内容的齐全性、完整性

8. 区域似大地水准面精化成果

区域似大地水准面精化成果的质量元素、质量子元素和检查项见表 15-14。

表 15-14　区域似大地水准面精化成果的质量元素、质量子元素和检查项

质量元素	质量子元素	检　查　项
数据质量	数学精度	各项基准的符合性；GNSS 测量、水准测量、重力测量精度指标与规范、设计的符合性；似大地水准面分辨率的符合性；似大地水准面精度的符合性
	观测质量	仪器检定的有效性；仪器检验项目的齐全性，检验方法的正确性；观测方法的正确性、观测条件的合理性；GNSS 点水准、重力联测的合理性、正确性；观测手簿记录和注记的完整性和数字记录、划改的规范性；外业数据质量检核的正确性、规范性、符合性；成果取舍和重测的正确性、合理性
	计算质量	高程异常控制点选取的合理性和起始数据的正确性；高程异常控制点的兼容性和分布的合理性；坐标改算方法的正确性；数据使用的正确性、合理性；数据质量检核的完整性、正确性，各项指标的符合性；平差报告、计算资料的完整性、正确性；重力归算和重力异常计算模型的正确性；重力场模型采用的符合性；平均重力异常分辨率的符合性；数字高程模型选用的正确性

续表

质量元素	质量子元素	检　查　项
点位质量	选点质量	点位布设及点位密度的合理性；点位观测条件的符合性；点之记、路线图绘制内容的齐全性、正确性；GNSS 高程异常控制点的布设密度
	埋石质量	标石坑位的规范性和尺寸的符合性；标石类型和标石埋设规格的规范性、符合性；标志类型、规格的正确性；标石质量的符合性；关键工序照片的符合性；委托保管书内容的齐全性、正确性
资料质量	整饰质量	观测手簿、平差报告、点之记、委托保管书等成果资料整饰的规范性；设计书、实施方案、技术总结、检查报告等文档资料整饰的规范性；布点略图、附表整饰的规范性
	资料完整性	设计书、实施方案的有效性；技术总结、检查报告等文档资料内容的齐全性、完整性；上交资料的齐全性、完整性

三、遥感数据获取

遥感数据获取成果主要包括卫星影像成果、数字航空摄影影像成果、机载激光雷达点云数据成果、机载合成孔径雷达影像成果以及倾斜航空摄影影像成果。

1. 卫星影像成果

卫星影像成果的质量元素和检查项见表 15-15。

表 15-15　　**卫星影像成果的质量元素和检查项**

质量元素	检　查　项
影像质量	空间分辨率的正确性；像素位深的正确性；影像外观的符合性
数据质量	影像数据的正确性；影像时相；影像覆盖完整性；影像重叠的符合性；卫星姿态角的符合性；成像几何条件的符合性
资料质量	资料的完整性；资料的正确性；整饰质量

2. 数字航空摄影影像成果

数字航空摄影影像成果的质量元素和检查项见表 15-16。

表 15-16　　**数字航空摄影影像成果的质量元素和检查项**

质量元素	检　查　项
飞行质量	摄区、分区覆盖完整性；航摄时间、航摄季节；航线方向和敷设方法；航迹；航线弯曲度；航高保持；飞行速度；影像重叠度（航向和旁向）；影像旋偏角/旋角；影像倾斜角/倾角；像点最大位移值；摄影漏洞及漏洞补摄

续表

质量元素	检　查　项
影像质量	地面分辨率；航摄季节和时间；影像完整性（波段缺失、裂缝、遮挡、无效像元等）；影像清晰度；噪声及非常年积雪、云、云影、烟、反光、雾霾、阴影、色斑等；色调；色彩饱和度；反差；颜色深度；波段；几何精度；拼接影像协调性；拼接几何精度和辐射精度；地标点影像
数据质量	原始影像数据齐全性、完整性，数据格式、文件命名正确性；浏览影像数据、航片输出片数据齐全性、完整性，数据格式、文件命名正确性；航摄仪参数文件；检校场相关数据（包括检校场影像数据、检校场空中三角测量成果等）；偏心分量；GNSS 数据；惯性导航单元/全球导航卫星系统（IMU/GNSS）融合处理成果
资料质量	资料完整性；资料正确性；整饰质量

3. 机载激光雷达点云数据成果

机载激光雷达点云数据成果的质量元素和检查项见表 15-17。

表 15-17　　**机载激光雷达点云数据成果的质量元素和检查项**

质量元素	检　查　项
飞行质量	航带重叠度；数据覆盖完整性；飞行姿态；航高保持；飞行速度；构架航线；摄影漏洞及漏洞补摄
数据质量	数据格式；激光雷达数据坐标系统、高程系统；点云密度；点云高程、平面精度；同架次航带间和不同架次航带间接边精度；点云数据；地面基站观测数据完整性；IMU 数据；偏心分量；IMU/GNSS 数据处理精度；点云噪声
资料质量	资料完整性；资料正确性；整饰质量

4. 机载合成孔径雷达影像成果

机载合成孔径雷达影像成果的质量元素和检查项见表 15-18。

表 15-18　　**机载合成孔径雷达影像成果的质量元素和检查项**

质量元素	检　查　项
飞行质量	摄区、分区覆盖完整性；分区划分；旁向重叠度；俯仰角及其陡变值；横滚角及其陡变值；偏航角及其陡变值；偏航距
影像质量	地面分辨率；定标场角反射器；噪声及无效像元；影像完整性；反差
数据质量	坐标系统、高程系统；回波数据；影像数据；高程、平面精度；差分全球定位系统（DGPS）和定位姿态系统数据；几何定标数据
资料质量	资料完整性；资料正确性；整饰质量

5. 倾斜航空摄影影像成果

倾斜航空摄影影像成果的质量元素和检查项见表 15-19。

表 15-19 **倾斜航空摄影影像成果的质量元素和检查项**

质量元素	检 查 项
飞行质量	摄区、分区覆盖完整性；航摄时间、航摄季节；航迹；航线弯曲度；垂直影像航向和旁向重叠度；垂直影像倾斜角；垂直影像旋偏角；航高保持；飞行姿态；摄影漏洞及漏洞补摄
影像质量	地面分辨率；航摄季节和时间；影像清晰度；噪声及云影、烟、反光、阴影等；色调；色彩饱和度；反差；颜色深度；波段；几何精度
数据质量	原始影像数据的齐全性、完整性；数据格式、文件命名的正确性；浏览影像数据、航片输出片数据的齐全性、完整性，数据格式、文件命名的正确性；航摄仪参数文件；检校场相关数据（包括检校场影像数据、检校场空中三角测量成果等）；偏心分量；GNSS 数据；IMU 数据；IMU/GNSS 融合处理成果；影像外方位元素成果
资料质量	资料完整性；资料正确性；整饰质量

四、摄影测量

摄影测量成果主要包括像片控制测量成果、像片调绘成果、空中三角测量成果、地形图以及三维地理信息模型成果。

1. 像片控制测量成果

像片控制测量成果的质量元素、质量子元素和检查项见表 15-20。

表 15-20 **像片控制测量成果的质量元素、质量子元素和检查项**

质量元素	质量子元素	检 查 项
数据质量	数学精度	数学基础；各项闭合差、中误差、残差等精度指标的符合情况
	观测质量	仪器检定、检校的符合性；观测条件、方法的符合性；观测误差的符合性；成果取舍和重测、补测的合理性和正确性；观测记录计算的正确性、完整性；原始记录数字记录、划改的规范性；原始记录验算的正确性、完整性
	计算质量	起算数据的正确性；数据处理的正确性、合理性；验算项目的齐全性、正确性；使用数据的正确性；计算数值取位、修约的正确性
布点质量	控制点点位布设的正确性、合理性；控制点点位选择的正确性、合理性	
整饰质量	控制点判、刺的正确性；控制点整饰的规范性；点位说明和略图的准确性	
资料质量	资料的完整性；资料的正确性；整饰质量	

2. 像片调绘成果

像片调绘成果的质量元素和检查项见表 15-21。

表 15-21　**像片调绘成果的质量元素和检查项**

质量元素	检　查　项
地理精度	地物、地貌调绘的全面性、正确性；地物、地貌综合取舍的合理性；名称注记内容的正确性、完整性；地理要素位置的准确性；地理要素相关关系的合理性；地理要素位置接边质量；补测数据的正确性、完整性和符合性
属性精度	地理要素性质说明的完整性、正确性；地理要素数字注记的完整性、正确性；地理要素属性接边质量
整饰质量	各类注记的规整性；各类符号、线划的规整性；要素符号间关系表达的正确性、完整性；调绘工作底图的整洁度；调绘工作底图数据源、影像分辨率影像质量、现势性；比例尺、分幅、图廓整饰的符合性
资料质量	资料完整性；资料正确性；整饰质量

3. 空中三角测量成果

空中三角测量成果的质量元素和检查项见表 15-22。

表 15-22　**空中三角测量成果的质量元素和检查项**

质量元素	质量子元素	检　查　项
数据质量	—	数学基础：大地基准、高程基准、地图投影等； 数学精度：基本定向点、检查点、公共点平面位置和高程精度，区域网间公共点较差、公共点中误差、公共点使用值符合性； 计算质量：内定向精度、相对定向精度、区域网划分合理性、控制点量测准确性、利用 GNSS 辅助空三数据的正确性
布点质量	控制点布设符合性布点质量；连接点分布符合性；加密点分布符合性	
资料质量	资料完整性；资料正确性；整饰质量	

4. 地形图

中小比例尺地形图的质量元素、质量子元素和检查项见表 15-23。

表 15-23　**中小比例尺地形图的质量元素、质量子元素和检查项**

质量元素	质量子元素	检　查　项
数学精度	数学基础	坐标系统；高程系统；地图投影
	平面精度	平面绝对位置中误差；接边精度
	高程精度	高程注记点高程中误差；等高线高程中误差；接边精度

续表

质量元素	检　查　项
数据及结构正确性	文件命名、数据组织正确性；数据格式的正确性；要素分层的正确性、完备性；属性代码的正确性；属性接边正确性
地理精度	地理要素的完整性与正确性；地理要素的协调性；注记和符号的正确性；综合取舍的合理性；地理要素接边质量
整饰质量	符号、线划、色彩质量；注记质量；图面要素协调性；图面、图廓外整饰质量
资料质量	资料完整性；资料正确性；整饰质量

大比例尺地形图的质量元素、质量子元素和检查项见表 15-24。

表 15-24　**大比例尺地形图的质量元素、质量子元素和检查项**

质量元素	质量子元素	检　查　项
数学精度	数学基础	坐标系统；高程系统；地图投影
	平面精度	平面绝对位置中误差；接边精度
	高程精度	高程注记点高程中误差；等高线高程中误差；接边精度
数据及结构正确性	坐标系统、高程系统的正确性；各类投影计算、使用参数的正确性；图根控制测量精度；图廓尺寸、对角线长度、格网尺寸的正确性；控制点间图上距离与坐标反算长度较差	
地理精度	地理要素的完整性与正确性；地理要素的协调性；注记和符号的正确性；综合取舍的合理性；地理要素接边质量	
整饰质量	符号、线划、色彩质量；注记质量；图面要素协调性；图面、图廓外整饰质量；各类报告附图（接合图、网图）附表、簿册整饰的规整性	
资料完整性	元数据文件的正确性、完整性；检查报告、技术总结内容的全面性及正确性；成果资料的齐全性；资料装帧	

5. 三维地理信息模型

三维地理信息模型成果的质量元素、质量子元素和检查项见表 15-25。

表 15-25　**三维地理信息模型成果的质量元素、质量子元素和检查项**

质量元素	质量子元素	检　查　项
数学精度	数学基础	大地基准；高程基准；地图投影
	平面精度	平面绝对中误差；平面相对中误差
	高程精度	高程绝对中误差；高程相对中误差

续表

质量元素	质量子元素	检　查　项
表达精细度	模型精细度	细节层次；几何结构；纹理结构；附属取舍；空间位置准确性
	纹理精细度	纹理清晰度（分辨率）；纹理特征；纹理色彩；纹理尺寸
数据及结构正确性	—	命名、格式、文件组织、属性项定义
逻辑关系	—	模型闪面（共面）；模型破面；模型穿插；模型冗余；模型悬浮；模型漏缝；空间拓扑关系
场景效果	—	场景完整性（模型类型、模型单元、模型单体多余或缺失）；场景协调性（模型间相关关系、模型整体表现一致性）
资料质量	资料完整性、正确性	数据成果；附属文档
	整饰质量	

五、工程测量

工程测量成果主要包括平面控制测量成果、高程控制测量成果、地形测量成果、线路测量成果、管线测量成果、变形测量成果、施工测量成果、水下地形测量成果以及规划测量成果。

1. 平面控制测量成果

平面控制测量成果的质量元素、质量子元素和检查项见表 15-26。

表 15-26　　平面控制测量成果的质量元素、质量子元素和检查项

质量元素	质量子元素	检　查　项
数据质量	数学精度	坐标系统的符合性；平面控制测量精度与设计书、规范的符合情况；提供成果的正确性
	观测质量	坐标系统的符合性；平面控制测量精度与设计书、规范的符合情况；提供成果的正确性仪器检定或校准的有效性；仪器自检自校项目的齐全性、自检自校方法的正确性；观测方法的正确性，观测条件的合理性；GNSS 点水准联测的合理性和正确性；归心元素、天线高测定方法的正确性；卫星高度角、有效观测卫星总数、时段中任一卫星有效观测时间、观测时段数、时段长度、数据采样间隔、空间位置精度因子（PDOP）值、钟漂、多路径影响等参数的规范性和正确性；观测手簿记录和注记的完整性和数字记录、划改的规范性，数据质量检验的符合性；水平角和导线测距的观测方法，成果取舍和重测的合理性和正确性；天顶距（或垂直角）的观测方法、时间选择，成果取舍和重测的合理性和正确性；规范和设计方案的执行情况；成果取舍和重测的正确性、合理性
	计算质量	起算点选取的合理性和起始数据的正确性；起算点的兼容性及分布的合理性；坐标改算方法的正确性；数据使用的正确性和合理性；各项外业验算项目的完整性、方法的正确性，各项指标的符合性

续表

质量元素	质量子元素	检　查　项
点位质量	选点质量	点位布设及点位密度的合理性；点位满足观测条件的符合情况；点位选择的合理性；点之记内容的齐全性、正确性
	埋石质量	埋石坑位的规范性和尺寸的符合性；标石类型和标石埋设规格的规范性；标志类型、规格的正确性；托管手续内容的齐全性、正确性
资料质量	整饰质量	点之记和托管手续、观测手簿、计算成果等资料的规整性；技术总结、检查报告整饰的规整性
	资料完整性	设计书，实施方案的有效性；技术总结、检查报告及上交资料的齐全性和完整性

2. 高程控制测量成果

高程控制测量成果的质量元素、质量子元素和检查项见表 15-27。

表 15-27　　**高程控制测量成果的质量元素、质量子元素和检查项**

质量元素	质量子元素	检　查　项
数据质量	数学精度	高程系统的符合性；高程控制测量精度与设计书、规范的符合情况；提供成果的正确性
	观测质量	仪器检定或校准的有效性；仪器、标尺自检自校项目的齐全性，自检自校方法的正确性；测站观测误差的符合性；测段、区段、路线闭合差的符合性；对已有水准点和水准路线联测和接测方法的正确性；观测和检测方法的正确性；观测条件选择的正确性、合理性；成果取舍和重测的正确性、合理性；记簿计算的正确性，注记的完整性和数字记录、划改的规范性；规范和设计方案的执行情况
	计算质量	外业验算项目的齐全性，验算方法的正确性；已知水准点选取的合理性和起始数据的正确性；环闭合差的符合性
点位质量	选点质量	水准路线布设、点位选择及点位密度的合理性；水准路线图绘制的正确性；点位选择的合理性；点之记内容的齐全性、正确性
	埋石质量	标石类型的规范性和标石质量情况；标石埋设规格的规范性；托管手续内容的齐全性
资料质量	整饰质量	观测、计算资料整饰的规整性、各类报告、总结、附图、附表、簿册整饰的完整性，成果资料、技术总结、检查报告整饰的规整性
	资料完整性	设计书，实施方案的有效性；技术总结、检查报告及上交资料的齐全性和完整性

3. 地形测量成果

地形测量成果即地形图的质量元素和检查项见表 15-23 及表 15-24。

4. 线路测量成果

线路测量成果的质量元素、质量子元素和检查项见表 15-28。

表 15-28　　线路测量成果的质量元素、质量子元素和检查项

质量元素	质量子元素	检　查　项
数据质量	数学精度	平面控制测量、高程控制测量、地形图成果数学精度；点位或桩位测设成果数学精度；断面成果精度与限差的符合情况；专题数据数学精度的符合性
	观测质量	控制测量成果
	计算质量	验算项目的齐全性和验算方法的正确性；平差计算及其他内业计算的正确性
图表质量	地形图质量	与表 15-23 及表 15-24 相同
	专题图质量	专题数据展现的正确性、规范性；专题数据与相关数据的一致性；图廓整饰的规范性
	成果表格质量	提供给顾客的成果表格的规范性；提供给顾客的成果的正确性
点位质量	选点质量	控制点布设及点位密度的合理性；点位选择的合理性
	造埋质量	标石类型的规范性和标石质量情况；标石埋设规格的规范性；点之记、托管手续内容的齐全性、正确性
	测设质量	放样点位或桩位的验测情况；主要点位或桩位放样的齐全性
资料质量	整饰质量	观测、计算资料整饰的规整性；技术总结、检查报告整饰的规整性；各类报告、总结、图、表、簿册整饰的规整性
	资料完整性	设计书，实施方案的有效性；技术总结、检查报告内容的齐全性、完整性；成果资料的齐全性、完整性

5. 管线测量成果

管线测量成果的质量元素、质量子元素和检查项见表 15-29。

表 15-29　　管线测量成果的质量元素、质量子元素和检查项

质量元素	质量子元素	检　查　项
控制测量精度	数学精度	同“平面控制测量”“高程控制测量”

续表

质量元素	质量子元素	检　查　项
管线图质量	数学精度	明显管线点量测精度；管线点探测精度；管线开挖点精度；管线点平面、高程精度；管线点与地物相对位置精度
	地理精度	管线数据各管线属性的齐全性、正确性、协调性；管线图注记和符号的正确性；管线调查和探测综合取舍的合理性
	管线图整饰	符号、线划质量；图廓外整饰质量；注记质量；接边质量
资料质量	资料完整性	工程依据文件；工程凭证资料；探测原始资料；探测图表、成果表；技术报告告书（总结）
	整饰质量	依据资料、记录图表归档的规整性；各类报告、总结、图、表、簿册整饰的规整性

6. 变形测量成果

变形测量成果的质量元素、质量子元素和检查项见表 15-30。

表 15-30　**变形测量成果的质量元素、质量子元素和检查项**

质量元素	质量子元素	检　查　项
数据质量	数学精度	同“平面控制测量”“高程控制测量”；基准网精度；水平位移、垂直位移测量精度
	观测质量	仪器检定的有效性；仪器检验项目的齐全性，检验方法的正确性；规范和设计方案的执行情况；各项限差与规范或设计书的符合情况；观测方法的规范，观测条件的合理性；成果取舍和重测的正确性、合理性；观测周期及中止观测时间确定的合理性；数据采集的完整性、连续性
	计算分析	计算项目的齐全性和方法的正确性；平差结果及其他内业计算的正确性；成果资料的整理和整编；成果资料的分析
点位质量	选点质量	基准点、观测点布设及点位密度、位置选择的合理性
	造埋质量	标石类型、标志构造的规范性和质量情况；标石、标志埋设的规范性
资料质量	整饰质量	观测、计算资料整饰的规整性；技术报告、检查报告整饰的规整性
	资料完整性	设计书，实施方案的有效性；技术报告、检查报告等文档资料内容的齐全性、完整性；成果资料项目的齐全性、完整性

7. 施工测量成果

施工测量成果的质量元素、质量子元素和检查项见表 15-31。

表 15-31　　施工测量成果的质量元素、质量子元素和检查项

质量元素	质量子元素	检查项
数据质量	数学精度	控制测量精度；点位或桩位测设成果数学精度
	观测质量	仪器检定的有效性；仪器检验项目的齐全性，检验方法的正确性；技术设计和观测方案的执行情况；水平角、天顶距、距离观测方法的正确性，观测条件的合理性；成果取舍和重测的正确性、合理性；手工记簿计算的正确性、注记的完整性和数字记录、划改的规范性；电子记簿记录程序正确性和输出格式的标准化程度；各项观测误差与限差的符合情况
	计算质量	验算项目的齐全性和验算方法的正确性；平差计算及其他内业计算的正确性
点位质量	选点质量	控制点布设及点位密度的合理性；点位选择的合理性
	造埋质量	标石类型的规范性和标石质量情况；标石埋设规格的规范性；点之记内容的齐全性、正确性；托管手续内容的齐全性
资料质量	整饰质量	观测、计算资料整饰的规整性；技术总结、检查报告整饰的规整性
	资料完整性	设计书，实施方案的有效性；技术报告、检查报告等文档资料内容的齐全性、完整性；成果资料项目的齐全性、完整性

8. 水下地形测量成果

水下地形测量成果的质量元素和检查项参考海洋测绘执行。

9. 规划测量成果

规划测量成果的质量元素、质量子元素和检查项见表 15-32。

表 15-32　　规划测量成果的质量元素、质量子元素和检查项

质量元素	质量子元素	检查项
数据质量	数学精度	坐标系统、高程系统时间系统的正确性；控制测量精度与技术设计、规范的符合性；条件点（验测点）的正确性
	观测质量	仪器检定的有效性；仪器检验项目的齐全性，检验方法的正确性；技术设计和观测方案的执行情况；观测方法的正确性，观测条件的合理性；成果取舍和重测的正确性、合理性；手工记簿计算的正确性、注记的完整性和数字记录、划改的规范性；电子记簿记录程序正确性和输出格式的标准化程度；各项观测误差与限差的符合情况
	计算质量	验算项目的齐全性和验算方法的正确性；已知控制点选取的合理性和起始数据的正确性；条件点（验测点）坐标计算的正确性；成果坐标计算的正确性；四至距离、建（构）筑物高度、建（构）筑物面积测量成果等计算的正确性；其他内业计算的正确性

续表

质量元素	质量子元素	检　查　项
图表质量	图件质量	竣工地形图质量与地形测量相同；成果略图的正确性、规范性；成果略图内容的齐全性；成果略图整饰的规范性
	表格质量	提供给顾客的成果表格的规范性；提供给顾客的成果的正确性
点位质量	选点质量	控制点布设的合理性；条件点位选择的合理性、正确性
	测设质量	放样点位或桩位的验测情况；主要点位或桩位放样的齐全性
资料质量	整饰质量	观测、计算资料整饰的规整性；技术总结、检查报告整饰的规整性；各类报告、总结、图、表、簿册整饰的规整性
	资料完整性	设计书，实施方案的有效性；技术总结、检查报告内容的齐全性、完整性；成果资料的齐全性、完整性；归档资料的完整性

六、界线与不动产测绘

界线与不动产测绘成果主要包括界线测绘与不动产测绘（宗地测绘、宗海测绘、房产测绘、农村土地承包经营权测绘、林权测绘、草原测绘）成果以及自然资源统一确权测绘成果。

1. 界线测绘成果

界线测绘成果的质量元素、质量子元素和检查项见表 15-33。

表 15-33　　**界线测绘成果的质量元素、质量子元素和检查项**

质量元素	质量子元素	检　查　项
数据质量	数学精度	与表 15-26、表 15-27 相同
	观测质量	与表 15-26、表 15-27 相同
	计算质量	与表 15-26、表 15-27 相同
境界图质量	数学要素	界桩点点位中误差；界桩点相对邻近固定地物点间距中误差；界桩点高程中误差
	境界要素质量	相关要素的完整性；相关要素的正确性
	境界描述质量	相关要素说明的准确性；境界走向的准确性
	整饰质量	与地形测量相同
资料质量	资料整饰质量	观测、计算资料整饰的规范性；技术总结、检查报告整饰的规范性
	资料完整性	技术总结、检查报告内容的齐全性；提供成果资料项目的齐全性

2. 不动产测绘成果

不动产测绘成果的质量元素、质量子元素和检查项见表15-34。

表15-34 不动产测绘成果的质量元素、质量子元素和检查项

质量元素	质量子元素	检查项
调查质量	工作底图编制质量	现势性；正确性、完整性
	调查草图编制质量	绘制的正确性、完整性、规范性；地籍要素的正确性、完整性
	地籍调查质量	地籍资料的齐全性、有效性；地籍要素与相关要素调查的正确性、完整性；调查程序的规范性
	界址设定质量	界址设定的合法性；界址点、线设置的正确性、完整性
测量质量	界址测量质量	测量方法的正确性、规范性；位置精度的符合性
	地形测量质量	地形要素以及其他相关要素的完整性、正确性
	图件编制质量	地形要素的正确性、完整性；符号、注记得正确性、完整性、规范性
	面积计算质量	观测质量（测量方法和记录的正确性、规范性）；计算质量（计算方法的正确性，面积分类的正确性、齐全性）精度的符合性
入库数据质量	空间参考系的正确性；数据要素的完整性；要素分层的正确性、完整性；数据结构的正确性、逻辑一致性；要素属性的正确性；属性接边的正确性、逻辑一致性；文件名、数据格式的正确性	
资料质量	资料整饰质量	成果表、簿册等资料整饰的规范性；技术设计、技术总结、检查报告整饰的规范性
	资料完整性	技术总结、检查报告内容的齐全性；提供成果资料项目的齐全性

七、海洋测绘

海洋测绘成果主要包括海洋测绘基础数据成果、水深测量成果、海岸带地形图成果、海洋地形图（海底地形图）以及海岛（礁）地形图成果。

1. 海洋测绘基础数据成果

海洋测绘基础数据成果的质量元素、质量子元素和检查项见表15-35。

表 15-35　　海洋测绘基础数据成果的质量元素、质量子元素和检查项

质量元素	质量子元素	检　查　项
数据质量	观测仪器	仪器选择的合理性，仪器检验目的的齐全性、检验方法的正确性
	观测质量	技术设计和观测方案的执行情况；数据采集软件的可靠性；观测要素的齐全性；观测时间、观测条件的合理性；观测方法的正确性；观测成果的正确性、合理性；岸线修测、陆上和海上具有导航作用的重要地物测量、地理要素表示的齐全性与正确性；成果取舍和重测的正确性、合理性；重复观测成果的符合性
	计算质量	计算软件的可靠性；内业计算验算情况；计算结果的正确性
点位质量	观测点位	工作水准点埋设、验潮站设立、观测点布设的合理性、代表性；周边自然环境
	观测密度	相关断面线布设及密度的合理性；观测频率、采样率的正确性
资料质量	观测记录	各种观测记录和数据处理记录的完整性
	附件及资料	技术总结内容的全面性和规格的正确性；提供成果资料项目的齐全性；成果图绘制的正确性

2. 水深测量成果

水深测量成果的质量元素、质量子元素和检查项见表 15-36。

表 15-36　　水深测量成果的质量元素、质量子元素和检查项

质量元素	质量子元素	检　查　项
数学精度	数学基础	坐标系统、高程系统、深度基准的正确性；投影计算的正确性；平面控制、水位控制、高程控制、基准面确定的正确性
	平面精度	水深（高程）点平面定位中误差及粗差（率）
	水深（高程）精度	水深（高程）点水深（高程）中误差及粗差（率）
	区域接边精度	不同数据获取方法区域接边精度；条带接边精度
观测质量	主测线间距及方向的正确性；测点间隔及选取的正确性；检查线布设的正确性；声速剖面的采集时间及空间密度的正确性；特殊水深点加密探测的符合性；观测记录、计算的规范性及正确性	
数据结构	文件命名、数据组织的正确性；数据格式的正确性；要素分层的正确性、完备性	
属性精度	属性结构的正确性；属性值、属性接边的正确性	
资料质量	上交测绘成果、资料的齐全性和正确性；测量仪器选择、检定（校准或自检）的符合性；设计、报告、总结内容的全面性及正确性	

3. 海岸带地形图成果

海岸带地形图成果的质量元素、质量子元素和检查项见表 15-37。

表 15-37　　海岸带地形图成果的质量元素、质量子元素和检查项

质量元素	质量子元素	检　查　项
数学精度	数学基础	坐标系统、高程系统、深度基准的正确性；投影计算的正确性；平面控制、高程控制、（水域测图：水位控制、基准面确定的正确性）；图廓、网格、比例尺、等高（深）距的正确性
	平面精度	海域、陆域绝对位置和相对位置中误差及粗差（率）
	水深（高程）精度	海域高程（水深）点注记点粗差（率）；陆域高程注记点中误差及粗差（率）
	接边精度	几何图形接边精度；高程（水深）点注记点、等深线接边精度；不同数据获取方法区域接边精度；海域陆域接边精度
数据及结构正确性	文件命名、数据组织的正确性；数据格式的正确性；要素分层的正确性、完备性；属性代码的正确性；属性接边的正确性	
地理精度	海域地理精度	水文、表层底质的完整性与规范性；地物、地貌的完整性与规范性；理论最低潮面、通航最低水位表示的正确性；平均海面、海岸线表示的正确性
	陆域地理精度	地物、地貌的完整性与规范性
整饰质量	水域、陆域图式引用的正确性；注记、符号及线划的规范性；图廓整饰的规范性	
资料质量	文档质量	上交测绘成果、资料的齐全性和正确性；测量仪器选择、检定（校准或自检）的符合性；设计、报告、总结内容的全面性及正确性
	元数据质量	元数据文件的正确性、完整性

八、地图编制

地图编制成果主要包括普通地图的编绘原图和印刷原图、专题地图的编绘原图和印刷原图、地图集、印刷成品、电子地图以及影像地图。

1. 普通地图

普通地图的编绘原图、印刷原图的质量元素和检查项见表 15-38。

表 15-38 普通地图的编绘原图、印刷原图的质量元素和检查项

质量元素	检查项
数学精度	展点精度（包括图廓尺寸精度、方里网精度、经纬网精度等）；平面控制点、高程控制点位置精度；地图投影选择的合理性
数据完整性与正确性	文件命名、数据组织和数据格式的正确性、规范性；数据分层的正确性、完备性
地理精度	制图资料的现势性、完备性；制图综合的合理性；各要素的正确性；图内各种注记的正确性；地理要素的协调性；图幅的抄接边的正确性
整饰质量	地图符号、色彩的正确性；注记的正规性、完整性；图廓外整饰要素的正确性
资料质量	设计书质量；彩色打印稿的正确性、完整性；质量检查记录的正确性、完整性

2. 专题地图

专题地图的编绘原图、印刷原图的质量元素和检查项见表 15-39。

表 15-39 专题地图的编绘原图、印刷原图的质量元素和检查项

质量元素	检查项
数据完整性与正确性	文件命名、数据组织和数据格式的正确性、规范性；数据分层的正确性、完备性
地图内容适用性	地理底图内容的合理性；专题内容的完备性、现势性、可靠性
地图表示的科学性	各种注记表达的合理性、易读性；分类、分级的科学性；色彩、符号与设计的符合性；表示方法选择的正确性
地图精度	图幅选择投影、比例尺的适宜性；制图网精度；地图内容的位置精度；题内容的量测精度
图面配置质量	图面配置的合理性；图例的全面性、正确性；图廓外整饰正确性、规范性、艺术性
附件质量	设计书质量；彩色打印稿的正确性、完整性；质量检查记录的正确性、完整性

3. 地图集

地图集的质量元素、质量子元素和检查项见表 15-40。

表 15-40 地图集的质量元素、质量子元素和检查项

质量元素	质量子元素	检查项
整体质量	图集内容思想性	思想正确性；图集宗旨、主题思想明确程度；要素表示正确性
	图集内容全面、完整性	图集内容的全面性、系统性；图集结构的完整性
	图集内容统一、协调性	图集内容的统一、互补性；要素表达协调、可比性
图集内图幅质量	同专题地图质量元素表中各项（见表 15-39）	

4. 地图印刷成品

地图印刷成品的质量元素和检查项见表 15-41。

表 15-41　**印刷成品的质量元素和检查项**

质量元素	检　查　项
印刷质量	套印精度；网线、线画粗细变形率；印刷质量；图形质量
拼接质量	拼贴质量；折叠质量
装订质量	平装：折页、配页质量；订本质量；封面质量；裁切质量
	精装：折页、配页、锁线或无线；图芯脊背、环衬粘贴质量；封面胶粘质量；图壳粘贴质量；订本、裁切质量；版心规格
资料质量	资料的正确性、完整性；成果资料的齐全性；质量检查记录的正确性、完整性

5. 电子地图

电子地图的质量元素和检查项见表 15-42。

表 15-42　**电子地图的质量元素和检查项**

质量元素	检　查　项
位置精度	空间参考系；平面位置精度；高程精度；投影参数
属性精度	属性结构、属性值的正确性；要素分类的正确性；要素属性值得正确性
逻辑一致性	数据集定义；属性项定义；数据文件；数据格式；文件命名、数据组织和数据分层的正确性；拓扑关系的正确性；节点匹配的正确性；要素间关系的正确性；要素接边的一致性
完整性与正确性	安全处理符合性；数据格式文件命名、数据组织和数据分层的正确性；要素的完备性与正确性
整饰质量	各种注记表达的合理性、易读性；色彩、符号与设计的符合性；图形质量
时间精度	原始资料的现势性；电子地图内容的现势性
资料质量	附件的正确、全面性；成果资料齐全性

6. 影像地图

影像地图的质量元素和检查项见表 15-43。

表 15-43 **影像地图的质量元素和检查项**

质量元素	检查项
空间参考系	大地基准；高程基准；地图投影
位置精度	平面位置中误差；影像接边
逻辑一致性	数据归档；数据格式；数据文件；文件命名
时间精度	原始资料的现势性；电子地图内容的现势性
影像质量	地面分辨率；扫描分辨率；图幅范围；格网参数；影像特征：色彩模式、色彩特征、影像噪声、信息丢失
表征质量	符号规格、符号配置；注记规格、注记内容；内图廓外整饰、内图廓线
资料质量	项错漏、内容错漏；完整性、正确性、权威性

九、地理信息系统

地理信息系统的质量元素、质量子元素和检查项见表 15-44。

表 15-44 **地理信息系统的质量元素、质量子元素和检查项**

质量元素	质量子元素	检查项
功能性	系统部署	系统能否按照需求说明书、系统设计的要求成功部署
	功能完备性	系统功能的覆盖程度与设计的符合性
	功能正确性	系统功能输出结果的正确性与设计的符合性
性能	可靠性	系统容错性；系统易恢复性
	易用性	易理解性；易操作性
	效率	系统时间特性与设计符合性；系统资源利用率与设计的符合性
	兼容性	硬件兼容性；软件兼容性；数据兼容性
安全性	物理安全	机房场地安全、通信线路安全、系统设备安全与设计的符合性
	权限控制	身份鉴别、访问控制、密码策略等与设计的符合性
	数据安全	系统存储、处理和传输数据的保密性；传输数据的完整性
	备份与恢复	备份与恢复的能力；可移植性；日志管理能力

续表

质量元素	质量子元素	检　查　项
数据集质量	空间参考系	数据集坐标系统、高程系统、所采用的投影参数的符合性
	逻辑一致性	数据集的定义与设计的符合性；数据集存储与设计中物理结构要求的符合性；数据集拓扑关系的符合性；数据集中属性项定义的符合性；数据集中属性项的值对值域的符合性；数据集中各类数据间的关联一致性
	数据集完整性	数据集整体覆盖范围、内容是否超出或未达到设计要求
	数据质量	数据集的位置精度、数据集的时间精度的符合性；各类专题数据的准确性
资料质量	资料完整性	技术文档、运行维护记录、质量控制记录的完整性
	资料规范性	技术文档、运行维护记录、质量控制记录的规范性

第七节　数字测绘成果的质量元素及其检查方法

数字测绘成果主要包括数字线划图、数字高程模型、数字正射影像图、数字栅格地图。

一、数字测绘成果的质量元素

1. 数字线划图

数字线划图包括建库数据和制图数据，二者的质量元素相同，质量子元素部分有差异。数字线划图成果的质量元和质量子元素见表 15-45。

表 15-45　**数字线划图成果的质量元素和质量子元素**

质量元素	质量子元素
空间参考系	大地基准、高程基准、地图投影
位置精度	平面精度、高程精度、地图投影
属性精度	建库数据、属性项的完整性、分类的正确性、属性的正确性
	制图数据、分类的正确性、属性的正确性
完整性	建库数据、数据层的完整性、数据层内部文件的完整性、要素的完整性
	制图数据、要素的完整性

续表

质量元素	质量子元素
逻辑一致性	概念的一致性、格式的一致性、拓扑的一致性
时间准确度	数据更新、数据采集
元数据质量	元数据的完整性、元数据的准确性
表征质量	建库数据、几何表达、地理表达
	制图数据、几何表达、符合的正确性、地理表达、注记的正确性、图廓整饰的准确性
附件质量	图历簿质量、附属文档质量

2. 数字高程模型

数字高程模型成果的质量元素见表 15-46。

表 15-46　**数字高程模型成果的质量元素**

质量元素	质量子元素
空间参考系	大地基准、高程基准、地图投影
位置精度	平面精度、高程精度、地图投影
逻辑一致性	格式的一致性
时间准确度	数据更新、数据采集
栅格质量	格网参数
元数据质量	元数据的完整性、元数据的准确性
附件质量	图历簿质量、附属文档质量

3. 数字正射影像图

数字正射影像图成果的质量元素见表 15-47。

表 15-47　**数字正射影像图成果的质量元素**

质量元素	质量子元素
空间参考系	大地基准、高程基准、地图投影
位置精度	平面精度
逻辑一致性	格式一致性、数据采集
时间准确度	数据更新
影像质量	影像分辨率、影像特性

续表

质量元素	质量子元素
元数据质量	元数据的完整性、元数据的准确性
表征质量	图廓整饰的准确性
附件质量	图历簿质量、附属文档质量

4. 数字栅格地图

数字栅格地图成果的质量元素见表 15-48。

表 15-48　　**数字栅格地图成果的质量元素**

质量元素	质量子元素
空间参考系	地图投影
逻辑一致性	格式一致性
栅格质量	影像分辨率、影像特性
元数据质量	元数据的完整性、元数据的准确性
附件质量	图历簿质量、附属文档质量

二、数字测绘成果质量检查验收方法

1. 检查方法

主要检查方法见表 15-49。

表 15-49　　**数字测绘成果质量检查验收的主要检查方法**

检查方法	简要说明
参考数据比对	与高精度数据、专题数据、生产中使用的原始数据、可收集到的国家各级部门公布、发布、出版的资料数据等各类参考数据对比，确定被检数据是否错漏或者获取被检数据与参考数据的差值
	该方法主要适用于室内方式检查矢量数据，如检查各类错漏、计算各类中误差等，也可用于实测方式检查影像数据、栅格数据等
野外实测	与野外测量、调绘的成果对比，确定被检数据是否错漏或者获取被检数据与野外实测数据的差值
	该方法主要适用于实测方式检查矢量数据，如检查各类错漏、计算各类中误差等，也可用于实测方式检查影像数据、栅格数据，如计算各类中误差等

续表

检查方法	简 要 说 明
内部检查	检查被检数据的内在特性
	该方法可用于室内方式检查矢量数据、影像数据、栅格数据。如逻辑一致性中的绝大多数检查项，接边检查，栅格数据的数据范围，影像数据的色调均匀，内业加密保密点检查中误差等

2. 质量检查方式

质量检查方式包括：计算机自动检查（通过软件自动分析和判断结果）、计算机辅助检查（人机交互检查）和人工检查。优先选用软件自动检查和人机交互检查。

第十五章考点试题汇编及答案

第十六章　测绘项目技术总结

第一节　基本规定

一、测绘项目技术总结的概念

测绘项目技术总结是在测绘任务完成后，对测绘技术设计文件和技术标准、规范等的执行情况，技术设计方案实施中出现的主要技术问题和处理方法，成果（或产品）质量、新技术的应用等进行分析研究、认真总结，并作出客观描述和评价。

测绘项目技术总结为用户（或下工序）对成果（或产品）的合理使用提供方便，为测绘单位持续质量改进提供依据，同时也为测绘技术设计，有关技术标准、规定的定制提供资料。

测绘项目技术总结是与测绘成果（或产品）有直接关系的技术性文件，是长期保存的重要技术档案。

二、测绘项目技术总结的分类

测绘项目技术总结分为专业技术总结和项目总结。

专业技术总结是测绘项目中所包含的各测绘专业活动在其成果（或产品）检查合格后，分别总结撰写的技术文档。

项目总结是一个测绘项目在其最终成果（或产品）检查合格后，在各专业技术总结的基础上，对整个项目所作的技术总结。

对于工作量较小的项目，可根据需要将项目总结和专业技术总结合并为项目总结。

三、测绘项目技术总结的编写及审核

1. 测绘项目技术总结的编写

项目总结由承担项目的法人单位负责编写或组织编写；专业技术总结由具体承担相应

测绘专业任务的法人单位负责编写。具体的编写工作通常由单位的技术人员承担。

2. 测绘技术总结的审核

技术总结编写完成后，单位总工程师或技术负责人应对技术总结编写的客观性、完整性等进行审查并签字，并对技术总结编写的质量负责。

四、测绘项目技术总结的编写依据

测绘项目技术总结的编写依据主要包括：

（1）测绘任务书或合同的有关要求，顾客书面要求或口头要求的记录，市场的需求或期望；

（2）测绘技术设计文件、相关法律、法规、技术标准和规范；

（3）测绘成果（或产品）的质量检查报告；

（4）以往测绘技术设计、技术总结提供的信息以及现有生产过程和产品的质量记录和有关数据；

（5）其他有关文件和资料。

五、测绘项目技术总结的编写要求

（1）内容真实全面，重点突出。说明和评价技术要求的执行情况时，不应简单抄录设计书的有关技术要求；应重点说明作业过程中出现的主要技术问题和处理方法、特殊情况的处理及其达到的效果、经验、教训和遗留问题等。

（2）文字应简明扼要，公式、数据和图表应准确，名词、术语、符号和计量单位等均应与有关法规和标准一致。

（3）测绘项目技术总结的幅面、封面格式以及字体、字号等应符合相关要求。

第二节　测绘项目技术总结的主要内容

测绘项目技术总结通常由概述、技术设计执行情况、测绘成果（或产品）质量说明和评价、上交和归档测绘成果（或产品）及资料清单四部分组成。

一、项目总结的组成内容

项目总结的组成内容见表 16-1。

表 16-1　　项目总结的组成内容

内容	简要说明
概述	①项目来源、内容、目标、工作量，专业测绘任务的划分、内容和相应任务的承担单位、成果（产品）交付与接收情况等； ②项目执行情况：说明生产任务的安排与往常情况，统计有关的作业定额和作业率，经费执行情况等； ③作业区概况和已有资料的利用情况
技术设计执行情况	①说明生产所依据的技术性文件，包括项目设计书、专业技术设计书、技术设计更改文件以及有关的技术标准和规范等； ②说明项目总结所依据的各专业技术总结； ③说明项目设计书和有关的技术标准、规范的执行情况，并说明项目设计书的技术更改情况； ④重点描述出现的主要技术问题和处理方法、特殊情况的处理及其达到的效果等； ⑤说明项目实施中质量保障措施的执行情况； ⑥当生产过程中采用新技术、新方法、新材料时，应详细描述和总结其应用情况； ⑦总结项目实施中的经验、教训和遗留问题，并对今后生产提出改进意见和建议
测绘成果（或产品）质量说明与评价	说明和评价项目最终测绘成果的质量情况，产品达到的技术指标，并说明最终测绘成果的质量检查报告的名称和编号
上交和归档测绘成果（或产品）及资料清单	①测绘成果（或产品）的名称、数量、类型等，上交成果的数量、范围有变化时需附成果分布图； ②文档资料，包括项目设计书及其有关的设计更改文件，项目总结，质量检查报告，必要的专业技术设计书及其更改文件和专业技术总结，文档簿（图历簿）和其他作业过程中形成的重要记录； ③其他需上交和归档的资料

二、专业技术总结的组成内容

专业技术总结的组成内容见表 16-2。

表 16-2　　专业技术总结的组成内容

内容	简要说明
概述	①测绘项目的名称、专业测绘任务的来源，专业测绘任务的内容、任务量和目标，产品交付与接收情况等； ②计划与设计完成的情况、作业率的统计； ③作业区概况和已有资料的利用情况

续表

内容	简要说明
技术设计执行情况	①说明专业活动所依据的技术性文件，包括：专业技术设计书及其有关的技术设计更改文件，必要的项目设计书及其更改文件，有关的技术标准和规范； ②说明和评价专业技术活动过程中专业技术设计文件的执行情况，重点说明专业技术设计更改的内容、原因； ③描述专业测绘生产过程中出现的主要技术问题和处理方法、特殊情况的处理及其达到的效果等； ④当作业过程中采用新技术、新方法、新材料时，应详细描述和总结其应用情况； ⑤总结专业测绘生产中的经验、教训和遗留问题，并对今后生产提出改进意见和建议
测绘成果质量说明与评价	说明和评价测绘成果（或产品）的质量情况（包括必要的精度统计），产品达到的技术指标，并说明测绘成果（或产品）的质量检查报告的名称和编号
上交和归档测绘成果及资料清单	①测绘成果（或产品）的名称、数量、类型等。上交成果的数量、范围有变化时需附成果分布图； ②文档资料。专业技术设计文件、专业技术总结、检查报告，必要的文档簿（图历簿）和其他作业过程中形成的重要记录； ③其他需上交和归档的资料

第三节　测绘专业技术总结的主要内容

一、大地测量

1. 平面控制测量

平面控制测量的专业技术总结内容见表16-3。

表16-3　**平面控制测量专业技术总结具体内容**

内容	简要说明
概述	①任务来源、目的，生产单位，生产起止时间，生产安排概况； ②测区名称、范围，行政隶属，自然地理特征，交通情况和困难类别； ③锁、网、导线段（节）、基线（网）或起始边和天文点的名称与等级，分布密度，通视情况，边长（最大、最小、平均）和角度（最大、最小）等； ④作业技术依据； ⑤计划与实际完成工作量的比较，作业率的统计

续表

内容	简要说明
利用已有资料情况	①采用的基准和系统； ②起算数据及其等级； ③已知点的利用及联测； ④资料中存在的主要问题和处理方法
作业方法、质量和有关技术数据	①使用的仪器、仪表、设备和工具的名称、型号、检校情况及其主要技术数据等； ②觇标和标石的情况，施测方法，照准目标类型，观测权数与测回数，光段数，日夜比，重测数与重测率，记录方法，记录程序来源和审查意见，归心元素的测定方法、次数、概算情况与结果； ③新技术、新方法的采用及其效果； ④执行技术标准的情况，出现的主要问题和处理方法，保证和提高质量的主要措施，各项限差与实际测量结果的比较，外业检测情况及精度分析等； ⑤重合点及联测情况，新、旧成果的分析比较； ⑥为测定国家级水平控制点高程而进行的水准联测与三角高程的施测情况，概算方法和结果
技术结论	①对本测区成果质量、设计方案和作业方法等的评价； ②重大遗留问题的处理意见； ③经验、教训和建议
附图、附表	①利用已有资料清单； ②测区点、线、锁、网的分布图； ③精度统计表； ④仪器、基线尺检验结果汇总表； ⑤上交测绘成果清单等

2. 高程控制测量

高程控制测量的专业技术总结内容见表16-4。

表16-4 **高程控制测量专业技术总结具体内容**

内容	简要说明
概述	①任务来源、目的，生产单位，生产起止时间，生产安排情况； ②测区名称、范围、行政隶属，自然地理特征，沿线路面和土质植被情况，路坡度（最大、最小、平均），交通情况和困难类别； ③路线和网的名称、等级、长度，点位分布密度，标石类型等； ④作业技术依据； ⑤计划与实际完成工作量的比较，作业率的统计

续表

内容	简 要 说 明
利用已有资料情况	①采用基准和系统； ②起算数据及其等级； ③已知点的利用和联测； ④资料中存在的主要问题和处理方法
作业方法、质量和有关技术数据	①使用的仪器、标尺、记录计算工具和尺承的型号、规格、数量、检校情况及主要数据； ②埋石情况，施测方法，视线长度（最大、最小、平均），各分段中上、下午测站不对称数与总站数的比，重测测段及数量，记录和计算方法及程序来源，审查或验算结果； ③新技术、新方法的采用及其效果； ④跨河水准测量的位置、实施方案、实测结果与精度等； ⑤联测和支线的施测情况； ⑥执行技术标准的情况，保证和提高质量的主要措施，各项限差与实际测量结果的比较，外业检测情况及精度分析等
技术结论	①对本测区成果质量、设计方案和作业方法等的评价； ②重大遗留问题的处理意见； ③经验、教训和建议
附图、附表	①利用已有资料清单； ②测区点、线、网的水准路线图； ③仪器、标尺检验结果汇总表； ④精度统计表； ⑤上交测绘成果清单等

3. 重力测量

重力测量的专业技术总结内容见表 16-5。

表 16-5 **重力测量专业技术总结具体内容**

内容	简 要 说 明
概述	①任务来源、目的，生产单位，生产起止时间，生产安排概况； ②测区名称、范围、行政隶属、自然地理特征、交通情况等； ③路线的名称、等级，布点方案，分布密度，点距（最大、最小、平均）等； ④作业技术依据； ⑤计划与实际完成工作量的比较，作业率的统计
利用已有资料情况	①采用基准和系统； ②起算数据及其等级； ③已知点的利用和联测； ④资料中存在的主要问题和处理方法

续表

内容	简要说明
作业方法、质量和有关技术数据	①使用的仪器、仪表的名称、型号、检校情况及其主要技术数据； ②埋石情况，施测方法，施测路线与所用时间（最长、平均），测回数，重测数与重测率，概算公式与结果； ③联测点的联测情况，平面坐标与高程的施测和计算情况； ④新技术、新方法的采用及其效果； ⑤执行技术标准的情况，出现的主要问题和处理方法，保证和提高质量的主要措施，各项限差与实际测量结果的比较，实地检测情况及精度分析等
技术结论	①对本测区成果质量、设计方案和作业方法等的评价； ②重大遗留问题的处理意见； ③经验、教训和建议
附图、附表	①利用已有资料清单； ②重力点位和联测路线略图； ③平面坐标与高程施测图； ④仪器检验结果汇总表； ⑤精度统计表； ⑥上交测绘成果清单等

4. 大地测量计算

大地测量计算的专业技术总结内容见表 16-6。

表 16-6　**大地测量计算专业技术总结具体内容**

内容	简要说明
概述	①任务来源、目的，生产单位，生产起止时间，生产安排情况； ②计算区域名称、等级、范围、行政隶属； ③作业技术依据； ④计划与实际完成工作量的比较，作业率的统计
利用已有资料情况	①采用的基准和系统； ②起算数据及其等级、来源和精度情况； ③重合点的质量分析； ④前工序存在的主要问题及其在计算中的处理方法和结果
计算方法、质量和有关技术数据	①作业过程简述，保证质量的主要措施； ②使用计算工具的名称、型号、性能及其说明，采用程序的名称、来源、编制和审核单位、编制者，程序的基本功能及其检验情况； ③计算的原理、方法、基本公式，改正项，小数取位等； ④新技术、新方法的采用及其效果； ⑤数据和信息的输入、输出情况，内容与符号说明； ⑥计算结果的验算，精度统计分析与说明； ⑦计算过程中出现的主要问题及处理结果等

续表

内容	简要说明
计算结论	①对本计算区成果质量、计算方案、计算方法等的评价； ②重大遗留问题的处理意见； ③经验、教训和建议
附图、附表	①利用已有资料清单； ②计算区域的线、锁、网图； ③计算机源程序目录（含编制单位、编者、审核单位及其时间等）； ④精度检验分析统计表； ⑤上交测绘成果清单等

二、工程测量

1. 控制测量

参照大地测量的有关内容，结合工程测量的特点进行撰写。

2. 地形测图

地形测图包括摄影测量方法测图和平板仪、全站型速测仪测图。摄影测量方法测图参照摄影测量与遥感的有关内容，结合工程测量的特点进行撰写。这里主要介绍平板仪、全站型速测仪测量，具体专业技术总结内容见表16-7。

表16-7　**地形测图专业技术总结具体内容**

内容	简要说明
概述	①任务来源、目的，测图比例尺，生产单位，生产起止日期，生产安排概况； ②测区名称、范围、行政隶属、自然地理特征、交通情况等； ③作业技术依据，采用的等高距，图幅分幅和编号的方法； ④计划与实际完成工作量的比较，作业率的统计
利用已有资料情况	①资料的来源和利用情况； ②资料中存在的主要问题和处理方法
作业方法、质量和有关技术数据	①图根控制测量：各类图根点的布设，标志的设置，观测使用的仪器和方法，各项限差与实际测量结果的比较； ②平板仪测图：测图方法，使用的仪器，每幅图上解析图根点与地形点的密度和分布，特殊地物、地貌的表示方法，接边情况等； ③全站型速测仪测图：测图方法，仪器型号、规格、特性及检校情况，外业采集数据的内容、密度、记录的特征，数据处理和成图工具的情况等； ④测图精度分析与统计、检查验收的情况，存在的主要问题和处理结果等； ⑤新技术、新方法、新材料的采用及其效果

续表

内容	简 要 说 明
技术结论	①对本测区成果质量、设计方案和作业方法等的评价； ②重大遗留问题的处理意见； ③经验、教训和建议
附图、附表	①利用已有资料清单； ②图幅分布和质量评定图； ③控制点分布略图； ④精度统计表； ⑤上交测绘成果清单等

3. 施工测量

施工测量的专业技术总结内容见表 16-8。

表 16-8　**施工测量专业技术总结具体内容**

内容	简 要 说 明
概述	①任务来源、目的，生产单位，生产起止时间，生产安排概况； ②工程名称，测设项目，测区范围，自然地理特征，交通情况，有关工程地质与水文地质的情况，建设项目的复杂程度和发展情况等； ③作业技术依据； ④计划与实际完成工作量的比较，作业率的统计
利用已有资料情况	①资料的来源和利用情况； ②资料中存在的主要问题和处理方法
作业方法、质量和有关技术数据	①控制点系统的建立，埋石情况，使用的仪器和施测方法及其精度； ②施工放样方法和精度； ③各项误差的统计，实地检测的项目、数量和方法，检测结果与实测结果的比较等； ④新技术、新方法、新材料的采用及其效果； ⑤作业中出现的主要问题和处理方法
技术结论	①对本测区成果质量、设计方案和作业方法等的评价； ②重大遗留问题的处理意见； ③经验、教训和建议
附图、附表	①施工测量成果种类及其说明； ②采用已有资料清单； ③精度统计表； ④上交测绘成果清单等

4. 线路控制测量

线路控制测量参照大地测量的有关内容；线路测图参照地形测图的有关内容，结合线路测量的特点进行撰写，并需在“作业方法、质量和有关技术数据”条款中撰写专业内容。线路控制测量专业特点技术总结内容见表16-9。

表16-9 **线路控制测量专业技术总结中的专业特点要求**

铁路、公路测量	①与已有控制点的联测方法和精度； ②交点、转点、中桩桩位及曲线等的测设情况； ③中线测量，横断面测量的方法与精度； ④中桩复测与原测成果的比较
架空索道测量	①方向点间距及方向点偏离直线的情况； ②断面测量（加测断面及断面点）的情况
自流和压力管线测量	①施测情况与结果； ②定线的误差
架空送电线路测量	①定线测量与方向点偏离直线的情况； ②实地排定杆位时的检核情况

5. 竣工总图编绘与实测

竣工总图编绘与实测的专业技术总结内容见表16-10。

表16-10 **竣工总图编绘与实测专业技术总结具体内容**

内容	简要说明
概述	①任务来源、目的，生产单位，生产起止时间，生产安排概况； ②工程名称，测区范围、面积，工程特点等； ③作业技术依据； ④完成工作量，作业率的统计
利用已有资料情况	①施工图件和资料的实测与验收情况； ②图件、资料（特别是其中地下管线及隐蔽工程的）的现势性和使用情况； ③资料中存在的主要问题和处理方法
作业方法、质量和有关技术数据	①竣工总图的成图方法，控制点的恢复与检测，地物的取舍原则，成图的质量等； ②新技术、新方法、新材料的采用及其效果； ③作业中出现的主要问题和处理方法
技术结论	①对本测区成果质量、设计方案、作业方法等的评价； ②重大遗留问题的处理意见； ③经验、教训和建议

续表

内容	简要说明
附图、附表	①利用已有资料清单； ②上交测绘成果清单； ③建筑物、构筑物细部点成果表等

6. 变形测量

变形测量的专业技术总结内容见表 16-11。

表 16-11　**变形测量专业技术总结具体内容**

内容	简要说明
概述	①项目名称、来源、目的、内容，生产单位，生产起止时间，生产安排概况； ③测区地点、范围，建筑物（构筑物）分布情况及观测条件，标志的特征； ③作业技术依据； ④完成任务量
利用已有资料情况	①测量资料的分析与利用； ②起算数据的名称、等级及其来源； ③资料中存在的主要问题和处理方法
作业方法、质量和有关技术数据	①仪器的名称、型号和检校情况； ②标志的布设和密度，标石或观测墩的规格及其埋设质量，变形控制网（点）的建立、施测及其稳定性的分析，变形观测点的施测情况，观测周期，计算方式和方法等； ③重复观测结果的分析比较和数据处理方法； ④新技术、新方法、新材料的采用及其效果； ⑤执行技术标准的情况，出现的主要问题和处理方法，保证和提高质量的主要措施，各项限差与实际测量结果的比较
技术结论	①变形观测的结论和评价； ②对本测区成果质量、设计方案、作业方法等的评价； ③重大遗留问题的处理意见； ④经验、教训和建议
附图、附表	①变形控制网布设略图； ②利用已有资料清单； ③变形观测资料的归纳与分析报告； ④上交测绘成果清单等

7. 库区淹没测量

库区淹没测量的专业技术总结内容见表 16-12。

表 16-12 **库区淹没测量专业技术总结具体内容**

内容	简要说明
概述	①任务来源、目的，生产单位，生产起止时间，生产安排概况； ②水库名称、行政隶属，成图比例尺，库区淹没范围、面积，淹没田地、村庄数量，搬迁人口数等； ③作业技术依据； ④计划与实际完成工作量比较
利用已有资料情况	①起算数据及其等级、系统等； ②坝顶高程及其等级、系统等； ③资料中存在的主要问题和处理方法
作业方法、质量和有关技术数据	①标石埋设情况、分布与数量； ②使用仪器名称、型号、检验情况及其主要技术参数； ③施测与成图方法，点位布设密度、等级、联测方案与精度等； ④新技术、新方法、新材料的采用及其效果； ⑤最高淹没面和最低淹没面的高程； ⑥淹没区面积量算的方法和精度； ⑦执行技术标准的情况，出现的主要问题和处理方法，保证和提高质量的主要措施，各项限差与实际测量结果的比较，实地检测情况与精度等
技术结论	①对本测区成果质量、设计方案、作业方法等的评价； ②重大遗留问题的处理意见； ③经验、教训和建议
附图、附表	①控制点分布略图； ②库区淹没图及质量评定图； ③测量精度统计表； ④淹没区分类统计表； ⑤利用已有资料清单； ⑥上交测绘成果清单等

三、摄影测量与遥感

1. 航空摄影

航空摄影的专业技术总结内容见表 16-13。

表 16-13 **航空摄影专业技术总结具体内容**

内容	简要说明
概述	①任务来源、目的，摄影比例尺、航摄单位，摄影起止时间； ②摄区名称、地理位置、面积、行政隶属、摄区地形和气候对摄影工作的影响； ③作业技术依据； ④完成的作业项目、数量

续表

内容	简 要 说 明
利用已有资料情况	编制航摄计划用图的比例尺、作业年代及接边资料等
作业方法、质量和有关技术数据	①航摄仪和附属仪器的类型及其主要技术数据； ②航线敷设情况和飞行质量； ③底片和相纸的类型、特性、冲洗和处理方法，主要技术数据； ④航摄质量及航摄底片复制品的质量情况； ⑤新技术、新方法、新材料的采用及其效果； ⑥执行技术标准的情况，出现的主要问题和处理方法，保证和提高质量的主要措施
技术结论	①对本摄区成果质量、设计方案、作业方法等的评价； ②重大遗留问题的处理意见； ③经验、教训和建议
附图、附表	①摄影分区略图； ②航摄鉴定表； ③上交航摄成果清单等

2. 航空摄影测量外业

航空摄影测量外业的专业技术总结内容见表 16-14。

表 16-14　　**航空摄影测量外业的专业技术总结具体内容**

内容	简 要 说 明
概述	①任务来源、目的，摄影比例尺，成图比例尺，生产单位，生产起止日期，生产安排概况； ②测区地理位置、面积、行政隶属，自然地理特征，交通情况和困难类别等； ③作业技术依据，采用的投影、坐标系、高程系和等高距； ④计划与实际完成工作量的比较，作业率的统计
利用已有资料情况	①航摄资料的来源，仪器的类型及其主要技术数据，像片的质量和利用情况； ②其他资料的来源、等级、质量和利用情况； ③资料中存在的主要问题和处理方法
作业方法、质量和有关技术数据	①控制测量包括：像片控制点的布设方案，刺点影像；基础控制点和像片控制点测定的仪器、方法二扩展次数及各种误差；检查的方法和质量情况； ②像片调绘与综合法测图包括：调绘像片的比例尺和质量，调绘的方法，使用简化符号的说明；新增地物、地貌及云影、阴影地区的补测方法和质量；综合法测绘地貌的方法和质量；地理调查和地名译音的情况；检查的方法和质量情况； ③新技术、新方法的采用及其效果
技术结论	①对本测区成果质量、设计方案、作业方法等的评价； ②重大遗留问题的处理意见； ③经验、教训和建议

续表

内容	简要说明
附图、附表	①测区地形类别及质量评定图； ②利用已有资料清单； ③控制点分布略图； ④精度统计表； ⑤上交测绘成果清单等

3. 航空摄影测量内业

航空摄影测量内业的技术总结内容见表16-15。

表16-15 **航空摄影测量内业的技术总结具体内容**

内容	简要说明
概述	①任务来源、目的，摄影比例尺，成图比例尺，生产单位，生产起止日期，生产安排概况； ②测区地理位置、面积、行政隶属，地形的主要特征和困难类别； ③作业技术依据，采用的投影、坐标系、高程系和等高距； ④计划与实际完成工作量的比较，作业率的统计
利用已有资料情况	①摄影资料的来源，仪器的类型及其主要技术数据； ②对外业控制点和调绘成果进行分析； ③其他资料的来源、质量和利用情况； ④资料中存在的主要问题和处理方法
作业方法、质量和有关技术数据	①解析空中三角测量：加密方法，刺点影像，使用仪器等情况；加密点的精度及其接边情况； ②影像平面图的编制：纠正和复制的方法，仪器类型，影像质量及精度情况；采用正射投影仪作业时断面数据点采集的密度、扫描缝隙长度等有关技术参数；成图精度和图幅接边精度； ③航测原图的测绘和编绘：采用的方法和使用的仪器；成图的质量和精度；与已成图的接边情况； ④新技术、新方法、新材料的采用及其效果
技术结论	①对本测区成果质量、设计方案、作业方法等的评价； ②重大遗留问题的处理意见； ③经验、教训和建议
附图、附表	①测区图幅接合表； ②航测内业成图方法及质量评定图； ③利用已有资料清单； ④精度统计表； ⑤野外检测统计表； ⑥上交测绘成果清单等

4. 近景摄影测量

近景摄影测量的专业技术总结内容见表 16-16。

表 16-16　**近景摄影测量的专业技术总结具体内容**

内容	简要说明
概述	①任务来源、目的，摄影比例尺，成图比例尺，生产单位，生产起止日期，生产安排概况； ②目标的类型和概况； ③作业技术依据； ④完成的作业项目与工作量
利用已有资料情况	①摄影和测量仪器类型及检校情况； ②其他资料的来源、质量和利用情况； ③资料中存在的主要问题和处理方法
作业方法、质量和有关技术数据	①物方控制包括：物方控制布设情况、测量方法和精度； ②近景图像的获取：摄站布设、摄影方式、摄影参数；感光材料的型号和影像质量情况； ③近景图像的处理：处理的方法，仪器类型，成果形式；成果质量和精度的评定方法； ④新技术、新方法、新材料的采用及其效果
技术结论	①对本测区成果质量，设计方案、作业方法等的评价； ②重大遗留问题的处理意见； ③经验、教训和建议
附图、附表	①利用已有资料清单； ②成果的质量统计； ③精度统计表； ④野外检测统计表； ⑤上交测绘成果清单等

5. 遥感

遥感的专业技术总结内容见表 16-17。

表 16-17　**遥感专业技术总结具体内容**

内容	简要说明
概述	①任务来源、目的，图像比例尺，成图比例尺，生产单位，生产起止时间，生产安排概况； ②测区概况； ③作业技术依据和作业方案； ④完成的作业项目与工作量

续表

内容	简要说明
利用已有资料情况	①遥感资料的来源、形式，主要技术参数，质量和利用情况； ②资料中存在的主要问题和处理方法
作业方法、质量和有关技术数据	①遥感图像处理：采用的仪器及其主要技术参数；地面控制点选取的方法、点数及分布情况；处理方法，基本工作程序框图，影像质量及有关误差； ②遥感图像的解译：采用的资料；标志的形态、影像、色调特征等；解译的方法； ③解译结果的检验：解译结果检验的方法；野外取样情况，验证成果的准确率； ④编制专业图件：利用遥感影像图、地形图、解译草图和其他资料编制专业图件的方法及有关误差； ⑤新技术、新方法、新材料的采用及其效果
技术结论	①对本测区成果质量、设计方案、作业方法等的评价； ②重大遗留问题的处理意见； ③经验、教训和建议
附图、附表	①测区图幅接合表； ②利用已有资料清单； ③精度统计表； ④野外检测统计表； ⑤上交测绘成果清单等

四、野外地形数据采集及成图

野外地形数据采集及成图专业技术总结的具体内容见表 16-18。

表 16-18　　**野外地形数据采集及成图专业技术总结具体内容**

内容	简要说明
概述	①任务来源、目的、内容，成图比例尺，生产单位，生产起止时间，生产安排概况； ②测区范围、行政隶属，自然地理和社会经济的特征，困难类别等； ③作业技术依据； ④计划与实际完成工作量的比较，作业率的统计
利用已有资料情况	①采用的基准和系统； ②起算数据和资料的名称、等级、系统、来源和精度情况； ③资料中存在的主要问题和处理方法

续表

内容	简要说明
作业方法、质量和有关技术数据	①使用的仪器和主要测量工具的名称、型号、主要技术参数和检校情况； ②各类图根点的布设、标志的设置，施测方法和重测情况； ③野外地形数据的采集方法、要素代码、精度要求，属性等； ④DEM 的数据采集、分层设色的要求； ⑤测制地形图的方法和精度，新增的图式符号； ⑥新技术、新方法、新材料的采用及其效果； ⑦执行技术标准的情况，出现的主要问题和处理方法，保证和提高质量的主要措施，实地检测和检查的情况与结果等
技术结论	①对本测区成果质量、设计方案和作业方法等的评价； ②重大遗留问题的处理意见； ③经验、教训和建议
附图、附表	①利用已有资料清单； ②测区图幅接合表； ③控制点布设图； ④仪器、工具检验结果汇总表； ⑤精度统计表； ⑥成果质量评定统计表； ⑦上交测绘成果清单等

五、地图制图和印刷

1. 地图制图

地图制图的专业技术总结内容见表 16-19。

表 16-19　**地图制图专业技术总结具体内容**

内容	简要说明
概述	①任务名称、目的、来源、数量、类别和规格，成图比例尺，生产单位，生产起止日期，生产安排概况； ②制图区域范围、行政隶属，困难类别； ③作业技术依据，采用的投影、坐标系、高程系和等高距等； ④计划与实际完成工作量的比较，作业率的统计
利用已有资料情况	①基本资料的比例尺，测制单位，出版年代，现势性和精度； ②补充资料的比例尺，测制单位，出版年代，现势性，使用程度及方法； ③参考资料的使用程度

续表

内容	简要说明
作业方法、质量和有关技术数据	①编绘原图制作方法； ②印刷原图制作方法； ③数学基础的展绘精度，资料拼贴精度； ④地图内容的综合及描绘质量； ⑤执行技术标准的情况，出现的主要问题和处理方法，保证和提高质量的主要措施； ⑥新技术、新方法、新材料的采用及其效果
技术结论	①对本制图区域成果质量、设计方案和作业方法等的评价； ②重大遗留问题的处理意见； ③经验、教训和建议
附图、附表	①制图区域图幅接合表； ②资料分布略图； ③利用已有资料清单； ④成果质量评定统计表； ⑤上交测绘成果清单等

2. 地图印刷

地图印刷的专业技术总结内容见表 16-20。

表 16-20　**地图印刷的专业技术总结具体内容**

内容	简要说明
概述	①任务名称、目的、来源、数量、类别和规格，地图比例尺，承印单位，印刷日期，生产安排概况； ②制图区域范围、行政隶属； ③印刷色数、材料和印数； ④印刷技术依据； ⑤完成任务情况
利用已有资料情况	①印刷原图的种类、分版情况、制作单位、精度和质量； ②分色参考图的质量
印刷方法、质量和有关技术数据	①制版、照相、翻版、修版、拷贝、晒版的方法、精度和质量； ②印刷、打样的质量和数量，印刷的设备，印刷图的套合精度、印色、图形及线划的质量，油墨和纸张等的质量； ③装帧的方法、形式及质量； ④执行技术标准的情况，保证和提高质量的主要措施； ⑤新技术、新方法、新材料的采用及其效果； ⑥实施工艺方案中出现的主要问题及处理方法

续表

内容	简要说明
技术结论	①对印刷成果质量、工艺方案等的评价； ②总结经验、教训和建议
附图、附表	①工艺设计流程框图； ②印刷区域图幅接合表； ③成果、样品及其清单等

六、界线测绘

界线测绘的专业技术总结内容见表16-21。

表16-21　**界线测绘的专业技术总结具体内容**

内容	简要说明
概述	①任务名称、来源、目的、内容，生产单位，生产起止时间，生产安排概况等； ②界线测绘范围、界线测绘的等级，自然地理和社会经济的特征； ③作业技术依据； ④计划与实际完成工作量的比较，作业率的统计
利用已有资料情况	①采用的基准和系统； ②起算数据和资料的名称、等级、系统、来源和精度情况； ③资料中存在的主要问题和处理方法
作业方法、质量和有关技术数据	①使用的仪器和主要测量工具的名称、型号、主要技术参数和检校情况； ②控制网、锁、线、点的布设、等级、密度，埋石情况，施测方法和重测情况； ③界桩点的布设、形状、密度、编号方法和点位精度，界桩点方位物测绘的原则和测定情况； ④边界点的布设、测量与编号； ⑤边界线的命名、编号与标绘； ⑥界桩登记表的填写； ⑦边界地形图、边界线情况图、边界主张线图、边界协议书附图以及行政区域边界协议书附图集的方法和精度； ⑧新技术、新方法、新材料的采用及其效果
技术结论	①对本测区成果质量、设计方案和作业方法等的评价； ②重大遗留问题的处理意见； ③经验、教训和建议
附图、附表	①利用已有资料清单； ②控制点布设图； ③仪器、工具检验结果汇总表； ④边界协议书附图； ⑤精度统计表； ⑥上交测绘成果清单等

七、基础地理信息数据建库

基础地理信息数据建库的专业技术总结内容见表16-22。

表16-22　基础地理信息数据建库的专业技术总结具体内容

内容	简要说明
概述	①说明任务来源、管理框架、建库目标、系统功能，预期成果，生产单位，生产起止时间，生产安排概况； ②作业技术依据； ③计划与实际完成工作量的比较，作业率的统计
利用已有资料情况	①采用的基准和系统； ②数据来源、范围、产品类型、格式、精度、组织、质量情况； ③资料中存在的主要问题和处理方法
作业方法、质量和有关技术数据	①使用的系统软件及硬件的功能、型号、主要技术指标； ②数据库数据的内容、格式、位置精度、属性精度、现势性等情况； ③数据库的基本功能情况； ④数据库的概念模型设计、逻辑设计、物理设计的情况； ⑤新技术、新方法的采用及其效果； ⑥执行技术标准的情况，出现的主要问题和处理方法，保证和提高质量的主要措施等
技术结论	①对本数据库成果质量、设计方案等的评价； ②重大遗留问题的处理意见； ③经验、教训和建议
附图、附表	①利用已有资料清单； ②数据库数据要素分类与代码、层（块）、属性项表； ③上交数据建库成果清单等

八、地理信息系统

地理信息系统的专业技术总结内容见表16-23。

表16-23　地理信息系统的专业技术总结具体内容

内容	简要说明
引言	说明编写目的、背景、定义及参考资料等

续表

内容	简 要 说 明
实际开发结果	①产品：说明程序系统中各个程序的名称，它们之间的层次关系，程序系统版本、文件名称、数据库等； ②主要功能和性能：逐项列出本软件产品实际具有的主要功能和性能，并与开发目标对比； ③基本流程； ④进度：列出原定计划进度与实际进度的对比并分析原因； ⑤费用：列出原定计划费用与实际支出费用的对比并分析原因
开发工作评价	①对生产效率的评价：列出程序、文件的实际平均生产效率并与原定计划对比； ②对产品质量的评价：说明在测试中检查出来的错误发生率并与质量保证计划对比； ③对技术方法的评价：说明对开发中所使用的技术、方法、工具、手段的评价； ④出错原因的分析：分析开发过程中出现错误的原因
经验与教训	列出从开发工作中所得到的主要经验与教训，以及对今后项目开发的建议

第十六章考点试题
汇编及答案

第二部分　试 题 解 析

（一）2018 年注册测绘师资格考试测绘管理与法律法规仿真试卷与参考答案及解析

一、单项选择题（每题 1 分，每题的备选选项中，只有一项符合题意。）

1. 根据《测绘地理信息行业信用指标体系》，某丙级测绘资质单位因市场不正当竞争行为被罚 10 000 元并记为严重失信，则申请晋升乙级测绘资质至少应满(　　)年。

A. 1　　B. 2

C. 3　　D. 5

2. 根据《注册测绘师继续教育学时认定和登记办法（试行）》规定，国家对注册测绘师继续教育实行(　　)制度。

A. 登记　　B. 认定

C. 考试　　D. 学分

3. 根据《测绘资质分级标准》规定，申请晋升甲级测绘资质的，近 2 年内完成的测绘服务总值不少于(　　)万元。

A. 400　　B. 1 200

C. 1 500　　D. 1 600

4. 根据《测绘资质分级标准》，甲级测绘资质单位的办公场所至少应有(　　)平方米。

A. 40　　B. 150

C. 300　　D. 600

5. 根据《地图审核管理规定》，互联网地图服务审图号有效期为(　　)年，审图号到期，应当重新送审。

A. 1　　B. 2

C. 3　　D. 5

6. 卫星导航定位基准站的建设单位应当在开工建设(　　)日前，通过卫星导航定位基准站建设备案管理信息系统向测绘地理信息主管部门进行备案。

A. 10　　B. 15

C. 20　　D. 30

7. 国务院测绘地理信息主管部门收到建议人建议审核公布重要地理信息数据的资料后，应当在(　　)个工作日内决定是否受理，并书面通知建议人。

A. 5　　B. 7

C. 10　　D. 15

8. 根据《测绘生产质量管理规定》，下列职责中，不属于测绘单位的法定代表人质量管理职责的是(　　)。

A. 签发质量手册　　B. 确定本单位的质量目标
C. 签发作业指导书　　D. 建立本单位的质量体系

9. 测绘成果检查过程中，当质量检查人员与被检查单位在质量问题处理上有分歧时，负责裁定质量分歧的是（　　）。
A. 省级测绘地理信息主管部门质量管理机构
B. 测绘单位的法定代表人
C. 测绘单位上级质量管理机构
D. 测绘单位总工程师

10. 下列测绘仪器的“三防”措施中，说法错误的是(　　)。
A. 外业仪器一般半年进行一次全面的擦拭
B. 作用中暂时停用的电子仪器每周至少通电 2 小时
C. 仪器进行防雾处理，严禁使用吸潮后的干燥剂
D. 内业仪器一般应在一年内将所用临时性防锈油脂全部更换一次

11. 根据《测绘法》规定，(　　)负责军事测绘单位的测绘资质审查。
A. 国务院测绘地理信息主管部门
B. 军队测绘部门
C. 国家安全局
D. 国家测绘地理信息主管部门会同军队测绘部门

12. 根据《注册测绘师执业管理办法（试行）》，下列岗位中，必须由注册测绘师充任的是(　　)。
A. 总工程师　　B. 法定代表人
C. 技术和质检负责人　　D. 质量分管负责人

13. 根据《测绘资质分级标准》，下列专业中，属于测绘相关专业技术的是(　　)。
A. 土地管理　　B. 资源勘察
C. 地理国情监测　　D. 医药化学

14. 测绘资质审批机关自受理申请之日起规定时间内作出行政许可决定，若不能作出决定的，经本机关负责人批准，可延长(　　)个工作日，并告知申请单位延长期限理由。
A. 5　　B. 7
C. 10　　D. 15

15. 根据《测绘资质管理规定》，国家对测绘资质实行巡查制度，每年巡查比例不少于本行政区域内各等级测绘资质单位总数的(　　)。
A. 5%　　B. 10%
C. 30%　　D. 50%

16. 根据《测绘资质分级标准》，经过考核认定或通过考试成为(　　)的人员，可以计入中级专业技术人员数量。
A. GIS 技师　　B. 注册测绘师
C. 房产测量员　　D. 地图审图员

17. 根据《测绘资质分级标准》，下列测绘专业范围中，划分了监理业务子项的是(　　)。

A. 测绘航空摄影　　B. 地图编制

C. 海洋测绘　　D. 大地测量

18. 根据《测绘资质分级标准》，乙级测绘资质单位从事不动产测绘服务应具有(　　)名高级职称的工程师。

A. 2　　B. 4

C. 6　　D. 8

19. 国家测绘地理信息局自作出批准决定之日起(　　)个工作日内，将批准结果送达申请人，并核发“测绘师注册证”和印章。

A. 5　　B. 10

C. 20　　D. 30

20. 国家大型工程项目的施工一般采用(　　)方式选择实施单位。

A. 直接发包　　B. 公开招标

C. 邀请招标　　D. 议标

21. 根据《测绘作业证管理规定》，测绘单位办理换证的，省级测绘地理信息主管部门或者其委托的市（地）级测绘地理信息主管部门应当自收到换证申请之日起(　　)日内，完成换证工作。

A. 十　　B. 二十

C. 三十　　D. 四十五

22. 根据《互联网地图服务专业标准的通知》，互联网地图服务的专业范围划分(　　)项。

A. 二　　B. 三

C. 四　　D. 五

23. 根据《测绘作业证管理规定》，测绘作业证每次注册核准有效期为(　　)年。

A. 一　　B. 二

C. 三　　D. 五

24. 根据《国家永久性测量标志拆迁审批程序规定》，下列测量标志不能申请拆除的是(　　)。

A. 一级水准点　　B. 二等三角点

C. 基线检验场点　　D. 军用控制点

25. 根据《测绘作业证管理规定》，测绘人员遗失测绘作业证，应当立即向(　　)报告并说明情况。

A. 所在单位

B. 所在地测绘地理信息主管部门

C. 省级以上测绘地理信息主管部门

D. 发证机关

26. 根据《测量标志保护条例》，下列职责中，属于乡级人民政府的职责的是(　　)。

A. 普查测量标志　　B. 维修测量标志

C. 重建测量标志　　D. 保护管理测量标志

27. 全国基础测绘规划工作由(　　)组织编制，报国务院批准后组织实施。

A. 国务院测绘地理信息主管部门

B. 军队测绘部门

C. 国务院测绘地理信息主管部门和国务院发展改革主管部门

D. 国务院测绘地理信息主管部门会同国务院其他有关部门、军队测绘部门

28. 国家对测绘地理信息质量实行监督检查制度，甲级测绘资质单位每(　　)年应进行一次全覆盖的监督检查工作。

A. 1　　B. 2

C. 3　　D. 5

29. 下列地图中，省、自治区、直辖市人民政府测绘地理信息行政主管部门负责审核的是(　　)。

A. 伪满洲国地图　　B. 武汉市行政区域地图

C. 台湾地区地图　　D. 世界地图

30. 地方财政投资完成的测绘项目，由承担测绘项目的单位向测绘项日所在地的(　　)汇交测绘成果资料。

A. 国务院测绘地理信息主管部门　　B. 省级测绘地理信息主管部门

C. 市级测绘地理信息主管部门　　D. 县级测绘地理信息主管部门

31. 测绘成果产权包含测绘成果人身权和财产权，下列测绘成果产权中，属于测绘成果人身权的是(　　)。

A. 测绘成果的署名权　　B. 测绘成果所有权

C. 测绘成果产权经营权　　D. 测绘成果产权许可使用权

32. 根据《基础测绘条例》，下列测绘项目不属于基础测绘工作的是(　　)。

A. 更新国家基本比例尺地图　　B. 地理国情监测

C. 基础航空摄影　　D. 建立基础地理信息系统

33. 根据《测绘地理信息业务档案管理规定》，国家或地方重大测绘地理信息项目业务档案验收应当由(　　)组织实施，并出具验收意见。

A. 省级以上档案行政主管部门　　B. 省级以上测绘地理信息主管部门

C. 相应的档案保管机构　　D. 相应的测绘地理信息主管部门

34. 根据《测绘法》，地理信息保管单位未对属于国家秘密的地理信息利用情况进行登记、长期保存的，给予警告，责令改正，可以并处(　　)万元以下的罚款。

A. 五　　B. 十

C. 二十　　D. 五十

35. 根据《测绘管理工作国家秘密范围的规定》，下列涉密测绘成果中，秘密等级为机密级的是(　　)

A. 1：1 万的国家基本比例尺地形图

B. 独立坐标系之间的相互转换参数

C. 重力加密点成果

D. 国家安全要害部门所在地的航摄影像

36. 根据《测绘地理信息档案管理规定》，测绘项目验收报告的保管期限为(　　)。

A. 10年　　B. 20年

C. 30年　　D. 永久

37. 根据《保密法》规定，国家秘密的变更指的是(　　)的变更。

A. 密级、保密期限、知悉范围　　B. 密级、保密期限、涉密内容

C. 保密期限、知悉范围　　D. 密级、保密期限、知悉范围、涉密内容

38. 根据《测绘生产质量管理规定》，测绘单位必须健全质量管理制度，乙级测绘资质单位必须设立(　　)。

A. 专职质量管理员　　B. 质量检查员

C. 质量检查机构　　D. 注册测绘师

39. 根据《测绘生产质量管理规定》，实施测绘地理信息项目任务时首先应当坚持的原则是(　　)。

A. 先设计后生产　　B. 无设计就生产

C. 边设计边生产　　D. 先生产后设计

40. 根据《行政许可法》，下列原则中，不属于设定和实施行政许可应当遵循的原则的是(　　)。

A. 公开　　B. 公平

C. 公正　　D. 诚实守信

41. 根据《测绘资质管理规定》，生产、加工、利用属于国家秘密范围测绘成果的单位，应当取得法人资格(　　)年以上。

A. 2　　B. 3

C. 5　　D. 7

42. 根据《测绘成果质量监督抽查管理办法》，测绘成果监督抽查不合格的测绘单位，若逾期未整改或未如期提出复查申请的，应由实施抽查的测绘地理信息主管部门对其进行(　　)。

A. 组织强制复查　　B. 停业整顿

C. 处罚　　D. 吊销资质

43. 根据《公开地图内容表示若干规定》，下列内容中，公开地图和地图产品上可以表示的是(　　)。

A. 水库库容　　B. 隧道内部结构

C. 渡口位置　　D. 军事基地

44. 根据《地图审核管理规定》，下列地图中，需要审核的是(　　)。

A. 旅游地图　　B. 街区地图

C. 景区地图　　D. 公共交通线路图

45. 注册测绘师继续教育的一个注册期内，一共需要(　　)学时，分必修课(　　)学时和选修课(　　)学时。

A. 120，60，60　　B. 60，30，30

C. 90，45，45　　D. 60，60，0

46. 根据《地图管理条例》，下列地图中，需要向国务院测绘地理信息主管部门审批的是(　　)。

A. 广东省地图　　B. 江苏省政区图

C. 河北省全图　　D. 澳门特别行政区地图

47. 根据国家财政和测绘主管部门颁布的《测绘生产成本费用定额》，测绘项目成果设计费用占项目总成本费用的(　　)。

A. 1%　　B. 1.5%

C. 3%　　D. 5%

48. 根据测绘生产成本费用定额，作业区域平均海拔高度高于(　　)米时，成本费用定额中可增加高原系数。

A. 1 500　　B. 2 000

C. 3 000　　D. 3 500

49. 根据《测绘成果管理条例》，测绘项目出资人应当自测绘项目验收完成之日起(　　)个月内，向测绘地理信息主管部门汇交测绘成果副本或者目录。

A. 1　　B. 2

C. 3　　D. 6

50. 根据测绘合同示范文本，下列关于甲乙双方义务的说法中不正确的是(　　)。

A. 乙方根据技术设计书要求确保测绘项目如期完成

B. 不允许甲方使用乙方为执行本合同所提供的属乙方所有的测绘成果

C. 甲方应当对乙方提交的技术设计书做审订工作

D. 未经甲方允许，乙方不得将本合同标的的全部或部分转包给第三方

51. 根据《测绘技术设计规定》，下列内容中，不属于测绘项目技术设计书内容的是(　　)。

A. 进度安排和经费预算　　B. 引用文件

C. 质量评价　　D. 设计方案

52. 根据《测绘生产成本费用定额》，在海拔4 000m 的高原地区作业时，成本费用定额增加高原系数是(　　)。

A. 3%　　B. 6%

C. 7%　　D. 8%

53. 根据《注册测绘师制度暂行规定》，取得资格证书 1 年以上不满 3 年提出申请初始注册者，须提供不少于(　　)学时继续教育必修内容培训的证明。

A. 10　　B. 20

C. 30　　D. 40

54. 根据《测绘法》，确实无法避开的，需要拆迁永久性测量标志或者使永久性测量标志失去效能的，应当经(　　)批准。

A. 测量标志建设部门　　B. 测量标志管理部门

C. 国务院测绘地理信息主管部门　　D. 省级测绘地理信息主管部门

55. 在测绘项目中，技术依据及质量标准的确定需要在合同签订前由(　　)认定。

A. 发包方　　B. 承包方

C. 承包方或发包方任意一方　　D. 当事人双方协商

56. 测绘产品质量监督检验机构，必须向(　　)申请计量认证。

A. 省级以上测绘地理信息主管部门

B. 省级以上计量行政主管部门

C. 国务院测绘地理信息主管部门

D. 国务院计量行政主管部门

57. 根据《测绘法》规定，建设和维护运行卫星导航定位基准站不符合国家标准和技术要求的，可以给予警告，责令限期改正，没收违法所得和测绘成果，并处以(　　)罚款。

A. 十万元以下　　B. 二十万元以下

C. 三十万元以下　　D. 三十万元以上五十万元以下

58. 测绘人员进行测绘活动时，应当持有（　　）。任何单位和个人不得妨碍、阻挠测绘人员依法进行测绘活动。

A. 单位工作证　　B. 职称证

C. 测绘作业证　　D. 单位介绍信

59. 根据《测绘生产成本费用定额》，测绘内业生产的作业期是（　　）。

A. 220天10个月　　B. 220天12个月

C. 180天10个月　　D. 180天12个月

60. 《测绘成果管理条例》规定，测绘行政主管部门在审批对外国组织提供属于国家秘密的测绘成果前，应该征求(　　)的意见。

A. 保密工作部门　　B. 军队有关部门

C. 当地测绘地理信息主管部门　　D. 国家安全部门

61. 按照《测绘成果质量检查验收规定》，测绘成果验收工作的组织实施是(　　)。

A. 项目承担单位　　B. 所在地测绘地理信息主管部门

C. 项目委托单位　　D. 项目验收委员会

62. 《基础测绘条例》规定，(　　)应当及时收集有关行政区域界线、地名、水系、交通、居民点、植被等地理信息的变化情况，定期更新基础测绘成果。

A. 县级人民政府测绘地理信息主管部门

B. 县级以上人民政府测绘地理信息主管部门

C. 省级人民政府测绘地理信息主管部门

D. 国务院测绘地理信息主管部门

63. 根据《测绘市场管理暂行办法》，当测绘工程分包时，分包单位应对(　　)负责。

A. 中标单位　　B. 分包单位领导

C. 设计单位　　D. 招标单位

64. 下列基础测绘成果中，不属于省级测绘地理信息主管部门负责审批的是(　　)。

A. 本行政区域内统一的三、四等平面控制网的数据

B. 本行政区域内的1：1万国家基本比例尺地图

C. 1：50万国家基本比例尺数字化产品

D. 本行政区域内的基础航空摄影所获取的数据资料

65. 根据《标准化法》，下列代码中，表示行业标准的是(　　)。

A. GD　　B. GB/T

C. CH/T　　D. GBJ

66. 根据《标准化法》，强制性标准文本应当(　　)向社会公开。

A. 免费　　B. 定期

C. 公告形式　　D. 长期

67. 根据《测绘成果质量检查与验收》规定，当单位成果质量子元素质量得分小于60分时，质量评定判为(　　)。

A. 不合格　　B. 批不合格

C. 良　　D. 合格

68. 根据《测绘作业人员安全规范》，面积大于(　　) m^2 的作业场所，其安全出口应不少于2个。

A. 60　　B. 80

C. 100　　D. 120

69. 测绘工程项目目标可以分解为工期目标、成本目标和(　　)。

A. 管理目标　　B. 质量目标

C. 时间目标　　D. 精度目标

70. 根据《测绘成果质量检查与验收》规定，下列单位中，可以作为房产面积测量成果检查与验收的基本单位的是(　　)。

A. 测段　　B. 幢

C. 区域网　　D. 景

71. 对于涉密人员离岗离职实行脱密期管理，一般涉密人员的脱密期至少为(　　)。

A. 半年　　B. 一年

C. 二年　　D. 三年

72. 根据《遥感影像公开使用管理规定（试行）》，从事提供分辨率高于(　　)米的卫星遥感影像活动的机构，应当建立客户登记制度。

A. 10　　B. 20

C. 25　　D. 50

73. 属于国家秘密且确需公开使用的遥感影像，公开使用前应当依法送(　　)组织审查并进行保密技术处理。

A. 省级以上测绘地理信息主管部门会同有关部门

B. 国家测绘地理信息局

C. 国家保密行政主管部门

D. 国家保密科技测评中心

74. 根据《测绘生产质量管理》规定，重大测绘项目应实施(　　)，对技术设计进行验证。

A. 首件产品检验　　B. 抽样检验

C. 全部产品检验　　D. 末件产品检验

75. 根据《房产测绘管理办法》，下列成果中，不属于房产测绘成果的是(　　)。

A. 不动产登记簿　　B. 房产簿册

C. 房产数据　　　　D. 房产图集

76. 根据《土地管理法》，国家建立全国土地管理信息系统，对(　　)状况进行动态监测。

A. 土地权属　　　　B. 土地利用

C. 土地宗地面积　　　　D. 土地污染

77. 根据地图管理和资质管理的相关规定，下列关于互联网地图服务单位从事相应活动的说法中，错误的是（　　）。

A. 应当使用经依法批准的地图

B. 加强对互联网地图新增内容的核查校对

C. 可以从事导航电子地图制作等相关业务

D. 新增内容按照有关规定向省级以上测绘地理信息主管部门备案

78. 根据《基础地理信息数据档案管理与保护规范》，基础地理信息数据的储存库房内可以配置（　　）灭火器。

A. 酸式　　　　B. CO_2

C. 碱式　　　　D. 干粉

79. 根据《测绘技术总结编写规定》，测绘生产过程中，若采用了新技术、新方法、新材料，应在技术总结的(　　)中详细描述和总结其应用情况。

A. 概述　　　　B. 技术设计执行情况

C. 成果质量说明和评价　　　　D. 上交成果

80. 根据《测绘技术总结编写规定》，下列技术人员中，对技术总结编写质量负责的是(　　)。

A. 技术总结编写人员　　　　B. 技术总结审核人员

C. 技术设计编写人员　　　　D. 技术设计审核人员

二、多项选择题（每题 2 分。每题的备选选项中，有 2 项或 2 项以上符合题意，至少有 1 项是错项。错选，本题不得分；少选，所选的每个选项得 0.5 分。）

81. 根据《测绘资质分级标准》，下列测绘专业范围中，不设置监理专业子项的有(　　)。

A. 地图编制　　　　B. 互联网地图服务

C. 工程测量　　　　D. 海洋测绘

E. 测绘航空摄影

82. 根据《测绘地理信息业务档案管理规定》，下列工作环节中，应当同步提出测绘地理信息业务档案建档工作要求的有(　　)。

A. 项目计划　　　　B. 库房建设

C. 管理程序　　　　D. 质量控制

E. 经费预算

83. 根据《地图管理条例》，下列地图中，没有明确审核依据的，由国务院测绘地理信息主管部门商外交部进行审核的是(　　)。

A. 历代舆地图　　B. 新疆地势地貌图
C. 台湾地区地图　　D. 世界地图
E. 时事宣传地图

84. 根据《测绘生产质量管理规定》，测绘单位应在关键工序、重点工序设置必要的检验点，设置现场检验点应当考虑的主要因素有(　　)。

A. 测绘任务工作量　　B. 测绘任务进度安排
C. 作业人员水平　　D. 降低质量成本
E. 测绘任务的性质

85. 根据测绘合同示范文本，下列内容中，属于测绘项目合同乙方义务的是(　　)。

A. 组织测绘队伍进场
B. 作业根据技术设计书要求，确保测绘项目如期完成
C. 编制技术设计书
D. 完成对技术设计书的审订工作
E. 乙方可以将合同标的全部或部分转包给第三方

86. 根据《测绘技术设计规定》，测绘项目工程质量保证措施和要求有(　　)。

A. 组织管理措施　　B. 资源保证措施
C. 经费保障措施　　D. 质量控制措施
E. 数据安全措施

87. 下列情形中，对地理信息数据安全造成不利影响的有(　　)。

A. 安全意识淡薄　　B. 数据备份
C. 电源故障　　D. 磁干扰
E. 黑客入侵

88. 根据《合同法》规定，合同的内容由当事人约定，一般包括(　　)。

A. 履行期限　　B. 标的
C. 数量　　D. 运输方式
E. 价款或者报酬

89. 根据《测绘技术设计规定》，下列内容中，属于设计审批的依据是(　　)。

A. 设计评审　　B. 评审时间
C. 验证报告　　D. 验证方式
E. 设计输入内容

90. 根据《测绘技术设计规定》，下列内容中，属于测绘项目合同评审工作内容的是(　　)。

A. 人力资源保障　　B. 产品交付期限
C. 成本预算、价款和结算方式　　D. 测绘业绩
E. 单位注册资金

91. 在技术设计实施前，承担设计任务的单位或部门的(　　)对测绘技术设计进行策划，并对整个设计过程进行控制。

A. 总工程师　　B. 项目负责人

C. 技术负责人　　D. 技术员

E. 策划师

92. 某城市建立相对独立的平面坐标系统，申请人应当依法向测绘地理信息主管部门提交的申请材料有(　　)。

A.《建立相对独立的平面坐标系统申请书》

B. 立项批准文件

C. 申请建立相对独立的平面坐标系统的区域内及周边地区现有坐标系统的情况

D. 该市人民政府统一建立该系统的文件

E. 工程项目申请人的有效身份证明

93. 根据《测绘资质分级标准》，下列业务中，属于丙级测绘资质业务范围的是(　　)。

A. 摄影测量与遥感　　B. 工程测量

C. 海洋测绘　　D. 地籍测绘

E. 行政区域界线测绘

94. 根据《注册测绘师执业管理办法（试行）》，下列文件中，需要由注册测绘师签字并加盖执业印章的有(　　)。

A. 项目合同　　B. 成果质量检查报告

C. 最终成果文件　　D. 仪器检定报告

E. 项目监理报告

95. 根据《测绘资质分级标准》，下列测绘活动中，取得相应测绘资质证书的乙级单位不得承担的是(　　)。

A. 全球导航卫星系统连续基准站建设

B. 地理信息系统工程

C. 倾斜摄影

D. 基线测量

E. 导航电子地图制作

96. 下列特性中，属于基础测绘成果应急提供应当遵循的是(　　)。

A. 时效性　　B. 安全性

C. 可靠性　　D. 无偿性

E. 有偿性

97. 根据《基础测绘条例》，下列内容中，属于基础测绘应急保障预案内容的是(　　)。

A. 应急保障经费投入　　B. 应急装备和器材装备

C. 应急响应　　D. 基础地理信息数据的应急测制和更新

E. 启动基础测绘应急保障预案

98. 根据《标准化法》，国家支持在重要行业、战略性新兴产业、关键共性技术等领域利用自主创新技术制定(　　)。

A. 团体标准　　B. 国家标准

C. 企业标准　　D. 行业标准

E. 地方标准

99. 根据《测绘成果质量检查验收规定》，施工测量成果的计算质量主要检查项有(　　)。

A. 验算项目的齐全性

B. 验算方法的正确性

C. 平差计算及其他内业计算的正确性

D. 控制点整饰的规范性

E. 点位说明的准确性

100. 2016 版 ISO 9000 质量管理体系标准的质量管理原则有(　　)。

A. 经济原则

B. 全员参与原则

C. 征询决策原则

D. 关系管理原则

E. 管理的系统方法原则

参考答案及解析

一、单项选择题

1. 【B】测绘单位信用信息被记为严重失信信息的，两年内不得申请晋升测绘资质等级或新增专业范围。
2. 【A】注册测绘师继续教育实行登记制度。
3. 【D】申请晋升甲级测绘资质的，近 2 年内完成的测绘服务总值不少于 1 600 万元。
4. 【D】各等级测绘资质单位的办公场所：甲级不少于 600m^2，乙级不少于 150m^2，丙级不少于 40m^2，丁级不少于 20m^2。
5. 【B】互联网地图服务审图号有效期为两年。审图号到期，应当重新送审。
6. 【D】卫星导航定位基准站的建设单位应当在开工建设 30 日前，通过卫星导航定位基准站建设备案管理信息系统向测绘地理信息主管部门进行备案。
7. 【C】国务院测绘地理信息主管部门收到建议人建议审核公布重要地理信息数据的资料后，应当在 10 个工作日内决定是否受理，并书面通知建议人。
8. 【C】测绘单位的法定代表人确定本单位的质量方针和质量目标，签发质量手册；建立本单位的质量体系并保证其有效运行；对提供的测绘产品承担产品质量责任。
9. 【D】检查、验收人员与被检查单位在质量问题处理上有分歧时，属于检查过程中的，由测绘单位的总工程师裁定。
10. 【B】作用中暂时停用的电子仪器每周至少通电 1 小时。
11. 【B】《测绘法》第二十八条规定，军队测绘部门负责军事测绘单位的测绘资质审查。
12. 【C】测绘地理信息项目的技术和质检负责人等关键岗位须由注册测绘师充任。
13. 【B】测绘相关专业技术人员，是指地理、地质、工程勘察、资源勘查、土木、建筑、规划、市政、水利、电力、道桥、工民建、海洋、计算机、软件、印刷等专业的技术人员。
14. 【C】测绘资质审批机关自受理申请之日起 20 个工作日内不能作出决定的，经本机关负责人批准，可延长 10 个工作日，并应当将延长期限理由告知申请单位。

15.【C】每年巡查比例不少于本行政区域内各等级测绘资质单位总数的 5%。

16.【B】注册测绘师可以计入中级专业技术人员数量。

17.【C】在摄影测量与遥感、地理信息系统工程、工程测量、不动产测绘、海洋测绘这 5 个市场化程度较高的专业范围下设置相应的甲、乙级测绘监理专业子项。

18.【A】乙级测绘资质单位从事不动产测绘服务应具有 2 名高级职称的工程师。

19.【B】国家测绘主管部门自作出批准决定之日起 10 个工作日内，将批准决定送达经批准注册的申请人，并核发统一制作的“中华人民共和国注册测绘师注册证”和执业印章。

20.【B】《招标投标法》规范了两种招标方式，即公开招标和邀请招标，但鼓励采用公开招标方式。国家大型工程项目的施工一般采用公开招标方式选择实施单位。

21.【C】省级测绘地理信息主管部门或者其委托的市（地）级人民政府测绘地理信息主管部门应当自收到补（换）证申请之日起三十日内，完成补（换）证工作。

22.【C】互联网地图服务的专业范围划分为地图搜索、位置服务，地理信息标注服务和地图下载、复制服务，地图发送、引用服务四项。

23.【C】测绘作业证每次注册核准有效期为三年。

24.【C】不得申请拆迁下列永久性测量标志或者使其失去使用效能：①国家大地原点；②国家水准原点；③国家绝对重力点；④全球定位系统连续运行基准站；⑤基线检测场点。

25.【A】测绘人员遗失测绘作业证，应当立即向本单位报告并说明情况。所在单位应当及时向发证机关书面报告情况。

26.【D】乡镇人民政府的职责是：①依法做好本行政区域内的测量标志保护管理工作；②及时向县级测绘地理信息主管部门报告永久性测量标志的移动和损毁情况。

27.【D】全国基础测绘规划工作由国务院测绘地理信息主管部门会同国务院其他有关部门、军队测绘部门组织编制，报国务院批准后组织实施。

28.【C】国家对测绘地理信息质量实行监督检查制度。甲、乙级测绘资质单位每 3 年监督检查覆盖一次，丙、丁级测绘资质单位每 5 年监督检查覆盖一次。

29.【B】省级测绘地理信息主管部门负责审核主要表现地在本行政区域范围内的地图。

30.【B】地方财政投资完成的测绘项目，由承担测绘项目的单位向测绘项目所在地的省级测绘地理信息主管部门汇交测绘成果资料。

31.【A】测绘成果的署名权属于测绘成果人身权。

32.【B】地理国情监测不是基础测绘。基础测绘是支持地理国情监测活动的基础，地理国情监测是基础测绘的延展。

33.【D】国家或地方重大测绘地理信息项目业务档案验收应当由相应的测绘地理信息主管部门组织实施，并出具验收意见。

34.【C】地理信息保管单位未对属于国家秘密的地理信息利用情况进行登记、长期保存的，给予警告，责令改正，可以并处 20 万元以下的罚款。

35.【A】1∶1 万的国家基本比例尺地形图及其数字化成果，属于机密级涉密测绘成果。

36.【D】项目验收报告（验收意见、专家名单等）的保管期限为永久。

37.【A】国家秘密的密级、保密期限和知悉范围，应当根据情况变化及时变更。
38.【C】测绘单位必须健全质量管理的规章制度。甲级、乙级测绘资格单位应当设立质量管理或质量检查机构；丙级、丁级测绘资格单位应当设立专职质量管理或质量检查人员。
39.【A】测绘地理信息项目的实施，应坚持先设计后生产，不允许边设计边生产，禁止没有设计进行生产。技术设计文件需要审核的，由项目委托方审核批准后实施。
40.【D】设定和实施行政许可，应当遵循公开、公平、公正的原则。
41.【B】生产、加工、利用属于国家秘密范围测绘成果的单位，应取得法人资格 3 年以上。
42.【A】逾期未整改或者未如期提出复查申请的，由实施抽查的测绘地理信息主管部门组织进行强制复查。
43.【C】公开地图和地图产品上不得表示国防、军事设施，及军事单位；航道水深、船闸尺度、水库库容、输电线路电压等精确数据，桥梁、渡口、隧道的结构形式和河底性质。
44.【A】不需要审核的地图有：①直接使用具有审图号的公益性地图；②景区地图、街区地图、公共交通线路图等；③明确应予公开且不涉及国界、边界、行政界线的地图。
45.【A】注册测绘师继续教育，在一个注册期内必修课和选修课均为 60 学时。
46.【D】香港特别行政区地图、澳门特别行政区地图以及台湾地区地图由国务院测绘地理信息主管部门审批。
47.【B】成本费用中包含 1.5%的测绘工作项目设计费用和 3.0%的成果验收费用。
48.【D】高原系数指作业区域平均海拔高度≥3 500m 时，成本费用定额中可增加的高原系数。
49.【C】测绘项目出资人或者承担国家投资的测绘项目应当自测绘项目验收完成之日起 3 个月内，向测绘地理信息主管部门汇交测绘成果副本或者目录。
50.【B】允许甲方内部使用乙方为执行本合同所提供的属乙方所有的测绘成果。
51.【C】测绘项目技术设计书内容有概述、作业区自然地理概况和已有资料情况、引用文件、成果主要技术指标和规格、设计方案、进度安排和经费预算、附录。
52.【C】高原系数是作业区域平均海拔高度≥3 500m 时，高原系数为 7%。
53.【C】取得资格证书 1 年以上不满 3 年提出申请的初始注册者，须提供不少于 30 学时继续教育必修内容培训的证明。
54.【D】确实无法避开，需要拆迁永久性测量标志或者使永久性测量标志失去使用效能的，应当经省、自治区、直辖市人民政府测绘地理信息主管部门批准。
55.【D】技术依据及质量标准的确定需要合同签订前由当事人双方协商认定；对于未做约定的情形，应注明按照本行业相关规范及技术规程执行，以避免出现不必要的争议。
56.【B】测绘产品质量监督检验机构，须向省级以上政府计量行政主管部门申请计量认证。
57.【D】卫星导航定位基准站的建设和运行维护不符合国家标准、要求的，给予警告，责令限期改正，没收违法所得和测绘成果，并处三十万元以上五十万元以下的罚款。

58.【C】测绘人员进行测绘活动时，应当持有测绘作业证。任何单位和个人不得妨碍、阻挠测绘人员依法进行测绘活动。

59.【B】测绘生产年作业期外业180天，内业220天。

60.【B】对外提供属于国家秘密的测绘成果，测绘行政主管部门在审批前，应当征求军队有关部门的意见。

61.【C】测绘成果验收工作由任务的委托单位组织实施，或由该单位委托具有检验资格的检验机构验收。

62.【B】《基础测绘条例》第二十二条规定，县级以上人民政府测绘行政主管部门应当及时收集有关行政区域界线、地名、水系、交通、居民点、植被等地理信息的变化情况。

63.【A】分包单位与中标单位有合同关系，与建设单位没有合同关系，所以分包单位对中标单位负责。

64.【C】1∶50万国家基本比例尺数字化产品是由国务院测绘地理信息主管部门负责审批。

65.【C】CH/T表示推荐性测绘行业标准。

66.【A】强制性标准文本应当免费向社会公开。国家推动免费向社会公开推荐性标准文本。

67.【A】单位成果质量子元素质量得分小于60分时，即判定为不合格。

68.【C】面积大于100m^2的作业场所，其安全出口应不少于2个。

69.【B】测绘工程项目目标可以分解为工期目标、成本目标和质量目标。

70.【B】房产面积测量以幢为基本单位进行成果检查与验收。

71.【A】核心涉密人员脱密期为2~3年，重要涉密人员脱密期为1~2年，一般涉密人员脱密期为6个月至1年。

72.【A】从事提供分辨率高于10 m的卫星遥感影像活动的机构，应当建立客户登记制度，每半年一次向所在地省级以上测绘行政主管部门报送备案。

73.【A】属于国家秘密且确需公开使用的遥感影像，公开使用前应当依法送省级以上测绘地理信息主管部门会同有关部门组织审查并进行保密技术处理。

74.【A】重大测绘项目应实施首件产品的质量检验，对技术设计进行验证。首件产品质量检验点的设置，由测绘单位根据实际需要自行确定。

75.【A】房产测绘成果主要有房产簿册、房产数据、房产图集。

76.【B】国家建立全国土地管理信息系统，对土地利用状况动态监测。

77.【C】互联网地图服务单位不可以从事导航电子地图制作等相关业务。

78.【B】库房及装具应使用耐火材料，库房内及附近不得有易燃物品，库房内不得有明火，并配有CO_2灭火器。

79.【B】若采用了新技术、新方法、新材料，应在技术总结的“技术设计执行情况”中详细描述和总结其应用情况。

80.【B】技术总结编写完成后，单位总工程师或技术负责人应对技术总结编写的客观性、完整性等进行审核并签字，并对技术总结编写的质量负责。

二、多项选择题

81.【ABE】在摄影测量与遥感、地理信息系统工程、工程测量、不动产测绘、海洋测绘等五个市场化程度较高的专业范围下设置相应的甲、乙级测绘监理专业子项。

82.【ACDE】测绘地理信息业务档案建档工作应当纳入测绘地理信息项目计划、经费预算、管理程序、质量控制、岗位责任。实施过程中，应当同步提出建档工作要求。

83.【ADE】世界地图、历史地图、时事宣传地图没有明确审核依据的，由国务院测绘地理信息主管部门商外交部进行审核。

84.【CDE】测绘单位应当在关键工序、重点工序设置必要的检验点。现场检验点的设置，可以根据测绘任务的性质、作业人员水平、降低质量成本等因素，由测绘单位自行确定。

85.【ABC】完成对技术设计书的审订工作属于合同甲方义务，乙方不可以将合同标的全部或部分转包给第三方。

86.【ABDE】测绘成果质量保证措施和要求主要有：①组织管理措施；②资源保证措施；③质量控制措施；④数据安全措施。

87.【ACDE】数据备份是保证地理信息数据安全的重要手段。

88.【ABCE】运输方式不属于由当事人约定的合同内容。

89.【ACE】设计评审的依据主要包括设计输入内容、设计评审和验证报告。

90.【ABC】测绘项目合同评审工作内容有人力资源保障、产品交付期限、成本预算、价款和结算方式、违约等内容。

91.【AC】技术设计实施前，承担设计任务单位或部门的总工程师或技术负责人负责对测绘技术设计进行策划，并对整个设计过程进行控制。必要时，亦可指定相应的技术人员负责。

92.【ABDE】申请建立相对独立的平面坐标系统的区域内及周边地区现有坐标系统的情况不是申请建立相对独立的平面坐标系统应当提交的材料。

93.【ABCD】丙级测绘资质的业务范围仅限于工程测量、摄影测量与遥感、地籍测绘、房产测绘、地理信息系统工程、海洋测绘，且不超过上述范围内的四项业务。

94.【BCE】测绘地理信息项目的设计文件、成果质量检查报告、最终成果文件以及产品测试报告、项目监理报告等，须注册测绘师签字并加盖执业印章后生效。

95.【ACDE】全球导航卫星系统连续基准站建设、倾斜摄影、基线测量、导航电子地图制作等业务均需要甲级测绘资质才能开展。

96.【ABCD】应对突发事件所需的基础测绘成果无偿提供使用。

97.【BCDE】基础测绘应急保障预案的内容：①应急保障组织体系；②应急装备和器材配备；③应急响应；④启动基础测绘应急保障预案；⑤基础地理信息数据的应急测制和更新。

98.【AC】国家支持在重要行业、战略性新兴产业、关键共性技术等领域利用自主创新技术制定团体标准、企业标准。

99.【ABC】施工测量成果的质量元素中计算质量的检查项包括：验算项目的齐全性、验算方法的正确性、平差计算及其他内业计算的正确性。

100.【BCD】2016 版 ISO 9000 质量管理原则：以顾客为关注焦点原则；领导作用原则；全员参与原则；过程方法原则；持续改进原则；征询决策原则；关系管理原则。

（二）2019 年注册测绘师资格考试测绘管理与法律法规仿真试卷与参考答案及解析

一、单项选择题（每题 1 分，每题的备选选项中，只有一项符合题意。）

1. 根据《基础测绘成果提供使用管理暂行办法》，下列基本比例尺地图中，由国务院自然资源主管部门负责提供审批的是(　　)。

A. 1∶5 万比例尺　　B. 1∶1 万比例尺

C. 1∶5 000 比例尺　　D. 1∶2 000 比例尺

2. 甲级互联网地图服务单位必须配备(　　)个地图安全审校人员。

A. 2　　B. 3

C. 4　　D. 5

3. 根据《测绘资质分级标准》下列关于测绘监理的说法中正确的是(　　)。

A. 具有工程测量监理资质的单位可以承接不动产测绘监理项目

B. 乙级测绘监理资质单位不能监理甲级测绘资质单位项目

C. 测绘监理资质分为甲、乙、丙、丁四级

D. 没有摄影测量与遥感测绘监理资质

4. 行政区域界线测绘子项属于(　　)专业。

A. 工程测量　　B. 不动产测绘

C. 大地测量　　D. 摄影测量与遥感

5. 下列属于测绘专业技术人员的是(　　)专业技术人员。

A. 地质　　B. 工程勘察

C. 土地管理　　D. 水利

6. 申请互联网地图服务的单位，测绘相关专业技术人员比例(　　)。

A. 不作要求

B. 不得超过对专业技术人员要求数量的 80%

C. 不得超过对专业技术人员要求数量的 60%

D. 不得超过对专业技术人员要求数量的 50%

7. 下列有关测绘地理信息行业信用信息的说法中，正确的是(　　)。

A. 省级测绘地理信息主管部门负责本行政区域内测绘资质单位信用信息的发布和管理

B. 测绘地理信息行业信用信息分为基本信息、良好信息、不良信息

C. 国务院测绘地理信息主管部门负责甲、乙级测绘资质单位信用信息的发布和管理工作

D. 测绘资质、科技创新、社会贡献等信息属于基本信息

8. 测绘资质单位认为合法权益在信用管理工作中受到侵害的，可以向省级以上测绘地理信息主管部门(　　)。

A. 投诉　　B. 报告

C. 通报　　D. 申诉

9. 根据《测绘地理信息行业信用管理办法》，某测绘单位因质量问题被警告应列入(　　)失信。

A. 一般　　B. 较重

C. 严重　　D. 轻微

10. 测绘资质单位被计入一般失信信息的，自该信息生效之日起(　　)个月内不得申请晋升测绘资质等级或者新增专业范围。

A. 6　　B. 9

C. 12　　D. 18

11. 注册测绘师继续教育实行(　　)制度。

A. 备案　　B. 审查

C. 登记　　D. 考核

12. 一次性测绘的应当保证中方测绘人员(　　)具体测绘活动。

A. 全程参与　　B. 重点指导

C. 随时检查　　D. 监督检验

13. 国家设立统一大地基准数据由(　　)审核。

A. 国务院工业信息化部门　　B. 国务院办公厅

C. 国务院测绘地理信息部门　　D. 军队测绘部门

14. 某测绘单位因股份转让产生法人代表变更，有关部门核准变更后(　　)日内，向测绘资质审批机关提交变更申请。

A. 30　　B. 45

C. 60　　D. 90

15. 测绘单位向测绘资质审批机关提交名称变更申请时，不需提交的原件扫描件材料是(　　)。

A. 测绘资质申请表　　B. 变更申请文件

C. 有关部门核准的变更证明　　D. 测绘资质证书正本、副本

16. 外国的组织申请一次性测绘的，应当依法提交申请材料(　　)。

A. 一式两份　　B. 一式三份

C. 一式四份　　D. 一式五份

17. 经济建设、国防建设、社会发展和生态保护急需的基础测绘成果应当(　　)更新。

A. 分批　　B. 定期

C. 按年度计划　　D. 及时

18. 下列关于基础测绘规划的说法中，正确的是(　　)。

A. 基础测绘规划由测绘地理信息主管部门编制

B. 基础测绘规划编制完成后应当报上级人民政府批准

C. 基础测绘规划编制完成后应当报本级人民政府备案
D. 组织编制机关应当依法公布经批准的基础测绘规划

19. 根据注册测绘师执业管理办法（试行），下列关于注册测绘师的说法中错误的是(　　)。
A. 注册测绘师延续注册的，应当完成本专业的继续教育
B. 注册测绘师的注册证和执业印章每一次注册有效期为 3 年
C. 注册测绘师签字盖章的文件均不得修改
D. 注册测绘师必须依托注册单位开展执业活动

20. 测绘地理信息项目实施所使用的全站仪应按照国家有关规定进行(　　)。
A. 检定、校准　　B. 检查、核准
C. 检校、比对　　D. 检查、校对

21. 根据《测绘法》，下列关于测绘成果汇交和保管的说法中，错误的是(　　)。
A. 属于基础测绘项目的，应当汇交测绘成果副本
B. 属于非基础测绘项目的，应当汇交测绘成果目录
C. 负责接收测绘成果副本和目录的测绘地理信息主管部门应当出具测绘成果汇交凭证
D. 测绘地理信息主管部门应当长期保管测绘成果副本和目录

22. 根据《测绘成果管理条例》，测绘成果副本和目录实行(　　)。
A. 有偿汇交　　B. 无偿汇交
C. 有条件汇交　　D. 共享交换

23. 根据《测绘成果管理条例》，外国的组织或者个人依法与中华人民共和国有关部门或者单位合作，经批准在中华人民共和国领域内从事测绘活动的，测绘成果归中方部门或者单位所有，并由中方部门或者单位向(　　)汇交测绘成果副本。
A. 国务院测绘地理信息主管部门
B. 测绘项目所在地的测绘地理信息主管部门
C. 省、自治区、直辖市测绘地理信息主管部门
D. 县级以上地方人民政府

24. 根据《测绘成果管理条例》，法人或者其他组织需要利用属于国家秘密的基础测绘成果的，应当提出明确的利用目的和范围，报(　　)审批。
A. 测绘成果保管单位
B. 县级以上地方人民政府
C. 基础测绘实施单位
D. 测绘成果所在地的测绘地理信息主管部门

25. 根据《测绘成果管理条例》，下列职责中，不属于测绘成果保管单位职责的是(　　)。
A. 建立健全测绘成果资料的保管制度
B. 对基础测绘成果资料实行异地备份存放制度
C. 定期编制测绘成果资料目录并向社会公布
D. 按照规定保管测绘成果资料，不得损毁、散失、转让

26. 根据《测绘法》，下列工作中，应当依法有偿使用基础测绘成果的是(　　)。

A. 某公司建设物流配送管理系统

B. 军队建设兵要地志信息系统

C. 测绘地理信息主管部门建设“天地图”平台

D. 发展改革部门编制长江三角洲区域一体化建设规划

27. 根据《基础测绘成果提供使用管理暂行办法》，下列关于被许可使用人利用基础测绘成果的说法中，错误的是(　　)。

A. 必须采取有效的保密措施，严防基础测绘成果泄密

B. 所领取的基础测绘成果仅限于在本单位及所属系统内使用

C. 若委托第三方开发，项目完成后，负有督促其销毁相应测绘成果的义务

D. 应当在使用基础成果所形成的成果的显著位置，注明基础测绘成果和版权所有者

28. 根据《测绘地理信息业务档案管理规定》，下列关于档案保管机构工作的说法中，错误的是(　　)。

A. 将测绘地理信息业务档案进行分类整理，并编制目录

B. 库房配备防火、防盗、防渍、防有害生物，温湿度控制、监控等保护设施设备

C. 定期对测绘地理信息业务档案管理状况进行检查

D. 测绘地理信息业务档案保管期满的，自行销毁

29. 根据《测绘地理信息业务档案管理规定》，具有重要查考利用保存价值的测绘地理信息业务档案应当(　　)。

A. 永久保存　　B. 长期保存

C. 保存10年　　D. 保存30年

30. 根据《测量标志保护条例》，建设永久性测量标志需要占用土地的，地面、地下标志占用土地的范围分别为(　　)。

A. $16\sim36m^2$，$36\sim100m^2$　　B. $36\sim100m^2$，$16\sim36m^2$

C. $10\sim16m^2$，$36\sim100m^2$　　D. $16\sim36m^2$，$36\sim136m^2$

31. 根据《测绘法》，卫星导航定位基准站建设的单位未报备案的，给予警告，责令期改正，逾期不改正的，处(　　)的罚款。

A. 十万元　　B. 三十万元

C. 十万元以上三十万元以下　　D. 五十万元

32. 中华人民共和国国界线的测绘按照中华人民共和国与相邻国家缔结的边界条约或者协定执行，由(　　)组织实施。

A. 国务院测绘地理信息主管部门　　B. 外交部

C. 民政部　　D. 外交部和国务院测绘地理信息主管部门

33. 房屋产权、产籍相关的房屋面积的测量，应当执行由(　　)组织编制的测量技术规范。

A. 中国测绘学会

B. 省级测绘地理信息主管部门

C. 国务院标准化行政主管部门

D. 国务院住房和城乡建设主管部门、国务院测绘地理信息主管部门

34. 房产测绘单位在房产面积测算中不执行国家标准、规范和规定的，由(　　)给予警告，并责令限期改正，并可以处一万元以上三万元以下的罚款。

A. 县级以上房地产行政主管部门　B. 县级以上测绘地理信息主管部门

C. 县级以上不动产登记部门　D. 县级以上地方人民政府

35. 根据《地图管理条例》，下列有关地图管理的相关说法中，错误的是(　　)。

A. 县级测绘地理信息主管部门负责审核表示国家版图的地图

B. 新闻媒体应当开展国家版图意识的宣传

C. 教育行政部门、学校应当将国家版图意识教育纳入中小学教学内容

D. 各级人民政府和有关部门应当加强对国家版图意识的宣传教育

36. 国家实行地图审核制度，应急保障等特殊情况需要使用地图的，应当(　　)。

A. 自受理地图审核申请之日起 7 个工作日内作出审核决定

B. 自受理地图审核申请之日起 5 个工作日内作出审核决定

C. 自受理地图审核申请之日起 2 个工作日内作出审核决定

D. 即送即审

37. 依法按照国家有关的测量标志维修规程，对永久性测量标志定期组织维修，保证测量标志正常使用的部门是(　　)。

A. 测绘成果保管部门　B. 设置永久性测量标志的部门

C. 乡镇自然资源所　D. 国有资产主管部门

38. 下列关于互联网地图服务单位的安全保密管理措施的说法中，错误的是(　　)。

A. 将存放地图数据的服务器设在中华人民共和国境内

B. 用于提供服务的地图数据库及其他数据不得存储、记录含有在地图上不得表示的内容

C. 发现网站传输的地图信息含有不得表示的内容的，应当立即删除

D. 保守在工作中获取的国家秘密、商业秘密

39. 测绘人员使用永久性测量标志，应当持有(　　)。

A. 测绘单位介绍信　B. 测绘项目设计书

C. 测绘作业证件　D. 测绘地理信息主管部门批准文件

40. 根据《测量标志保护条例》，永久性测量标志的重建工作由(　　)组织实施。

A. 建设永久性测量标志的单位　B. 工程建设单位

C. 开展大地测量的测绘单位　D. 收取测量标志迁建费用的部门

41. 根据《测绘法》，负责管理海洋基础测绘工作的部门是(　　)。

A. 军队测绘部门　B. 国务院测绘地理信息主管部门

C. 国家安全主管部门　D. 国务院海洋主管部门

42. 根据地理信息数据安全管理有关规定，下列关于数据储存库房要求的说法中，错误的是(　　)。

A. 库房及装具应使用耐火材料

B. 库房附近不宜有易燃物品

C. 库房内不得有明火，并配有液体CO_2灭火器

D. 库房内应安装紫外线灯具，定期对数据介质照射

43. 根据《测绘项目生产成本费用定额》规定，预算经费为500万元的测绘项目，其项目设计预算费用应为(　　)万元。

A. 3.5　　B. 7.5

C. 10　　D. 15

44. 1∶1 000全野外地形图测绘，若测绘面积为0.2km^2的1∶1 000地形图，则测算的测绘成本费用为(　　)万元（2万元/幅图）。

A. 1.6　　B. 2

C. 2.6　　D. 3

45. 测绘项目质量控制的重点阶段是(　　)。

A. 项目设计阶段　　B. 项目实施阶段

C. 招标投标阶段　　D. 项目验收阶段

46. 国家大型测绘工程项目，依法进行招标的，自招标文件发出之日起至投标人提交投标文件截止之日止，最短不得少于(　　)日。

A. 10　　B. 20

C. 30　　D. 60

47. 对已列入测绘收费标准的测绘产品，计费最低不得低于该标准的(　　)。

A. 0.3　　B. 0.5

C. 0.65　　D. 0.85

48. 下列关于数据档案销毁的说法中，错误的是(　　)。

A. 数据档案在销毁之前应进行鉴定

B. 数据迁移后废弃的原介质须经审批后才能销毁

C. 销毁数据档案时，不包括异地储存的数据档案

D. 销毁光盘上的数据档案时，须连同光盘一起销毁

49. 下列内容中，不作为项目设计审批依据的是(　　)。

A. 项目设计输入内容　　B. 承担单位人力资源信息

C. 项目设计评审报告　　D. 项目验证报告

50. 根据《测绘技术设计规范》规定，下列选项中，测绘项目设计书“概述”部分的内容不包括(　　)。

A. 项目来源　　B. 项目内容和目标

C. 作业区范围与行政隶属　　D. 已有资料情况

51. 根据测绘项目组织实施要求，项目目标控制的核心是(　　)。

A. 进度控制　　B. 资金预算控制

C. 质量控制　　D. 成本消耗控制

52. 根据《建立相对独立的平面坐标系统管理办法》，下列关于相对独立的平面坐标系统的说法中，正确的是(　　)。

A. 建立相对独立的平面坐标系统与国家统一的坐标系统不需建立联系

B. 建立相对独立的平面坐标系统是为了保护地方安全

C. 一个城市只能建设一个相对独立的平面坐标系统

D. 500 万人口以上的城市才能建立相对独立的平面坐标系统

53. 根据《公开地图内容表示若干规定》，下列关于公开地图的说法中，错误的是(　　)。

A. 中国地图比例尺应等于或小于 1∶100 万

B. 台湾省在地图上应该按省级行政区划单位表示

C. 香港特别行政区地图比例尺、开本大小不限

D. 公开地图不得绘出经纬线和直角坐标网

54. 下列测绘专业中，包含重力测量专业子项的是(　　)。

A. 工程测量　　B. 大地测量

C. 摄影测量与遥感　　D. 界线测绘

55. 下列技术中，用于实时获取大范围高精度地表高程模型，来建设城市三维模型的最佳选择是(　　)。

A. 无人机低空遥感技术　　B. 机载激光扫描技术

C. 机载侧视雷达技术　　D. 雷达干涉测量技术

56. 根据《房产测量规范》，某幢已售且须区分所有权的住宅楼，不得计入共有建筑面积的是(　　)。

A. 楼内水电暖设备用房　　B. 楼内大厅

C. 楼内电梯间　　D. 某户内专用楼梯

57. 根据《测绘作业人员安全规范》，下列外业出测前准备工作的做法中，不符合要求的是（　　）。

A. 进行安全意识教育培训

B. 进行必要的身体健康检查

C. 为进入高致病疫区作业人员配备防污、防毒装具

D. 学习掌握利用地图判定方向的方法

58. 下列选项中，变形测量设计方案中规定的作业方法和技术要求不包括(　　)。

A. 基准点设置和变形观测点的布设方案

B. 变形测量的观测周期和观测要求

C. 手簿、记录和计算要求

D. 竣工图的分幅与编号规定

59. 根据《测绘作业人员安全规范》，下列作业中，不符合安全要求的是(　　)。

A. 雷雨天适当减少大功率仪器设备的使用

B. 接地电极附近设置明显警告标志

C. 井下作业的电气设备外壳接地

D. 供电作业人员使用绝缘防护用品

60. 下列关于外业行车前准备工作的说法中，不符合要求的是(　　)。

A. 单车行驶，应配有押车人员

B. 驾驶员应检查传动系统、制动系统等主要部件

C. 在条件恶劣的地区应采用双车作业

D. 在戈壁滩作业，车辆应配备适宜轮胎并随车携带一个备胎

61. 下列测绘专业技术总结作用的说法，错误的是（　　）。

A. 为用户对成果的合理使用提供方便

B. 为测绘单位持续质量改进提供依据

C. 为测绘项目工程款结算提供依据

D. 为有关技术标准的制定提供资料

62. 某单位在实施某项目时，对专业技术设计进行了更改，此情况应在专业技术总结的(　　)部分说明。

A. 概述　　B. 技术设计执行情况

C. 测绘成果（或产品）质量情况　　D. 上交测绘成果（或产品）和资料清单

63. 下列资料中，不作为测绘专业技术总结所依据的技术性文件的是(　　)。

A. 测绘合同书　　B. 项目设计书

C. 专业技术设计书　　D. 有关技术标准

64. 测绘成果质量的实施最终检查的单位或机构是(　　)。

A. 项目管理单位　　B. 测绘单位质量管理部门

C. 项目监理单位　　D. 测绘成果质量检验机构

65. 某测绘成果包含成果正确性和成果完整性质量元素，其权值分别为0.7和0.3，在最终检查其成果正确性中，其数学模型质量子元素（权值0.3）得分为85分，计算正确性质量子元素（权值0.7）得分为90分，则成果正确性质量元素赋权后得分为(　　)。

A. 88.5　　B. 87.5

C. 61.95　　D. 61.25

66. 根据《测绘成果质量检查与验收》，判定最终检查批成果质量优良品率达到85%，其中优级品率达到45%，则该批成果质量等级为(　　)。

A. 优　　B. 良

C. 合格　　D. 不合格

67. 下列检查项中，不属于导线测量成果的数学精度质量元素的内容是(　　)。

A. 点位中误差的符合性　　B. 测角中误差的符合性

C. 各项观测误差的符合性　　D. 方位角闭合差的符合性

68. 检查某幅地形图的高程注记点的高程精度是否符合规范要求时，检查点的个数至少为(　　)。

A. 10个　　B. 20个

C. 30个　　D. 40个

69. 在监督检查中需进行的检验、鉴定、检测等监督检验活动的承担单位或机构是(　　)。

A. 项目测绘单位　　B. 项目管理单位

C. 项目监理单位　　D. 测绘成果质量检验机构

70. 测绘单位按照测绘项目的实际情况实行项目质量负责人制度时，项目质量负责人对该测绘项目产品质量负(　　)。

A. 领导责任　　B. 直接责任

C. 间接责任　　D. 管理责任

71. 下列档案中，不属于测绘地理信息业务档案的是(　　)。

A. 测绘科学技术研究项目档案　　B. 应急测绘保障服务档案

C. 公开地图制作档案　　D. 质量管理体系文件档案

72. 下列涉密工作中，可不由核心涉密人员负责的是(　　)。

A. 涉密测绘成果统一保管　　B. 本单位涉密测绘成果密级划分

C. 涉密测绘成果数据库管理　　D. 涉密计算机或涉密计算机系统安全管理

73. 每年组织开展针对市场销售的地图导航定位产品的综合测评，测评基本项不包括(　　)。

A. 软件的市场占有率　　B. 软件的基本功能

C. 硬件的基本性能　　D. 地图质量

74. 申请使用的涉密测绘成果，使用单位最迟应在使用目的或项目完成后的(　　)内予以销毁。

A. 1 个月　　B. 3 个月

C. 6 个月　　D. 1 年

75. 根据秘密等级划分，精密后处理服务数据属于(　　)。

A. 机密级国家秘密事项　　B. 秘密级国家秘密事项

C. 受控管理内容　　D. 可公开内容

76. 根据测绘合同示范文本，属于乙方向甲方付全部测绘成果的条件是(　　)。

A. 测绘生产工作完成后　　B. 测绘成果通过验收后

C. 测绘成果归档后　　D. 测绘工程费用结算后

77. 根据《公开地图内容表示补充规定（试行）》，下列内容中，属于公开地图不得公开表示的是(　　)。

A. 地面河流水深　　B. 消失河段

C. 干涸河　　D. 地下河段出入口

78. 根据质量管理体系，实现质量管理体系有效性的基础是(　　)。

A. 使工序过程受控　　B. 基于风险的思维

C. 及时发现质量问题　　D. 及时纠正质量问题

79. 按照测绘生产突发事故应急处理规定，各级测绘地理信息主管部门最慢应在(　　)完成对基础测绘成果应急服务申请的审批工作。

A. 1 小时内　　B. 2 小时内

C. 4 小时内　　D. 8 小时内

80. 下列内容中，不属于测绘单位项目管理控制的目标是(　　)。

A. 投资目标　　B. 工期目标

C. 成本目标　　D. 质量目标

二、多项选择题（每题2分。每题的备选选项中，有2项或2项以上符合题意，至少有1项是错项。错选，本题不得分；少选，所选的每个选项得0.5分。）

81. 对以欺骗手段取得测绘资质证书从事测绘活动的行为，依法可给予的处罚包括(　　)。

A. 吊销测绘资质证书　　B. 没收违法所得

C. 降低测绘资质等级　　D. 没收测绘成果

E. 处测绘约定报酬一倍以上两倍以下的罚款

82. 根据《注册测绘师执业管理办法（试行）》，下列说法中正确的有(　　)。

A. 注册测绘师超过70周岁不得申请初始注册

B. 注册测绘师继续教育分为必修内容和选修内容

C. 注册测绘师继续教育必修内容通过培训的形式进行

D. 注册测绘师通过注册系统进行在线注册申请

E. 在一个注册有效期内必修内容不得少于40学时

83. 外国的组织或个人来华开展合作测绘时，不得从事的活动有(　　)。

A. 真三维地图编制　　B. 导航电子地图编制

C. 行政区域界线测绘　　D. 房产测绘

E. 海洋测绘

84. 基础测绘工作应当遵循的原则包括(　　)。

A. 统筹规划　　B. 分级管理

C. 定期更新　　D. 保障安全

E. 确保时效

85. 根据《测绘地理信息质量管理办法》，下列关于测绘成果质量监督管理的说法正确的有(　　)。

A. 丙级测绘单位应设立质量管理和质量检查机构

B. 国家对测绘地理信息质量实行监督检查制度

C. 对丁级测绘单位的质量监督检查每6年覆盖一次

D. 测绘单位应建立合同评审制度，确保具有满足合同的实施能力

E. 测绘地理信息项目实行“两级检查，一级验收”制度

86. 根据《测绘法》，擅自发布中华人民共和国领域和中华人民共和国管辖的其他海域的重要地理信息数据的，应当给予的行政处罚包括(　　)。

A. 给予警告　　B. 处五十万元以下的罚款

C. 情节严重的，责令停业整顿　　D. 没收测绘工具

E. 对直接负责的主管人员和其他直接责任人员，依法给予处分

87. 下列界线标准画法图中，由国务院民政部门和国务院测绘地理信息主管部门拟定的有(　　)。

A. 中华人民共和国地图的国界线标准样图

B. 省、自治区、直辖市行政区域界线的标准画法图

C. 自治州、县、自治县、市行政区域界线的标准画法图

D. 乡、镇行政区域界线的标准画法图

E. 行政村区域界线的标准画法图

88. 测绘地理信息主管部门审查同意提供属于国家秘密的基础测检成果的，应当以书面的形式将测绘成果的相关事项告知申请人，下列事项中，属于书面告知事项的有(　　)。

A. 秘密等级　　B. 保密要求

C. 成果汇交要求　　D. 成果使用方式

E. 相关著作权保护要求

89. 国务院测绘地理信息主管部门应当对建议人提交的重要地理信息数据进行审核，审核的主要内容有(　　)。

A. 重要地理信息数据公布的必要性

B. 提交的有关资料的真实性与完整性

C. 重要地理信息数据的可靠性与科学性

D. 重要地理信息数据是否符合国家利益，是否影响国家安全

E. 建议人提交重要地理信息数据的目的

90. 下列关于互联网地图服务单位收集、使用用户个人信息的说法中，正确的有(　　)。

A. 应当明示收集、使用信息的目的、方式和范围

B. 应当经用户同意

C. 不得公开收集、使用规则

D. 不得泄露、篡改、出售或者非法向他人提供用户的个人信息

E. 应当采取技术措施和其他必要措施，防止用户的个人信息泄露

91. 根据测绘资质分级标准，下列关于专业技术人员的说法中，正确的有(　　)。

A. 获得测绘地理信息行业技师职业资格的人员可以计入中级

B. 注册测绘师可以计入中级专业技术人员数量

C. 获得测绘专业博士学位的人员即可计入高级专业技术人员

D. 获得测绘专业硕士学位的人员即可计入中级专业技术人员

E. 获得测绘专业本科学位的人员即可计入初级专业技术人员

92. 根据《公开地图内容表示若干规定》，下列关于地图表示的说法中，正确的有(　　)。

A. 广东省地图必须包括西沙群岛

B. 海南省全图图幅范围必须包括南海诸岛

C. 输电线路电压不得在公开地图和地图产品上表示

D. 香港城市地图图名应称“香港岛・九龙”

E. 澳门城市地图图名应称“澳门半岛”

93. 在技术设计实施前负责对测绘技术进行策划并对整个设计过程进行控制的人员有(　　)。

A. 设计单位的总工程师　　B. 承担项目监理任务的技术人员

C. 承担设计任务的技术负责人　　D. 设计单位指定的相应技术人员

E. 承担设计任务的质量负责人

94. 下列因素中，决定测绘技术设计输入内容的有(　　)。

A. 测绘任务　　B. 项目经费

C. 测绘专业活动　　D. 项目技术人员

E. 项目委托方

95. 下列测绘活动，属于测绘项目合同中甲方应尽义务的有(　　)。

A. 负责技术设计书的编写

B. 保证乙方测绘队伍顺利进入现场工作

C. 对乙方进行全过程监理，确保项目的顺利完成

D. 允许乙方内部使用本合同所产生的测绘成果

E. 保证工程款按时到位

96. 对平面控制测量成果进行检查验收时，下列情况中，可认定成果存在粗差的有(　　)。

A. 同精度检测时，点位较差为规范及设计要求限差的 $2\sqrt{2}$ 倍

B. 同精度检测时，点位较差超出规范及设计要求中误差的 $2\sqrt{2}$ 倍

C. 高精度检测时，点位较差为规范及设计要求中误差的 $2\sqrt{2}$ 倍

D. 高精度检测时，点位较差超出规范及设计要求限差的 $\sqrt{2}$ 倍

E. 高精度检测时，点位较差为规范及设计要求中误差的 2 倍

97. 根据《测绘生产质量管理规定》，以下属于测绘单位法人代表职责的有(　　)。

A. 签发质量手册

B. 负责质量方针、质量目标的贯彻实施

C. 建立本单位质量体系并保证其有效运行

D. 对提供的测绘成果承担质量责任

E. 签发重大工程项目的作业指导文件

98. 下列测绘活动，其成果必须经质量检验机构实施质量检验的有(　　)。

A. 某小区的房产面积测绘　　B. 某市地理国情普查

C. 某市域 1∶2 000 DOM 测绘　　D. 某面积为 0.5km^2的工程地形图测绘

E. 某栋 100m 高层建筑变形监测

99. 下列职责中，属于县级以上地方人民政府测绘地理信息主管部门测绘地理信息业务档案管理职责的有(　　)。

A. 制定本行政区域的测绘地理信息业务档案工作管理制度

B. 指导、监督、检查本行政区域的测绘地理信息档案工作

C. 开展本行政区域的地理信息业务档案信息化建设工作

D. 组织本行政区域内重大测绘地理信息项目业务档案验收

E. 收集国内外有利用价值的测绘地理信息资料、文献等

100. 根据《基础地理信息公开表示内容的规定（试行）》，下列基础地理信息可以表示的有(　　)。

A. 南北回归线　　B. 海岸线

C. 拦水坝的高度　　D. 高水界

E. 城市快速路的铺设材料

参考答案及解析

一、单项选择题

1. 【A】1∶50万、1∶25万、1∶10万、1∶5万、1∶2.5万国家基本比例尺地图、影像图和数字化产品由自然资源部负责审批提供。
2. 【D】根据测绘资质分级标准，互联网地图服务专业，甲级单位需要5个地图审校人员，乙级单位需要2个地图审校人员。
3. 【B】摄影测量与遥感、地理信息系统工程、工程测量、不动产测绘、海洋测绘等5个市场化程度较高的专业范围下设置相应的甲、乙级测绘监理专业子项。乙级测绘监理资质单位不得监理甲级测绘资质单位施测的测绘工程项目。
4. 【B】不动产测绘专业包括地籍测绘、房产测绘、行政区域界线测绘、不动产测绘监理等专业子项。
5. 【C】测绘专业技术人员是指测绘、地理信息、地图制图、摄影测量、遥感、大地测量、工程测量、地籍测绘、土地管理、矿山测量、导航工程、地理国情监测等专业的技术人员。
6. 【A】申请地理信息系统工程的单位，测绘相关专业技术人员不得超过本标准对专业技术人员要求数量的80%；申请互联网地图服务的单位，专业技术人员比例不作要求。
7. 【B】各省区、直辖市测绘地理信息主管部门负责本行政区域内乙级以下测绘资质单位信息的发布和管理工作，测绘地理信息行业信用信息分为基本信息、良好信息、不良信息。
8. 【A】根据《测绘地理信息行业信用管理办法》，测绘资质单位认为合法权益在信用管理工作中受到侵害的，可以向省级以上测绘地理信息主管部门投诉。
9. 【C】根据《测绘地理信息行业信用指标体系》，质量问题属于严重失信。
10. 【C】测绘资质单位被测绘地理信息行政主管部门计入一般失信信息的，自该信息生效之日起一年内不得申请晋升测绘资质等级或者新增专业范围。
11. 【C】注册测绘师继续教育实行登记制度。
12. 【A】一次性测绘的应当保证中方测绘人员全程参与具体的测绘活动。
13. 【C】国家设立和采用全国统一的大地基准、高程基准、深度基准和重力基准，其数据由国务院测绘地理信息主管部门审核。
14. 【A】测绘资质单位的名称、注册地址、法定代表人发生变更的，应当在有关部门核

准完成变更后30日内，向测绘资质审批机关提出变更申请。

15. 【A】名称变更申请时，应提交下列材料的原件扫描件：①变更申请文件；②有关部门核准变更证明；③测绘资质证书正、副本。

16. 【B】外国的组织申请一次性测绘的，应当依法提交申请材料一式三份。

17. 【D】根据《测绘法》，经济建设、国防建设、社会发展和生态保护急需的基础测绘成果应当及时更新。

18. 【D】根据基础测绘计划管理办法，组织编制机关应当依法公布经批准的基础测绘规划。

19. 【C】注册测绘师签字盖章的文件修改原则上由注册测绘师本人进行，因特殊情况该注册测绘师不能进行修改的，应由其他注册测绘师修改，并签字、加盖执业盖章，同时对修改部分承担责任。

20. 【A】测绘地信项目实施所使用的全站仪应按照国家有关规定进行检定、校准。

21. 【D】负责接收测绘成果副本和目录的测绘行政主管部门应当出具测绘成果汇交凭证，并及时将测绘成果副本和目录移交给保管单位。

22. 【B】国家实行测绘成果汇交制度，测绘成果副本和目录实行无偿汇交。

23. 【A】测绘成果归中方部门或者单位所有，并由中方部门或者单位向国务院测绘地理信息主管部门汇交测绘成果副本。

24. 【D】法人或者其他组织需要利用属于国家秘密的基础测绘成果的，应当提出明确的利用目的和范围，报测绘成果所在地的测绘地理信息主管部门审批。

25. 【C】测绘成果保管单位应当建立健全测绘成果资料的保管制度，配备必要的设施，确保测绘成果资料的安全，并对基础测绘成果资料实行异地备份存放制度，保管测绘成果资料，不得损毁、散失、转让。

26. 【A】测绘成果依法实行有偿使用，用于政府决策、国防建设和公共服务、各级政府及有关部门和军队因防灾减灾、应对突发事件、维护国家安全等公共利益的，应当无偿提供。

27. 【B】被许可使用人所领取的基础测绘成果仅限于在本单位的范围内使用，不得扩展到所属系统和上级、下级或者同级其他单位。

28. 【D】对不再具有保存价值的档案应当登记、造册，经批准后按规定销毁。禁止擅自销毁测绘地理信息业务档案。

29. 【A】具有重要查考利用保存价值的，应当永久保存；具有一般查考利用保存价值的，应当定期保存，期限为10年或30年。

30. 【B】建设永久性测量标志需要占用土地的，地面、地下标志占用土地的范围分别为 $36\sim100m^2$，$16\sim36m^2$。

31. 【C】卫星导航定位基准站建设单位未报备案的，给予警告，责令限期改正；逾期不改正的，处十万元以上三十万元以下的罚款；对直接负责的主管人员和其他直接责任人员，依法给予处分。

32. 【B】根据《地图管理条例》，中华人民共和国国界线的测绘按照中华人民共和国与相邻国家缔结的边界条约或者协定执行，由外交部组织实施。

33. 【D】城乡建设领域的工程测量活动，与房屋产权、产籍相关的房屋面积测量，应当执行由国务院住房和城乡建设主管部门、国务院测绘地理信息主管部门组织编制的测量技术规范。

34.【A】《房产测绘管理办法》第二十一条规定，由县级以上房地产行政主管部门给予警告并责令限期改正，并可处以一万元以上三万元以下的罚款。

35.【A】国务院测绘地理信息主管部门负责审核表示国家版图的地图。

36.【D】时事宣传地图、发行频率高于一个月的图书报刊插附地图，应当自受理地图审核申请之日起 7 个工作日内作出审核决定。应急保障等特殊情况需要使用地图，应当即送即审。

37.【B】设置永久性测量标志的部门应当按照国家有关的测量标志维修规程，对永久性测量标志定期组织维修，保证测量标志正常使用。

38.【C】互联网地图服务单位发现其网站传输的地图信息含有不得表示的内容的，应当立即停止传输，保存有关记录，并向县级以上人民政府测绘地理信息主管部门、出版行政主管部门、网络安全和信息化主管部门等有关部门报告。

39.【C】测绘人员使用永久性测量标志，应当持有测绘作业证件。

40.【D】永久性测量标志的重建工作，由收取测量标志迁建费用的部门组织实施。

41.【A】军队测绘部门负责管理军事部门的测绘工作，并按照国务院、中央军事委员会规定的职责分工负责管理海洋基础测绘工作。

42.【D】库房内不应安装紫外线灯具，不需定期对数据介质照射。

43.【B】成本费用中包含 1.5%的测绘项目设计费和 3.0%的成果验收费，所以该项目设计预算费用为：500 万元×1.5%=7.5 万元。

44.【A】1∶1 000 一幅图是 0.25km^2，所以 1km^2 是 8 万元，因此测绘成本费用为 1.6 万元。

45.【B】测绘项目质量控制的重点阶段是项目实施阶段。

46.【B】依法进行招标的，自招标文件发出之日起至投标人提交投标文件截止之日止，最短不得少于 20 日。

47.【D】对已列入测绘收费标准的测绘产品，计费最低不得低于该标准的 85%。

48.【C】销毁数据档案时，应包括异地储存的数据档案，将它们一同销毁。

49.【B】设计审批的依据主要包括设计输入内容、设计评审和验证报告。

50.【D】“概述”主要说明任务的来源、目的、任务量、作业内容、行政隶属以及完成期限等任务基本情况。

51.【C】实施阶段的质量控制是测绘项目质量控制的重点，质量控制是目标控制的核心。

52.【C】一个城市只能建设一个相对独立的平面坐标系统。

53.【D】比例尺等于或大于 1∶50 万的各类公开地图均不得绘出经纬线和直角坐标网。

54.【B】大地测量专业包含了卫星定位测量、全球导航卫星系统连续运行基准站网位置数据服务、水准测量、三角测量、天文测量、重力测量、基线测量、大地测量数据处理。

55.【B】在数字城市建设过程中利用机载激光雷达技术能够获取高精确度、高密度的点云数据，构成三维城市的基础数据，快速地对城市建设的空间信息进行分析和测量，为三维城市的建立提供必要的数据支撑。

56.【D】独立使用的地下室、车棚、车库、为多幢服务的警卫室，管理用房，作为人防工程的地下室、专属的专用楼梯都不计入共有建筑面积。

57.【C】禁止进入高致病疫区进行外业测绘工作。

58.【D】竣工图的分幅与编号规定属于竣工测量设计方案中的技术要求。

59.【A】雷雨天气禁止使用大功率仪器设备作业。

60.【D】在戈壁滩作业，车辆应配备适宜轮胎并随车携带双备胎。

61.【C】测绘专业技术总结不作为测绘项目工程款结算的依据。

62.【B】技术设计执行情况主要是阐述专业技术文件的执行情况重点说明专业技术设计变更情况等内容。

63.【A】测绘技术总结编写的主要依据包括：①测绘任务书或合同的有关要求，顾客书面要求或口头要求的记录，市场的需求或期望。②测绘技术设计文件、相关的法律、法规、技术标准和规范。③测绘成果（或产品）的质量检查报告。④适用时，以往测绘技术设计、测绘技术总结提供的信息以及现有生产过程和产品的质量记录和有关数据。

64.【B】测绘成果应依次通过测绘单位作业部门的过程检查、测绘单位质量管理部门的最终检查和项目管理单位组织的验收或委托具有资质的质量检验机构进行质量验收。

65.【C】成果正确性质量元素得分：（85×0. 3+90×0. 7）×0. 7=61. 95。

66.【B】良级（优良品率在80%以上，其中优级品率在30%以上）。

67.【C】各项观测误差的符合性属于导线测量成果的观测质量的检查项。

68.【B】地形图的高程注记点检查点的个数至少为20个。

69.【D】测绘成果质量检验机构负责测绘成果检验、鉴定、检测等监督检验活动。

70.【B】测绘项目负责人对测绘项目产品质量负直接责任。

71.【D】测绘地理信息业务档案是指在从事测绘地理信息业务活动中形成的具有保存价值的文字、数据、图件、电子文件、声像等不同形式和载体的历史记录。质量管理体系文件档案不属于测绘地理信息业务档案范畴。

72.【B】本单位涉密测绘成果密级划分属于上一级保密管理部门的职责。

73.【A】根据导航电子地图检测规范，地图导航定位产品的综合测评内容不包含软件的市场占有率。

74.【C】申请使用的涉密测绘成果，使用单位最迟应在使用目的或项目完成后的6个月内予以销毁。

75.【D】精密后处理服务数据属于可公开内容。

76.【D】根据测绘合同，测绘工程费用结算后乙方向甲方付全部测绘成果。

77.【A】江河的通航能力、水深、流速、底质和岸质，水库的库容，拦水坝的构筑材料和高度，水源的性质属性，沼泽的水深和泥深，属于公开地图不得公开表示的内容。

78.【A】实现质量管理体系有效性的基础是使工序过程受控。

79.【C】各级测绘地理信息主管部门最慢应在4小时内完成对基础测绘成果应急服务申请的审批工作。

80.【A】测绘单位项目管理控制的目标有工期目标、成本目标、质量目标。

二、多项选择题

81.【ABDE】以欺骗手段取得测绘资质证书从事测绘活动的，吊销测绘资质证书，没收违法所得和测绘成果，并处测绘约定报酬一倍以上二倍以下罚款；情节严重的，没收测绘工具。

82.【BCD】超过70周岁申请初始注册、延续注册及变更注册，均须提供身体健康证明，在一个注册有效期内必修内容和选修内容均不得少于60学时。

83.【ABCE】合作测绘不得从事下列活动：①大地测量；②测绘航空摄影；③行政区域界线测绘；④海洋测绘；⑤地形图、世界政务地图、全国政区地图、省级及以下政区地图、全国性教学地图、地方性教学地图和真三维地图的编制；⑥导航电子地图编制；⑦国务院测绘行政主管部门规定的其他测绘活动。

84.【ABCD】基础测绘工作应当遵循统筹规划、分级管理、定期更新、保障安全的原则。

85.【BDE】甲、乙级测绘单位应设立质量管理和质量检查机构；丙、丁级测绘单位的质量监督检查每5年覆盖一次。

86.【ABE】擅自发布中华人民共和国领域和中华人民共和国管辖的其他海域的重要地理信息数据的，给予警告，责令改正，可以并处五十万元以下的罚款；对直接负责的主管人员和其他直接责任人员，依法给予处分；构成犯罪的，依法追究刑事责任。

87.【BC】县级以上行政区域界线或者范围，应当符合行政区域界线标准画法图；由国务院民政部门和国务院测绘地理信息主管部门拟订，报国务院批准后公布。中国国界线画法标准样图，由外交部和国务院测绘地理信息行政主管部门拟订，报国务院批准后公布。

88.【ABE】法人或者其他组织需要利用属于国家秘密的基础测绘成果的，应当提出明确的利用目的和范围，报测绘成果所在地的测绘地理信息主管部门审批。测绘地理信息主管部门审查同意的，应当以书面形式告知测绘成果的秘密等级、保密要求以及相关著作权保护要求。

89.【ABCD】建议人提交重要地理信息数据的目的不属于审核的内容。

90.【ABDE】互联网地图服务单位需要收集、使用用户个人信息的，应当公开收集、使用规则，不得泄露、篡改、出售或者非法向他人提供用户的个人信息。

91.【ABE】获得测绘及相关专业博士学位并在测绘及相关专业技术岗位工作3年以上可计入高级专业技术人员；获得测绘及相关专业硕士学位并在测绘及相关专业技术岗位工作3年以上可计入中级专业技术人员。

92.【BCDE】广东省地图必须包括东沙群岛。海南省全图，其图幅范围必须包括南海诸岛。香港城市地图图名应称“香港岛·九龙”；澳门城市地图图名应称“澳门半岛”；航道水深、船闸尺度、水库库容、输电线路电压等精确数据，桥梁、渡口、隧道的结构形式和河底性质不得在公开地图和地图产品上表示。

93.【ACD】技术设计实施前，承担设计任务的单位或部门的总工程师或技术负责人对测绘技术设计进行策划，并对整个设计过程进行控制。必要时，亦可指定相应的技术人员负责。

94.【AC】测绘技术设计输入应根据具体的测绘任务、测绘专业活动而定。

95. 【BDE】负责技术设计书的编写和对乙方进行全过程监理，确保项目的顺利完成属于测绘项目合同中乙方应尽的义务。

96. 【BD】同精度检查时，在允许中误差 $2\sqrt{2}$（含 $2\sqrt{2}$）的误差值均应参与数学精度统计，超过允许中误差 $2\sqrt{2}$ 的误差视为粗差。在允许中误差 2 倍（含 2 倍）的误差值均应参加数学精度统计，超过允许中误差 2 倍的视为粗差。

97. 【ACD】测绘单位的法定代表人确定本单位的质量方针和质量目标，签发质量手册；建立本单位的质量体系并保证其有效运行；对提供的测绘成果承担产品质量责任。

98. 【BC】某市地理国情普查和某市域 1：2 000 DOM 测绘属于大面积测绘成果，必须经过质量检验机构实施质量检验。

99. 【ABD】县级以上测绘地理信息主管部门测绘地理信息业务档案管理职责：①贯彻执行档案工作的法律、法规和方针政策，制定本行政区域的测绘地理信息业务档案工作管理制度；②指导、监督、检查本行政区域的测绘地理信息业务档案工作；③组织本行政区域内重大测绘地理信息项目业务档案验收工作。

100. 【ABD】拦水坝的高度、城市快速路的铺设材料属于保密性的地理信息，不可以公开表示。

（三）2020年注册测绘师资格考试测绘管理与法律法规仿真试卷与参考答案及解析

一、单项选择题（每题1分，每题的备选选项中，只有一项符合题意。）

1. 关于测绘资质的说法中错误的是(　　)。

A. 测绘资质证书的正、副本具有同等法律效力

B. 测绘资质证书的有效期不超过5年

C. 测绘单位分立的，分立后的单位可以重新申请测绘资质

D. 测绘单位应当在每年12月底前，报送本年度测绘资质年度报告

2. 根据测绘资质分级标准，下列人员中，属于测绘专业技术人员的是(　　)。

A. 导航工程技术人员　　B. 工程勘察技术人员

C. 生态环境技术人员　　D. 工民建技术人员

3. 根据测绘资质分级标准，下列测绘与地理信息专业分级正确的是(　　)。

A. 工程测量专业分为甲、乙、丙三级

B. 地理信息系统工程专业分为甲、乙、丙三级

C. 地图编制专业分为甲、乙、丙三级

D. 大地测量专业分为甲、乙、丙三级

4. 某公司申请不动产测绘专业和互联网地图服务专业甲级资质，对该公司技术人员数量的计算方法是(　　)。

A. 两个专业的技术人员数量不累加计算

B. 两个专业的技术人员数量累加计算值的50%

C. 两个专业的技术人员数量累加计算值的80%

D. 两个专业的技术人员数量累加计算

5. 根据测绘资质分级标准，申请房产测绘专业子项甲级资质至少有(　　)台手持测距仪。

A. 6　　B. 10

C. 12　　D. 20

6. 根据《测绘地理信息市场信用信息管理暂行办法》，不良信息保存期限为不良行为终止之日起(　　)年。

A. 2　　B. 3

C. 5　　D. 6

7. 下列专业子项中，不属于不动产测绘专业的是(　　)。

A. 房产测绘　　B. 地籍测绘

C. 市政工程测量　　D. 行政区域界线测绘

8. 根据《测绘法》，测绘单位测绘成果质量不合格时，测绘行政主管部门可以依法对测绘作出的行政处罚是(　　)。

A. 警告　　B. 罚款

C. 没收违法所得　　D. 责令停业整顿

9. 根据测绘资质分级标准，下列测绘专业对工程技术人员要求正确的是(　　)。

A. 乙级工程测量专业要求测绘及相关专业技术人员至少为 20 人

B. 丙级海洋测绘专业要求测绘及相关专业技术人员至少为 6 人

C. 乙级互联网地图服务专业要求地图制图或计算机类专业技术人员至少为 12 人

D. 丁级不动产测绘专业要求测绘及相关专业技术人员至少为 3 人

10. 根据注册测绘师暂行规定，申请注册测绘师延续注册时不需要提交的是(　　)。

A. 中华人民共和国注册测绘师延续注册申请表

B. 中华人民共和国注册测绘师资格证书

C. 与聘用单位签订的劳动合同或者聘用合同

D. 达到注册期内继续教育要求的证明材料

11. 根据注册测绘师暂行规定，下列关于注册测绘师继续教育的说法正确的是(　　)。

A. 继续教育是注册测绘师延续注册、重新申请注册和逾期初始注册的必备条件

B. 注册测绘师不得修改经其他注册测绘师签字盖章的测绘文件

C. 注册测绘师在一个注册期内必修课和选修课均为 30 学时

D. 初始注册必须在取得“中华人民共和国注册测绘师资格证书”2 年内提出注册申请

12. 根据《注册测绘师执业管理办法（试行）》，因测绘地理信息成果质量问题造成的经济损失，由(　　)承担赔偿责任。

A. 签字盖章的注册测绘师

B. 签字盖章的注册测绘师与注册的测绘单位

C. 注册测绘师所在的测绘单位的质检人员

D. 注册测绘师注册的测绘单位

13. 公开招投标项目，投标人不得少于(　　)个。

A. 3　　B. 4

C. 6　　D. 8

14. 招标人和中标人应当在规定时限内按照相关文件订立书面合同。这个时限为自中标通知书发出之日起(　　)日。

A. 20　　B. 30

C. 45　　D. 60

15. 根据测绘资质分级标准，注册测绘师可以视为（　　）专业技术人员。

A. 初级　　B. 中级

C. 副高级　　D. 正高级

16. 根据《外国的组织或者个人来华测绘管理暂行办法》，外国的组织可以以合资、合作方式从事的是(　　)。

A. 无人飞行器航摄　　B. 真三维地图编制
C. 矿山测量　　D. 扫海测量

17. 根据《测绘作业证管理规定》，负责收回冒领的测绘作业证件的是(　　)。
A. 县级测绘地理信息主管部门　　B. 设区市级测绘地理信息主管部门
C. 省级测绘地理信息主管部门　　D. 国务院测绘地理信息主管部门

18. 根据测绘法，未经批准擅自建立相对独立的平面坐标系统，应给予的行政处罚是(　　)。
A. 给予警告，责令改正，可以并处五十万元以下的罚款
B. 给予警告，没收测绘仪器，可以并处五十万元以下的罚款
C. 给予警告，没收测绘仪器，可以并处一百万元的罚款
D. 给予警告，责令改正，可以并处五十万元以上一百万元以下的罚款

19. 根据测绘基础条例，下列说法中，正确的是(　　)。
A. 国务院发展改革部门负责编制全国基础测绘规划
B. 国务院测绘地理信息主管部门负责编制全国基础测绘年度计划
C. 县级以上人民政府应当将基础测绘工作所需经费列入本级政府预算
D. 海洋基础测绘规划由国务院测绘地理信息主管部门会商军队测绘部门编制

20. 根据《测绘成果质量检查与验收规定》，下列关于测绘成果质量检查的描述正确的是（　　）。
A. 作业部门负责过程检查，项目委托单位负责最终检查
B. 作业部门负责过程检查，测绘单位负责最终检查
C. 测绘单位负责过程检查，项目委托单位负责最终检查
D. 测绘单位负责过程检查，质检监督机构负责最终检查

21. 根据《测绘法》，负责汇交使用财政投资完成的测绘项目成果资料的是(　　)。
A. 测绘项目的立项部门　　B. 测绘项目的出资部门
C. 测绘项目的招标单位　　D. 测绘项目的承担单位

22. 测绘成果的目录和副本，应当在第二年(　　)底之前汇交。
A. 三月　　B. 四月
C. 五月　　D. 六月

23. 根据《测绘成果管理条例》规定，下列关于测绘成果汇交的描述中错误的是(　　)。
A. 测绘成果的副本和目录实行无偿汇交
B. 测绘地理信息主管部门应当在收到汇交的测绘成果副本或者目录后，出具汇交凭证
C. 测绘地理信息主管部门自收到汇交的测绘成果副本或者目录之日起 10 个工作日内，将其移交给测绘成果保管单位
D. 汇交测绘成果资料的范围由各级测绘地理信息主管部门制定并公布

24. 根据《测绘法》，建设卫星导航定位基准站的，建设单位应当按照国家有关规定报(　　)备案。
A. 军队测绘部门

B. 国务院测绘地理信息主管部门或者省、自治区、直辖市人民政府测绘地理信息主管部门

C. 所在地县级人民政府

D. 国务院交通运输主管部门或者省、自治区、直辖市交通运输主管部门

25. 根据测绘成果管理条例，应当异地备份存放的是(　　)。

A. 房产测绘成果　　B. 国家基本比例尺地形图

C. 水利工程测量成果　　D. 导航电子地图数据

26. 根据《测绘成果管理条例》，测绘成果的秘密范围和秘密等级由(　　)依法确定。

A. 国家保密工作部门商国务院测绘地理信息主管部门

B. 国务院测绘地理信息主管部门

C. 国家保密工作部门、国务院测绘地理信息主管部门会商军队测绘主管部门

D. 军队测绘主管部门

27. 根据《测绘成果管理条例》，未按规定进行保密技术处理的，其秘密等级(　　)。

A. 不得低于所用测绘成果的秘密等级

B. 由开发生产单位自行确定

C. 由测绘成果提供部门根据实际工作需要降低

D. 根据产品市场需要而确定

28. 根据《测绘成果管理条例》，使用财政资金的测绘项目，有关部门在批准立项前应当征求本级人民政府(　　)的意见。

A. 测绘地理信息主管部门　　B. 财政部门

C. 税务部门　　D. 国有资产管理部门

29. 测绘成果在各级人民政府及有关部门和军队因维护国家安全的需要，可以(　　)。

A. 优先有偿使用　　B. 无偿使用

C. 先使用后付费　　D. 优惠使用

30. 根据《基础测绘成果应急提供办法》，测绘成果保管单位应当根据调用通知在最短时间内完成基础测绘成果应急提供，该期限一般为(　　)小时。

A. 4　　B. 8

C. 12　　D. 24

31. 根据《重要地理信息数据审核公布管理规定》，下列数据中，不属于国家重要地理信息数据的是(　　)。

A. 全国高速铁路里程数　　B. 国界、国家海岸线长度

C. 国家岛礁数量和面积　　D. 领土、领海面积

32. 负责受理单位和个人提出的公布重要地理信息数据建议的是(　　)。

A. 国务院新闻办　　B. 国务院测绘地理信息主管部门

C. 省级人民政府办公厅　　D. 省级人民政府信息公开管理部门

33. 根据《测绘法》，中华人民共和国地图的国界线标准样图由(　　)批准。

A. 外交部　　　　　　　　　　B. 国务院
C. 国务院测绘地理信息主管部门　D. 全国人大常委会

34. 根据《行政区域界线管理条例》，负责编制省、自治区、直辖市行政区域界线详图的是(　　)。

A. 国务院民政部门
B. 国务院测绘地理信息主管部门
C. 省、自治区、直辖市人民政府民政部门
D. 省、自治区、直辖市人民政府测绘地理信息主管部门

35. 根据《测绘法》，建立地理信息系统应当采用(　　)。

A. 已公开发布的地图数据　　　B. 最新的导航电子地图数据
C. 地理国情普查信息数据　　　D. 符合国家标准的基础地理信息数据

36. 根据《地图审核管理规定》，下列地图中，不属于国务院自然资源主管部门负责审核的是(　　)。

A. 香港特别行政区地图　　　B. 历史地图
C. 北京市地图　　　　　　　D. 世界地图

37. 根据《地图管理条例》，下列资料中，不属于地图送审应当提交的内容是(　　)。

A. 地图审核申请表
B. 需要审核的地图样图或者样品
C. 地图编制单位的测绘资质证书
D. 地图编制单位的营业执照

38. 根据《地图管理条例》，下列关于地图出版的说法中，错误的是(　　)。

A. 出版单位可以在出版物中插附经审核批准的地图
B. 任何出版单位不得出版未经审定的中小学教学地图
C. 县级以上人民政府出版行政主管部门负责地图市场统监管
D. 地图著作权保护依照有关著作权法律法规的规定执行

39. 根据《测绘法》规定，需要拆迁永久性测量标志的应当报经(　　)批准。

A. 永久性测量标志所在地县级人民政府测绘地理信息主管部门
B. 永久性测量标志所在地省、自治区、直辖市人民政府测绘地理信息主管部门
C. 永久性测量标志建设单位
D. 永久性测量标志保管单位

40. 根据《基础测绘成果提供使用管理暂行办法》，下列条件中，不属于申请使用基础测绘成果要求的是(　　)。

A. 有已批准的项目设计书
B. 有明确、合法的使用目的
C. 符合国家的保密法律法规及政策
D. 申请的基础测绘成果范围、种类、精度与使用目的相一致

41. 根据测绘资质管理规定，下列资质单位的办公面积符合规定要求的是(　　)。

A. 甲级资质单位办公场所面积为 $400m^2$

B. 乙级资质单位办公场所面积为 200m^2

C. 丙级资质单位办公场所面积为 30m^2

D. 丁级资质单位办公场所面积为 15m^2

42. 根据测绘仪器防霉、防雾、防锈规定，关于测绘仪器三防类的三防周期正确的是(　　)。

A. 外业三防类的为一年（含一年以内）

B. 检修三防类的为一年（含一年以内）

C. 内业三防类的为一年（含一年以内）

D. 保管三防类的为二年（含二年以内）

43. 根据《测绘技术设计规定》，下列内容中，不属于专业技术设计书内容的是(　　)。

A. 作业区自然地理概况与已知资料情况

B. 引用技术标准文件

C. 成果（或产品）主要技术指标和规格

D. 进度安排和经费预算

44. 根据《招标投标法》规定，下列关于招标投标的说法中，正确的是(　　)。

A. 甲级和乙级海洋测绘专业资质的公司组成联合体可以对标的为 150km^2 的水深测量项目进行投标

B. 评标委员会组成人员为 6 人

C. 分包内容符合法规要求的，在投标文件中可以不载明拟中标后将项目的部分工作进行分包

D. 投标人在招标文件要求提交投标文件的截止时间前，可以撤回已提交的投标文件，并书面通知招标人

45. 根据《招标投标法》规定，下列关于招标开标的内容中，正确的是(　　)。

A. 开标由招标代理机构工作人员主持，邀请所有投标人参加

B. 评标委员会成员人数为 7 人，其中技术、经济等方面的专家为 4 人

C. 招标分为公开招标和邀请招标

D. 开标时，由招标代理机构工作人员检查投标文件的密封情况

46. 根据招标投标法实施条例规定，下列情形中，会被评标委员会否决其投标资格的是(　　)。

A. 某公司为参加同招标项目的另一公司支付保证金

B. 投标人按照招标文件独立进行报价

C. 同一行业协会的会员单位各自参加同一招标项目的投标

D. 符合招标要求的公司联合资质等级比本公司更高的公司参加投标

47. 根据《测绘技术设计规定》，下列内容中，不属于线路测量设计书中规定的作业方法和技术要求的是(　　)。

A. 规定手簿和记录的要求

B. 线路测量各阶段对各种点位复测的要求，各次复测值之间的限差规定

C. 架空索道的方向点偏离直线的精度要求

D. 规定各种桩点的平面和高程的施测方法和精度要求

48. 根据《测绘技术设计规定》，下列关于测绘技术设计输入的说法中，正确的是(　　)。

A. 设计输入应由单位总工程师确定并形成书面文件

B. 设计输入应包括市场的需求或期望

C. 顾客提供的测区信息不能作为设计输入的内容

D. 单位技术水平状况不能作为设计输入的内容

49. 对某城镇地区 $10km^2$ 的 1：500 地形图进行更新修测（更新修测工日定额比率为 30%），已知每幅图的数据采集与编辑额定工日为 15 天，则该项目的工日定额是(　　)天。

A. 2 400　　B. 720

C. 1 200　　D. 3 120

50. 根据测绘生产工日利用定额，贵州省野外测量全年正常作业月数和每月平均作业天数分别为(　　)。

A. 6，24　　B. 6.5，24

C. 8，25　　D. 8，22

51. 根据测绘市场管理暂行办法，下列当事人的权利中，不属于承揽方权利的是(　　)。

A. 按合同约定享有测绘成果的所有权或使用权

B. 公平参与市场竞争

C. 决定测绘成果的验收方式

D. 拒绝委托方提出的违反国家规定的不正当要求

52. 根据《测绘作业人员安全规范》规定，在沼泽地区外业作业时，错误的是(　　)。

A. 应组成横队行进，禁止单人涉险

B. 应配备必要的绳索、木板和长约 1.5m 的探测棒

C. 遇繁茂绿草地带应绕道而行

D. 应注意保持身体干燥清洁，防止皮肤溃烂

53. 根据《测绘作业人员安全规范》规定，在戈壁、沙漠和高原等人烟稀少地区外业作业时，错误的是(　　)。

A. 为戈壁、沙漠地区测量的作业小组配备一辆汽车

B. 为戈壁、沙漠地区作业的车辆配备双备胎

C. 高原地区气压低的车辆应低档行驶，少用制动

D. 外业生产车辆应配备必要的检修工具和通信设备

54. 乙方为甲方测量了 $10km^2$ 带状地形图，合同约定工程款为 10 万元。为展示该带状地形图的需要，乙方又向甲方提供了周边 $5km^2$ 的地形图，甲方将该地形图用于另一工程的设计。根据测绘合同示范文本，乙方有权向甲方提出并可获得(　　)。

A. $5km^2$ 地形图的测绘费用　　B. 2 万元的赔偿

C. 10 万元的赔偿　　D. 20 万元的赔偿

55. 根据《测绘生产质量管理规定》，生产岗位的作业人员按照(　　)进行作业，并对作业成果质量负责。

A. 投标文件　　B. 测绘合同

C. 招标文件　　D. 技术设计

56. 某单位承担一项重大测绘项目，5 月 10 日完成技术设计书编写，5 月 20 日项目组织方批准技术设计书。错误的是(　　)。

A. 作业小组 5 月 11 日进测区进行选点埋石

B. 作业小组 5 月 10 日将有关材料运进测区

C. 作业小组 5 月 9 日进行作业培训

D. 作业小组 5 月 8 日完成踏勘报告编写

57. 根据《测绘生产质量管理规定》，下列质量管理职责中，不属于测绘单位质量主管负责人职责的是(　　)。

A. 签发有关的质量文件及作业指导书

B. 建立本单位的质量保证体系并保证其有效运行

C. 组织编制测绘项目的技术设计书

D. 处理生产过程中的重大技术问题和质量争议

58. 根据《测绘地理信息质量管理办法》，测绘单位与用户发生质量争议时，可采取的措施是(　　)。

A. 报用户所在地市场监督管理部门进行处理

B. 报项目所在地测绘地理信息主管部门进行处理

C. 委托甲级资质的测绘单位进行复测

D. 委托测绘地理信息行业协会进行处理

59. 根据《测绘地理信息质量管理办法》，下列关于测绘成果质量监督检查的说法中，正确的是(　　)。

A. 基础测绘项目必须在关键工序设置检查点

B. 基础测绘项目可以不经过质检机构检验，以会议的形式进行验收

C. 用于基础测绘项目生产的新技术、新工艺、新软件等，必须通过由技术提供方组织的检验、测试或鉴定

D. 测绘单位所完成的基础测绘成果经监督检查被判定为“批不合格”的，应当按照有关管理规定限期整改，并给予相应处理

60. 根据《测绘质量管理体系》，下列关于质量体系管理的说法中，正确的是(　　)。

A. 传统测绘企业的质量管理体系因生产工艺固定，所有的体系过程和活动都可以预先确定

B. 测绘企业因生产工艺相同，质量管理体系由相似的过程组成，不同企业的质量管理体系是相同的

C. 质量管理体系是通过周期性的改进，随着时间的推移而逐步完善的

D. 实施《质量管理体系要求》，需要统一不同质量管理体系的架构

61. 下列关于某高程控制测量专业技术总结的内容中，不属于“概述”部分的

是(　　)。

A. 高程路线的总长度　　B. 作业区概况

C. 起算高程点的等级　　D. 测量结果与各项限差的比较

62. 根据质量管理体系要求，下列信息中，不属于不合格产品和服务处置过程中应保留的成文信息是(　　)。

A. 描述所采取的措施　　B. 描述产品和服务的性质

C. 描述获得的让步　　D. 识别处置不合格的授权

63. 根据《测绘成果质量检查与验收》，对单位成果质量要求中的部分检查项进行的检查是(　　)。

A. 抽样检查　　B. 低精度检查

C. 概查　　D. 简单随机抽查

64. 根据《测绘成果质量检查与验收》，某测绘成果数学精度允许的中误差为±1.5cm，用高精度检测得到的成果中误差为±0.5cm，则该成果数学精度质量项得分为(　　)。

A. 75 分　　B. 85 分

C. 90 分　　D. 100 分

65. 对某区域 $10km^2$ 基本满幅的 1∶2 000 地形图进行抽样检查时，应检查的最小面积约为(　　)km^2。

A. 1　　B. 3

C. 5　　D. 7

66. 在检查导航电子地图质量时，发现的下列错误项中，不属于逻辑致性错误的是(　　)。

A. 数据组织错误　　B. 交通流方向错误

C. 辅道表示错误　　D. 隔离带未表示错误

67. 根据《测绘成果质量监督抽查管理办法》规定，测绘成果监督检查工作经费由(　　)承担。

A. 项目委托单位　　B. 项目测绘单位

C. 测绘地理信息主管部门　　D. 测绘质检机构

68. 根据关于加强涉密测绘地理信息安全管理的通知，下列关于涉密单位的有关要求中，错误的是(　　)。

A. 涉密单位应当依据相关法律法规规定，制定和完善本单位安全保密制度

B. 涉密单位应当将安全保密教育纳入年度培训计划

C. 涉密单位承担的横向合作项目所持有的涉密载体可不纳入统一管理范围

D. 涉密单位应当按分级保护要求对涉密信息系统进行管理

69. 根据《测绘地理信息业务档案保管期限表》，水准测量项目的水准平差过程数据的保存期限是(　　)。

A. 10 年　　B. 20 年

C. 30 年　　D. 永久

70. 根据卫星导航定位基准站数据密级划分表，实时差分服务数据属于(　　)。

A. 绝密级国家秘密事项　　B. 机密级国家秘密事项

C. 秘密级国家秘密事项　　D. 受控管理的内容

71. 根据《测绘成果涉密资料及密级范围》规定，下列地形图的密级属于秘密级的是(　　)。

A. 非军事禁区 1∶5 000 地形图

B. 军事禁区 1∶1 万地形图

C. 非军事禁区 1∶2.5 万地形图

D. 军事禁区 1∶5 万地形图

72. 受检单位对监督检验结论有异议的，可提出书面异议报告，检验单位应在规定时限内作出复检结论。这个时限是收到受检单位书面异议报告之日起(　　)个工作日。

A. 2　　B. 5

C. 10　　D. 15

73. 根据《基础地理信息数据档案管理与保护规范》，下列关于资料归档的说法中正确的是(　　)。

A. 归档资料的完整性和准确性由单位总工程师负责

B. 文档材料归档一份，数据成果拷贝归档两份

C. 基础测绘成果应与文档材料分开归档

D. 归档后的数据成果不得替换

74. 负责组织实施地方重大测绘地理信息项目业务档案验收的单位是(　　)。

A. 项目委托单位　　B. 项目承担单位

C. 测绘地理信息主管部门　　D. 档案主管部门

75. 建档单位应当在测绘地理信息项目验收完成之日起最多不超过(　　)，向档案保管机构移交测绘地理信息业务档案。

A. 1 个月　　B. 2 个月

C. 3 个月　　D. 6 个月

76. 根据《测绘地理信息业务档案管理规定》，下列资料中需永久保存的是(　　)。

A. 航摄仪技术参数文件　　B. 摄区分区航线接合图

C. 机载附属仪器记录数据　　D. 机载 LiDAR 数据

77. 根据测绘合同示范文本，下列内容中，不属于测绘项目合同内容的是(　　)。

A. 项目实施进度安排　　B. 甲乙双方的义务

C. 提交成果及验收方式　　D. 合同评审方式的规定

78. 根据《合同法》，下列情形中，属于合同免责条款无效的是(　　)。

A. 一方以欺诈、胁迫的手段订立合同的

B. 违反法律、行政法规的强制性规定的

C. 造成对方人身伤害的

D. 损害社会公共利益的

79. 下列原则中，不属于 2016 版 ISO 9000 质量管理体系标准的质量管理原则的是(　　)。

A. 领导作用　　B. 服从组织安排

C. 全员积极参与　　　　　　　　D. 关系管理

80. 根据测绘质量管理体系要求，组织在承诺向顾客提供产品和服务前应进行评审，下列要求中，不属于该项评审范畴的是(　　)。

A. 顾客约定的交付时间要求　　　　B. 组织规定的相关要求

C. 适用的法律法规要求　　　　　　D. 质量管理体系持续改进的要求

二、多项选择题（每题 2 分。每题的备选选项中，有 2 项或 2 项以上符合题意，至少有 1 项是错项。错选，本题不得分；少选，所选的每个选项得 0.5 分。）

81. 测绘单位的法定代表人发生变更并向测绘资质审批机关提出变更申请时，应提交的原件扫描材料包括(　　)。

A. 变更申请文件　　　　　　　　B. 单位人事证明

C. 市场监管部门核准变更文件　　D. 测绘资质证书正、副本

E. 变更后法定代表人身份证明

82. 根据注册测绘师制度暂行规定，下列说法中，正确的有(　　)。

A. “中华人民共和国注册测绘师资格证书”在全国范围内有效

B. 非测绘类专业毕业的人员不得申请参加注册测绘师考试

C. 申请参加注册测绘师考试的人员必须是中华人民共和国公民

D. 国务院测绘地理信息主管部门负责注册测绘师资格的注册审查工作

E. 取得测绘类专业大学专科以上学历的即可参加注册测绘师考试

83. 根据外国的组织或者个人来华测绘管理暂行办法，下列有关说法中，正确的有(　　)。

A. 测绘成果归中方部门或者单位所有

B. 不得以任何形式将测绘成果携带或者传输出境

C. 合资、合作测绘或者一次性测绘的，应当保证中方人员全程参与具体测绘活动

D. 一次性测绘应当取得国务院自然资源主管部门的批准文件

E. 合资、合作测绘不得从事导航电子地图制作活动

84. 根据测绘作业证管理规定，下列关于测绘作业证说法中，正确的有(　　)。

A. 测绘人员遗失测绘作业证的，应当立即向本单位报告并说明情况

B. 测绘作业证只限持证人本人使用，不得转借他人

C. 测绘人员调往其他测绘单位的，不需要重新申领测绘作业证

D. 测绘人员使用测量标志时应当主动出示测绘作业证件

E. 过期不注册核准的测绘作业证无效

85. 根据《测绘地理信息质量管理办法》，下列关于测绘单位的质量责任和义务的说法中，正确的有(　　)。

A. 测绘单位应建立合同评审制度，确保具有满足合同要求的实施能力

B. 测绘单位对其完成的测绘地理信息成果质量负责，所交付的成果必须保证是

合格品

C. 测绘单位应在测绘地理信息项目通过验收后，将项目质量信息报送项目所在地测绘地理信息主管部门

D. 测绘单位在测绘项目实施中所使用的测绘仪器设备应按照国家有关规定进行检定、校准

E. 测绘单位的项目技术和质量负责人等关键岗位须由测绘专业高级技术人员充任

86. 根据《测绘成果管理条例》，下列情况中，应当无偿提供测绘成果的有(　　)。

A. 政府决策　　B. 国防建设

C. 公共服务　　D. 企业经营

E. 抢险救灾

87. 根据《测绘法》，卫星导航定位基准站的建设和运行维护不符合国家标准、要求的，可给予的行政处罚有(　　)。

A. 警告　　B. 没收违法所得和测绘成果

C. 责令停业整顿　　D. 没收相关设备

E. 处三十万元以上五十万元以下的罚款

88. 根据涉密基础测绘成果提供使用管理办法，下列关于被许可使用人委托第三方承担涉密测绘成果开发利用的说法中，正确的有(　　)。

A. 第三方必须具有相应的成果保密条件

B. 涉及测绘活动的，第三方应当具备相应的测绘资质

C. 被许可使用人必须与第三方签订成果保密责任书

D. 任务完成后，第三方应自行销毁涉密测绘成果

E. 任务完成后，第三方可以保留涉密测绘成果衍生产品

89. 根据《房产测绘管理办法》规定，下列关于房产测绘委托的说法中，正确的有(　　)。

A. 房产测绘成果资料应当与房产自然状况保持一致

B. 房产自然状况发生变化应当及时实施房产变更测量

C. 委托人与房产测绘单位应当签订书面房产测绘合同

D. 房产测绘单位与委托人不得有利害关系

E. 房产测绘所需费用由购房人支付

90. 根据《公开地图内容表示若干规定》，下列关于公开地图比例尺和开本的说法中，正确的有(　　)。

A. 中国地图比例尺等于或小于 1∶100 万

B. 香港特别行政区、澳门特别行政区地图比例尺等于或小于 1∶25 万

C. 市、县地图开幅为一个全张，最大不超过两个全张

D. 交通图的位置精度不能高于 1∶50 万国家基本比例尺地图精度

E. 比例尺等于或大于 1∶50 万的公开地图不得绘出经纬线

91. 根据《基础地理信息数据档案管理与保护规范》，下列关于数据档案销毁的说法错误的有(　　)。

A. 销毁光盘上的数据档案时，无须连同光盘一起销毁
B. 销毁数据档案时，异地储存的数据档案同时销毁
C. 数据档案逻辑或物理销毁后，应从计算机系统中将其彻底清除
D. 数据档案销毁时，数据档案管理单位应派员监销，防止泄密
E. 经鉴定需要销毁的数据档案，档案管理单位可自行组织销毁

92. 下列测绘专业中，测绘单位不能初次申请甲级测绘资质的有(　　)。
A. 测绘航空摄影　　B. 摄影测量与遥感
C. 海洋测绘　　D. 导航电子地图制作
E. 互联网地图服务

93. 甲方未按合同约定支付乙方工程费并影响工程速度的，乙方可要求(　　)。
A. 解除合同　　B. 工期顺延
C. 支付停窝工费　　D. 增加工程款
E. 甲方按顺延天数和当时银行存款利息向乙方支付违约金

94. 根据测绘合同示范文本，造成工期顺延的原因中，乙方不承担赔偿责任的有(　　)。
A. 天气　　B. 交通
C. 甲方提供的资料错误　　D. 政府行为
E. 乙方在作业过程中发生安全生产事故

95. 根据《测绘作业人员安全规范》，下列地下管道外业作业描述中，正确的有(　　)。
A. 作业人员一律不得进入情况不明的地下管道作业
B. 作业人员必须配备防护帽、安全灯，穿安全警示工作服
C. 打开窨井盖做实地调查时，井口要用警示栏圈围起来
D. 井下作业的所有电气设备外壳都要接地
E. 夜间作业时，应设置安全警示灯

96. 根据《测绘成果质量检查与验收》规定，最终检查批成果合格后，可评定批成果质量等级为良级的有(　　)。
A. 优良品率为95%，其中优级品率为55%
B. 优良品率为90%，其中优级品率为45%
C. 优良品率为85%，其中优级品率为50%
D. 优良品率为85%，其中优级品率为25%
E. 优良品率为80%，其中优级品率为20%

97. 下列内容中，属于航空摄影成果中飞行质量检查项的有(　　)。
A. 航摄设计　　B. 影像的灰雾密度
C. 像片重叠度　　D. 像点最大位移值
E. 航摄飞行记录

98. 根据《测绘地理信息业务档案管理规定》，下列说法中正确的有(　　)。
A. 测绘地理信息业务档案定期保存的期限为10年、20年、30年
B. 测绘地理信息主管部门应对保管期满的测绘地理信息业务档案提出鉴定意见

C. 档案库房应配备防火、防盗、防渍、防有害动物、监控等保护设施设备

D. 测绘地理信息业务档案均实行异地备份保管

E. 档案保管机构应对个人捐赠的测绘地理信息业务档案进行妥善保管

99. 测绘合同由双方代表签字后须加盖双方相关印章方可生效，下列各类印章中，双方加盖后合同即可生效的有(　　)。

A. 公章

B. 资料专用章

C. 法定代表人章

D. 财务章

E. 合同专用章

100. 根据测绘质量管理体系要求，下列职责中，属于最高管理者职责的有(　　)。

A. 制定质量方针

B. 确保及时与顾客沟通

C. 确保获得质量管理体系所需的资源

D. 对质量管理体系的有效性负责

E. 确保质量管理体系融入组织的业务过程

参考答案及解析

一、单项选择题

1. 【D】测绘单位应当于每年的 1 月 20 日至 2 月 28 日按照本规定的要求向省级测绘行政主管部门或其委托设区的市（州）级测绘行政主管部门报送年度注册的相关材料。
2. 【A】测绘专业技术人员是指大地测量、工程测量、摄影测量、遥感、地图制图、地理信息、地籍测绘、测绘工程、矿山测量、海洋测绘、导航工程、土地管理、地理国情监测等专业的技术人员。
3. 【B】工程测量专业分为甲、乙、丙、丁四级，地图编制专业分为甲、乙两级，大地测量专业分为甲、乙两级。
4. 【A】同一单位申请两个以上专业范围的，对人员数量的要求不累加计算。
5. 【D】申请房产测绘专业甲级测绘资质需要 20 台手持测距仪。
6. 【C】良好信用信息和不良信用信息的发布期均为 2 年，不良信用信息的查询期为 5 年。
7. 【C】市政工程测量属于工程测量专业的子项。
8. 【D】《测绘法》第四十八条规定，违反本法规定，测绘成果质量不合格的，责令测绘单位补测或者重测；情节严重的，责令停业整顿，降低资质等级直至吊销测绘资质证书；给用户造成损失的，依法承担赔偿责任。
9. 【C】乙级工程测量专业 25 人，丙级海洋测绘 8 人，丁级不动产测绘专业 4 人。
10. 【B】延续注册时不需要提交“中华人民共和国注册测绘师资格证书”。
11. 【A】继续教育是注册测绘师延续注册、重新申请注册和逾期初始注册的必备条件。
12. 【D】由注册单位承担赔偿责任。注册单位依法向承担该业务的注册测绘师追责。
13. 【A】公开招投标项目，投标人不得少于 3 个。

14.【B】根据招标投标法规定，该时限为自中标通知书发出之日起 30 日。
15.【B】注册测绘师可以视为中级专业技术人员。
16.【C】合资、合作测绘不得从事下列活动：大地测量；测绘航空摄影；行政区域界线测绘；海洋测绘；地形图、世界政区地图、全国政区地图、省级及以下政区地图、全国性教学地图、地方性教学地图和真三维地图的编制；导航电子地图编制。
17.【C】测绘单位申报材料不真实，虚报冒领“测绘工作证”的，由省、自治区、直辖市人民政府管理测绘工作的部门收回冒领的证件，并根据其情节给予通报批评。
18.【A】给予警告，责令改正，可以并处五十万元以下的罚款。
19.【C】县级以上人民政府应当将基础测绘工作所需经费列入本级政府预算。
20.【B】作业部门负责过程检查，测绘单位质量管理机构负责最终检查。
21.【D】测绘项目的承担单位负责汇交使用财政投资完成的测绘项目成果资料。
22.【A】测绘成果的目录和副本，应当在第二年三月底之前汇交。
23.【D】汇交测绘成果资料的范围由国务院测绘行政主管部门会商国务院有关部门制定并公布。
24.【B】建设卫星导航定位基准站的，建设单位应当按照国家有关规定报国务院测绘地理信息主管部门或者省、自治区、直辖市人民政府测绘地理信息主管部门备案。
25.【B】国家基本比例尺地形图属于基础测绘成果资料应实行异地备份存放制度。
26.【C】国家保密工作部门、国务院测绘地理信息主管部门商军队测绘主管部门，依照有关保密法律、行政法规的规定，确定测绘成果的秘密范围和秘密等级。
27.【A】未按规定进行保密技术处理的，其秘密等级不得低于所用测绘成果的秘密等级。
28.【A】使用财政资金的测绘项目，有关部门在批准立项前应当征求本级人民政府测绘地理信息主管部门的意见。
29.【B】各级人民政府及其有关部门和军队因防灾、减灾、国防建设等公共利益的需要，可以无偿使用测绘成果。
30.【B】测绘成果保管单位应当根据相关批复或者调用通知，在最短时间内完成基础测绘成果应急提供，一般提供期限为 8 小时，特殊情况不超过 24 小时。
31.【A】全国高速铁路里程数不属于国家重要地理信息数据。
32.【B】国务院测绘地理信息主管部门负责受理单位和个人提出的公布重要地理信息数据的建议。
33.【B】中华人民共和国地图的国界线标准样图，由外交部和国务院测绘地理信息主管部门拟定，报国务院批准后公布。
34.【A】国务院民政部门负责编制省、自治区、直辖市行政区域界线详图；省、自治区、直辖市人民政府民政部门负责编制本行政区域内的行政区域界线详图。
35.【D】建立地理信息系统应当采用符合国家标准的基础地理信息数据。
36.【C】省、自治区、直辖市人民政府自然资源主管部门负责审核主要表现地在本行政区域范围内的地图。
37.【D】地图送审不需要地图编制单位的营业执照。
38.【C】县级以上人民政府出版行政主管部门应当加强对地图出版活动的监督管理，依法对地图出版违法行为进行查处。

39. 【B】拆迁永久性测量标志的应当报所在地省、自治区、直辖市人民政府测绘地理信息主管部门。
40. 【A】申请使用基础测绘成果不需要批准的项目设计书。
41. 【B】各等级测绘单位的办公场所：甲级不少于 $600m^2$，乙级不少于 $150m^2$，丙级不少于 $40m^2$，丁级不少于 $20m^2$。
42. 【C】外业三防类的为半年（含半年以内）；检修三防类的为半年（含半年以内）；保管三防类的为一年（含一年以内）。
43. 【D】进度安排和经费预算，不在项目专业技术设计书中。
44. 【D】投标人在招标文件要求提交投标文件的截止时间前，可以撤回已提交的投标文件，并书面通知招标人。
45. 【C】招标分为公开招标和邀请招标。
46. 【A】不同投标人的投标保证金从同一单位或者个人的账户转出，视为投标人相互串通投标。
47. 【A】规定手簿和记录的要求不属于线路测量设计书中规定的作业方法和技术要求。
48. 【B】设计输入应由技术负责人确定并形成书面文件，顾客提供的测区信息、单位技术水平状况均能作为设计输入的内容。
49. 【B】$10km^2/0.0625=160$ 幅，共需 $160\times15\times30\%=720$ 天。
50. 【D】贵州省野外测量全年正常作业月数和每月平均作业天数分别为 8 个月、22 天。
51. 【C】决定测绘成果的验收方式不属于承揽方权利。
52. 【A】应组成纵队行进，禁止单人涉险。
53. 【A】戈壁、沙漠地区测量的作业小组配备两辆汽车，双车作业。
54. 【B】乙方有权向甲方按合同约定工程款的 20% 赔偿损失。
55. 【D】生产岗位的作业人员必须严格按照技术设计进行作业，并对作业成果质量负责。
56. 【A】测绘生产应坚持先设计后生产的原则。
57. 【B】建立本单位的质量保证体系并保证其有效运行属于测绘单位的法定代表人的职责。
58. 【B】与用户发生质量争议的，报项目所在地测绘地理信息行政主管部门进行处理或依法诉讼。
59. 【D】测绘单位所完成的测绘地理信息成果质量经监督检查被判定为“批不合格”的，按照有关管理规定限期整改，并给予相应处理。
60. 【C】质量管理体系是通过周期性的改进，随着时间的推移而逐步完善的。
61. 【D】测量结果与各项限差的比较属于主要技术指标的内容。
62. 【B】不合格产品和服务处置过程中应保留的成文信息 ：①描述不合格；②描述所采取的措施；③描述获得的让步；④识别处置不合格的授权。
63. 【C】对单位成果质量要求中的部分检查项进行概查。
64. 【D】由规范公式代入数值计算 ，该成果数学精度质量项得分为 100 分。
65. 【B】1∶2 000 地形图共有 10 幅，1~20 幅，应抽取样本量为 3 幅，1 幅面积 $=1km^2$，共 $3km^2$。
66. 【A】数据组织错误属于“完整性和正确性”B 类错漏。

67.【C】测绘成果监督检查工作经费由测绘地理信息主管部门承担。

68.【C】涉密单位承担横向合作项目所持有涉密载体必须纳入本单位统一管理范围，不留死角。

69.【A】水准测量项目的水准平差过程数据的保存期限为 10 年。

70.【D】实时差分服务数据属于受控管理的内容 。

71.【A】非军事禁区 1∶5 000 地形图属于秘密级资料 。

72.【C】受检单位对监督检验结论有异议的，可提出书面异议报告，检验单位应在 10 个工作日内作出复检结论。

73.【B】归档资料的完整性和准确性由单位项目负责人总负责；基础测绘成果应与文档材料一同归档；归档后的数据成果可以更新替换。

74.【C】测绘地理信息主管部门负责组织实施地方重大测绘地理信息项目业务档案验收。

75.【B】测绘地理信息项目验收完成之日起最多不超过 2 个月移交测绘地理信息业务档案。

76.【D】机载 LiDAR 数据（含原始、预处理、滤噪等点云数据）需永久保存。

77.【D】测绘合同示范文本不涉及对合同评审方式的规定。

78.【C】属于合同免责条款无效的情形：①造成对方人身伤害的；②因故意或重大过失造成对方财产损失的。

79.【B】质量管理原则有：①以顾客为关注焦点；②领导作用；③全员积极参与；④过程方法；⑤改进；⑥征询决策；⑦关系管理。

80.【D】质量管理体系持续改进的要求不属于组织在承诺向顾客提供产品和服务前应进行评审。

二、多项选择题

81.【ACD】根据测绘资质管理规定，变更申请文件；有关部门核准变更证明；测绘资质证书正、副本。

82.【AC】各省、自治区、直辖市人民政府测绘行政主管部门负责注册测绘师资格的注册审查工作。

83.【ACDE】来华测绘成果归中方部门或者单位所有的，未经依法批准，不得以任何形式将测绘成果携带或者传输出境。

84.【ABDE】测绘人员调往其他测绘单位的，由新调入单位重新申领测绘作业证。

85.【ABCD】测绘地理信息项目的技术和质检负责人等关键岗位须由注册测绘师充任。

86.【ABCE】用于国家机关决策和社会公益性事业的，应当无偿提供。各级人民政府及其有关部门和军队因防灾、减灾、国防建设等公共利益的需要，可以无偿使用测绘成果。

87.【ABDE】给予警告，责令限期改正，没收违法所得和测绘成果，并处三十万元以上五十万元以下的罚款；逾期不改正的，没收相关设备；对直接负责的主管人员和其他直接责任人员，依法给予处分；构成犯罪的，依法追究刑事责任。

88.【ABC】任务完成后，使用单位必须按照保密规定及时回收或督促第三方销毁相应的基础测绘成果及其衍生产品。

89. 【ABCD】房产测绘所需费用由委托人支付，房产测绘收费标准按照国家有关规定执行。
90. 【ACDE】香港特别行政区、澳门特别行政区地图、台湾省地图，比例尺、开本大小不限。
91. 【AE】销毁光盘上的数据档案时，须连同光盘一起销毁；经鉴定需要销毁的数据档案，应按规定履行销毁手续。
92. 【ABCE】导航电子地图制作可直接申请甲级测绘资质。
93. 【BE】未按合同约定支付工程费可要求工期顺延、支付停窝工费。
94. 【ABCD】乙方在作业过程中发生安全生产事故需承担赔偿责任。
95. 【BDE】无向导协助，禁止进入情况不明的地下管道作业。打开窨井盖做实地调查时，井口要用警示栏圈围起来，必须有专人看管。
96. 【ABC】良级：优良品率为 80%以上，其中优级品率为 30%以上。
97. 【ACD】影像的灰雾密度、航摄飞行记录属于影像质量检查项。
98. 【CE】具有重要查考利用保存价值的，应当永久保存；具有一般查考利用保存价值的，应当定期保存，期限为 10 年或 30 年。基础测绘地理信息业务档案实行异地备份保管；档案保管机构应当对保管期满的测绘地理信息业务档案提出鉴定意见，并报同级测绘地理信息行政主管部门批准。
99. 【AE】测绘合同由双方代表签字后须加盖双方公章/合同专用章方可生效。
100. 【ACDE】确保及时与顾客沟通属于管理代表者的职责。

（四）2021年注册测绘师资格考试测绘管理与法律法规仿真试卷与参考答案及解析

一、单项选择题（每题1分，每题的备选选项中，只有一项符合题意。）

1. 根据测绘资质管理办法，测绘资质的等级分为(　　)。

A. 甲、乙　　B. 甲、乙、丙

C. 特甲、甲、乙　　D. 甲、乙、丙、丁

2. 根据测绘资质管理办法，下列测绘专业的甲级测绘资质的审批和管理由自然资源部负责的是(　　)。

A. 互联网地图服务　　B. 地理信息系统工程

C. 导航电子地图制作　　D. 海洋测绘

3. 根据《测绘资质分类分级标准》，乙级工程测量专业要求测绘及相关专业技术人员至少为(　　)人。

A. 6　　B. 8

C. 15　　D. 25

4. 根据《测绘法》，国家设立和采用全国统一的大地基准、高程基准、深度基准和(　　)，其数据由国务院批准。

A. 平面基准　　B. 地心基准

C. 国家基准　　D. 重力基准

5. 根据《注册测绘师制度暂行规定》，下列内容中，属于注册测绘师义务的是(　　)。

A. 在规定的范围内从事测绘执业活动

B. 接受继续教育

C. 对侵犯本人执业权利的活动进行申诉

D. 不准他人以本人名义执业

6. 根据《注册测绘师执业管理办法（试行）》规定，超过(　　)周岁申请初始注册、延续注册及变更注册的，均需提供身份健康证明。

A. 60　　B. 65

C. 70　　D. 75

7. 根据《测绘资质分类分级标准》，业务范围载明了摄影测量与遥感专业的乙级测绘资质单位，须具备(　　)套全数字摄影测量系统、遥感图像处理系统。

A. 4　　B. 6

C. 2　　D. 15

8. 根据测绘作业证暂行规定，下列工作人员中，无须申请测绘作业证的是(　　)。

A. 取得测绘资质证书单位的人员　　B. 从事野外测绘作业的人员
C. 室内从事内业制图的人员　　D. 需要领取测绘作业证的其他人员

9. 根据《外国的组织或者个人来华测绘管理暂行办法》规定，合资、合作测绘不得从事的活动是(　　)。
A. 工程测量　　B. 互联网地理信息服务
C. 导航电子地图制作　　D. 不动产测绘（地籍、房产）

10. 根据测绘生产质量管理规定，下列人员中，负责组织编制测绘项目技术设计书的是(　　)。
A. 法定代表人　　B. 质量主管负责人
C. 质量机构负责人　　D. 单位安全负责人

11. 测绘单位以欺骗、贿赂等正当手段取得测绘资质证书的，测绘单位在(　　)内不得再次申请测绘资质，审批机关不予受理。
A. 半年　　B. 五年
C. 三年　　D. 两年

12. 依据《招标投标法》，在公开招标方式中，被称为无限竞争性招标的是(　　)。
A. 议标　　B. 邀请招标
C. 公开招标　　D. 秘密招标

13. 根据《注册测绘师执业管理办法（试行）》规定，下列有关注册测绘师的执业说法，正确的是(　　)。
A. 注册测绘师从事执业活动，可按照当前的测绘产品价格标准进行统一收费
B. 注册单位与注册测绘师人事关系所在单位或聘用单位可以不一致
C. 测绘地理信息项目的设计文件经注册测绘师签字即可生效
D. 修改经注册测绘师签字盖章的测绘文件，必须由注册测绘师本人进行

14. 根据《测绘法》，下列情形中，测绘成果依法实行有偿使用制度的是(　　)。
A. 军队因防灾减灾　　B. 应对突发事件
C. 用于公共服务的　　D. 用于互联网信息服务

15. 根据《行政许可法》，下列关于行政许可的设定说法中，错误的是(　　)。
A. 据行政许可法，法律可以设定行政许可，尚未制定法律的，行政法规可以设定行政许可
B. 必要时，国务院可以采用公告的形式设定行政许可
C. 尚未制定法律、行政法规的，地方性法规也可以设定行政许可
D. 确需立即实施行政许可的，省、自治区、直辖市人民政府规章可设定临时性的行政许可

16. 根据《测绘资质分类分级标准》，从事互联网地图服务专业的测绘资质单位，不需要考核的内容是(　　)。
A. 地图安全审校人员数量　　B. 计算机专业技术人员数量
C. 专业软件情况　　D. 在线存储设备情况

17. 根据《注册测绘师执业管理办法（试行）》规定，下列有关注册测绘师继续教育的说法错误的是(　　)。

A. 在一个注册有效期内，必修内容和选修内容均不得少于 30 学时
B. 必修内容培训每次 30 学时，且须在一个有效期内参加 2 次不同内容的培训
C. 注册测绘师继续教育选修内容通过参加指定的网络学习 40 学时
D. 可以通过出版专业著作、承担科研课题等形式修满另外的 20 学时

18. 擅自发布中华人民共和国领域和中华人民共和国管辖的其他海域的重要地理信息数据的，给予警告，责令改正，可以并处(　　)万元以下罚款。

A. 5　　B. 10
C. 50　　D. 100

19. 根据《测绘法》规定，海洋基础测绘工作由(　　)负责。

A. 军事测绘部门　　B. 自然资源部国土测绘司
C. 国家发展改革会员会　　D. 国务院

20. 下列内容中，不属于《行政区域界线管理条例》实施目的的是(　　)。

A. 巩固行政区域界线勘定成果　　B. 加强行政区域界线管理
C. 规范界线测绘标准　　D. 维护行政区域界线附近地区稳定

21. 临时性的行政许可实施满(　　)年需要继续实施的，应当提请本级人民代表大会及其常务委员会制定地方性法规。

A. 1　　B. 2
C. 3　　D. 5

22. 测绘执业资格是指从事测绘活动的自然人应当具备的知识、技术水平和能力，下列关于其特征描述错误的是(　　)。

A. 测绘执业资格的主体是测绘资质单位
B. 测绘执业资格隶属国家职业资格体系
C. 测绘执业资格的对象是测绘专业技术人员
D. 测绘执业资格的主体是个人

23. 为确保测绘成果（或产品）满足规定的使用要求或已知的逾期用途的要求，应对技术设计文件进行审批。设计审批的依据不包括(　　)。

A. 设计验证方法　　B. 设计输入内容
C. 设计评审　　D. 设计验证报告

24. 下列关于质量管理体系文件的编制说法，错误的是(　　)。

A. 质量管理体系文件应满足产品与质量目标的实现，满足 2000 版 ISO 9001 族标准的要求和质量管理体系有效运行需要
B. 质量手册是描述质量管理体系的纲领性文件，其详细程度由上级通过审核进行决定
C. 质量管理体系文件具备实用性和可操作性，对质量管理体系的适用性和有效性提供证实
D. 质量目标通常以文件形式下达到组织的各个有关职能和层次，分别予以实施

25. 测绘单位对现有任务状况进行分析是贯标工作的(　　)阶段。

A. 组织策划和领导投入　　B. 体系总体设计和资源配备
C. 文件编制　　D. 质量管理体系运行和实施

26. 负责针对特定的项目、产品、过程或合同所规定的质量管理、资源提供、作业控制和工作顺序等内容的质量管理体系文件是(　　)。

A. 质量方针　　B. 质量目标

C. 质量手册　　D. 质量计划

27. 测绘项目质量目标将质量等级划分为（　　）。

A. 3级　　B. 4级

C. 5级　　D. 6级

28. 测绘项目资金预算控制通常由(　　)负责。

A. 总工程师　　B. 院长（总经理）

C. 项目委托方　　D. 项目监理方

29. 根据《测绘作业人员安全生产规范》规定，实施造（维修）标，拆标工作时，作业场地半径不得小于(　　)m。

A. 10　　B. 15

C. 25　　D. 20

30. 根据《基础测绘成果应急提供办法》，各级测绘行政主管部门应当当场或者在(　　)小时内完成基础测绘成果应急服务申请的审核与批复。

A. 2　　B. 4

C. 8　　D. 12

31. 根据《测绘成果管理条例》，下列数据中，不属于重要地理信息数据的是(　　)。

A. 国家海岸线长度　　B. 岛礁数量

C. 珠穆朗玛峰高程　　D. 专属经济区面积

32. 中华人民共和国国界线的测绘，按照中华人民共和国与相邻国家缔结的边界条约或者协定执行，由(　　)组织实施。

A. 外交部　　B. 国务院自然资源主管部门

C. 民政部　　D. 军事测绘主管部门

33. 使用财政资金的测绘项目和涉及测绘的其他使用财政资金的项目，有关部门在批准立项前应当征求(　　)的意见。

A. 本级人民政府　　B. 本级人民政府测绘地理信息主管部门

C. 上级人民政府　　D. 本级人民政府发改部门

34. 依据《测绘市场管理暂行办法》，下列内容中，不属于承揽方的义务的是(　　)。

A. 拒绝委托方提出的违反国家规定的不正当要求

B. 按合同约定，不向第三方提供受委托完成的测绘成果

C. 遵守有关的法律、法规，全面履行合同，遵守职业道德

D. 保证成果质量合格，按合同约定向委托方提交成果资料

35. 属于国家秘密测绘成果的保密期限，一律定为（　　）保存。

A. 永久　　B. 长期

C. 短期　　D. 定期

36. 测绘地理信息主管部门应在收到使用基础测绘成果使用申请时，申请资料不齐全或不符合法定形式的，测绘地理信息主管部门应当当场或(　　)内一次性告知申请人需要补正的全部内容。

A. 5 日　　B. 7 日
C. 10 日　　D. 15 日

37. 国务院有关主管部门和省、自治区、直辖市人民政府有关主管部门，根据本部门的特殊需要，可以建立本部门使用的(　　)，其各项最高计量标准器具经同级人民政府计量行政部门主持考核合格后使用。

A. 计量标准器具　　B. 计量基准器具
C. 计量器具　　D. 通用计量器具

38. 勘定行政区域界线体现了我国的国家意志，(　　)是国务院管理行政区域界线的部门。

A. 军事测绘部门　　B. 发展改革部门
C. 建设部门　　D. 民政部门

39. 县级以上人民政府测绘地理信息主管部门应当会同本级人民政府(　　)主管部门，加强对不动产测绘的管理。

A. 不动产登记　　B. 房产测绘
C. 城乡建设　　D. 国土资源

40. 根据《公开地图内容表示补充规定（试行）》，确需表示大型水利设施位置时，其位置精度不得高于(　　)m。

A. 100　　B. 10
C. 50　　D. 200

41. 根据《保密法》规定，国家秘密的保密期限届满的，自行(　　)。

A. 延期　　B. 公开
C. 解密　　D. 变更

42. 根据《测绘地理信息管理工作国家秘密范围的规定》，测绘地理信息管理事项等级分为(　　)级。

A. 三　　B. 四
C. 五　　D. 六

43. 下列内容中，不属于测绘技术总结组成部分的是(　　)。

A. 技术设计执行情况　　B. 成果或产品质量说明和评价
C. 测绘合同书　　D. 上交和归档的成果及资料清单

44. 测绘成果质量通过二级检查和一级验收进行控制，下列说法中，错误的是(　　)。

A. 测绘单位作业部门的过程检查
B. 测绘单位作业部门的全数检查
C. 测绘单位质量管理部门的最终检查
D. 质检机构的质量验收

45. 测绘成果最终抽样检查时，如果批量大于等于(　　)，应分批次提交，批次数应最小，各批次的批量均匀。

A. 100　　B. 200

C. 201　　D. 250

46. 根据《测绘成果质量检查与验收》，下列关于地籍测绘成果权重划分正确的是(　　)。

A. 地籍图 0. 25　宗地图 0. 25　地籍细部测量 0. 25　地籍控制测量 0. 25

B. 地籍控制测量 0. 3　地籍细部测量 0. 25 地籍图 0. 25　宗地图 0. 2

C. 地籍控制测量 0. 4　地籍细部测量 0. 2　地籍图 0. 15　宗地图 0. 15

D. 地籍图 0. 3　宗地图 0. 2　地籍细部测量 0. 25　地籍控制测量 0. 25

47. (　　)负责编制省、自治区、直辖市行政区域界线详图。

A. 国务院建设部门　　B. 国务院测绘行政管理部门

C. 国务院土地行政管理部门　　D. 国务院民政部门

48. 将顾客或社会对测绘成果的要求转换为测绘成果、测绘生产过程或测绘生产体系规定的特性或规范的一组过程称为(　　)。

A. 测绘项目合同管理　　B. 测绘项目技术设计

C. 测绘项目组织与实施管理　　D. 测绘技术总结

49. 在测绘项目合同中，下列关于测绘范围描述不恰当的是(　　)。

A. 用自然地物边界线描述　　B. 用人工地物边界线描述

C. 用测绘标的的中心坐标表示　　D. 在小比例尺地图上概略坐标表示

50. 根据《注册测绘师制度暂行规定》，下列行为中，属于注册测绘师依法享有的权利是(　　)。

A. 允许他人以本人名义执业

B. 获得与执业责任相应的劳动报酬

C. 对本单位的成果质量进行监管

D. 以个人名义从事测绘活动，承担测绘业务

51. 根据《测绘标准化工作管理办法》规定，下列标准排列中，按标准层级和效力排序最为准确的是(　　)。

A. CH/Z CH/T CH GB　　B. GB CH CH/T CH/Z

C. GB CH/T CH/Z CH　　D. CH GB CH/T CH/Z

52. 根据《地图管理条例》，下列关于地图出版管理说法中，错误的是(　　)。

A. 出版单位出版地图，应当按照国家有关规定向国家图书馆免费送交样本

B. 任何出版单位不得出版未经审定的中、小学教学地图

C. 应当按国务院出版行政主管部门审核批准的地图出版业务范围从事地图出版活动

D. 出版单位根据需要，可以在出版物中任意插附相关的地图

53. 测绘项目实行招投标的，测绘项目的招标单位应当依法在招标公告或者投标邀请书中对测绘单位资质等级作出要求，不得让不具有相应测绘资质等级的单位中标，(　　)。

A. 可以让测绘单位低于测绘成本中标

B. 对测绘成本不作相应的要求

C. 不得让测绘单位低于测绘成本中标

D. 测绘成本费用应符合测绘市场管理规定

54. 下列关于测绘仪器防雾的措施，做法正确的是(　　)。

A. 吸潮后的干燥剂也可以使用

B. 调整仪器时，用手心对准光学零件表面

C. 外业测绘仪器一般情况下 1 年须对仪器的光学零件表面进行一次全面擦拭

D. 每次测区作业结束后，应对仪器的光学零件外露表面进行一次擦拭

55. 根据《测绘技术设计规定》，下列内容中，不属于工程进度设计内容的是(　　)。

A. 须明确技术等级或精度指标

B. 划分作业区的困难类别

C. 根据统计的工作量和计划投入的生产实力，参照有关生产定额，分别列出年度计划和各工序的衔接计划

D. 根据设计方案，分别计算统计各工序的工作量

56. 根据《地图审核管理规定》，下列地图中，应由国务院自然资源主管部门审核的是(　　)。

A. 公益性地图　　B. 北京市地图

C. 历史地图　　D. 中小学教学地图

57. 根据《测绘技术总结编写规定》，测绘项目总结一般由(　　)单位负责编写。

A. 承担项目的法人　　B. 承担项目相应专业任务的法人

C. 分包项目的法人　　D. 项目招标

58. 下列资料中，不属于测绘总结编写的依据的是(　　)。

A. 测绘任务书　　B. 顾客书面要求

C. 测绘仪器检定报告　　D. 测绘成果质检报告

59. 根据《外国的组织或者个人来华测绘管理暂行办法》，外国的组织或者个人在中华人民共和国领域内合资、合作企业从事测绘活动中，错误的是(　　)。

A. 保证中方测绘人员全程参与具体测绘活动

B. 不得以任何形式将测绘成果携带出境

C. 来华测绘成果归中方部门或者单位所有

D. 应按国务院自然资源主管部门批准内容进行

60. 根据《关于切实做好国家基础测绘项目成果档案归档工作的通知》，基础测绘项目验收时，应由(　　)对项目成果档案的完整性、系统性、准确性进行检验。

A. 项目实施单位　　B. 测绘地理信息主管部门

C. 测绘成果保管单位　　D. 当地人民政府

61. 根据测绘成果涉密管理规定，向自然资源部门申请使用涉密测绘成果，申请人可以不提供的材料是(　　)。

A. 国家秘密基础测绘成果资料使用证明函

B. 属于各级财政投资项目的项目批准文件

C. 国家秘密测绘成果使用申请表

D. 保密工作部门的介绍函

62. 根据《基础地理信息数据档案管理与保护规范》，在工作之前，放置在储存环境下的基础地理信息数据的磁带必须在工作环境放置至少(　　)h。

A. 1　　B. 2

C. 12　　D. 24

63. 根据《测绘法》，国家实行测绘成果汇交制度并依法保护测绘成果的(　　)。

A. 著作权　　B. 知识产权

C. 使用权　　D. 发布权

64. 测绘成果质量检查验收实行的制度是(　　)。

A. 一级检查一级验收制　　B. 二级检查一级验收制

C. 一级检查二级验收制　　D. 二级检查二级验收制

65. 总工程师在测绘项目中通常担任(　　)。

A. 项目生产负责人　　B. 中队生产负责人

C. 项目技术负责人　　D. 中队技术负责人

66. 测绘成果最终抽样检查时，如果批量为41~60，则样本量应为(　　)。

A. 3　　B. 5

C. 7　　D. 9

67. 测绘成果的单位成果质量评定时，概查可以评定的质量等级有(　　)。

A. 优级品　　B. 良级品

C. 中级品　　D. 不合格品

68. 按照测绘成果质量错漏和扣分标准，一个C类错误应扣分值为(　　)。

A. 42分　　B. $12/t$ 分

C. $4/t$ 分　　D. $1/t$ 分

69. 根据“测绘地理信息业务档案保管期限表”，水准测量项目的参与水准数据处理的观测数据的保存期限是(　　)。

A. 10年　　B. 20年

C. 30年　　D. 永久

70. 按照《测绘成果管理条例》规定，测绘成果分为(　　)。

A. 大地测量成果和城市测绘成果　　B. 重力测量成果和非城市测绘成果

C. 大、中、小比例尺测绘成果　　D. 基础测绘成果和非基础测绘成果

71. 根据《国家基本比例尺地形图修测规范》规定，当地形要素变化率超过(　　)时，不得进行修测，应当重新进行测绘。

A. 30%　　B. 40%

C. 50%　　D. 60%

72. 测绘单位制订工作计划及程序是贯标工作的(　　)阶段。

A. 组织策划和领导投入　　B. 体系总体设计和资源配备

C. 文件编制　　D. 质量管理体系运行和实施

73. 根据测绘标准化工作管理办法，下列情况中，不需要制定强制性测绘标准的是(　　)。

A. 需要控制的重要测绘成果质量的技术要求

B. 采用国际标准化组织等国际组织的技术报告的

C. 基础地理信息标准数据的生产和认定

D. 涉及国家安全、人身及财产安全的技术要求

74. 下列工作中，不属于测绘技术设计书的主要内容的是(　　)。

A. 收集资料　　B. 需求分析

C. 踏勘调查　　D. 专业技术设计

75. 下列情形中，可以有偿使用基础测绘成果和国家投资完成的其他测绘成果的是(　　)。

A. 用于国家机关决策　　B. 用于社会公益性事业

C. 用于政府投资项目　　D. 政府和军队因公共利益需要

76. 根据《测绘法》，下列有关测量标志保护的内容中，说法错误的是(　　)。

A. 拆迁永久性测量标志所需迁建费用由工程施工单位承担

B. 保管测量标志的人员应当查验测量标志使用后的完好状况

C. 进行工程建设，应当避开永久性测量标志

D. 拆迁永久性测量标志或者使永久性测量标志失去使用效能由省级测绘地理信息主管部门审批

77. 下列内容中，不属于变形测量技术总结中利用"已有资料情况"的是(　　)。

A. 测量资料的分析与利用

B. 采用已有资料清单

C. 资料中存在的主要问题和处理方法

D. 起算数据的名称、等级及来源

78. 根据《合同法》，下列情形中，属于合同免责条款无效的是(　　)。

A. 一方以欺诈、胁迫的手段订立合同的

B. 违反法律、行政法规的强制性规定的

C. 因故意造成对方财产损失的

D. 损害社会公共利益的

79. 下列质量管理原则，不属于 2016 版质量管理体系标准的质量管理原则的是(　　)。

A. 经济原则　　B. 以顾客为关注焦点原则

C. 关系管理原则　　D. 全员参与原则

80. 根据质量管理体系要求，下列目标中，不符合质量管理体系所需过程的质量目标是(　　)。

A. 可测量　　B. 与质量方针保持一致

C. 实时更新　　D. 予以监视

二、多项选择题（每题 2 分。每题的备选选项中，有 2 项或 2 项以上符合题意，至少有 1 项是错项。错选，本题不得分；少选，所选的每个选项得 0.5 分。）

81. 根据《测绘资质分类分级标准》，下列材料中，申请乙级测绘资质的单位需要提交的是(　　)。

A. 法人资格证书

B. 符合专业标准规定的专业技术人员身份证

C. 符合专业标准规定的技术装备的所有权材料

D. 符合通用标准规定的材料

E. 符合专业标准规定的测绘业绩材料

82. 根据测绘地理信息行业信用管理办法规定，不良信息是指测绘资质单位违反测绘地理信息及相关法律法规和政策规定产生失信行为的信息，不良信息分为(　　)。

A. 重大失信信息　　B. 严重失信信息

C. 一般失信信息　　D. 特别失信信息

E. 轻微失信信息

83. 根据测绘生产成本费用定额规定，确定测绘工作项目“定额工日”的因素包括(　　)。

A. 生产技术方法　　B. 工作内容

C. 产品形式　　D. 技术装备水平

E. 工期要求

84. 根据《测绘作业证管理规定》，测绘人员的下列行为中，应当由所在单位收回其测绘作业证并及时交回发证机关的有(　　)。

A. 将测绘作业证转借他人的

B. 擅自涂改测绘作业证的

C. 利用测绘作业证损害他人利益的

D. 利用测绘作业证从事与测绘工作无关的活动的

E. 利用测绘作业证进行欺诈等违法活动的

85. 根据测绘生产工日利用定额，下列省份中，野外测量全年正常作业月数为 8 个月的有(　　)。

A. 贵州省　　B. 广西壮族自治区

C. 天津市　　D. 江西省

E. 山东省

86. 根据《数字测绘成果质量检查与验收》规定，空间参考系的质量子元素不包括(　　)。

A. 大地基准　　B. 高程基准

C. 平面精度　　D. 深度基准

E. 地图投影

87. 根据《测绘法》，测绘单位测绘成果质量不合格时，测绘行政主管部门可以依法对测绘作出的行政处罚有(　　)。

A. 责令补测或者重测

B. 情节严重的，责令停业整顿

C. 给用户造成损失的，依法承担赔偿责任

D. 处测绘约定报酬二倍以下的罚款

E. 情节严重的，降低资质等级直至吊销测绘资质证书

88. 根据《地图审核管理规定》，下列地图中，由国务院自然资源主管部门负责审核的有(　　)。

A. 台湾地区地图　　B. 历史地图

C. 海南省地图　　D. 世界地图

E. 具有审图号的公益性地图

89. 下列原则中，属于基础测绘成果应急提供应遵循的原则是(　　)。

A. 时效性　　B. 有偿性

C. 安全性　　D. 可靠性

E. 无偿性

90. 根据《测绘地理信息行业信用指标体系》，测绘单位信用信息由(　　)构成。

A. 基本信息　　B. 良好信息

C. 诚信信息　　D. 处罚信息

E. 不良信息

91. 根据《测绘作业人员安全生产规范》规定，测绘生产单位为确保安全生产，应坚持的方针不包括(　　)。

A. 安全第一　　B. 预防为主

C. 遵纪守法　　D. 领导重视

E. 个人负责

92. 根据测绘合同示范文本，下列内容中，属于合同一般条款的有(　　)。

A. 解决争议的办法　　B. 当事人资质证书情况

C. 履行期限、地点和方式　　D. 价款或者报酬

E. 违约责任

93. 根据《测绘技术设计规定》，设计评审的主要内容和要求包括(　　)。

A. 评审依据　　B. 评审标准

C. 评审目的　　D. 评审条件

E. 评审人员

94. 根据反不正当竞争法，下列情形中，严加禁止的不正当竞争行为有(　　)。

A. 侵犯消费者合法财产的行为　　B. 侵犯消费者的人身权行为

C. 通谋投标行为　　D. 降价排挤行为

E. 以格式合同对消费者作出不合法律规定的行为

95. 根据测绘成果质量检查与验收，下列检验方法中，属于成果质量检查与验收检验方法的是(　　)。

A. 概查检查　　B. 全数检查
C. 抽样检查　　D. 联合检查
E. 分段检查

96. 根据测绘市场管理暂行办法，测绘项目的中标单位必须以自己的(　　)完成所承揽项目的主要部分。

A. 设备　　B. 物资
C. 技术　　D. 资金
E. 技术人员

97. 根据测绘资质管理规定，测绘资质单位的名称、注册地址、法定代表人发生变更的，应当向测绘资质审批机关提出变更申请，并提交(　　)等材料原件的扫描件。

A. 变更申请文件　　B. 企业营业执照
C. 有关部门核准变更证明　　D. 测绘资质证书正、副本
E. 法定代表人身份证明

98. 根据《测绘资质分类分级标准》，取得乙级测绘资质的单位可以从事海洋测绘专业的(　　)专业子项。

A. 水深测量　　B. 深度基准测量
C. 海图编制　　D. 海洋测绘监理
E. 水文测量

99. 下列专业中，其测绘成果具有著作权特征的是(　　)。

A. 大地测量　　B. 工程测量
C. 海洋测绘　　D. 房产测绘
E. 地理信息系统工程

100. 根据质量管理体系要求，下列信息中，属于不合格产品和服务处置过程中应保留的成文信息是(　　)。

A. 描述所采取的措施　　B. 描述产品和服务的性质
C. 描述获得的让步　　D. 识别处置不合格的授权
E. 描述不合格

参考答案及解析

一、单项选择题

1.【A】测绘资质分为甲、乙两个等级。
2.【C】导航电子地图制作甲级测绘资质的审批和管理，由自然资源部负责。
3.【A】甲、乙级工程测量需要专业技术人员总数分别为 40 人、6 人。
4.【D】国家设立和采用全国统一的大地基准、高程基准、深度基准和重力基准。
5.【D】不准他人以本人名义执业属于注册测绘师义务，其他属于注册测绘师权利。
6.【C】超过 70 周岁申请初始注册、延续注册及变更注册的，均须提供身份健康证明。
7.【C】乙级摄影测量与遥感专业须具备 2 套全数字摄影测量系统、遥感图像处理系统。

8. 【C】从事测绘相关内业人员无须申请测绘作业证。
9. 【C】合资、合作测绘不得从事导航电子地图制作。
10. 【B】测绘单位的质量主管负责人按照职责分工负责质量方针、质量目标的贯彻实施，签发有关的质量文件及作业指导书；组织编制测绘项目的技术设计书，并对设计质量负责。
11. 【C】测绘单位以欺骗、贿赂等正当手段取得测绘资质证书的，测绘单位在三年内不得再次申请测绘资质，审批机关不予受理。
12. 【C】在公开招标方式中，公开招标被称为无限竞争性招标。
13. 【B】注册单位与注册测绘师人事关系所在单位或聘用单位可以不一致。
14. 【D】用于政府决策、国防建设和公共服务的；军队因防灾减灾、应对突发事件、维护国家安全等公共利益的需要，可以无偿使用。
15. 【B】必要时，国务院可以采用发布决定的方式设定行政许可。
16. 【D】从事互联网地图服务专业的测绘资质单位，不需要考核在线存储设备情况。
17. 【A】在一个注册有效期内，必修内容和选修内容均不得少于 60 学时。
18. 【C】擅自发布中华人民共和国管辖的其他海域的重要地理信息数据的，给予警告，责令改正，可以并处 50 万元以下罚款。
19. 【A】军队测绘部门负责管理军事部门的测绘工作，并按照国务院、中央军事委员会规定的职责分工负责管理海洋基础测绘工作。
20. 【C】为了巩固行政区域界线勘定成果，加强行政区域界线管理，维护行政区域界线附近地区稳定，制定本条例。
21. 【A】临时性的行政许可实施满一年需要继续实施的，应当提请本级人民代表大会及其常务委员会制定地方性法规。
22. 【A】测绘执业资格的特征：测绘执业资格的主体是个人。
23. 【A】设计审批的依据主要包括设计输入内容、设计评审和验证报告等。
24. 【B】质量手册是描述质量管理体系的纲领性文件，其详细程度由组织自行决定。
25. 【B】测绘单位对现有任务状况进行分析是贯标工作的体系总体设计和资源配备阶段。
26. 【D】质量计划是负责针对特定的项目、产品、过程或合同所规定的质量管理、资源提供、作业控制和工作顺序等内容的质量管理体系文件。
27. 【A】质量目标是期望项目最终能够达到的质量等级。质量等级分为合格、良好和优秀。
28. 【C】测绘项目资金预算控制通常由项目委托方负责。
29. 【B】实施造（维修）标，拆标工作时，作业场地半径不得小于 15m。
30. 【B】各级测绘行政主管部门应当场或者在 4 小时内完成基础测绘成果应急服务申请的审核与批复。
31. 【C】珠穆朗玛峰高程是国务院批准公布的重要地理信息数据。
32. 【A】中华人民共和国国界线的测绘，按照中华人民共和国与相邻国家缔结的边界条约或者协定执行，由外交部组织实施。
33. 【B】使用财政资金的测绘项目和涉及测绘的其他使用财政资金的项目，有关部门在批准立项前应当征求本级人民政府测绘地理信息主管部门的意见。

34. 【A】拒绝委托方提出的违反国家规定的不正当要求属于承揽方的权利。
35. 【B】属于国家秘密测绘成果的保密期限，一律定为长期保存。
36. 【A】《基础测绘成果提供使用管理暂行办法》第十二条。申请材料不齐全或者不符合法定形式的，测绘地理信息主管部门应当当场或者在五日内一次性告知申请人需要补正的全部内容。
37. 【A】《中华人民共和国计量法》第七条：国务院有关主管部门和省、自治区、直辖市人民政府有关主管部门，根据本部门的特殊需要，可以建立本部门使用的计量标准器具。
38. 【D】勘定行政区域界线体现了我国的国家意志，民政部门是国务院管理行政区域界线的部门。
39. 【A】《测绘法》第二十二条：县级以上人民政府测绘地理信息主管部门应当会同本级人民政府不动产登记主管部门，加强对不动产测绘的管理。
40. 【A】确需表示大型水利设施位置时，其位置精度不得高于 100m。
41. 【C】国家秘密的保密期限届满的，自行解密。
42. 【A】测绘地理信息管理事项等级分为三级，分别是绝密级事项、机密级事项、秘密级事项。
43. 【C】测绘技术总结（包括项目总结和专业技术总结）通常由概述、技术设计执行情况、成果（或产品）质量说明和评价、上交和归档的成果（或产品）及其资料清单四部分组成。
44. 【B】测绘成果质量通过二级检查一级验收方式进行控制，测绘成果应依次通过测绘单位作业部门的过程检查、测绘单位质量管理部门的最终检查和项目管理单位组织的验收或委托具有资质的质量检验机构进行质量验收。
45. 【C】测绘成果最终抽样检查时，如果批量大于等于 201，应分批次提交，批次数应最小，各批次的批量均匀。
46. 【B】权的调整原则：质量元素、质量子元素的权一般不做调整，当检验对象不是最终成果（一个或几个工序成果、某几项质量元素等）时，按本标准所列相应权的比例调整质量元素的权，调整后的成果各质量元素权之和应为 1.0。
47. 【D】国务院民政部门负责编制省、自治区、直辖市行政区域界线详图。
48. 【B】将顾客或社会对测绘成果的要求转换为测绘成果、测绘生产过程或测绘生产体系规定的特性或规范的一组过程称为测绘项目技术设计。
49. 【C】在测绘项目合同中，测绘范围不宜用测绘标的的中心坐标表示。
50. 【B】获得与执业责任相应的劳动报酬属于注册测绘师的权利。
51. 【B】测绘标准化工作管理办法规定，准层级和效力排序为 GB、CH、CH/T、CH/Z。
52. 【D】出版单位不可以在出版物中任意插附相关的地图。
53. 【C】测绘项目的招标单位应当依法在招标公告或者投标邀请书中对测绘单位资质等级作出要求，不得让不具有相应测绘资质等级的单位中标，不得让测绘单位低于测绘成本中标。中标的测绘单位不得向他人转让测绘项目。
54. 【D】每次测区作业结束后，应对仪器的光学零件外露表面进行一次擦拭。
55. 【A】进度安排：①划分作业区困难类别；②根据设计方案，分别计算统计各工序工作量；③根据统计工作量和计划投入生产实力，参照有关生产定额，分别列出年度进度计划和各工序的衔接计划。

56. 【C】历史地图应由国务院自然资源主管部门负责审核。
57. 【A】项目总结由承担项目的法人单位编写或组织编写。
58. 【C】测绘总结编写的依据不包含测绘仪器检定报告。
59. 【B】来华测绘成果归中方部门或者单位所有，未经依法批准，不得以任何形式将测绘成果携带或者传输出境。
60. 【C】验收时，应由测绘成果保管单位对项目成果档案的完整性、系统性、准确性进行检验。
61. 【D】向自然资源部门申请使用涉密测绘成果，申请人可以不提供保密工作部门的介绍函。
62. 【D】在工作之前，放置在储存环境下的基础地理信息数据磁带必须在工作环境中放置至少 24 小时。
63. 【B】国家实行测绘成果汇交制度。国家依法保护测绘成果的知识产权。
64. 【B】测绘成果质量通过二级检查一级验收方式进行控制。
65. 【C】总工程师在测绘项目中通常担任项目技术负责人。
66. 【C】测绘成果最终抽样检查时，如果批量为 41~60，则样本量应为 7。
67. 【D】概查是指对影响成果质量的主要项目和带倾向性的问题进行的一般性检查，一般只记录 A 类、B 类错漏，若概查中未发现 A 类错漏或 B 类错漏小于 3 个，判成果为合格；否则，为不合格。
68. 【C】按照测绘成果质量错漏和扣分标准，一个 C 类错误应扣分值为 $4/t$ 分。
69. 【D】水准测量项目参与水准数据处理的观测数据永久保存。
70. 【D】测绘成果分为基础测绘成果和非基础测绘成果。
71. 【C】当地形元素变化率超过 50%时，不得进行修测。
72. 【A】测绘单位制订工作计划及程序是贯标工作的组织策划和领导投入阶段。
73. 【B】采用国际标准化组织等国际组织的技术报告的不需要制定强制性测绘标准。
74. 【B】测绘技术设计书的内容主要由收集资料、踏勘调查、项目设计、专业技术设计等组成。
75. 【C】基础测绘成果和财政投资完成的其他测绘成果，用于国家机关决策和社会公益性事业的，应当无偿提供。各级政府及其有关部门和军队因防灾、减灾、国防建设等公共利益需要，可无偿使用。
76. 【A】所需迁建费用由工程建设单位承担。
77. 【B】采用已有资料清单，不属于变形监测技术总结中利用“已有资料情况”。
78. 【C】属于合同免责条款无效的①造成对方人身伤害的；因故意或重大过失造成对方财产损失的。
79. 【A】质量管理原则：①以顾客为关注焦点原则；②领导作用原则；③全员参与原则；④过程方法原则；⑤关系管理原则；⑥持续改进原则；⑦征询决策原则。
80. 【C】质量管理体系所需过程的质量目标有：与质量方针保持一致；可测量；考虑适用的要求；与产品和服务合格以及增强顾客满意相关；予以监视；予以沟通；适时更新。

二、多项选择题

81. 【ABCD】申请甲级测绘资质的，应当提供符合专业标准规定的测绘业绩材料。
82. 【BCE】不良信息分为严重失信信息、一般失信信息和轻微失信信息。
83. 【ACD】测绘工作项目“定额工日”是根据测绘生产技术方法、产品形式、技术装备水平确定的。
84. 【ABCE】将测绘作业证转借他人的；擅自涂改测绘作业证的；利用测绘作业证严重违反工作纪律、职业道德或者损害国家、集体或者他人利益的；利用测绘作业证进行欺诈及其他违法活动的。由所在单位收回其测绘作业证并及时交回发证机关。
85. 【ABD】天津市、山东省野外测量全年正常作业月数为 7.5 个月。
86. 【CD】空间参考系的质量子元素主要有大地基准、高程基准、地图投影。
87. 【ABCE】测绘成果质量不合格的，责令测绘单位补测或者重测；情节严重的，责令停业整顿，降低资质等级直至吊销测绘资质证书；给用户造成损失的，依法承担赔偿责任。
88. 【ABD】海南省地图主要表现地在本行政区域范围内的地图，由省级自然资源主管部门负责审核；直接使用自然资源主管部门提供的具有审图号的公益性地图不需要审核。
89. 【ACDE】基础测绘成果应急提供应遵循的原则：①时效性；②安全性；③可靠性；④无偿性。
90. 【ABE】测绘单位信用信息由基本信息、良好信息和不良信息构成。
91. 【CDE】测绘生产单位应坚持安全第一、预防为主、综合治理的方针。
92. 【ACDE】当事人资质证书情况不属于合同一般条款。
93. 【ACE】设计评审的主要内容和要求：评审依据、评审目的、评审内容、评审方式以及评审人员。
94. 【CD】降价排挤行为、通谋投标行为属于严加禁止的不正当竞争行为。
95. 【ABC】测绘成果质量检查与验收检验方法主要有概查检查、全数检查、抽样检查。
96. 【ACE】测绘项目的中标单位必须以自己的设备、技术、技术人员完成所承揽项目的主要部分。
97. 【ACD】测绘资质变更申请，需提交变更申请文件、有关部门核准变更证明、测绘资质证书正、副本。
98. 【ADE】乙级测绘资质的单位不可以从事海洋测绘专业的深度基准测量、海图编制。
99. 【ABDE】大地测量、工程测量、房产测绘、地理信息系统工程等具有著作权特征。
100. 【ACDE】不合格产品和服务处置过程中应保留的成文信息：①描述不合格；②描述所采取的措施；③描述获得的让步；④识别处置不合格的授权。

（五）2022 年注册测绘师资格考试测绘管理与法律法规仿真试卷与参考答案及解析

一、单项选择题（每题 1 分，每题的备选选项中，只有一项符合题意。）

1. 根据《测绘资质管理办法》，对申请测绘资质单位的资料审批，审批机关不需要公开的是(　　)。

A. 测绘资质的申请方式　　B. 测绘资质的材料目录

C. 测绘资质的审查批准人员　　D. 测绘资质的审批结果

2. 下列关于测绘资质的规定，错误的是(　　)。

A. 测绘单位变更测绘资质等级或者专业类别的，应重新申请办理测绘资质审批

B. 测绘单位合并的，可以承继合并前的测绘资质等级和专业类别

C. 测绘单位转制或者分立的，应当向相应的审批机关重新申请测绘资质

D. 测绘单位依法注册分支机构从事测绘活动的，应当申请测绘资质

3. 测绘单位取得测绘资质后出现不符合其测绘资质等级条件的，自然资源部门做出的处罚措施不包括(　　)。

A. 责令测绘单位限期改正

B. 逾期未改正至符合条件的，纳入测绘单位信用记录予以公示

C. 要求测绘单位停止相应测绘资质所涉及的测绘活动

D. 注销测绘单位的测绘资质证书

4. 申请测绘资质时关于专业技术人员申报材料的说法中，错误的是(　　)。

A. 专业技术人员的社保材料

B. 退休的专业技术人员的退休材料和劳务合同

C. 测绘专业技术人员的学历证书和职称证书

D. 测绘相关专业技术人员的学历证书和职称证书

5. 下列测绘资质等级对专业技术人员总数量的要求，错误的是(　　)。

A. 大地测量甲级资质 60 人，乙级 25 人

B. 工程测量甲级资质 60 人，乙级 6 人

C. 导航电子地图制作甲级资质 100 人，乙级 15 人

D. 互联网地图服务甲级资质 20 人，乙级 12 人

6. 根据《测绘资质分类分级标准》，下列措施中，不属于导航电子地图制作单位保密要害部门应采取的安全防范措施的是(　　)。

A. 安全控制区域　　B. 采取电子监控

C. 数据网络传输　　D. 防盗报警

7. 注册测绘师注册证和执业印章注册有效期为(　　)年。

A. 1　　B. 2

C. 3　　D. 4

8. 下列关于注册测绘师执业责任的说法中，错误的是(　　)。

A. 注册测绘师保管本人的注册证和执业印章

B. 修改经注册测绘师签字盖章的测绘文件，应当由本人进行

C. 注册测绘师应当只受聘于一个有测绘资质的单位执业

D. 注册测绘师在项目文件上盖章应听取注册单位的意见

9. 下列持证人的情况中，不属于注册测绘执业印章失效条件的是(　　)。

A. 死亡　　B. 出国

C. 丧失行为能力　　D. 失踪

10. 对外国的组织来华测绘履行监督管理职责的部门是(　　)。

A. 国务院　　B. 军队测绘主管部门

C. 外交部　　D. 自然资源主管部门

11. 根据《测绘法》，下列关于测绘作业证的说法中错误的是(　　)。

A. 测绘作业证是测绘人员的执法资格证

B. 测绘人员办理与所从事的测绘活动相关的其他事项时，应当持有测绘作业证件

C. 测绘人员使用测量标志时，应当持有测绘作业证件

D. 测绘作业证不能转借他人

12. 测绘项目的招标单位让测绘单位低于成本中标的，可以给予的行政处罚是(　　)。

A. 降低资质等级　　B. 吊销测绘资质证书

C. 处约定报酬的二倍以下罚款　　D. 处约定报酬的一倍以上二倍以下罚款

13. 下列不良行为中，属于测绘单位严重失信信息的是(　　)。

A. 提供虚假行政许可申请材料

B. 将承包的测绘项目转包

C. 未按规定汇交测绘成果资料

D. 不配合测绘地理信息行政主管部门依法实施监督检查，隐瞒、拒绝和阻碍提供有关文件、资料

14. 测绘单位在一般失信信息生效后不得申请晋升测绘资质等级的期限是(　　)。

A. 半年　　B. 1年

C. 2年　　D. 3年

15. 国务院确定的大城市建立相对独立的平面坐标系统的，应由国务院测绘地理信息行政主管部门(　　)。

A. 登记　　B. 备案

C. 审核　　D. 批准

16. 国务院测绘地理信息主管部门应当汇总全国卫星导航系统定位基准站建设备案情况，定期向(　　)通报。

A. 军队测绘部门　　B. 国务院

C. 省级测绘地理信息主管部门　　D. 所在地县级人民政府

17. 根据《招投标法》，招标人对已发出的招标文件进行必要的澄清或修改的，应当在招标文件要求提交投标文件截止时间至少(　　)日前，以书面形式通知所有招标文件收受人。

A. 10　　B. 15

C. 20　　D. 30

18. 某单位对长度约为5km的隧道建设项目进行隧道工程测量招标，根据《招标投标法实施条例》，下列行为中，不属于以不合理条件限制、排斥潜在投标人或者投标人的是(　　)。

A. 要求具有甲级测绘资质　　B. 要求具有乙级测绘资质

C. 要求具有三维激光扫描仪　　D. 本省优秀的工程奖项目作为加分条件

19. 根据《测绘生产成本费用定额》，测绘生产成本费用中的期间费用占比为(　　)。

A. 6%　　B. 12%

C. 10%　　D. 20%

20. 根据《测绘生产成本费用定额》，基线测量中，基线长度大于2km时，长度每增加1km定额增加(　　)。

A. 10%　　B. 30%

C. 20%　　D. 40%

21. 其单位开展1∶2 000地形图测绘任务，项目负责人进行人力资源配置时，下列因素中不属于其必须考虑的是(　　)。

A. 技术路线　　B. 任务进度

C. 质量管理　　D. 项目验收方式

22. 实施基础测绘项目，不执行国家规定的技术规范和标准可以处(　　)的罚款。

A. 十万元以下　　B. 三十万元以下

C. 约定的报酬一倍以下　　D. 五万元以下

23. 根据《测量标志保护条例》，负责保管测量标志的单位和人员，发现测量标志有被移动或者损毁的情况时，应及时报告当地(　　)。

A. 县级人民政府　　B. 乡级人民政府

C. 县级测绘地理信息主管部门　　D. 县级以上测绘地理信息主管部门

24. 设置新的国家级测量标志，建设单位应提前与设置地的县级自然资源主管部门沟通，并于埋设完成后最迟(　　)个月内向省级自然资源主管部门移交点之记等资料。

A. 1　　B. 2

C. 3　　D. 4

25. 根据《国家级测量标志分类保护方案》，下列保护措施中不属于重点保护措施的是(　　)。

A. 对损毁的测量标志进行评估，不具使用价值的不再维修或重建

B. 定期开展维护，对损坏的测量标志进行维修

C. 严格测量标志拆迁审批，加强测量标志迁建审批事中、事后监管

D. 将测量标志保护工作纳入日常监管，对测量标志保护情况进行监督检查

26. 经批准拆迁基础测绘标志或者使基础性测量标志失去使用效能的，工程建设单位应当按照国家相关规定向(　　)支付迁建费用。

A. 省级测绘地理信息主管部门　　B. 国家测绘地理信息主管部门

C. 测量标志保管部门　　D. 设置测量标志的部门

27. 全国基础测绘规划实施前要报国务院(　　)。

A. 批准　　B. 备案

C. 审核　　D. 审批

28. 下列关于基础测绘规划编制的说法，错误的是(　　)。

A. 基础测绘规划报批前要组织专家论证

B. 地方基础测绘规划要征求军事机关的意见

C. 组织编制机关不得公布基础测绘规划

D. 基础测绘规划要广泛征求意见

29. 根据自然资源部办公厅《关于全面推进实景三维中国建设的通知》地形级实景三维建设任务中，地方层面完成覆盖省级行政区域的优于 2m 格网 DEM、DSM 的制作，要求更新周期为(　　)年。

A. 1　　B. 2

C. 3　　D. 5

30. 下列测绘项目中，由设区的市级人民政府依法组织实施的是(　　)。

A. 基础航空摄影　　B. 更新国家基础地理信息系统

C. 获取地方基础地理信息遥感资料　　D. 测制 1 : 500 至 1 : 2 000 比例尺地图

31. 根据《基础测绘成果应急提供办法》，被调用方接到调用方加盖其机关印章的书面通知后，应在 8 小时内、特别情况下最迟(　　)小时内准备好相关基础测绘成果，并及时通知调用方领取。

A. 6　　B. 8

C. 12　　D. 24

32. 关于测绘计量器具管理的说法，错误的是(　　)。

A. 必须经测绘计量检定机构或测绘计量标准检定合格

B. 进口的计量器具必须经县级以上政府计量行政主管部门检定合格

C. 教学示范用测绘计量器具可以免检

D. 超过检定周期的测绘计量器具不得使用

33. 下列关于被许可使用人利用涉密测绘成果的说法中，错误的是(　　)。

A. 涉密地理信息数据只能用于被许可的范围

B. 使用单位必须按照有关规定及时销毁涉密测绘成果

C. 被许可使用人领取的基础测绘成果，仅限于本单位及其上下级单位使用

D. 如需用于其他目的，应另行办理审批手续

34. 根据《测绘成果管理条例》，对外提供属于国家秘密的测绘成果应当按照国务院和中央军事委员会规定的审批程序，报(　　)审批。

A. 国务院测绘行政主管部门

B. 军队测绘主管部门

C. 国务院测绘行政主管部门会同军队测绘主管部门

D. 国务院测绘行政主管部门或者省级测绘行政主管部门

35. 根据《保密法实施条例》，机关、单位发现国家秘密已经泄露或者可能泄露的，应当立即采取补救措施，并在最迟(　　)小时内向同级保密行政主管部门和上级主管部门报告。

A. 4　　B. 8

C. 24　　D. 36

36. 根据《关于进一步加强测绘地理信息成果安全保密管理的意见》，涉密成果仅限于申请使用的目的或项目，在使用目的或项目完成后最迟(　　)个月内应当销毁。

A. 1　　B. 2

C. 3　　D. 6

37. 根据《保密法》，国家秘密的知悉范围以外的人员，因工作需要知悉国家秘密的，应当经过(　　)批准。

A. 机关、单位负责人　　B. 同级的保密行政主管部门

C. 同级的行业主管部门　　D. 机关、单位的上级主管部门

38. 根据《测绘地理信息管理工作国家秘密范围的规定》，下列涉密测绘成果中属于机密级成果的是(　　)。

A. 军事禁区以外平面精度优于 10m，覆盖范围超过 $25km^2$ 的正射影像

B. 军事禁区以外精度优于 10m，覆盖范围超过 $25km^2$ 的倾斜影像

C. 军事禁区以外地面分辨率优于 0.5m，覆盖范围超过 $25km^2$ 的正射影像

D. 军事禁区平面精度优于 10m 的倾斜影像

39. 根据《测绘地理信息业务档案管理规定》，关于测绘地理信息业务档案管理要求的说法中，错误的是(　　)。

A. 档案形成单位应在项目验收完成后两个月内进行归档

B. 重要的测绘地理信息业务档案应异地备份保存

C. 具有重要考查利用保存价值的应当永久保存

D. 档案归档前应进行病毒检测

40. 监督检查中需要进行的检验、鉴定、检测等监督检验活动，可以委托(　　)承担。

A. 委托测绘任务的单位　　B. 项目管理单位

C. 项目监理单位　　D. 测绘成果质量检验机构

41. 测绘地理信息项目依照国家有关规定实行项目分包的，分包出的任务由(　　)。

A. 总承包方向发包方负完全责任　　B. 分包方向发包方负完全责任

C. 总承包方向分包方负完全责任　　D. 分包方和总承包方向发包方负共同责任

42. 根据《测绘成果质量监督抽查管理办法》，下列关于测绘成果监督检验结论有异议要复检的说法中，错误的是(　　)。

A. 测绘主管部门决定是否进行复检

B. 复检应按原方案原样本进行

C. 复检不应由原检验单位进行

D. 复检结论不一致时，复检费用由原检验单位承担

43. 根据《测绘地理信息质量管理办法》，担任测绘地理信息项目技术负责人需具备的条件是(　　)。

A. 高级工程师　　B. 总工程师

C. 注册测绘师　　D. 高级工程师和注册测绘师

44. 根据《测绘生产质量管理规定》，测绘单位在生产质量管理中须建立技术经济责任制，建立该项制度围绕的中心是(　　)。

A. 项目成本　　B. 产品质量

C. 人员配置　　D. 项目投资

45. 根据《自然资源部关于规范重要地理信息数据审核公布管理工作的通知》，下列内容中，不属于自然资源部对重要地理信息数据进行审核的是(　　)。

A. 建议人的基本情况

B. 重要地理信息数据公布的必要性

C. 提交的有关资料的真实性与完整性

D. 重要地理信息数据的可靠性与科学性

46. 根据《民法典》，下列关于不动产登记的说法中，错误的是(　　)。

A. 不动产登记簿由登记机构管理

B. 不动产权属证书记载的事项可以与不动产登记簿不一致

C. 不动产登记簿是物权归属和内容的根据

D. 国家对不动产实行统一登记制度

47. 根据《房产测绘管理办法》，房产管理中需要进行房产测绘的，由(　　)委托房产测绘单位进行。

A. 房地产行政主管部门　　B. 房屋权利人

C. 异议登记人　　D. 利害关系人

48. 根据《行政区域界线管理条例》，负责编制省、自治区、直辖市行政区划内的行政区划界线详图的部门是(　　)。

A. 国务院测绘地理信息主管部门

B. 国务院民政部门

C. 省、自治区、直辖市人民政府民政部门

D. 省、自治区、直辖市人民政府测绘地理信息主管部门

49. 根据《测绘法》，市、县行政区域界线的标准画法图，由(　　)拟定。

A. 国务院民政部门和外交部

B. 国务院测绘行政主管部门

C. 外交部和国务院测绘行政主管部门

D. 国务院民政部门和国务院测绘地理信息主管部门

50. 根据《地图管理条例》，中国国界线画法标准样图、世界各国国界线画法参考样图由(　　)拟定。

A. 外交部

B. 国务院测绘地理信息主管部门

C. 外交部和国务院测绘地理信息主管部门

D. 民政部

51. 根据《地图管理条例》，行政区域界线标准画法图应报(　　)批准后公布。

A. 外交部

B. 军事测绘主管部门

C. 国务院

D. 国务院测绘行政主管部门会同军事测绘主管部门

52. 根据《公开地图内容表示补充规定（试行）》，公开地图等高距最小为(　　)米。

A. 50　　B. 100

C. 150　　D. 200

53. 根据《地图管理条例》，互联网地图服务单位从事互联网地图出版活动的，应当经(　　)批准。

A. 省级出版行政主管部门

B. 国务院出版行政主管部门

C. 国务院出版行政主管部门和网信部门

D. 测绘地理信息主管部门和网信部门

54. 根据《地图管理条例》，进口、出口地图的，应当向海关提交(　　)。

A. 审图号　　B. 地图审核批准文件

C. 地图审核申请表　　D. 地图审核批准文件及审图号

55. 根据《关于进一步加强实景地图审核管理工作的通知》，编制公开使用实景地图的单位，应严格对实景地图中不得公开表示的内容进行处理并详细记录，下列内容中，不属于应当详细记录的是(　　)。

A. 处理人员　　B. 处理方法

C. 工作流程　　D. 处理内容

56. 根据《地图管理条例》，地方性中小学教学地图由(　　)组织审定。

A. 国务院测绘地理信息行政主管部门

B. 国务院教育行政主管部门会同国务院测绘地理信息行政主管部门

C. 省级教育行政主管部门会同省级测绘地理信息主管部门

D. 省级测绘地理信息主管部门

57. 根据《地图审核管理规定》，自然资源主管部门应当自受理地图审核申请之日起最迟(　　)个工作日内做出审核决定。

A. 5　　B. 7

C. 10　　D. 20

58. 根据《地图审核管理规定》，最终向社会公开的地图与审核通过的地图内容及表现形式不一致的，自然资源主管部门可以处最高(　　)万元的罚款。

A. 1　　B. 3

C. 5　　D. 10

59. 测绘仪器防雾措施中规定，内业仪器一般情况下应对仪器未封闭部分进行一次全面的擦拭时间是(　　)。

A. 3 个月　　B. 6 个月

C. 9 个月　　D. 12 个月

60. 根据《测绘作业人员安全规范》，下列关于行车安全的说法中错误的是(　　)。

A. 遇到暴风骤雨的恶劣天气时，应低速行驶

B. 戈壁、沙漠地区作业的车辆配备双备胎

C. 单车行驶，应配有押车人员

D. 气压低时车辆应低挡行驶，少用制动

61. 根据《测绘作业人员安全规范》，下列关于内业生产安全管理的说法中错误的是(　　)。

A. 面积为 $110m^2$ 的作业场所，设有一个安全出口

B. 配置必要的安全警示标志

C. 禁止超负荷用电

D. 作业场所可以使用电器取暖或烧水

62. 根据《基础地理信息数据档案管理与保护规范》，下列关于异地存储的说法中错误的是(　　)。

A. 归档的两份数据档案介质应异地储存

B. 数据档案应自入馆之日起 90 天内完成异地存储工作

C. 最佳存储距离为 500km 以上

D. 异地储存介质的读检，原则上应在储存地进行

63. 根据《测绘技术设计规定》，下列活动中不属于项目设计过程中进行的是(　　)。

A. 实地踏勘　　B. 设计验证

C. 首件产品质量检验　　D. 设计评审

64. 根据《测绘技术设计规定》，下列工作内容中，不属于设计策划阶段应明确的是(　　)。

A. 审批活动的安排　　B. 设计过程中职责和权限的规定

C. 设计小组之间的接口　　D. 质量检查要求的规定

65. 某重大测绘项目在进行野外作业前需对项目作业区域进行踏勘，根据《测绘技术设计规定》，下列内容不属于现场踏勘应重点关注的是(　　)。

A. 经济发展情况　　B. 作业区的人口结构

C. 居民风俗习惯　　D. 当地气候条件

66. 根据《测绘技术总结编写规定》，上交的测绘成果资料不包括(　　)。

A. 技术总结　　B. 合同评审记录

C. 技术设计书　　D. 质量检查报告

67. 根据《测绘技术总结编写规定》，下列说法中错误的是(　　)。

A. 测绘项目总结由承担项目的法人单位负责编写

B. 测绘技术总结应由项目承担单位总工或技术负责人审核、签字

C. 测绘专业技术总结由测绘单位技术人员编写

D. 专业技术总结是总结撰写测绘专业活动的技术文档，必须单独编制

68.《数字测绘成果质量检查与验收》规范提出，以(　　)为核心评定测绘成果质量。

A. 质量元素　　B. 质量子元素

C. 检查项　　D. 缺项扣分

69. 关于测绘成果质量检查、验收的说法中，错误的是(　　)。

A. 监理单位负责过程检查　　B. 测绘单位负责最终检查

C. 测绘单位负责过程检查　　D. 委托单位组织验收

70. 根据《数字测绘成果质量检查与验收》，不属于数字测绘成果质量检查方式的是(　　)。

A. 外业精度检测　　B. 人工检查

C. 计算机自动检查　　D. 计算机辅助检查

71. 下列关于测绘成果“二级检查，一级验收”的描述中正确的是(　　)。

A. 各级检查工作可以互相代替进行

B. 各级检查工作应独立进行，经业主单位同意可以部分代替

C. 经过主管部门同意，各级检查工作可以省略或代替

D. 各级检查工作应独立进行，不应省略或代替

72. 根据《数字测绘成果质量检查与验收》，测绘单位应在(　　)后书面申请验收。

A. 最终检查合格　　B. 经委托方同意

C. 经过程检查合格　　D. 经监理方同意

73. 根据《测绘成果质量检查与验收》，下列质量问题中，不属于地理信息系统数据质量元素 A 类错漏的是(　　)。

A. 存储单元划分不正确　　B. 空间参考系不正确

C. 数据库结构不符合要求　　D. 无元数据库

74. 根据《测绘成果质量检验报告编写基本规定》，关于检验报告基本规定下列说法错误的是(　　)。

A. 编制、审核和批准栏相应人员手签，不得打印

B. 在规定盖章处，加盖检验单位检验章，并用检验单位检验章加盖骑缝章

C. 检验结论中的签发日期应手工签署

D. 报告中的计量单位应采用法定计量单位

75. 根据《数字测绘成果质量检查与验收》，单位成果质量评定为良级的得分区间为(　　)。(S 为单位成果质量得分)

A. 65 分$\leqslant S<$90 分　　B. 75 分$\leqslant S<$90 分

C. 70 分$\leqslant S<$90 分　　D. 80 分$\leqslant S<$90 分

76. 下列关于组成批成果的说法中，错误的是(　　)。

A. 同等级、同规格的单位成果　　B. 应由同规格单位汇聚而成

C. 同一设计书下的成果　　D. 一个项目不得分批检验

77. 根据《测绘地理信息业务档案管理规定》，关于测绘地理信息业务档案管理要求的说法中，错误的是(　　)。

A. 测绘地理信息单位应当设立档案资料室

B. 测绘地理信息业务档案应异地保存

C. 测绘地理信息业务档案保管期限分为永久和定期

D. 未获得档案验收合格意见的测绘地理信息项目不得通过项目验收

78. 测绘工程费用结算的主要依据为(　　)。

A. 测绘生产成本费用定额　　B. 测绘工程产品价格

C. 测绘合同　　D. 测绘工程成本预算

79. 质量管理体系持续改进中，下列不属于不合格产品输出和服务纠正措施的是(　　)。

A. 评审不合格　　B. 调整检查方案

C. 获得让步接收的授权　　D. 确定并实施所需的纠正措施

80. 组织应针对相关职能、层次、体系所需的过程建立质量目标，下列关于质量目标的表述错误的是(　　)。

A. 在策划如何实现质量目标时，应确定“要做什么”“需要什么资源”“由谁负责”“何时完成”“如何评价结果”等

B. 质量目标应以定性为主

C. 质量目标是组织在质量上所追求的目标

D. 质量目标是质量方针阶段性的要求，应与质量方针保持一致

二、多项选择题（每题 2 分。每题的备选选项中，有 2 项或 2 项以上符合题意，至少有 1 项是错项。错选，本题不得分；少选，所选的每个选项得 0.5 分。）

81. 关于测绘资质证书的说法中，正确的有(　　)。

A. 测绘资质证书有效期 3 年

B. 有效期到期前，可以依法申请延续

C. 纸质证书和电子证书具有同等法律效力

D. 测绘资质证书样式由社会保障部统一规定

E. 测绘地理信息主管部门可以依法吊销

82. 下列申请事项中，属于测绘单位在测绘行业信用惩戒期内被限制的有(　　)。

A. 晋升测绘资质等级　　B. 增加专业类别

C. 测绘单位申请变更法定代表人　　D. 测绘单位名称、注册地址申请变更

E. 测绘资质证书申请注销

83. 下列工作中，属于注册测绘师执业范围的有(　　)。

A. 测绘项目立项文件　　B. 测绘项目技术设计

C. 测绘项目技术咨询和技术评估　　D. 测绘项目技术管理、指导与监督

E. 测绘项目审计

84. 测绘人员的下列行为中，所在单位应当收回其测绘作业证书的有(　　)。

A. 测绘作业证转借他人　　B. 擅自涂改测绘作业证书

C. 擅自复印测绘作业证书 D. 利用测绘作业证损害他人利益
E. 利用测绘作业证进行违法活动

85. 测绘单位的下列测绘活动中，属于法律禁止的是(　　)。
A. 超越资质等级许可范围从事测绘活动
B. 以其他测绘单位的名义从事测绘活动
C. 允许其他单位以本单位的名义从事测绘活动
D. 高于成本投标
E. 向其他单位转让中标的测绘项目

86. 关于招投标活动的说法中，错误的有(　　)。
A. 中标人确定后，招标人可以不将中标结果通知未中标的投标人
B. 中标人中标后，放弃中标，要承担相应的法律责任
C. 中标人中标后，不可以将项目转包
D. 测绘单位不得将承包的测绘项目违法分包
E. 招标项目设有标底的，招标人应当在开标前公布

87. 根据《测绘市场管理暂行办法》，测绘市场活动应遵循的原则包括(　　)。
A. 等价有偿 B. 平等互利
C. 协商一致 D. 供求平衡
E. 诚实信用

88. 下列工作中，国家安排基础测绘设施建设资金，应当优先考虑的有(　　)等。
A. 航空摄影测量 B. 卫星遥感
C. 地图编制 D. 导航电子地图制作
E. 测绘基准

89. 县级以上人民政府测绘地理信息主管部门应当根据突发事件应对工作需要，提供(　　)等应急测绘保障工作。
A. 及时提供地图、基础地理信息数据
B. 做好突发事件区域遥感监测
C. 做好导航定位工作
D. 开发应急地理信息平台
E. 做好控制网

90. 测绘地理信息业务档案管理工作应遵循的原则有(　　)。
A. 统筹规划 B. 科学分类
C. 分级管理 D. 确保安全
E. 促进利用

91. 下列材料中，属于测绘成果监督检验时接受监督检验的单位应当提供的资料有(　　)。
A. 测绘合同 B. 立项文件
C. 质量文件 D. 成果资料
E. 仪器检定资料

92. 根据《公开地图内容表示若干规定》，下列地理信息中可公开表示的有(　　)。

A. 道路铺设材料　　　　B. 验潮站
C. 瞭望塔　　　　D. 水库库容
E. 海岸线

93. 下列关于台湾省地图的说法中，正确的是(　　)。
A. 台湾省在地图上按省级行政区划单位表示
B. 在分省地图上，台湾省要单独设色
C. 台湾省地图的图幅范围，必须绘出钓鱼岛和赤尾屿
D. 台湾省地图独立表示
E. 台湾省挂图必须反映台湾岛和大陆之间的地理关系或配置相应的插图

94. 下列监督检查措施中，县级以上人民政府测绘地理信息行政主管部门、出版行政主管部门和其他有关部门有权采取的有(　　)。
A. 进入涉嫌地图违法行为场所实施现场检查
B. 查阅、复制有关合同
C. 扣押实施地图违法行为的设备、工具
D. 没收财物发票、收据
E. 查封涉嫌违法的地图

95. 在人、车流量大的城镇地区街道上作业时，应采取有关的安全措施有(　　)。
A. 穿着色彩醒目的带有安全警反光的马甲
B. 应设置安全警示标志牌
C. 必要时还应安排专人担任安全警戒员
D. 迁站时要撤除安全警示标志牌，应将器材纵向启动行进，防止发生意外
E. 封闭街道禁止车辆、人员通行

96. 下列有关基础地理信息数据成果归档的说法中，正确的是(　　)。
A. 基础测绘数据成果应与文档材料一同归档
B. 更新后的数据成果应及时归档。
C. 文档材料归档两份，数据成果拷贝归档一份
D. 归档数据成果和软件一般不压缩、不加密
E. 相关软件归档时，说明手册、使用手册同时归档

97. 下列内容中，属于项目设计书技术规定部分内容的有(　　)。
A. 规定各专业活动的主要过程
B. 规定各专业的作业方法和技术、质量要求
C. 采用新技术、新方法、新工艺的依据
D. 规定数据的安全要求
E. 规定的人员责任

98. 下列关于编制测绘技术总结有利性的说法正确的是(　　)。
A. 为用户对成果的合理使用提供方便
B. 为测绘单位持续质量改进提供依据
C. 为测绘项目工程款结算提供依据
D. 为有关技术标准的制定提供资料

E. 方便调查项目的利益情况

99. 大比例尺地形图质量验收时，单位成果出现以下(   )等情况，判定为“批不合格”。

A. A 类错漏

B. 出现两个 B 类错误

C. 质量子元素小于 60 分

D. 单位成果高程、平面位置精度检测，任一项粗差比例超过 5%

E. 单位成果高程、平面位置精度检测，粗差数量超过 3%

100. ISO 9000 族标准中最高管理者在质量管理体系中的作用是(   )。

A. 建立组织的质量方针和质量目标

B. 确保整个组织关注顾客要求

C. 确保获得必要资源

D. 确定顾客和相关方的需求和期望

E. 决定有关质量方针和质量目标的措施

参考答案及解析

一、单项选择题

1.【C】审批机关应当将申请测绘资质的方式、依据、条件、程序、期限、材料目录、审批结果等向社会公开。

2.【D】测绘单位依法注册分支机构从事测绘活动的，无须申请测绘资质。

3.【D】测绘单位依法取得测绘资质后，出现不符合其测绘资质等级或者专业类别条件的，由县级以上人民政府自然资源主管部门责令限期改正；逾期未改正至符合条件的，纳入测绘单位信用记录予以公示，并停止相应测绘资质所涉及的测绘活动。

4.【D】测绘相关专业技术人员的学历证书或职称证书。

5.【B】工程测量甲级资质 40 人，乙级 6 人。

6.【C】导航电子地图制作单位保密要害部门应采取的安全防范措施有安全控制区域、采取电子监控和防盗报警等。

7.【C】注册测绘师注册证和执业印章注册有效期为 3 年。

8.【D】任何组织和个人不得以任何理由要求注册测绘师在不符合质量要求的项目文件上签字盖章。

9.【B】注册测绘师因丧失行为能力、死亡或者被宣告失踪的，其《中华人民共和国注册测绘师资格证书》和执业印章失效。

10.【D】自然资源主管部门是对外国的组织来华测绘履行监督管理职责的主管部门。

11.【A】测绘作业证在测绘法中明确是测绘人员进行野外测绘需要携带并出示的证件，非执法资格证。

12.【C】测绘单位低于测绘成本中标的，责令改正，可以处测绘约定报酬二倍以下的罚款。

13. 【B】将承包的测绘项目转包属于测绘单位严重失信信息。
14. 【B】一般失信信息惩戒期一年；严重失信信息惩戒期二年；轻微失信信息惩戒期半年。
15. 【D】确定的大城市建立相对独立的平面坐标系统应由国务院测绘地理信息行政主管部门批准。
16. 【A】国务院测绘地理信息主管部门应当汇总全国卫星导航系统定位基准站建设备案情况，定期向军队测绘部门通报。
17. 【B】招标人对已发出的招标文件进行必要的澄清或修改的，应当在招标文件要求提交投标文件截止时间至少 15 日前，以书面形式通知所有招标文件收受人。
18. 【A】按测绘资质管理办法和测绘资质分级标准进行。
19. 【B】成本费用构成比例：直接费用 82%，间接费用 6%，期间费用 12%。
20. 【B】基线测量基线长度不足 2km 时，按 2km 核算定额。基线长度大于 2km 时，每增加 1km 定额增加 30%。
21. 【D】项目负责人进行人力资源配置，项目验收方式可根据实际情况选择。
22. 【A】责令限期改正，给予警告，可以并处 10 万元以下罚款；对负有直接责任的主管人员和其他直接责任人员，依法给予处分。
23. 【B】发现测量标志有被移动或者损毁的情况时，应及时报告当地乡级人民政府。
24. 【A】根据国家级测量标志分类保护方案，设置新的国家级测量标志，埋设完成后最迟 1 个月内向省级自然资源主管部门移交点之记等资料。
25. 【A】对损毁的测量标志进行评估，不具使用价值的不再维修或重建，及时拆除存在安全隐患的测量标志；属于一般保护措施。
26. 【A】经批准拆迁基础测绘标志或者使基础性测量标志失去使用效能的，工程建设单位应当按照国家相关规定向省级测绘地理信息主管部门支付迁建费用。
27. 【A】国务院测绘行政主管部门会同国务院其他有关部门、军队测绘主管部门，组织编制全国基础测绘规划，报国务院批准后组织实施。
28. 【C】组织编制机关应当依法公布经批准的基础测绘规划。
29. 【C】地方层面完成覆盖省级行政区域的优于 2m 格网 DEM、DSM 的制作，要求更新周期为 3 年。
30. 【D】设区的市、县级人民政府依法组织实施 1∶2 000 至 1∶500 比例尺地图、影像图和数字化产品的测制和更新以及地方性法规、地方政府规章确定由其组织实施的基础测绘项目。
31. 【D】被调用方接到调用方加盖其机关印章的书面通知后，应在 8 小时内、特别情况下最迟 24 小时内准备好相关基础测绘成果，并及时通知调用方领取。
32. 【B】进口的计量器具必须经省级以上政府计量行政主管部门检定合格。
33. 【C】被许可使用人所领取的基础测绘成果仅限于在本单位的范围内，按其申请并经批准的使用目的使用。
34. 【D】对外提供属于国家秘密的测绘成果应当按照国务院和中央军事委员会规定的审批程序，报国务院测绘行政主管部门或者省级测绘行政主管部门审批。
35. 【C】并在最迟 24 小时内向同级保密行政主管部门和上级主管部门报告。

36.【D】涉密成果仅限于申请使用的目的或项目，在使用目的或项目完成后最迟 6 个月内应当销毁。

37.【A】国家秘密的知悉范围以外的人员，因工作需要知悉国家秘密的，应当经过机关、单位负责人批准。

38.【D】军事禁区平面精度优于 10m 的倾斜影像属于机密级成果。

39.【D】测绘地理信息归档业务文件材料应当原始真实、系统完整、清晰易读和标识规范，符合归档要求，档案载体能够长期保存。

40.【D】质量监督抽查工作中需要进行的技术检验、鉴定、检测等监督检验活动，测绘行政主管部门委托具备从事测绘成果质量监督检验工作条件和能力的测绘成果质量检验单位承担。

41.【A】实行项目分包的，分包出的任务由总承包方向发包方负完全责任。

42.【C】复检一般由原检验单位进行，特殊情况下由组织实施监督抽查的测绘行政主管部门指定其他检验单位进行。复检结论与原结论不一致的，复检费用由原检验单位承担。

43.【C】测绘地理信息项目的技术和质检负责人等关键岗位须由注册测绘师充任。

44.【B】测绘单位必须建立以质量为中心的技术经济责任制，明确各部门、各岗位的职责及相互关系，规定考核办法，以作业质量、工作质量确保测绘产品质量。

45.【A】自然资源部对建议人提交的重要地理信息数据进行审核。审核主要包括以下内容：①重要地理信息数据公布的必要性；②提交的有关资料的真实性与完整性；③重要地理信息数据的可靠性与科学性；④公布重要地理信息数据是否符合国家利益，是否影响国家安全；⑤与相关历史数据、已公布数据的对比。

46.【B】不动产权属证书记载的事项应当与不动产登记簿一致。

47.【A】房产管理中需要进行房产测绘的，由房地产行政主管部门委托房产测绘单位进行。

48.【B】国务院民政部门负责编制省、自治区、直辖市行政区域界线详图；省、自治区、直辖市人民政府民政部门负责编制本行政区域内的行政区域界线详图。

49.【D】市、县行政区域界线的标准画法图由国务院民政部门和国务院测绘地理信息主管部门拟定。

50.【C】中国国界线画法标准样图、世界各国国界线画法参考样图由外交部和国务院测绘地理信息主管部门拟定。

51.【C】行政区域界线标准画法图应报国务院批准后公布。

52.【A】《公开地图内容表示补充规定（试行）》，公开地图等高距最小为 50m。

53.【B】互联网地图服务单位从事互联网地图出版活动的，应当经国务院出版行政主管部门批准。

54.【D】进口、出口地图的，应当向海关提交地图审核批准文件及审图号。

55.【A】编制公开使用实景地图的单位，不详细记录处理人员。

56.【C】地方性中小学教学地图由省级教育行政主管部门会同省级测绘地理信息主管部门组织审定。

57.【D】自然资源主管部门应当自受理地图审核申请之日起最迟 20 个工作日内做出审核

决定。

58.【B】最终向社会公开的地图与审核通过的地图内容及表现形式不一致的，自然资源主管部门可以处最高 3 万元的罚款。

59.【B】一般情况下 6 个月（湿热季节或湿热地区 3 个月）须对仪器的光学零件外露表面进行一次全面清擦。

60.【A】遇有暴风骤雨的恶劣天气时，不得行驶。

61.【A】面积为 $100m^2$的作业场所，至少应设两个安全出口。

62.【B】数据档案应自入馆之日起 60 天内完成异地存储工作。

63.【A】实地踏勘不属于项目设计过程中进行的活动。

64.【D】质量检查要求的规定不属于设计策划阶段应明确内容。

65.【B】作业区域进行踏勘无需关注作业区的人口结构。

66.【B】上交的测绘成果资料不包括合同评审记录。

67.【D】对于工作量较小的项目，可根据需要将项目总结和专业技术总结合并为项目总结。

68.【C】以检查项为核心评定测绘成果质量。

69.【A】测绘单位负责过程检查。

70.【A】数字测绘成果质量检查方式主要有：人工检查、计算机自动检查、计算机辅助检查。

71.【D】各级检查工作应独立进行，不应省略或代替。

72.【A】测绘单位应在最终检查合格后书面申请验收。

73.【A】存储单元划分不正确属于地理信息系统质量元素 B 类错漏。

74.【B】在规定盖章处，加盖检验单位公章，并用检验单位公章加盖骑缝章。

75.【B】单位成果质量评定为良级的得分区间为 75 分$\leq S<90$ 分。

76.【D】一个项目可按情况分批检验。

77.【B】重要的测绘地理信息业务档案实行异地备份保管。

78.【C】测绘合同是测绘工程费结算的主要依据。

79.【B】调整检查方案不属于不合格产品输出和服务纠正措施。

80.【B】质量目标应以定量为主。

二、多项选择题

81.【BC】测绘资质证书有效期 5 年，测绘资质证书样式由自然资源部统一规定，由颁发测绘资质证书的部门决定测绘资质证书的吊销。

82.【AB】《测绘地理信息行业信用管理办法》规定在惩戒期内不得晋升测绘资质等级和新增专业类别。

83.【BCD】注册测绘师的执业范围：测绘项目技术设计；测绘项目技术咨询和技术评估；测绘项目技术管理、指导与监督；测绘成果质量检验、审查、鉴定；国务院有关部门规定的其他测绘业务。

84.【ABDE】测绘人员有下列行为之一的，由所在单位收回其测绘作业证并及时交回发证机关，对情节严重者依法给予行政处分；构成犯罪的，依法追究刑事责任：将测绘作业证转借他人的；擅自涂改测绘作业证的；利用测绘作业证严重违反工作纪律、职业道德或者损害国家、集体或者他人利益的；利用测绘作业证进行欺诈及其他违法活动的。

85. 【ABCE】高于成本投标不属于测绘法的内容。
86. 【AE】中标人确定后，招标人须公示中标结果；招标项目设有标底的，招标人不得在开标前公布。
87. 【ABCE】测绘市场活动应遵循等价有偿、平等互利、协商一致、诚实信用的原则。
88. 【AB】国家安排基础测绘设施建设资金，应当优先考虑航空摄影测量、卫星遥感、数据传输以及基础测绘应急保障的需要。
89. 【ABC】县级以上人民政府测绘地理信息主管部门应当根据突发事件应对工作需要，及时提供地图、基础地理信息数据等测绘成果，做好遥感监测、导航定位等应急测绘保障工作。
90. 【ACDE】测绘地理信息业务档案管理工作应遵循统筹规划、分级管理、确保安全、促进利用的原则。
91. 【CDE】受检单位应当配合监督检验工作，提供与受检项目相关的合同、质量文件、成果资料、仪器检定资料等，对检验所需的仪器、设备等给予配合和协助。
92. 【BCE】水库的库容属性、道路铺设材料属于公开地图不得表示的属性。
93. 【ABCE】台湾省是祖国的一部分，地图必须完整表示。
94. 【ABCE】无权采取没收财物发票、收据。
95. 【ABCD】无须封闭街道禁止车辆、人员通行。
96. 【ABD】文档材料归档一份，数据成果拷贝归档两份；相关软件归档时，技术手册、使用手册同时归档。
97. 【ABC】项目设计书技术规定了各专业活动的主要过程，各专业的作业方法和技术、质量要求；采用新技术、新方法、新工艺的依据等。
98. 【ABD】测绘技术总结为用户（或下工序）对成果（或产品）的合理使用提供方便，为测绘单位持续质量改进提供依据，同时也为测绘技术设计、有关技术标准、规定的制定提供资料。
99. 【ACD】单位成果出现 A 类错漏；质量子元素小于 60 分；单位成果高程、平面位置精度检测，任一项粗差比例超过 5%，即判定为“批不合格”。
100. 【ABCE】最高管理者通过其领导作用和采取的措施创造员工充分参与的环境，质量管理体系能够在这种环境中有效运行。而确定顾客和相关方的需求和期望是组织的第一件大事，组织生存之本，不属于领导的作用。

（六）2024 年注册测绘师资格考试测绘管理与法律法规仿真试卷与参考答案及解析

一、单项选择题（每题 1 分，每题的备选选项中，只有一项符合题意。）

1. 根据《测绘法》，测绘事业是我国经济与国防建设、社会发展的（　　）事业。

A. 支柱性　　B. 支撑性
C. 辅助性　　D. 基础性

2. 根据《测绘资质管理办法》，申请测绘资质时，（　　）是必须具备的条件。

A. 档案管理设施　　B. 法人资格
C. 完税凭证　　D. 安全审计员

3. 根据《测绘资质管理办法》，省级自然资源主管部门提高测绘资质分类分级核准中的技术装备要求，应当于发布之日起最迟（　　）日内报自然资源部备案。

A. 10　　B. 15
C. 20　　D. 30

4. 根据《测绘资质管理办法》，下列关于测绘监理的说法中，错误的是（　　）。

A. 甲级测绘资质可以监理甲级测绘资质的同一专业测绘项目
B. 甲级测绘资质可以监理乙级测绘资质的同一专业测绘项目
C. 乙级测绘资质可以监理甲级测绘资质中乙级限制范围内的测绘项目
D. 乙级测绘资质可以监理乙级测绘资质的同一专业测绘项目

5. 根据《测绘资质管理办法》，申请测绘资质的单位隐瞒有关情况申请测绘资质的，审批机关最长（　　）内不再受理其测绘资质的申请。

A. 6 个月　　B. 1 年
C. 2 年　　D. 3 年

6. 根据《测绘资质管理办法》，下列测绘信息中，不在自然资源主管部门测绘资质抽查范围的是（　　）。

A. 专业技术人员　　B. 技术装备
C. 技术和质量保证体系　　D. 新技术应用

7. 根据《测绘资质分类分级标准》，下列专业类别中，甲级测绘资质单位要求有独立地图引擎的是（　　）。

A. 地图编制　　B. 导航电子地图制作
C. 互联网地图服务　　D. 地理信息系统工程

8. 根据《测绘资质分类分级标准》，下列业务类型中，不属于工程测量专业类别的是（　　）。

A. 控制测量　　B. 航空摄影

C. 地形测量　　　　　　　　D. 地下管线测量

9. 根据《注册测绘师执业管理规定（暂行）》，建立注册测绘师事务所管理制度，应当征得（　　）同意。

A. 省级测绘主管部门　　　　B. 省级人力资源部门

C. 国务院测绘主管部门　　　D. 国务院人力资源部门

10. 根据《注册测绘师执业管理办法（试行）》，取得注册测绘师资格证书超过 1 年不满 3 年，提出申请初始注册，须提供最少不少于（　　）学时继续教育必修内容培训证明。

A. 10　　　　B. 20

C. 30　　　　D. 60

11. 根据《注册测绘师制度暂行规定》，下列注册测绘师考试相关工作中，不属于国务院测绘地理信息主管部门职责的是（　　）。

A. 拟定考试科目　　　　B. 拟定考试大纲

C. 研究建立考试题库　　D. 审定考试试题

12. 根据《注册测绘师执业管理办法（试行）》，注册测绘师注册证和执业印章由（　　）保管。

A. 公司　　　　　　　　B. 注册测绘师本人

C. 注册测绘师的注册单位　D. 受聘测绘单位

13. 根据《外国的组织或者个人来华测绘管理暂行办法》，外国组织来华一次性测绘超出范围的处罚是（　　）。

A. 警告　　　　　　B. 通报批评

C. 没收测绘工具　　D. 罚款

14. 根据《测绘地理信息行业信用管理办法》，下列原则中，不属于征集、发布和管理测绘单位信用信息应当遵守的原则是（　　）。

A. 合法原则　　B. 公正原则

C. 准确原则　　D. 安全原则

15. 某测绘单位作业过程中，受到了行政处罚，这样的现象属于（　　）。

A. 严重失信　　B. 一般失信

C. 轻微失信　　D. 基本信息

16. 根据《测绘作业证管理规定》，测绘单位虚报冒领测绘作业证的，由（　　）收回冒领的证件。

A. 县级测绘行政主管部门　　B. 设区市测绘行政主管部门

C. 省级测绘行政主管部门　　D. 国务院测绘行政主管部门

17. 根据《招标投标法》，测绘项目招标文件可以对投标单位做出要求的是（　　）。

A. 资质　　　　　　B. 业绩

C. 专业人员数量　　D. 专业设备数量

18. 根据《测绘地理信息行业信用管理办法》，公民、法人或者其他组织对测绘单位信用信息存在异议的，可以向（　　）部门提交核查申请。

A. 省级以上测绘地理信息主管部门

B. 县级以上测绘地理信息主管部门
C. 省级测绘地理信息主管部门
D. 国家级测绘地理信息主管部门

19. 根据《测绘法》，国家设立的全国统一的大地基准和高程基准数据报（　　）批准。
A. 国务院测绘主管部门　　B. 国务院城乡建设部门
C. 国务院　　D. 军队测绘部门

20. 根据《测绘法》，负责汇总全国卫星导航定位基准站建设备案情况的是（　　）。
A. 国务院测绘主管部门　　B. 国务院发展改革部门
C. 国务院城乡建设部门　　D. 军队测绘部门

21. 《测绘法》规定，县级以上地方人民政府发展改革部门会同本级人民政府测绘地理信息主管部门，根据本行政区域的基础测绘规划编制本行政区域的基础测绘年度计划，并分别报上一级部门（　　）。
A. 批准　　B. 同意
C. 审查　　D. 备案

22. 根据《基础测绘条例》，基础测绘规划应（　　）。
A. 依法公布　　B. 依申请公开
C. 内部使用　　D. 不公开

23. 根据《测绘地理信息质量管理办法》，基础测绘项目采用新技术，须得到项目（　　）同意。
A. 实施单位　　B. 监理单位
C. 组织单位　　D. 质检单位

24. 根据《测绘计量管理暂行办法》，测绘项目使用的仪器应该（　　）。
A. 检验　　B. 检定
C. 登记　　D. 备案

25. 根据《测绘地理信息质量管理办法》，测绘质检机构取得注册测绘师资格的人员，以注册测绘师名义开展工作，应当经过（　　）。
A. 登记　　B. 审查
C. 审核　　D. 核准

26. 根据《国家测绘地理信息局关于规范卫星导航定位基准站数据密级划分和管理的通知》，CORS基准站提供优于1米精度服务，需要向（　　）部门报备用户及使用目的等信息。
A. 省级以上测绘主管部门　　B. 国家级测绘主管部门
C. 县级以上测绘主管部门　　D. 省级测绘主管部门

27. 根据《测绘地理信息业务档案管理规定》，下列档案资料中，不属于测绘地理信息档案的是（　　）。
A. 安全生产教育培训档案　　B. 地图编制档案
C. 测绘成果应用项目档案　　D. 实景三维建设项目档案

28. 根据《测绘法》，下列情形中，有偿使用基础测绘成果和国家投资完成的其他测绘成果的是（　　）。

A. 用于政策决策　　B. 用于企业发展

C. 用于公共服务　　D. 用于国防建设

29. 根据《测绘成果管理条例》，关于测绘成果汇交说法中，错误的是（　　）。

A. 测绘成果实行无偿汇交制度　　B. 基础测绘成果应当汇交副本

C. 非基础测绘成果应当汇交目录　　D. 不属于国家秘密的测绘成果不需要汇交

30. 根据《测绘成果管理条例》，下列测绘成果应汇交副本的是（　　）。

A. 1∶2 000 基本比例尺地形图　　B. 建筑物沉降观测成果

C. 地铁监测成果　　D. 房产测绘成果

31. 根据《测量标志保护条例》，下列行为中，不会使永久测量标志失去效能的行为是（　　）。

A. 损毁或擅自移动测量标志　　B. 在距测量标志 50m 外进行爆破活动

C. 测量标志控制范围内采掘土石　　D. 在测量标志占地范围内建设建筑物

32. 根据《测绘法》，测绘单位涉嫌违法测绘的，下列设施设备及物品中，测绘地理信息主管部门监督检查不可以查封的是（　　）。

A. 设备　　B. 登记台账

C. 原材料　　D. 工具

33. 根据《测量标志保护条例》，全国测量标志维修规划由（　　）制定。

A. 国务院发展改革部门

B. 国务院测绘行政主管部门

C. 军队测绘主管部门

D. 国务院测绘行政主管部门会同国务院其他相关部门

34. 根据《测绘技术总结编写规定》，下列关于专业技术总结的说法中，正确的是（　　）。

A. 测绘成果检查不合格也应编写专业技术总结

B. 专业技术总结由具体承担相应测绘任务的法定代表人负责编写

C. 专业技术总结的技术设计执行情况应重点说明专业测绘生产过程中，专业技术设计书的更改情况（包括专业技术设计更改内容、原因等）

D. 当作业过程中采用新技术、新方法、新材料时，应简要描述和总结其应用情况

35. 根据《测绘地理信息业务档案管理规定》，秘密级的基础地理信息数据的保密期限是（　　）。

A. 10 年　　B. 20 年

C. 30 年　　D. 永久

36. 根据《测绘成果管理条例》，外国的组织或者个人通过合资合作的方式，经批准在中华人民共和国领域从事测绘活动的，由（　　）向国务院测绘行政主管部门汇交测绘成果。

A. 外国的组织或个人　　B. 项目发包方

C. 中方部门或单位　　D. 项目所在地测绘行政主管部门

37. 根据《测绘地理信息档案管理规定》，对于具有重要考察、利用、保存价值的测绘地理信息档案，应保存的期限是（　　）。

A. 10年　　B. 20年

C. 30年　　D. 永久

38. 根据《外国的组织或者个人来华测绘管理暂行办法》，国务院自然资源主管部门决定受理外国的组织或者个人来华进行一次性测绘的申请后，10个工作日内送（　　）会同审查。

A. 外交部　　B. 国家安全部

C. 军队测绘主管部门　　D. 公安部

39. 地理信息系统的最独特的特点是（　　）。

A. 查询　　B. 统计

C. 空间分析　　D. 辅助决策

40. 根据《关于规范重要地理信息数据审核公布管理工作》，下列材料中，县级以上地方人民政府提出公布重要地理信息数据建议时，不需要提交的是（　　）。

A. 重要地理信息数据详细成果资料

B. 重要地理信息数据获取质检报告

C. 建议人基本情况

D. 重要地理信息数据获取的验收评估报告

41. 根据《自然资源领域数据安全管理办法》规定，数据处理者在全数据生命周期中应记录数据处理、权限管理、人员操作等日志，并采用商业保密软件保护数据的完整性。一般日志的保管周期至少为（　　）个月。

A. 0.5　　B. 2

C. 3　　D. 6

42. 根据《基础测绘成果应急提供办法》，下列关于基础测绘成果应急提供的说法中，正确的是（　　）。

A. 应急基础测绘成果应提供双份

B. 应急突发事件所需的基础测绘成果应当最大限度给与优惠

C. 基础测绘成果应急提供不需要办理审批手续

D. 在确保安全的前提下可向涉密网站传输有关数据

43. 根据《测绘法》，负责建立政府部门地理信息共享机制的部门是（　　）。

A. 县级人民政府　　B. 县工信部门

C. 县级测绘部门　　D. 县级发展改革部门

44. 根据《关于规范重要地理信息数据审核公布管理工作》，提出公布重要地理信息数据建议的单位或者个人应当向（　　）报送建议材料。

A. 自然资源部或者省级自然资源主管部门

B. 自然资源部

C. 省级自然资源主管部门

D. 国务院

45. 根据《测绘地理信息管理工作国家秘密范围的规定》，下列测绘成果中属于机密级的是（　　）。

A. 构成环线且覆盖范围大于2500平方千米的国家二等水准网成果

B. 军事禁区和军事管理区以外的国家一等大地控制点成果

C. 军事禁区和军事管理区以外的国家一等重力控制点成果

D. 国家1∶5万基本比例尺地形图（模拟产品）及其全要素数字化成果

46. 根据《测绘地理信息业务档案管理规定》，海岸地形测量观测数据保管期限为（　　）。

A. 10年　　B. 20年

C. 30年　　D. 永久

47. 根据《测绘地理信息业务档案管理规定》，下列测绘地理信息生产项目管理资料中，需要永久保存的是（　　）。

A. 项目任务书　　B. 项目技术设计书

C. 项目合同　　D. 项目验收报告

48. 根据《基础地理信息公开表示内容规定（试行）》，下列地理信息要素中，不可以公开表示的是（　　）。

A. 滚水坝高度　　B. 海上平台

C. 领海基线　　D. 引航瞭望台

49. 根据《测绘成果管理条例》，除财政资金以外，使用其他资金完成测绘项目成果资料，由（　　）向省级测绘行政主管部门汇交。

A. 测绘项目出资人　　B. 测绘项目承担单位

C. 测绘成果保管单位　　D. 测绘项目立项审批部门

50. 根据《关于进一步加强测绘地理信息成果安全保密管理的意见》，测绘行政部门收到非本地单位申领涉密成果的，应该向（　　）抄告。

A. 其所在地测绘行政主管部门　　B. 当地保密行政主管部门

C. 当地测绘行政主管部门　　D. 其所在地保密行政主管部门

51. 根据《外国的组织或者个人来华测绘管理暂行办法》，外国组织来华测绘可以进行的业务有（　　）。

A. 房产测量　　B. 海洋测绘

C. 导航电子地图制作　　D. 地形图制作

52. 根据《行政区域界线管理条例》，省、自治区、直辖市等行政区域界线标准画法的拟定部门是（　　）。

A. 国务院民政部门和国务院自然资源主管部门

B. 国务院民政部门会同国务院自然资源主管部门

C. 国务院民政部门

D. 国务院自然资源主管部门

53. 根据《地图管理条例》，不适合公开的地图，应当送审而未送审，处罚措施不包括（　　）。

A. 警告　　B. 通报批评

C. 没收违法地图　　D. 罚款

54. 根据《地图审核管理规定》，互联网地图审图号有效期为（　　）年。

A. 1　　B. 2

C. 3　　D. 5

55. 根据《公开地图内容表示规范》，以下情况中，必须附南海诸岛附属图的是（　　）。

A. 海南省地图

B. 图名明确为海南岛的地图

C. 不以中国为主要表现地的区域地图

D. 图名明确为南海北部、西部等涉及南海四至范围的局部地图

56. 根据《公开地图内容表示规范》，下列关于南海诸岛地图四至范围的说法中，错误的是（　　）。

A. 东面绘出菲律宾的马尼拉

B. 西面绘出柬埔寨的金边

C. 北面绘出中国大陆和台湾岛北回归线以南部

D. 对于不表示国外地区的地图，南面绘出曾母暗沙

57. 根据《测绘合同范本》，下列表示错误的是（　　）。

A. 因天气原因影响测绘作业，造成工作拖期，乙方不承担赔偿责任

B. 若乙方利用甲方提供的资料，在项目完成后，出卖给第三方，甲方可以以项目合同金额的 50%向乙方追偿

C. 乙方擅自转包合同，甲方有权解除合同

D. 合同签订后，如乙方擅自停止合同，乙方应归还甲方预付的全部工程款

58. 根据《测绘市场管理暂行办法》，下列权利中不属于项目承揽方的是（　　）。

A. 对由委托方未履行合同而造成的经济损失提出赔偿

B. 获得所承揽测绘项目应得的价款

C. 享有测绘成果的转让权

D. 拒绝委托方提出的违反国家规定的不正当要求

59. 根据《测绘市场管理暂行办法》，测绘成果私自卖给第三方，测绘主管部门不能采用的处罚方式是（　　）。

A. 罚款　　B. 没收违法所得

C. 警告　　D. 吊销营业执照

60. 根据《测绘类项目支出标准》，报价 200 万的测绘项目，包含设计费用为（　　）万。

A. 3　　B. 6

C. 12　　D. 24

61. 根据《测绘生产成本费用定额》，定额工日不需要考虑的是（　　）。

A. 生产技术　　B. 技术装备

C. 产品形式　　D. 作业人员水平

62. 某项目实行项目负责人制度。甲是质检人员，甲的操作不符合规范的是（　　）。

A. 向项目主管报告质量问题

B. 向公司主管报告质量问题

C. 甲发现有较多错误未做记录，直接退回给作业人员

D. 出现质量问题或影响下道工序生产，甲拒绝承担直接质量责任

63. 根据《测绘技术设计规定》，下列关于技术设计应遵循的基本原则的说法中，错误的是（　　）。

A. 技术设计应依据设计输入内容，充分考虑顾客的要求，引用适用的国家、行业或地方的相关标准，重视社会效益和经济效益

B. 对于外业测量项目，编制技术设计方案前，必须进行实地勘察

C. 技术设计方案应考虑作业单位如人员的技术能力和软硬件配置情况等资源条件，选择最适用的方案

D. 技术设计方案应积极采用适用的新技术、新方法和新工艺

64. 根据《测绘技术设计规定》，技术设计文件中采用新技术、新方法、新工艺的应进行验证。下列不可取的方法为（　　）。

A. 试验　　B. 试用

C. 模拟　　D. 推理

65. 根据《测绘作业人员安全规范》，以下描述的野外宿营的方式中，不宜的是（　　）。

A. 在大树下背风干燥处搭建帐篷

B. 在野兽经常出没的地方，应设专人执勤

C. 尽量远离河边驻扎，避免上游泄洪

D. 在草原、森林地区开辟防火带

66. 根据《测绘技术总结编写规定》，不属于技术总结组成部分的是（　　）。

A. 概述　　B. 技术设计执行情况

C. 测绘成果质量说明与评价　　D. 成果主要技术指标

67. 某数字测绘成果采用检查点方式检测地物点平面位置，检测中误差为±0.30m，中误差允许值为±0.30m，根据《测绘成果质量检查与验收》，此检查项得分是（　　）分。

A. 100　　B. 88.57

C. 60　　D. 0

68. 根据《数字测绘成果质量检查与验收》，质量检查的主要检查方法正确的是（　　）。

A. 机器检查与人工检查　　B. 参考数据对比、野外实测、内部检查

C. 自动化检查　　D. 模拟试验、预验收

69. 根据《测绘成果质量检查与验收》，下列单位成果评分属于优品级的是（　　）分。

A. 90~100　　B. 85~100

C. 75~100　　D. 60~100

70. 对某地形图测绘成果质量检查验收，按标准分幅项目批量为200幅，根据《测绘成果质量检查与验收》，该项目检验时抽样的样本数为（　　）幅。

A. 6　　B. 10

C. 15　　D. 20

71. 根据《测绘生产质量管理规定》，下列关于质量管理的说法中，正确的是（　　）。

A. 测绘任务的实施，项目紧急时可以边设计边生产

B. 测绘单位必须建立内部质量审核制度

C. 测绘单位所交付的测绘产品，必须保证是优良品

D. 首件产品质量检验点的设置，应由项目委托方确定

72. 根据《测绘成果质量监督抽查管理办法》，下列关于质量监督抽查的方法中错误的是（　　）。

A. 测绘单位明示的企业标准、项目设计文件和合同约定的各项内容可以作为质量监督抽查的质量判定依据

B. 组织实施质量监督抽查的测绘行政主管部门收到受检单位书面异议报告，需要进行复检的，应当重新抽样复检

C. 测绘成果质量监督抽查时，受检单位拒绝接受监督检验的，受检的测绘项目成果质量按照“批不合格”处理

D. 测绘行政主管部门组织实施质量监督抽查时，应制定工作方案，发布通知，开具通知单，审批技术方案

73. 根据《涉密基础测绘成果提供使用办法》，被许可使用人未按规定使用基础测绘成果，存在重大失泄密隐患或发生失、泄密的，自然资源主管部门应当收回该涉密基础测绘成果，并将有关线索报送至（　　）。

A. 公安部门　　B. 军队测绘部门

C. 国家安全部门　　D. 保密行政管理部门

74. 根据《测绘地理信息业务档案管理规定》，建档单位应当在测绘地理信息项目验收完成之日起最多不超过（　　），向档案保管机构移交测绘地理信息业务档案。

A. 1 个月　　B. 2 个月

C. 3 个月　　D. 6 个月

75. 根据《基础地理信息数据档案管理与保护规范》，基础测绘成果异地存储距离至少应大于（　　）千米。

A. 100　　B. 50

C. 500　　D. 300

76. 根据《归档测绘文件质量要求》，下列成果归档时的要求中，正确的是（　　）。

A. 电子档案和纸质档案的版式及内容应完全一致

B. 所有电子版文件，可打包成一个文件

C. 电子数据应加密

D. 外包装文件名可以和内部文件题名不一致

77. 根据《测绘地理信息业务档案管理规定》，地理信息档案保护，库房内的设备要避免水淹，介质架最低一层搁板应高于地面（　　）厘米以上。

A. 10　　B. 30

C. 60　　D. 80

78. 《测绘类项目支出标准》中规定项目预算构成比例，直接费用、间接费用、期间费用分别为（　　）。

A. 75%，10%，15%　　B. 80%，5%，15%

C. 82%，6%，12%　　D. 85%，5%，10%

79. 根据《质量管理体系基础和术语》，下列原则中，不属于质量管理体系原则的有（　　）。

A. 改进原则　　B. 领导作用原则

C. 分级管理原则　　D. 全员参与原则

80. 关于保密数据的说法中，错误的有（　　）。

A. 保密数据的存储需要加密

B. 数据传输需要使用特殊通道

C. 对保密数据的访问，需要加强权限控制

D. 内部使用，不用留流转记录

二、多项选择题（每题2分。每题的备选选项中，有2项或2项以上符合题意，至少有1项是错项。错选，本题不得分；少选，所选的每个选项得0.5分。）

81. 根据《测绘资质管理办法》，下列对专业技术人员说法正确的有（　　）。

A. 具有中国国籍　　B. 不得兼职

C. 标准中规定的人数为最低要求　　D. 高级别可以冲抵低级别人员

E. 退休人员不能计入专业技术人数

82. 根据《测绘法》，下列行政处罚种类中，适用于中标的测绘单位向他人转让测绘项目的有（　　）。

A. 警告　　B. 责令停业整顿

C. 一倍罚款　　D. 二倍罚款

E. 吊销资质证证书

83. 根据《测绘法》，在涉及国家秘密地理信息时，下列行为中，应实行可追溯管理的有（　　）。

A. 获取　　B. 持有

C. 整理　　D. 提供

E. 利用

84. 根据《注册测绘师执业管理办法（试行）》，注册测绘师逾期初始注册，申请延期注册应提交的资料有（　　）。

A. 身份证　　B. 注册申请表

C. 注册测绘师资格证　　D. 劳动合同和社保证明

E. 继续教育学时证明

85. 根据《测绘地理信息行业信用管理办法》，对于信用良好的测绘单位，测绘主管部门激励机制包括（　　）。

A. 公开表扬　　B. 给予优先
C. 加大扶持　　D. 减免税收
E. 加强指导

86. 根据《基础测绘条例》，下列原则中，基础测绘设施建设应当遵循的有（　　）。
A. 科学规划原则　　B. 合理布局原则
C. 有效利用原则　　D. 避免重复投资原则
E. 兼顾当前与长远需要原则

87. 根据《测量标志保护条例》，下列行为中，测量人员使用测量标志受法律规定严禁破坏的是（　　）。
A. 移动永久测量标志
B. 在永久性测量标志上直接测量
C. 在永久性测量标志用地上摆放物品
D. 损毁正在使用的临时测量标志
E. 建设影响测量标志效能的建筑物

88. 根据《涉密基础测绘成果提供使用管理办法》，关于申请使用涉密基础测绘成果的说法中，正确的有（　　）。
A. 对申领的涉密测绘成果保管、使用、复制、销毁等进行登记
B. 建立共享机制，鼓励合作单位使用申领的涉密测绘成果
C. 委托第三方开发时，应与其签定保密责任书
D. 严格按照保密法规定采取有效保密措施，严防失泄密
E. 使用目的完成后，在一年后按规定销毁

89. 根据《保守国家秘密法》，有关国家秘密管理的说法中，正确的有（　　）。
A. 国家秘密期已满的，应当申请解密
B. 知悉范围应限定在最小范围内
C. 涉密文件要有国家秘密标志
D. 需延长保密期的，期满后按原密级顺延
E. 紧急情况可以用涉密网络传递

90. 根据《外国的组织或者个人来华测绘管理暂行办法》，下列属于外国组织或个人来华进行一次性测绘活动需提交的申请材料有（　　）。
A. 出入境手续　　B. 国务院及其有关部门或省政府的批准文件
C. 测绘活动的范围、路线的说明　　D. 测绘成果精度及测绘成果形式的说明
E. 个人收入证明

91. 根据《自然资源领域数据安全管理办法》，下列数据中属于自然资源领域数据的有（　　）。
A. 国土空间规划数据　　B. 自然资源调查监测数据
C. 地理信息数据　　D. 文化遗产保护数据
E. 自然资源管理数据

92. 根据《基础地理信息公开表示内容的规定（试行）》，下列地理信息要素中，可以公开表示的有（　　）。

A. 火车渡口的内部结构 B. 航道底质
C. 航海雷达站 D. 水运港客运站
E. 验潮站

93. 根据《测绘技术设计规定》，在编制基础地理信息数据库建设项目技术设计书时，下列内容中，属于成果规格和主要技术指标部分应说明的有（ ）。
A. 数据的质量情况 B. 成果的空间单元
C. 数据库的范围 D. 数据库的内容
E. 数据的利用方案

94. 根据《测绘合同范本》，测绘单位已进场测绘，甲方因故终止合同，测绘单位要求合理的有（ ）。
A. 保留已完成的测绘成果资料
B. 收回已发送至甲方的测绘成果资料
C. 要求甲方支付已完成工作的工程款项
D. 要求甲方支付合同规定的违约金
E. 要求甲方支付窝工费用

95. 按照《测绘技术设计规定》，下列阐述中，属于技术设计概述的有（ ）。
A. 项目来源、内容和目标 B. 作业区范围
C. 成果的种类和形式 D. 成果接收单位
E. 引用的标准规范和技术文件

96. 根据《测绘技术设计规定》，下列关于设计输入的说法正确的有（ ）。
A. 编写技术设计文件前，应首先确定设计输入
B. 设计输入应由单位总工程师确定并形成书面文件
C. 技术设计负责人应对设计输入的适宜性和充分性进行审核
D. 设计输入应根据具体任务和专业活动而定
E. 应对设计输入进行评审

97. 根据《测绘成果质量检查与验收》，下列检查项中，属于倾斜摄影测量影像质量检查的有（ ）。
A. 影像清晰度 B. 地面分辨率
C. 影像旋偏角 D. 几何精度
E. 外方位元素

98. 根据《测绘成果质量检查与验收》，关于检查验收，下列说法正确的有（ ）。
A. 验收应全数检查
B. 验收由项目委托方或具有资质的质量检验机构承担
C. 验收外业采用参考资料对比，外业检查，外业实测
D. 验收批成果质量等级采用批合格、批不合格判定
E. 验收应评定单位成果质量、样本质量，判定检验批成果质量

99. 下列职责中，属于测绘企业最高管理者责任的有（ ）。
A. 制订质量方针和质量目标 B. 组织评价质量管理体系和完成体系改进
C. 处理重大质量争议 D. 实施贯彻质量控制

E. 签发质量制度

100. 根据《测绘地理信息管理工作国家秘密目录》，下列测绘成果中，属于机密数据的有（　　）。

A. 路线长度超过 1 000 千米的国家等级水准网成果

B. 军事禁区外 1∶1 万的国家基本比例尺地形图（模拟产品）及其全要素数字化成果

C. 军事禁区以外连续覆盖范围超过 25 平方千米的大于 1∶5 千的国家基本比例尺地形图（模拟产品）及其全要素数字化成果

D. 1∶5 万国家基本比例尺地形图（模拟产品）及其全要素数字化成果

E. 国家大地坐标系与相对独立的平面坐标系之间相互转换精度优于±10 厘米的转换参数

参考答案及解析

一、单项选择题

1. 【D】测绘事业是经济建设、国防建设、社会发展的基础性事业。
2. 【B】申请测绘资质的单位应当符合下列条件：（1）有法人资格；（2）有与从事的测绘活动相适应的测绘专业技术人员和测绘相关专业技术人员；（3）有与从事的测绘活动相适应的技术装备和设施；（4）有健全的技术和质量保证体系、安全保障措施、信息安全保密管理制度以及测绘成果和资料档案管理制度。
3. 【D】测绘单位取得测绘资质后，变更专业技术人员或者技术装备的，应当在三十日内通过全国测绘资质管理信息系统申请更新有关信息。
4. 【C】测绘单位可以监理同一专业类别的同等级或者低等级测绘单位实施的该专业类别的测绘项目。
5. 【B】隐瞒有关情况或者提供虚假材料申请测绘资质的，该单位在一年内再次申请测绘资质的，审批机关不予受理。
6. 【D】依法对测绘单位的安全保障措施、信息安全保密管理制度、测绘成果和资料档案管理制度、技术和质量保证体系、专业技术人员、技术装备等测绘资质情况进行检查。
7. 【C】从事互联网地图服务专业的甲级测绘资质单位要求有独立地图引擎。
8. 【B】航空摄影属于摄影测量范畴。
9. 【C】建立注册测绘师事务所管理制度，应当征得国务院测绘主管部门同意。
10. 【C】取得资格证书超过 1 年以上不满 3 年提出申请初始注册的，须提供不少于 30 学时继续教育必修内容培训的证明。
11. 【D】国务院测绘地理信息主管部门负责拟定考试科目、考试大纲、考试试题，研究建立并管理考试题库，提出考试合格标准建议。
12. 【B】注册测绘师注册证和执业印章由注册测绘师本人保管。
13. 【D】外国组织来华一次性测绘超出范围应给予罚款。
14. 【D】征集、发布和管理测绘资质单位信用信息，应当遵循合法、公正、准确、及时的原则，依法保护国家利益、社会公共利益和测绘资质单位合法权益。

15. 【A】受到行政处罚或被追究刑事责任的属于严重失信。
16. 【C】测绘单位虚报冒领测绘作业证的，由省级测绘行政主管部门收回冒领的证件。
17. 【A】测绘项目招标文件可以对投标单位的测绘资质做出要求。
18. 【A】公民、法人或者其他组织对测绘单位信用信息存在异议的，可以向省级以上测绘地理信息主管部门提交核查申请。
19. 【C】国家设立的全国统一的大地基准和高程基准数据报国务院批准。
20. 【A】国务院测绘主管部门负责汇总全国卫星导航定位基准站建设备案情况。
21. 【D】本行政区域的基础测绘年度计划，并分别报上一级部门备案。
22. 【A】基础测绘规划应依法公布。
23. 【C】基础测绘项目采用新技术，须得到项目组织单位同意。
24. 【B】测绘项目使用的仪器应该检定合格。
25. 【A】测绘质检机构取得注册测绘师资格的人员经登记后，以注册测绘师名义开展工作。
26. 【A】提供优于 1 米精度服务的，基准站数据中心管理部门应向省级以上测绘地理信息行政主管部门报备用户及使用目的等信息。
27. 【A】测绘地理信息档案是指测绘地理信息系统各单位在履行管理职能和开展各项业务活动中直接形成的，对国家、社会和本单位具有保存价值的各种文字、图表、音像、电子数据等形式和载体的历史记录。
28. 【B】基础测绘成果和国家投资完成的其他测绘成果，用于国家机关决策和社会公益性事业的，应当无偿提供。前款规定之外的，依法实行有偿使用制度。
29. 【D】测绘成果属于基础测绘成果的，应当汇交副本；属于非基础测绘成果的，应当汇交目录。
30. 【A】1∶2 000 基本比例尺地形图属于基础测绘成果的，应当汇交副本。
31. 【B】允许在距测量标志 50m 外进行爆破活动。
32. 【B】可查阅、复制有关合同、票据、账簿、登记台账以及其他有关文件、资料；可查封、扣押与涉嫌违法测绘行为直接相关的设备、工具、原材料、测绘成果资料等。
33. 【D】全国测量标志维修规划由国务院测绘行政主管部门会同国务院其他相关部门制定。
34. 【C】专业技术总结由生产单位负责编写；当作业过程中采用新技术、新方法、新材料时，应认真细致加以总结。
35. 【A】国家秘密的保密期限，绝密级不超过三十年，机密级不超过二十年，秘密级不超过十年。
36. 【C】外国的组织或者个人依法与中华人民共和国有关部门或者单位合资、合作，经批准在中华人民共和国领域内从事测绘活动的，测绘成果归中方部门或者单位所有，并由中方部门或者单位向国务院测绘行政主管部门汇交测绘成果副本。
37. 【D】对于具有重要考察、利用、保存价值的测绘地理信息档案，应永久保存。
38. 【C】外国的组织或者个人来华进行一次性测绘的申请后，10 个工作日内送军队测绘主管部门会同审查。

39.【C】地理信息系统的最独特的特点是其公共的地理定位基础和强大的空间综合分析能力。
40.【C】建议人为各级地方人民政府、国务院各部门的，可以不提供建议人基本情况。
41.【D】一般数据的日志留存时间不少于六个月，涉及重要数据安全事件处置、溯源的，相关日志留存时间不少于一年；涉及向他人提供、委托处理、共同处理重要数据的，涉及核心数据安全事件处置、溯源的相关日志留存时间不少于三年。
42.【D】情况特别紧急时，测绘行政主管部门可以及时向有关部门送达所需的基础测绘成果。在确保安全的前提下，也可经涉密网络传输有关数据。
43.【A】县级以上人民政府应当建立健全政府部门间地理信息资源共建共享机制，引导和支持企业提供地理信息社会化服务，促进地理信息广泛应用。
44.【A】提出公布重要地理信息数据建议的单位或者个人应当向自然资源部或者省级自然资源主管部门报送建议材料。
45.【D】1∶2.5 万、1∶5 万国家基本比例尺地形图（模拟产品）及其全要素数字化成果属于机密级。
46.【A】海岸地形测量观测数据保管期限为 10 年。
47.【D】项目验收报告、工作与技术总结、工程监理总结、质量检测报告等属于永久保存。
48.【A】水利及附属设施中的材质、坝顶高度、设防标准不可公开。
49.【A】除财政资金以外，使用其他资金完成测绘项目成果资料，由测绘项目出资人向省级测绘行政主管部门汇交。
50.【A】测绘行政部门收到非本地单位申领涉密成果的，应该向其所在地测绘行政主管部门抄告。
51.【A】合资、合作测绘不得从事大地测量、测绘航空摄影、行政区域界线测绘、海洋测绘；地形图、世界政区地图、全国政区地图、省级及以下政区地图、全国性教学地图、地方性教学地图、真三维地图、导航电子地图的编制。
52.【A】省、自治区、直辖市和自治州、县、自治县、市行政区域界线的标准画法图，由国务院民政部门和国务院测绘地理信息主管部门拟订，报国务院批准后公布。
53.【B】应当送审而未送审的，责令改正，给予警告，没收违法地图或附着地图图形的产品，可处 10 万元以下的罚款；没收违法所得；构成犯罪的，依法追究刑事责任。
54.【B】互联网地图审图号有效期为 2 年。
55.【A】海南省地图，必须包括南海诸岛。南海诸岛既可以包括在正图内，也可以作附图。完整表示海南岛的区域地图，必须附“南海诸岛”附图。
56.【B】西面绘出越南的河内，南面绘出加里曼丹岛上印度尼西亚与马来西亚间的全部界线（对于不表示邻国间界线的地图，南面绘出曾母暗沙和马来西亚的海岸线）。
57.【B】乙方利用甲方提供的资料，乙方有义务保密，不得向第三方转让。
58.【C】承揽方享有按合同约定享有测绘成果的所有权或使用权；不向第三方提供受委托完成的测绘成果。
59.【D】非法复制、转让或者转借测绘成果的，由测绘主管部门给予通报批评，可以并处不低于违法所得的罚款。侵犯测绘成果著作权的，由著作权行政主管部门按有关法律、法规的规定处罚。

60. 【A】成本费用计算包含了1.5%的测绘工作项目设计费和3.0%的成果验收费。
61. 【D】测绘工作项目“定额工日”是根据生产技术方法、产品形式和技术装备水平确定的。
62. 【D】各级质量检查人员对其所检查的产品质量负责，并有权予以质量否决，有权越级反映质量问题。
63. 【B】应广泛收集，认真分析和充分利用已有的测绘产品和资料。
64. 【D】采用新技术、新方法、新工艺的主要验证方法是试验、试用和模拟。
65. 【A】应选择干燥避风处，避开大树防止雷击。
66. 【D】测绘技术总结通常由概述、技术设计执行情况、成果质量说明和评价、上交和归档的成果及其资料清单四部分组成。
67. 【C】根据检查方式计算公式可得60。
68. 【B】质量检查的主要检查方法有参考数据对比、野外实测、内部检查等。
69. 【A】质量等级评分方法规定质量得分大于等于90分的为优品级。
70. 【C】由批量与样本量对照表，可知批量为181~200，样本量为15。
71. 【B】测绘任务的实施，应坚持先设计后生产，不允许边设计边生产，禁止没有设计进行生产；测绘单位所交付的测绘产品，必须保证是合格品；首件产品质量检验点的设置，由测绘单位根据实际需要自行确定。
72. 【B】组织实施质量监督抽查的测绘行政主管部门收到受检单位书面异议报告，需要进行复检的，应当按原技术方案、原样本组织。
73. 【D】自然资源主管部门应当收回该涉密基础测绘成果，并将有关线索报送至保密行政管理部门。
74. 【B】建档单位应当在测绘地理信息项目验收完成之日起最多不超过2个月，向档案保管机构移交测绘地理信息业务档案。
75. 【A】异地存储距离应大于100km，最佳距离为500km以上。
76. 【A】单个电子文件应独立存储，不应将若干电子文件打包成一个文件；电子数据不应加密，外包装文件名可以和内部文件题名一致。
77. 【B】地理信息档案保护，库房内的设备要避免水淹，介质架最低一层搁板应高于地面30厘米以上。
78. 【C】成本费用构成比例：直接费用82%，间接费用6%，期间费用12%。成本费用中包含1.5%的测绘工作项目设计费和3.0%的成果验收费。
79. 【C】质量管理原则：以顾客为关注焦点原则；领导作用、全员参与、过程方法、持续改进、征询决策、关系管理原则。
80. 【D】保密数据在内部使用，应留流转记录。

二、多项选择题

81. 【ABCD】符合相应条件的退休人员可以计入专业技术人数。
82. 【BE】中标的测绘单位向他人转让测绘项目的，责令改正，没收违法所得，处测绘约定报酬一倍以上二倍以下的罚款，并可以责令停业整顿或者降低测绘资质等级；情节严重的，吊销测绘资质证书。

83.【ABDE】地理信息生产、保管、利用单位应当对属于国家秘密的地理信息的获取、持有、提供、利用情况进行登记并长期保存，实行可追溯管理。

84.【ABCE】应提交的资料有注册申请表、资格证书和身份证明、注册申请报告、资质证书副本复印件、劳动合同、职业道德和工作业绩证明、注册测绘师继续教育证书。

85.【ABC】对信用良好的单位，采取公开表扬、给予优先、加大扶持等相关激励措施。

86.【ABCE】基础测绘设施建设应当遵循科学规划、合理布局、有效利用、兼顾当前与长远需要原则。

87.【ADE】禁止损毁或者擅自移动地下或者地上的永久性测量标志以及使用中的临时性测量标志的；在测量标志的占地范围内，建设影响测量标志使用效能的建筑物的。

88.【ACD】被许可使用人分立或合并时，应当将涉密基础测绘成果移交给承接其职能的机关、单位，并履行登记、签收手续，同时将有关情况报告审批机关；应当将涉密基础测绘成果按照国家保密规定销毁或交回审批机关。

89.【BCE】国家秘密期已满的，自行解密；需要延长保密期限的，应当在原保密期限届满前重新确定密级、保密期限和知悉范围。提前解密或者延长保密期限的，由原定密机关、单位决定，也可以由其上级机关决定。

90.【BCD】应当提交下列申请材料：申请表，国务院及其有关部门或者省、自治区、直辖市人民政府的批准文件，按照法律法规规定应当提交的有关部门的批准文件，外国的组织或者个人的身份证明和有关资信证明，测绘活动的范围、路线、测绘精度及测绘成果形式的说明，测绘活动时使用的测绘仪器、软件和设备的清单和情况说明，中华人民共和国现有测绘成果不能满足项目需要的说明。

91.【ABCE】自然资源领域数据，是指在开展自然资源活动中收集和产生的数据，主要包括基础地理信息、遥感影像等地理信息数据，土地、矿产、森林、草原、水、湿地、海域海岛等自然资源调查监测数据，总体规划、详细规划、专项规划等国土空间规划数据，用途管制、资产管理、耕地保护、生态修复、开发利用、不动产登记等自然资源管理数据。

92.【CDE】火车渡口的内部结构、航道底质等不宜公开表示。

93.【BCD】说明数据库范围、内容、数学基础、分幅编号、成果（或产品）的空间单元、数据精度、格式及其他重要技术指标。

94.【CD】乙方可要求甲方支付已完成工作的工程款项、支付合同规定的违约金。

95.【ABD】说明项目来源、内容和目标、作业区范围和行政隶属、任务量、完成期限、项目承担单位和成果（或产品）接收单位等。

96.【ACDE】设计输入应由技术设计负责人确定并形成书面文件。

97.【ABD】倾斜摄影测量影像质量检查有：地面分辨率、航摄季节和时间、影像清晰度，噪声及云影、烟、反光、阴影等，色调、色彩饱和度、反差、颜色深度、波段、几何精度。

98.【BDE】验收可采取抽样检查；验收外业采用参考数据对比、野外实测、内部检查。

99.【ABCE】测绘单位的最高管理者：对质量管理体系的有效性负责；确保制定质量管理体系的质量方针和质量目标，并与单位环境相适应，与战略方向相一致；确保质量管理体系要求融入单位的业务过程；促进使用过程方法和基于风险的思维；确保质量管理体系所需要的资源是可获得的；沟通有效的质量管理和符合质量管理体系要求的重要性；确保质量管理体系实现其预期结果；促使员工积极参与，指导和支持他们为质量管理体系的有效性作出贡献；推动质量管理体系改进；支持其他管理人员在其职责范围内发挥领导作用。

100. 【DE】路线长度超过 1000 千米的国家等级水准网成果；军事禁区外 1∶1 万的国家基本比例尺地形图（模拟产品）及其全要素数字化成果；军事禁区以外连续覆盖范围超过 25 平方千米的大于 1∶5 千的国家基本比例尺地形图（模拟产品）及其全要素数字化成果；均属于秘密级。

参考文献

[1] 李维森，谢经荣，等．中华人民共和国测绘成果管理条例释义［M］．北京：中国法制出版社，2006.

[2] 张万峰．测绘法实施实用参考［M］．北京：法制出版社，2004.

[3] 曹康泰，陈邦柱．中华人民共和国测绘法释义［M］．北京：法制出版社，2004.

[4] 国家测绘地理信息局职业技能鉴定指导中心．测绘管理与法律法规［M］．北京：测绘出版社，2015.

[5] 张万峰．中国测绘法律制度概论［M］．北京：人民交通出版社，2007.

[6] 姚承宽．测绘行政管理基础［M］．西安：西安地图出版社，2006.

[7] 卞耀武．中华人民共和国招标投标法释义［M］．北京：法律出版社，2001.

[8] 张万峰．测绘法律知识读本［M］．北京：法律出版社，2006.

[9] 郑文先．以成本管理为中心加强测绘项目管理［J］．地矿测绘，2003，19（1）：35-37.

[10] 国家测绘地理信息局．测绘与地理信息标准化指导与实践［M］．北京：测绘出版社，2008.

[11] 周萌萌，黄鑫雄．谈测绘项目管理［J］．现代测绘，2008，31（4）：46-48.

[12] 宗蕴璋．质量管理［M］．2 版．北京：高等教育出版社，2008.

[13] 姚承宽．测绘管理探索与实践［M］．福州：福建省地图出版社，2005.

[14] 胡康生．中华人民共和国合同法释义［M］．北京：法律出版社，1999.

[15] 龚益鸣．现代质量管理学［M］．北京：清华大学出版社，2008.

[16] 马兴安．测绘仪器的防护［J］．湖南水利水电，2003（3）：14-15.